普通高等教育“十三五”工程训练系列教材

工程实训教程

主　编　孙　凤
副主编　白彦华　段振云
参　编　刘云秋　田　畅　庄思明
　　　　唐　虹　于鸣鸣　金俊杰
　　　　方　芳　杜　坡
主　审　付景顺

机械工业出版社

本书是根据“卓越工程师教育培养计划”和“工程教育专业认证”中对当代高质量工程技术人才培养的要求，以工业化生产设备为资源，以解决工程问题为导向，以工程实训案例教学为手段，以培养学生的工程能力和创新能力为目标，在总结多年工程实训教学经验的基础上编写的。

本书的主要内容包括：工程实训基础、铸造、锻压、焊接、热处理、车削、铣削、刨削、磨削、钳工、数控车削、数控铣削、加工中心、快速成形、现代测量、电火花加工、激光加工、特种加工（包括电子束加工、离子束加工、超声波加工、水射流加工、电化学加工）等，共18章。内容涵盖传统的冷、热加工，数控加工，特种加工及先进的测量方法。

本书主要作为高等工科院校参加工程实训教学的学生教材，并可供有关工程技术人员参考。

图书在版编目（CIP）数据

工程实训教程/孙凤主编. —北京：机械工业出版社，2017.8（2023.2重印）

普通高等教育“十三五”工程训练系列教材

ISBN 978-7-111-57469-9

Ⅰ.①工… Ⅱ.①孙… Ⅲ.①工程技术-高等学校-教材 Ⅳ.①TB

中国版本图书馆CIP数据核字（2017）第300166号

机械工业出版社（北京市百万庄大街22号 邮政编码100037）
策划编辑：丁昕祯 责任编辑：丁昕祯 余 皞 责任校对：陈 越
封面设计：张 静 责任印制：单爱军
北京虎彩文化传播有限公司印刷
2023年2月第1版第8次印刷
184mm×260mm・19.75印张・473千字
标准书号：ISBN 978-7-111-57469-9
定价：39.80元

电话服务
客服电话：010-88361066
010-88379833
010-68326294

网络服务
机 工 官 网：www.cmpbook.com
机 工 官 博：weibo.com/cmp1952
金 书 网：www.golden-book.com
机工教育服务网：www.cmpedu.com

前　言

21 世纪的高级工程技术人才应该是复合型、创造型人才，应该具有较强的适应能力、发展能力、竞争能力以及扎实的理论基础和较强的实际动手能力。因此，如何培养出这种既懂技术、动手能力又强的高素质应用型人才已经成为我国高等教育面临的重要课题。

工程实训是一门培养学生工程实践能力、创新能力、大工程意识的实践性教学环节，是学生综合能力培养的必修课。工程实训教学具有学时长、实践性突出、集中培训和轻理论重实践等特点，是教育部“卓越工程师教育培养计划”和“工程教育专业认证”中的重要支撑与评价指标，是当前高等工科教育研究的热点。

本书以多年的工程实训教学经验为基础，以学生的知识背景为出发点，以紧随机械制造技术快速发展步伐为驱动，以培养懂理论、会动手、能创新的高素质、高层次、复合型人才为目标，制定了全书的编排形式和编写内容。编排上采用理论、操作、实训实例、创新训练的逐层递进的形式，内容上既包含传统金工实训中的铸造、锻压、焊接、热处理、车削、铣削、刨削、磨削、钳工等实训内容，还包含了先进制造技术中的数控车削、数控铣削、加工中心、电火花加工、线切割、激光切割、激光内雕、3D 打印、三坐标测量、激光三维扫描等当前主流的现代工程实训内容。

本书在各章的内容编排上采用理论→操作→实训实例→创新能力培养的方式，以基本原理和设备的简单介绍为引导，以具体实训操作为基础，以项目式实训实例为核心，充分考虑参加实训的学生为大学一、二年级，尚未有系统学习专业知识的背景，以简单的理论使其入门，以实际操作为重点，从亲身体验、实际操作中领会机械制造相关知识。本书的编写充分考虑不同专业学生对实训难度、深度的不同要求，实训实例的编排也难易结合、由浅入深。此外，本书在培养学生实践能力的同时，特别注重学生创新能力的培养，特设创意类项目实训实例及实训拓展训练思考题。

本书由孙凤担任主编，白彦华、段振云担任副主编，付景顺担任主审。

参加本书编写的有：段振云（第 1 章），白彦华（第 2 章），刘云秋（第 3

章），田畅（第4章），庄思明（第5章），唐虹、于鸣鸣（第6~9章），于鸣鸣（第10章），金俊杰（第11、12章），孙凤（第13章），方芳（第14、16章），杜坡（第15、17、18章）等。

本书的编写借鉴了兄弟院校教材的相关内容，并得到了书中所用设备相关企业和沈阳工业大学工程实训中心相关人员的大力支持，在此表示衷心的感谢。付景顺教授提出了许多宝贵意见，在此也表示感谢。

由于编者水平有限，编写时间仓促，书中难免存在不妥或错误之处，恳请读者批评指正。

《工程实训教程》编委会

目 录

第1章 工程实训基础

1.1 工程实训概述

国家教育事业发展“十三五”规划中明确指出：“推动高校统筹使用相关经费，加大对课程建设、教学改革的常态化投入，强化实验、实训、实习环节，建立高校与企业、行业、科研机构、社区等合作育人机制，全面提升高等学校教学水平”。强化工程实训是贯彻落实国家教育事业“十三五”规划的重要举措，是顺应高等教育培养现代高技术技能型人才的客观需要，是我国高校实施“卓越工程师教育培养计划”和“工程教育专业认证”的重要支撑。

从1998年开始，工程实训从传统的金工实习模式转变为现代工程实训模式，提出和完成了两个转变，即单一到综合的转变和技能到能力的转变。纵观国内众多院校“工程实训”的发展，均将教学功能作为其存在的核心要素，强调在认知的基础上加强动手能力，以满足专业人才培养的需要。

工程实训是开展工程实践能力培养的重要依托，培养学生工程意识，提高学生工程综合素质。工程实训中心作为学校的公共实践教学平台，配备了齐全而先进的实验实训教学设施与设备，采用校企合作建设，开阔学生视野，拓展学生思路，实行对外开放与交流，为实践教学和社会专业技能培训提供服务。

1.2 工程实训安全规则

安全操作规程是加强安全管理、确保实训教学顺利进行及操作人员人身安全的一项重要管理制度，是工程实训部门的全体员工及实习学生必须自觉遵守的基本规章制度。

1）各工种的安全实习、生产制度，必须切实贯彻到实习、生产全过程中。上岗教学、生产人员和实习学生必须正确佩戴好劳动保护用品。

2）全体教职员工在自己的工作范围内应经常检查自己保管、使用的设备、工具，保证设备保险、保护装置安全完好，接地线及绝缘良好，运转正常，整洁卫生。

3）在实习、生产过程中，全体教职员工必须遵守加工工艺规程、生产程序及各专业工种安全操作规程。

4）严禁在工作地点及实习现场打闹、游戏、进行体育活动及一切与实习、生产无关的事项，以免影响他人工作或发生事故。

5）严格遵守用电制度，规定由专人负责检查，以杜绝电器事故发生。

6）切实加强防火、防爆、有毒物品的管理工作，对消防器材要合理设置，定期检查，定期更换。

7）加强治安保卫工作，防止人为地破坏及偷盗。

1.3 工程实训基本内容

工程实训是学生在学习期间进行的一项重要的实践教学内容，其主要任务是将理论与实践相结合，将课堂知识应用于实际。通过实习，让学生树立工程意识，掌握一定的操作技能，制作出符合要求的产品。

工程实训是必修的实践基础课。其旨在使学生建立起对机械制造生产过程的感性认识，学习机械制造的基础工艺知识；了解机械制造生产的主要设备；培养学生实践动手能力；全面开展素质教育，树立实践观点、劳动观点和团队协作观点，培养高质量人才。

工程实训的教学内容，宏观上包括机械、电气、工业自动化、计算机等，实现机电控的全面覆盖和融合，具体内容上，包括金工实习、先进制造技术及特种加工技术等。按教学载体细分，实训内容包括：车、铣、刨、磨、钳、铸造、锻压、焊接、热处理、数控机床（数控车床、数控铣床、加工中心等）、电火花加工、快速成形技术、现代测量技术（三坐标测量技术、激光扫描技术等）、激光加工技术（激光切割、三维雕刻）及其他特种加工技术等。

1.4 工程实训基础知识

1.4.1 实训常用材料

通常实训材料包括金属材料和非金属材料。钢具有良好的使用性能和工艺性能，是现代工业中应用最广泛的金属材料。而非金属材料的原料来源广泛，自然资源丰富，多采用塑料制品，也是机械工程材料中不可缺少的重要组成部分。

1. 钢的分类

钢的分类方法很多，常用的分类方法有以下几种：

1）按品质分类。可分为普通钢，优质钢，高级优质钢。

2）按化学成分分类。可分为碳素结构钢，低碳钢，中碳钢，高碳钢，合金钢，低合金钢，中合金钢和高合金钢。

3）按用途分类。可分为建筑及工程用钢，结构钢，工具钢，特殊性能钢，电工用钢和专业用钢等。

2. 碳素钢

常见的碳素结构钢的牌号、力学性能及用途见表 1-1。

表 1-1 常见碳素结构钢的牌号、力学性能及用途

类别	常用牌号	力学性能			说明
		屈服强度 R_{eL} /MPa	抗拉强度 R_m /MPa	伸长率 A (%)	
碳素结构钢	Q195	195	315~390	33	塑性较好，有一定的强度，通常轧制成钢筋、钢板、钢管等。可以作为桥梁、建筑物等的构件，也可以用作螺钉、螺母、铆钉等
	Q215	215	335~410	31	
	Q235A	235	375~460	26	
	Q235B				
	Q235C				可用于重要的焊接件
	Q235D				强度较高，可轧制成型钢、钢板，可作构件用
	Q255	255	410~510	24	
	Q275	275	490~610	20	

（续）

类别	常用牌号	力学性能			说明
		屈服强度 R_{eL} /MPa	抗拉强度 R_m /MPa	伸长率 A (%)	
优质碳素结构钢	80F	175	295	35	塑性好，可制造冷冲压零件
	10	205	335	31	冷冲压性与焊接性能良好，可用作冲压件及焊接件，经过热处理也可以制造轴、销等零件
	20	245	410	25	
	35	315	530	20	经调质处理后，可获得良好的综合力学性能，用来制造齿轮、轴类、套筒等零件
	40	335	570	19	
	45	355	600	16	
	50	375	630	14	
	60	400	675	12	主要用来制造弹簧
	65	410	695	10	

3. 铸铁

铸铁件具有优良的铸造性，可制成复杂零件，一般有良好的切削加工性，另外具有耐磨性，消振性良好和价格低等特点，是工程上最常用的金属材料之一。

一般来说，按照断口颜色划分，铸铁可分为三类：白口铸铁、灰铸铁、麻口铸铁。而在实际运用中最常用的是灰铸铁，常见灰铸铁的牌号、力学性能及用途见表1-2。根据石墨的形态不同，它又可以分为四类：灰铸铁，石墨呈片状，铸造性、减振性、减磨性、切削性比

表1-2 常见灰铸铁的牌号、力学性能及用途

牌号	铸件壁厚 /mm	力学性能		用途举例
		R_m/MPa	HBW	
HT100	2.5~10 10~20 20~30	130 100 90	110~166 93~140 87~131	适用于载荷小、对摩擦和磨损无特殊要求的零件，如防护罩、盖、油盘、手轮、支架、底板、重锤等
HT150	2.5~10 10~20 20~30	175 145 130	137~205 119~179 110~166	适用于承受中等载荷的零件，如机座、支架、箱体、刀架、床身、轴承座、工作台、带轮、阀体、飞轮、电动机座等
HT200	2.5~10 10~20 20~30	220 195 170	157~236 148~222 134~200	适用于承受较大载荷和一定气密性或耐腐蚀性等要求的较重要的零件，如气缸、齿轮、机座、飞轮、床身、气缸体、活塞、齿轮箱、制动轮、联轴器盘、中等压力阀体、泵体、液压缸、阀门等
HT250	4.0~10 10~20 20~30	270 240 220	175~262 164~247 157~236	
HT300	10~20 20~30 30~50	290 250 230	182~272 168~251 161~241	适用于承受高载荷、耐磨和高气密性要求的重要零件，如重型机床、剪床、压力机、自动机床的床身、机座、机架、高压液压件、活塞环、齿轮、凸轮、车床卡盘、衬套、大型发动机的气缸体、缸套等
HT350	10~20 20~30 30~50	340 290 260	199~298 185~272 171~257	

钢好，但力学性能较差；可锻铸铁，力学性能稍好于灰铸铁；球墨铸铁，其中石墨为球状，力学性能与调质钢相当；蠕墨铸铁，石墨为蠕虫状，力学性能稍低于球墨铸铁。

4. 聚氯乙烯（PVC）塑料

塑料是以合成树脂为主要成分，加入一些用来改善使用性能和工艺性能的添加剂制成的。塑料的基本性能主要决定于树脂的本性，但添加剂也起着重要作用。有些塑料基本上是由合成树脂组成，不含或少含添加剂，如有机玻璃、聚苯乙烯等。其中聚氯乙烯（PVC）塑料为常见塑料之一，分为硬质和软质两种。硬质聚氯乙烯强度较高，绝缘性和耐蚀性好，但耐热性差，仅可在-15~60℃的温度范围使用。

1.4.2 实训常用量具

在工程实训中，必须使用一定精度的量具测量和检验各种零件的尺寸、形状和位置精度。量具的种类很多，本节仅介绍几种常用量具。

1. 游标卡尺

游标卡尺，是一种测量长度、内外径、深度的比较精确的量具。它主要由主尺和附在主尺上能滑动的游标两部分构成，主尺一般以毫米为单位，而游标上则有 10、20 或 50 个分格，根据分格的不同，游标卡尺可分为十分度游标卡尺、二十分度游标卡尺、五十分度游标卡尺等，它们的读数精确程度分别是 0.1mm、0.05mm 和 0.02mm。游标卡尺的主尺和游标上均有两副活动量爪，分别是内测量爪和外测量爪，内测量爪通常用来测量内径，外测量爪通常用来测量长度和外径。游标卡尺的测量范围有 0~125mm，0~200mm 和 0~300mm 等数种规格。

如图 1-1 所示，以普通 1/50 游标卡尺为例 ，说明它的刻线原理和读数方法。

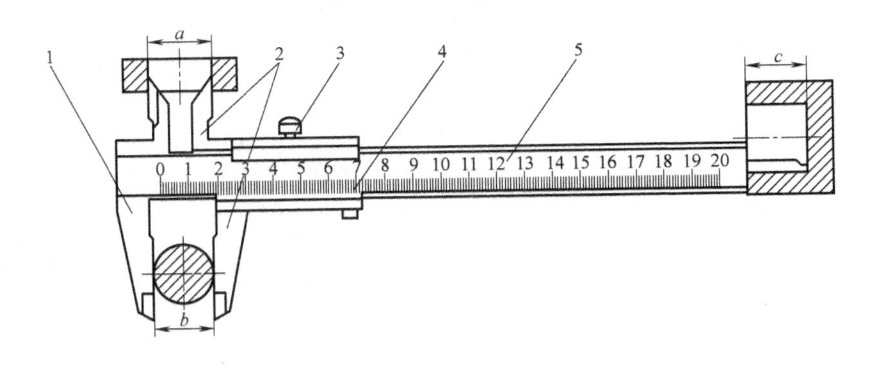

图 1-1 游标卡尺

a—测量内表面尺寸 *b*—测量外表面尺寸 *c*—测量深度尺寸

1—尺框 2—内、外量爪 3—紧定螺钉 4—游标（副尺） 5—尺身

（1）读数方法 如图 1-2 所示，游标卡尺的读数方法可分为三步：

1）根据副尺零线以左的主尺上的最近刻度读出整数。

2）根据副尺零度以右与主尺某一刻度对准的刻度线乘以 0.02 读出小数。

3）将以上的整数和小数两部分尺寸相加即为总尺寸。

如图 1-2 中所示读数为 23mm+12×0.02mm=23.24mm。

（2）使用方法 游标卡尺的使用方法如图 1-3 所示。其中图 1-3a 所示为测量工件宽度

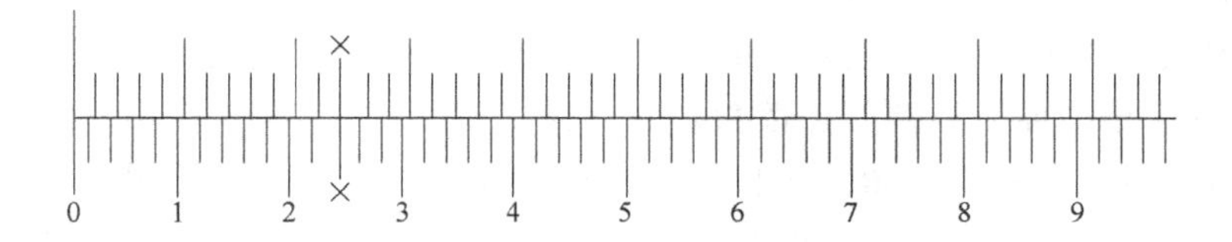

图 1-2 1/50 游标卡尺的读数方法

方法；图 1-3b 所示为测量工件外径方法；图 1-3c 所示为测量工件内径方法；图 1-3d 所示为测量工件深度方法。

用游标卡尺测量工件时，应使量爪逐渐与工件表面靠近，最后达到轻微接触。还要保证游标卡尺必须放正，切忌歪斜，以免测量不准。

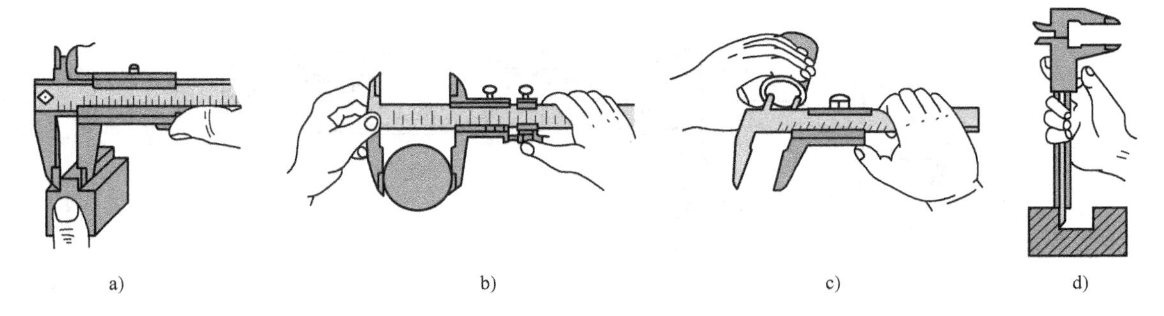

图 1-3 游标卡尺的使用方法

图 1-4 所示是专用于测量深度和高度的深度游标卡尺和高度游标卡尺。高度游标卡尺除了用于测量工件的高度以外，还用于钳工精密划线。

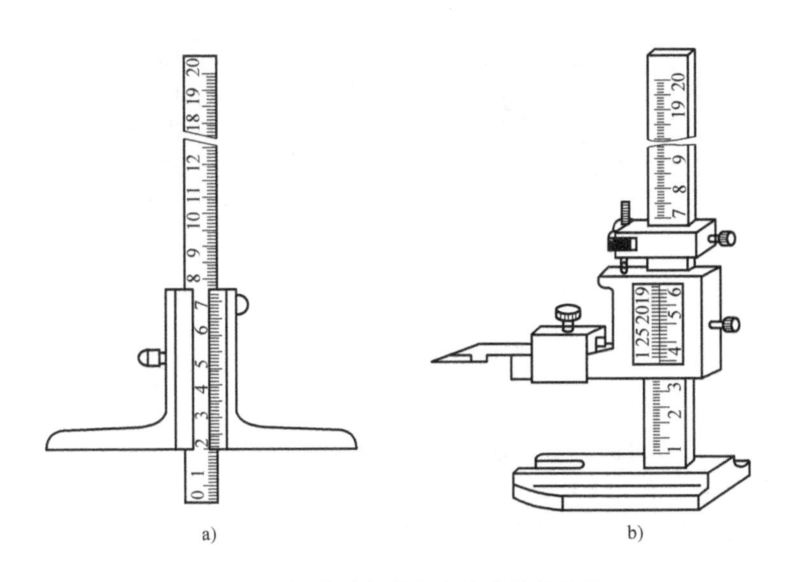

图 1-4 深度游标卡尺和高度游标卡尺

a）深度游标卡尺 b）高度游标卡尺

(3) 使用游标卡尺的注意事项

1) 校准零点。先擦净量爪，然后将两量爪贴合，检查主、副尺零线是否重合。若不重合，则在测量后应根据原始误差修正读数。

2) 测量时，量爪不得用力紧压工件，以免量爪变形或磨损，降低测量精度。

3) 游标卡尺仅用于测量加工过的光滑表面，不宜用其测量表面粗糙的工件和正在运动的工件，以免量爪过快磨损。

2. 千分尺

千分尺是一种比游标卡尺更精密的量具，测量精度为 0.01mm，测量范围有 0~25mm，25~50mm，50~75mm 等规格。图 1-5 所示为常用外径千分尺的结构。千分尺的刻线原理和读数方法如图 1-6 所示。

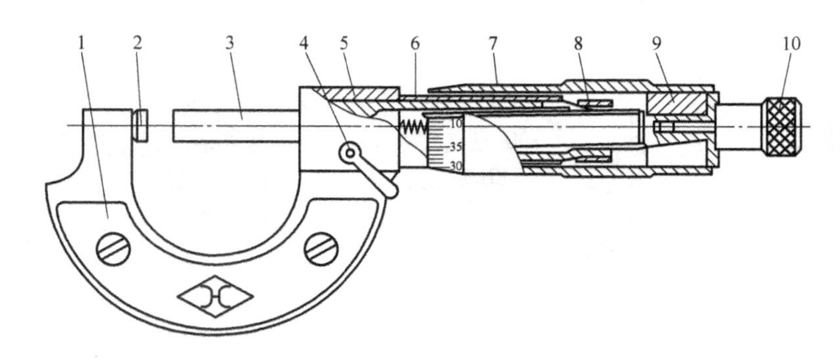

图 1-5 外径千分尺

1—尺架 2—砧座 3—测微螺杆 4—锁紧装置 5—螺纹轴套 6—固定套管 7—微分筒 8—螺母 9—接头 10—棘轮

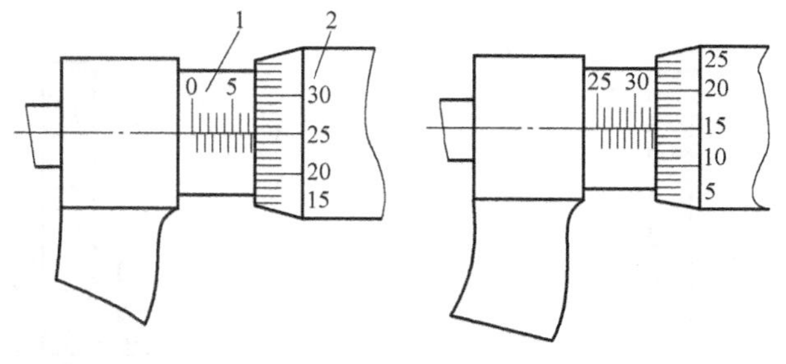

图 1-6 千分尺读数方法

1—固定套管 2—微分筒

(1) 读数方法 千分尺的读数方法可分为三步：

1) 先从固定套筒上读出毫米数（应为 0.5mm 的整数倍）。

2) 读出与轴向刻度中线重合的圆周刻度数。

3) 将上述所得两组读数相加，即为被测工件尺寸。

(2) 使用方法 千分尺使用方法如图 1-7 所示。其中图 1-7a 所示为单手握千分尺，图 1-7b所示为双手握千分尺，图 1-7c 所示为将千分尺固定在基座上。

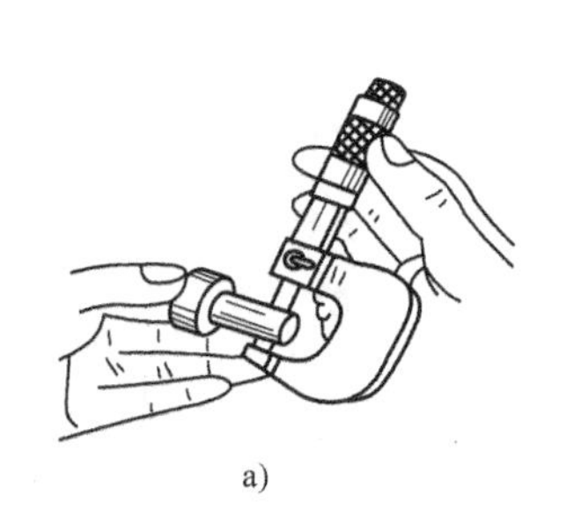
a)

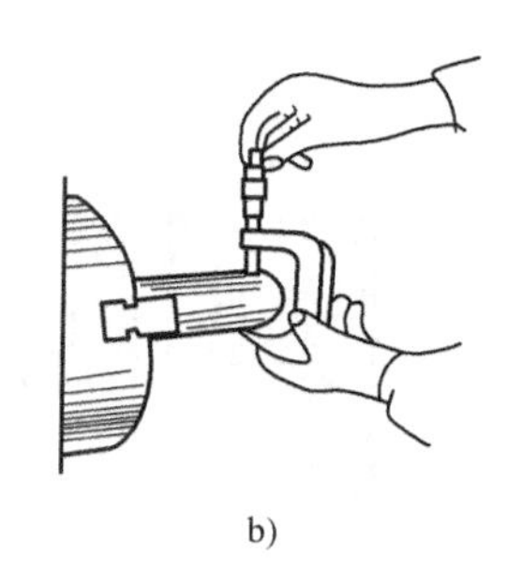
b)

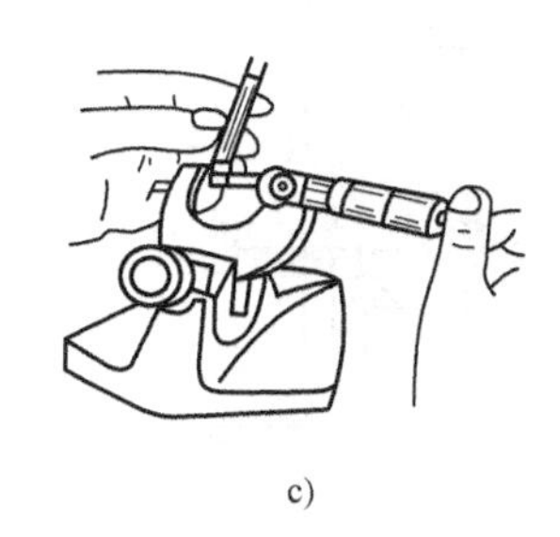
c)

图1-7 千分尺使用方法

a）单手握千分尺 b）双手握千分尺 c）将千分尺固定在基座上

（3）使用千分尺的注意事项

1）校对零点。将砧座与测微螺杆接触，查看圆周刻度零点是否与中线零点对齐。若有误差，则在测量后应根据原始误差修正读数。

2）合理操作。当测微螺杆快要接触工件时，必须旋拧端部棘轮（严禁再拧微分筒）。当棘轮发出“嘎嘎”声时应停止拧动。

3）擦净工件测量面，并准确放在千分尺两测量面之间，不得偏移。

4）测量时不能预先调好尺寸，应锁紧测微螺杆，再用力卡进工件。

3. 百分表

百分表是一种精度较高的量具，如图1-8所示。百分表的测量精度为0.01mm，常用于检验工件的形状和位置误差（如圆度、平面度、垂直度、径向圆跳动、同轴度、平行度等），也可用来找正工件。百分表的应用如图1-9所示。

百分表的工作原理是将测量杆的直线移动，通过齿轮传动转变为角位移。例如，当测量杆向上或向下移动1mm时，通过齿轮传动系统带动大指针转一圈，小指针转一格。刻度盘在圆周上有100等分的刻度线，其每格的读数值为0.01mm；小指针每格的读数值为1mm。测量时大、小指针所示读数之和即为尺寸变化量。小指针处的刻度范围即为百分表的测量范围。刻度盘可以转动，供测量时调整大指针对零位线用。

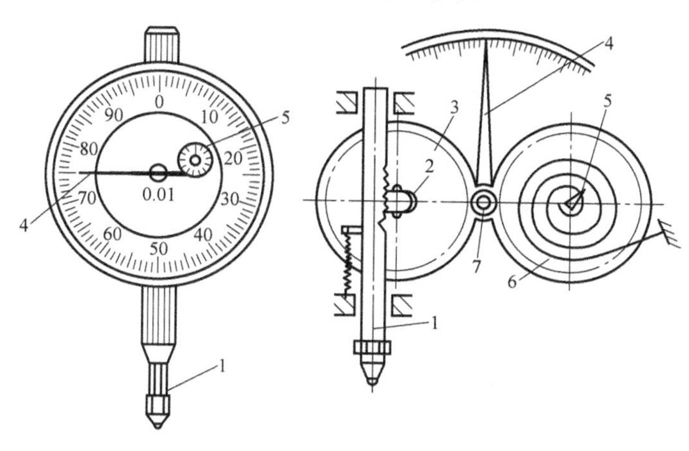

图1-8 百分表的结构原理

1—测量杆 2、7—小齿轮 3、6—大齿轮 4—大指针 5—小指针

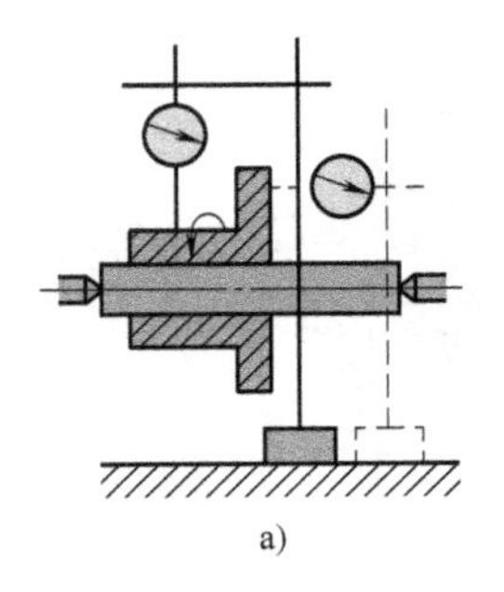
a)

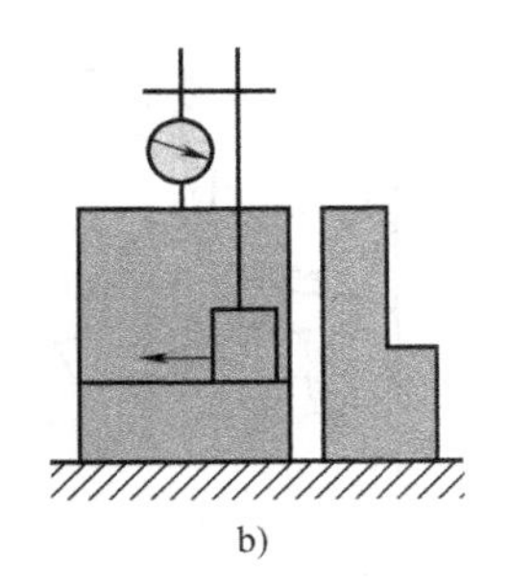
b)

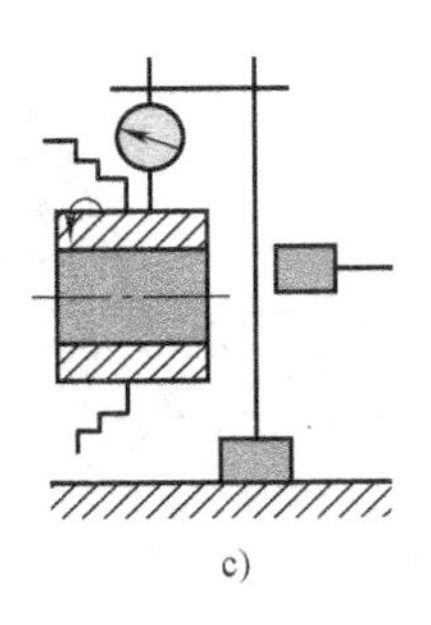
c)

图 1-9　百分表的应用

a）检查外圆对孔的圆跳动　b）检查两工作面的平行度　c）找正外圆

第2章 铸造实训

2.1 铸造概述

铸造是将液态金属浇入铸型，凝固后获得一定形状和性能铸件的成形方法。它是毛坯成形的主要方法之一，具有生产成本低、工艺灵活性大，几乎不受零件尺寸大小及形状结构复杂程度的限制等特点，在机械制造中占有很重要的地位。

铸件具有良好的减振性能、耐磨性能和切削性能。铸件质量可由几克到数百吨，壁厚可由 0.3mm 到 1m 以上。铸件在机械产品中所占比重相当大。

铸件所用原材料来源广，价格低廉，而且不需要昂贵的设备，因此，铸件的生产成本较低。铸件的形状和尺寸接近零件，加工余量小，可节省金属材料和加工工时。但铸造工序多，铸件质量不够稳定，废品率较高，力学性能较差，且铸造生产劳动强度大，工作环境差。

铸造合金可分为铸铁、铸钢和铸造非铁合金三大类。

2.1.1 铸件的生产方法

铸件的生产方法可分为砂型铸造和特种铸造两大类。

砂型铸造是传统的、目前普遍使用的成形方法，其工艺过程如图 2-1 所示。砂型的制造方法有手工造型和机器造型两种。

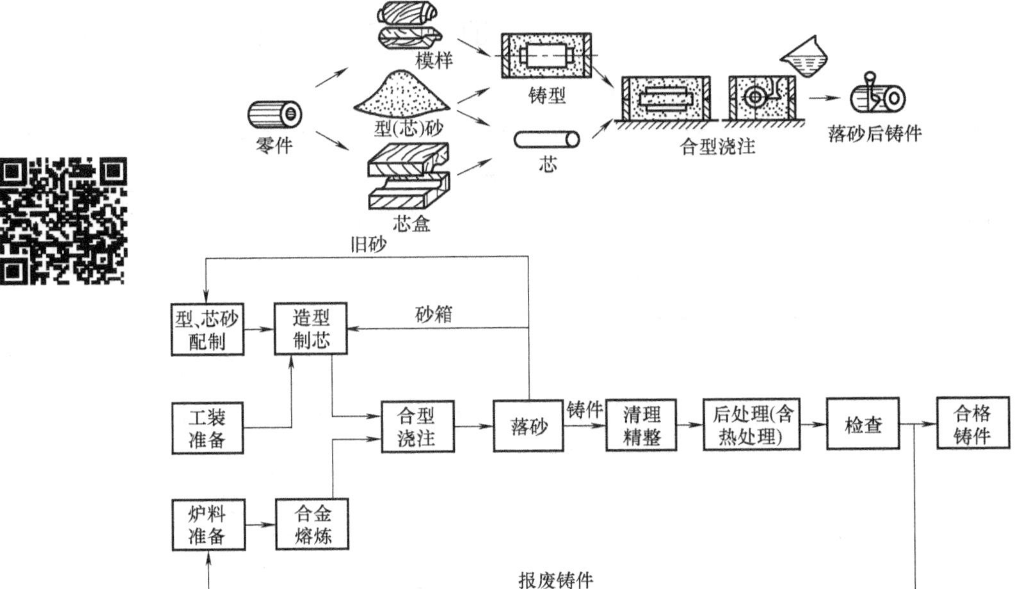

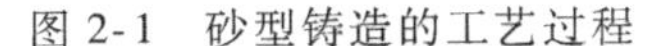
图 2-1　砂型铸造的工艺过程

特种铸造是指除砂型铸造以外的其他铸造方法，特种铸造方法及其特点见 2.4 节

2.1.2 铸件的结构分析

适合铸造工艺要求的零件结构见表 2-1。

表 2-1 铸件结构的设计

工艺要求	图例
壁厚要适当、均匀，壁厚不能够小于最小壁厚，壁厚也不能过厚，否则容易产生缩孔等缺陷	 不合理　合理
厚壁与薄壁要均匀过渡，以减小应力集中	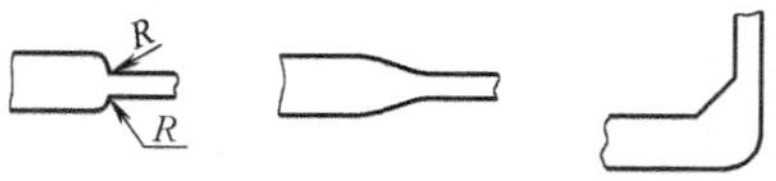 R　R　圆角过渡　渐变过渡　复合过渡
壁与壁之间应有圆角，并应避免交叉和锐角连接	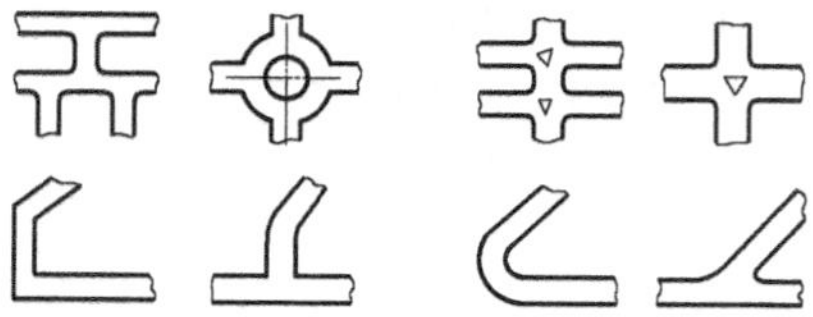 合理　不合理
尽量减少分型面，尽量使用平直分型面	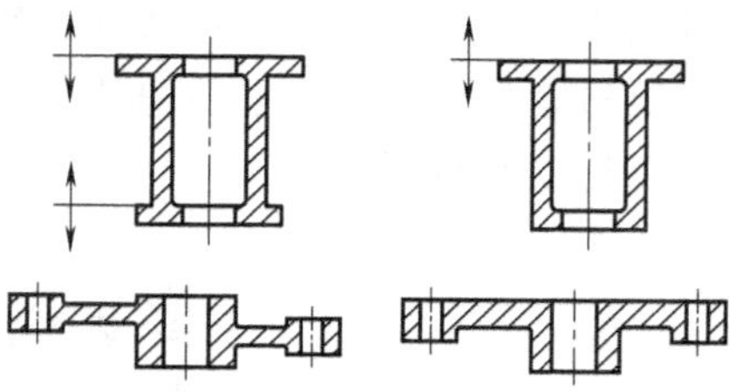 不合理　合理
尽量少用或不用型芯	 需要型芯　不需要型芯
避免活块造型	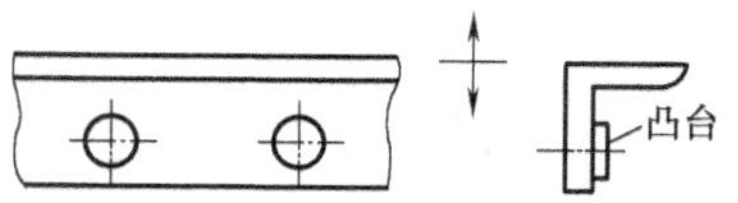 凸台　需要活块造型 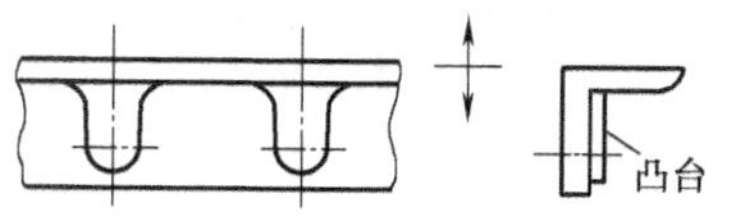　凸台　不需要活块造型

2.1.3 铸型与模样

1. 铸型的种类

铸型通常是用耐热性好的型砂或金属制作。用型砂制作的铸型称为砂型，属于一次性铸型；而用金属制作的铸型称作金属型，属于永久性铸型。普通砂型结构如图2-2所示。

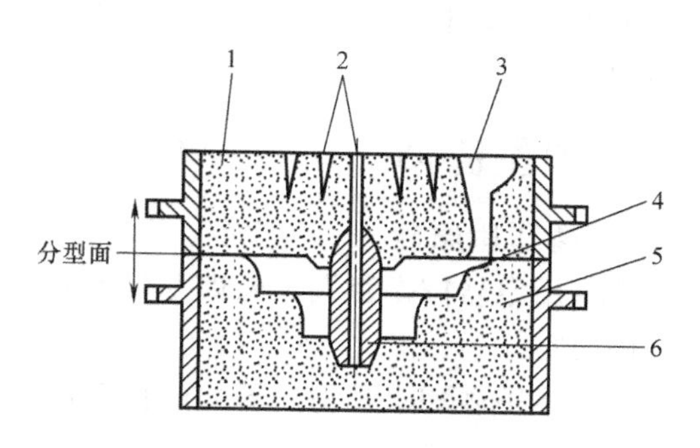

图2-2 砂型结构

1—上砂型 2—出气孔 3—浇注系统 4—型腔 5—下砂型 6—芯

2. 模样与芯盒

模样和芯盒是造型和制芯的模具。模样用来形成铸件外部形状；芯盒用来制造型芯，以形成铸件内部形状。

零件与铸件和模样相似，但有区别，如图2-3所示。

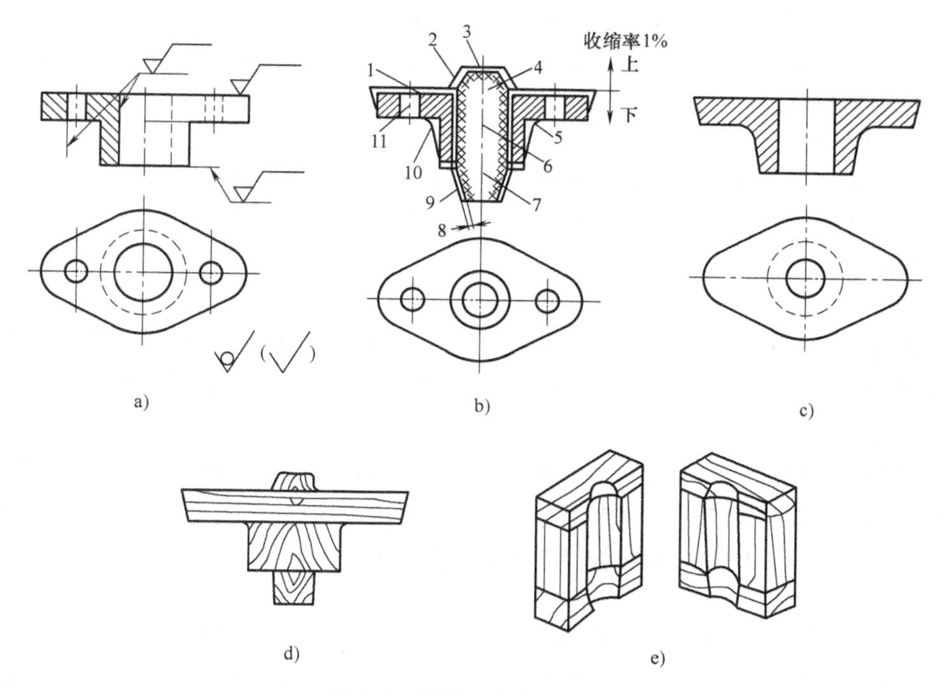

图2-3 零件、铸件和模样

a）零件图 b）铸造工艺图 c）铸件 d）模样 e）芯盒

1—加工余量 2—上芯座 3—顶间隙 4—上芯头 5—铸造圆角 6—型芯 7—下芯头 8—侧间隙 9—下芯座 10—起模斜度 11—不铸出孔

铸件尺寸=零件尺寸+加工余量；模样尺寸=铸件尺寸+收缩量。

铸件和零件的差别在于有无起模斜度、铸造圆角，还有零件上尺寸较小的孔，在铸件上不铸出等。铸件和零件的差别因铸件结构、造型方法的不同而呈现多样化。

模样的材料通常是木材或铝合金，分别称为木型和金属型，统称为模样。根据铸造方法及铸件种类的不同，模样也可用铸铁、塑料、发泡苯乙烯或石蜡等材料制作。

由于铸件结构、技术要求和生产批量不同，模样有整体模、分开模、刮板模和车板模多种结构形式。

2.2 砂型铸造

2.2.1 铸造用原砂

铸造用原砂按是否人工处理可分为天然砂和合成砂；按矿物组成可分为石英质砂和非石英质砂两类。

自然界中砂和土都是岩石的风化产物，它们常常是混杂在一起的，其中还包含其他一些杂质。在铸造上将颗粒直径≤20μm 的称为泥分，>20μm 的称为砂。

1. 石英质砂与非石英质砂

石英质砂也称硅砂，主要矿物组成为石英石，其主要化学成分是二氧化硅。石英石在常温下是一种稳定的矿物，硬度高，密度约 $2.65kg/dm^3$，熔点 1713℃。

铸造用硅砂可分天然硅砂和人造硅砂。人造硅砂是将石英岩破碎、筛分而得到的砂，石英岩坚硬，破碎相当困难，颗粒形貌较差，但是纯度高，耐火度高。

石英质砂以外的砂统称为非石英质砂；主要有：锆砂、铬铁矿砂、镁砂、镁橄榄石、石灰石砂、耐火熟料等。

2. 铸造用砂选择

并不是所有的砂子都可以供铸造生产使用，必须根据铸造合金、铸件大小、粘结剂特点和生产的经济性综合选择原砂。主要考察原砂的纯度、含泥量、颗粒组成、颗粒形状、烧结点等重要指标。

2.2.2 型砂

型砂由铸造原砂和粘结剂以及附加物混合而成。粘结剂的主要作用是将颗粒状或粉状造型材料粘结起来而形成铸型。铸造用粘结剂种类很多，以铸造合金的特点和铸造成本为主要选择条件，许多具有粘结特性的物质均可以作为铸造粘结剂使用。

按粘结剂成膜过程的性质分类，粘结剂可分为物理成膜粘结剂和化学成膜粘结剂两大类。按粘结剂化学组成分类，可分为有机粘结剂与无机粘结剂两大类。无机粘结剂有粘土、水玻璃、水泥、硅酸乙酯等；有机粘结剂有植物油、合脂、渣油及各种合成树脂等。

1. 粘土砂

粘土是砂型铸造生产中广泛使用的一种粘结剂，粘土被水湿润后具有粘结性和可塑性，烘干后硬结具有干强度，硬结的粘土加水后又能恢复粘结性和可塑性。一般按照耐火度和吸水膨胀性等可将粘土分为普通粘土和膨润土两类。粘土砂主要用于汽车等行业，如生产发动机缸体、缸盖、曲轴等中小型铸件；大型铸铁件和铸钢件等可以采用粘土干型生产。

2. 水玻璃砂

水玻璃砂与粘土砂相比具有下列优点：①型砂流动性好，易于紧实，造型劳动强度低。②硬化快，硬化强度较高，可简化造型工艺，缩短生产周期，提高劳动生产率。③可以在型硬化后期或硬化后起模，型芯尺寸精度高，铸件表面质量好。其缺点主要是浇注后溃散性差，旧砂回用困难，因此，全面应用受到一定限制。

3. 树脂自硬砂

将砂、液态树脂及硬化剂混合均匀后，填充到砂箱中，稍加紧实，于常温下在砂箱内发生化学反应而硬化，这种型砂称为自硬树脂砂。自硬树脂砂可以分为酸硬化树脂自硬砂、脲烷系树脂自硬砂和酚醛-酯自硬砂三种。自硬树脂砂的开发和应用，使砂型直接在模板上或芯盒内完成，这样不仅提高了生产效率和型（芯）精度，还可以降低能耗、简化操作。

4. 壳型（芯）砂

壳型（芯）砂也称覆膜砂，是造型、制芯前在砂粒表面上已覆盖有一层固态树脂膜的砂。与其他树脂砂相比，它具有以下主要特点：①流动性优良，成形性好、轮廓清晰，能够制造最复杂的型芯，铸件尺寸精度可达CT7～CT8级；②型芯表面质量好，不吸潮，有利于储存；③成本相对较高，价格较贵，难于制造大件，工作环境较差。壳型（芯）砂主要用于批量大、要求较高的小件造型及大批量铸件的制芯。

5. 热芯盒树脂砂

热芯盒树脂砂是用液态热固性树脂和固化剂配成的芯砂，填入到具有一定温度（180～260℃）的金属芯盒内，芯砂受热后，砂粒表面粘结剂在很短时间内发生缩聚反应而硬化。它是快速生产尺寸高精度要求的中、小型芯非常有效的方法。

6. 气硬冷芯盒工艺

气硬冷芯盒工艺是指将树脂砂填充于芯盒，在室温下吹入气体硬化而制成型芯的方法。冷芯盒工艺是一种节能、低污染、高效的造型及制芯工艺。

2.2.3 造型

用型砂和模样等工艺装备制造铸型的过程称为造型。铸型一般是由上砂型、下砂型和型芯组成，造型方法有机械造型和手工造型两大类。

1. 手工造型

手工造型操作灵活，工艺装备简单，但是生产效率低，劳动强度大，现在基本上被机器造型代替。

（1）整模造型　整模造型是用整体模样进行造型的方法，其造型过程如图2-4所示。整模造型的特点是模样为整体结构，最大截面在模样的一端，分型面基本是平面，铸件全部在一个砂型内，适合形状简单的铸件。

（2）分模造型　分模造型是用分体模样进行造型的方法，其造型过程与整模造型相比增加了放、取上半模的操作，套筒的分模造型过程如图2-5所示。分模造型的特点是模样为分开结构，分型面选在模样的最大截面处，模样在上下两个砂型内，操作简单，适合形状复杂的铸件。

（3）活块造型　活块造型是用带有活块的模样进行造型的方法。模样上可拆卸的或能活动的部分称为活块。当模样上有妨碍起模的凸出部位（如凸台）时，常将该部位作成活块，起模时先将模样主体取出，然后再将留在砂型中的活块取出，活块造型过程如图2-6所示。活块造型适合于有妨碍起模的凸台、肋条等结构的铸件。

（4）挖砂造型　需要对分型面进行挖砂处理才能取出模样的造型方法称挖砂造型。手轮的挖砂造型过程如图2-7所示。为了取出模样，下型分型面需要挖到模样最大截面处。挖砂造型中的模样是整体的，铸型分型面不是平面，生产率低下，适合于结构复杂，单件生产的铸件。

（5）假箱造型　假箱造型是利用预先制好的半个铸型代替模板，省去挖砂过程的造型方法。预先制好的半个铸型称为假箱，它只参与造型，不用来组成铸型。手轮的假箱造型过

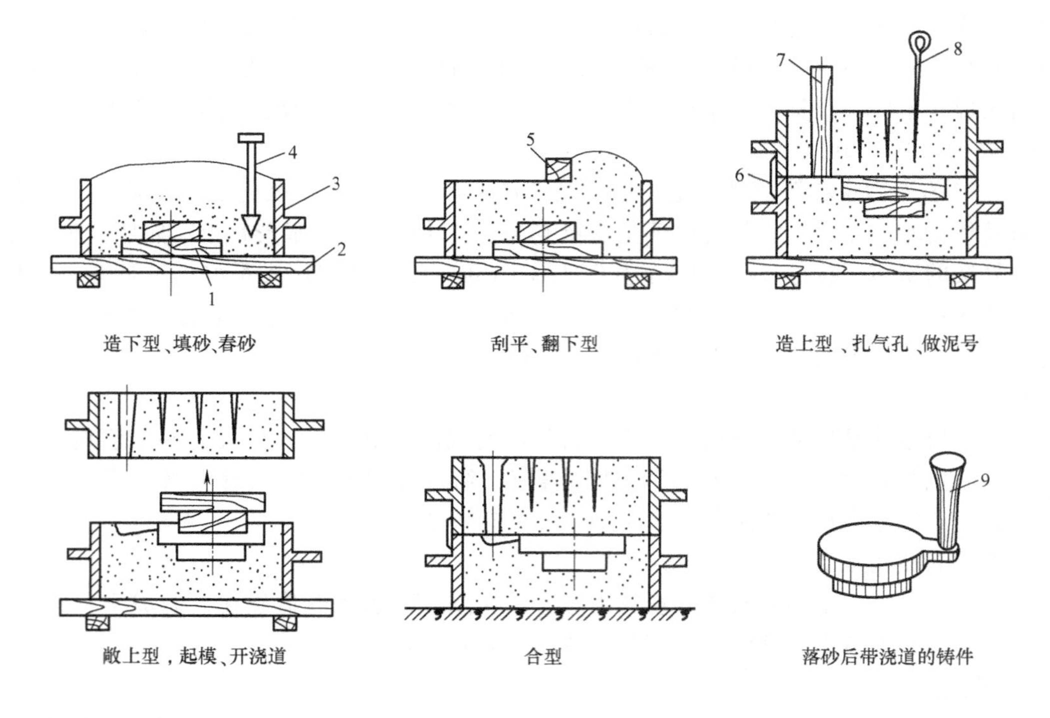

图 2-4 整模造型过程

1—模样 2—底板 3—砂箱 4—砂舂 5—刮砂板 6—泥号 7—浇道棒 8—气孔针 9—浇道

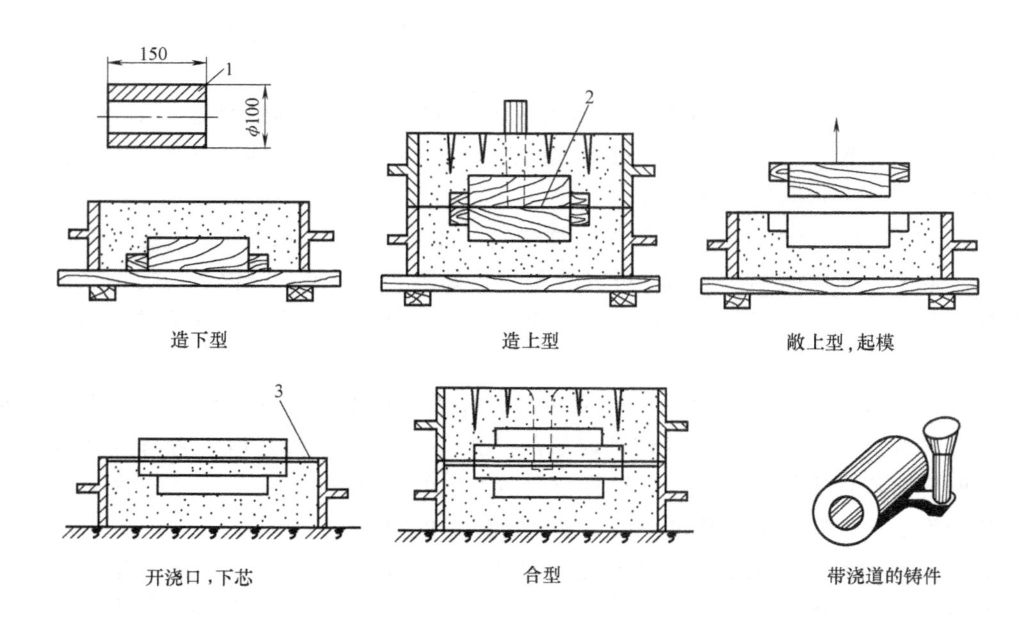

图 2-5 套筒的分模造型过程

1—铸件 2—分模面（分型面） 3—通气道

程如图 2-8 所示，以不带浇道的上型当假箱，只起承托模样造下型的作用。假箱造型免除了挖砂过程，提高了生产率，适合于结构复杂，小批量生产的铸件。

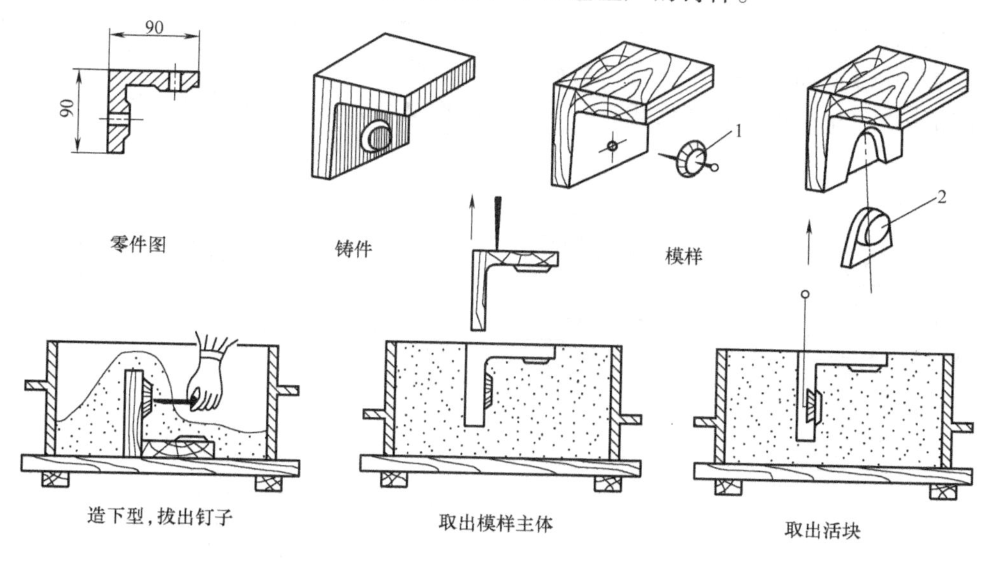

图 2-6　活块造型过程

1—钉子连接活块　2—燕尾榫连接活块

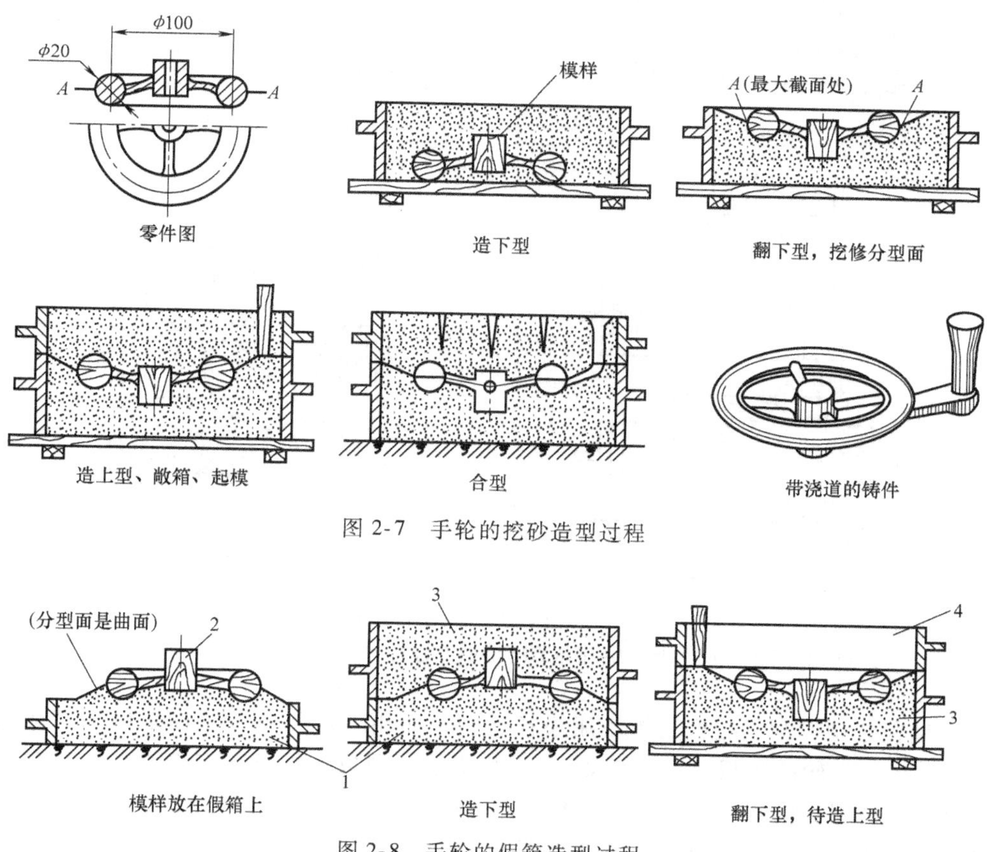

图 2-7　手轮的挖砂造型过程

图 2-8　手轮的假箱造型过程

1—假箱　2—模样　3—下型　4—上型

（6）多箱造型　用两个以上的砂箱制造铸型的过程称为多箱造型，三个砂箱的称三箱造型。有些铸件两端截面尺寸大于中间，使用三箱造型较为方便，可以从两个方向分别起模，带轮的三箱造型如图 2-9 所示。三箱造型特点是模样是分体的，中型上下两面都是分型面，且中箱高度与中型的模样高度相近，适合于结构复杂，需要两个分型面的铸件。

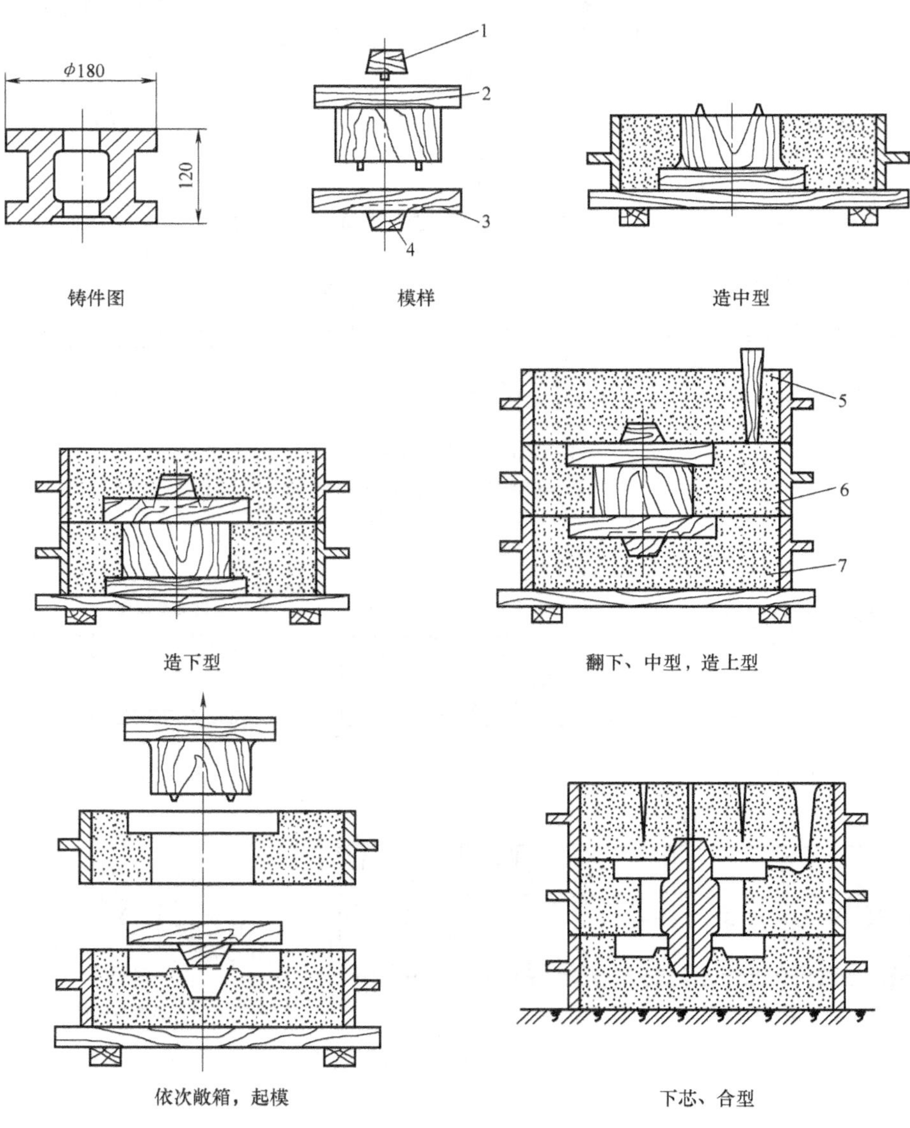

图 2-9　带轮的三箱造型过程

1—上芯头　2—中箱模样　3—下箱模样　4—下芯头　5—上型　6—中型　7—下型

（7）刮板造型　刮板造型是指不用模样造型，而用一块与铸件截面形状相适应的木板造型的方法。大带轮的刮板造型过程如图 2-10 所示。刮板造型省去制作模样的材料和制模工时，节省了费用，提高了效率，仅适合大、中型旋转体铸件的单件生产。

（8）地坑造型　地坑造型是指在预先挖好的地坑中填入型砂，制好砂床，然后将模样卧入砂床内的造型方法。大型铸件单件生产时为了节省砂箱，降低铸型高度便于浇注，多采

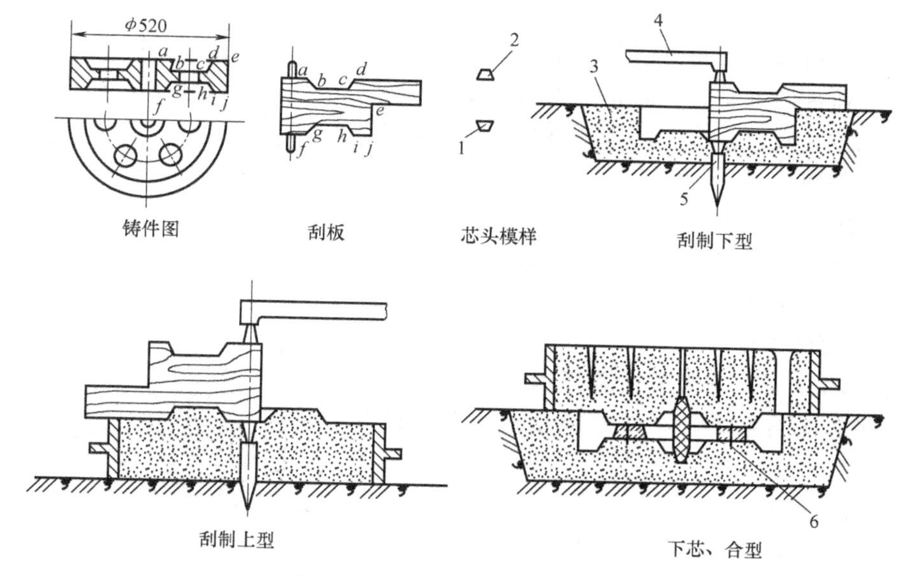

图 2-10　大带轮的刮板造型过程

1—下芯头　2—上芯头　3—砂床　4—刮板支架　5—木桩　6—钉子

用地坑造型。地坑造型合型图如图 2-11 所示。

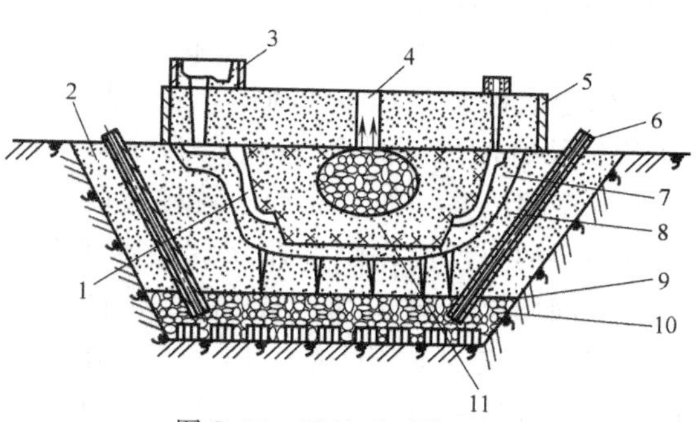

图 2-11　地坑造型合型图

1—型腔　2—砂床　3—浇口盆　4—通气道　5—上型　6—排气管　7—面砂层　8—填充砂　9—草袋　10—焦炭　11—型芯

2. 机器造型

用机器设备完成填砂、紧实、起模，制造砂型的方法称为机器造型。与手工造型相比，机器造型生产效率高，每小时可制造出 500 多个砂型；铸件尺寸精度高，表面粗糙度值较低，基本实现近终形。但是设备与工艺装备投入较大，生产准备时间较长，适合于成批大量生产。

按紧实砂方式，机器造型分为震压式造型、单纯压实高压造型、射压造型、空气冲击造型和静压造型等。

2.3　铸造工艺

铸造工艺方案的主要内容包括铸件的浇注位置、铸型的分型面、型芯、铸造工艺参数、浇注系统、冒口和冷铁等的设计。

2.3.1　铸件浇注位置的确定

铸件的浇注位置是浇注时铸件在铸型中所处的位置。浇注位置对保证铸件质量有重要影响。浇注位置的选择要根据铸件大小、结构特点、合金、生产批量等方面加以确定。以保证铸件质量为出发点，铸件浇注位置的确定应注意以下几项原则：

1. 铸件的重要加工面应朝下或呈侧立面

一般情况下，铸件顶面形成气孔和夹杂物等缺陷的可能性大，而铸件底面和侧面通常出现缺陷的可能性小。因此，铸件的重要加工面和受力面等质量要求高的部位应该放在底面；若有困难，可尽量将其侧立或倾斜放置，如图 2-12 所示。

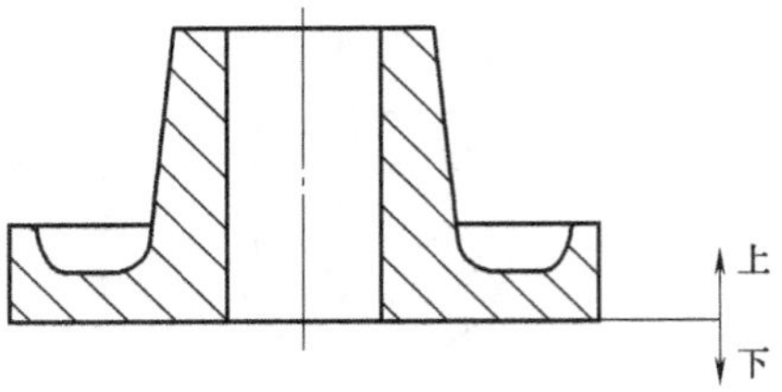

图 2-12　零件的重要加工面朝下

2. 尽可能使铸件的大平面朝下

既可避免气孔和夹渣，又可以防止大平面处夹砂缺陷发生，如图 2-13 所示。

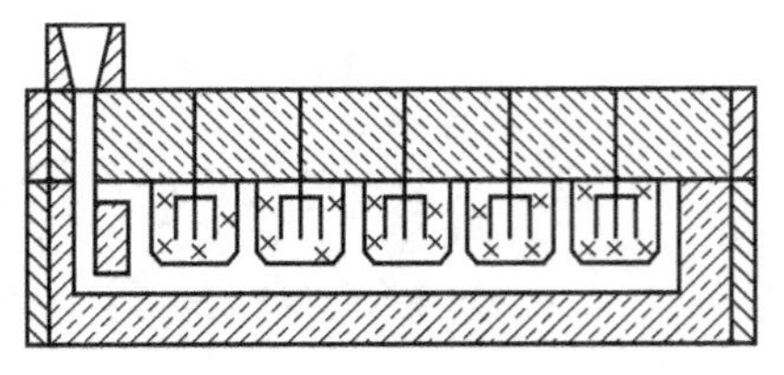

图 2-13　具有大平面的铸件的浇注位置

3. 应保证铸件能充满

应把薄壁部分放在下半部或置于内浇道以下，以免出现浇不足和冷隔等缺陷。图 2-14 所示为曲轴箱盖的浇注位置。

4. 应有利于实现顺序凝固

铸件的厚大或局部厚实部分，应置于铸型的顶部或侧面，以便安放冒口，实现自下而上的顺序凝固，以利于补缩，如图 2-15 所示。

2.3.2　分型面的选择

分型面是指两半铸型相互接触的表面。分型面的选取优劣，对铸件精度、生产成本和生产率影响很大。图 2-16 所示为一简单铸件的分型面方案。如此简单的铸件可以找出七种不同的分型面，而每种分型方案对铸件都有不同影响。图 2-16a 方案保证铸件四边和孔同心，飞翅易于去除。图 2-16b 方案保证内孔和外边平行，飞翅易去除，但很难保证边孔同心。图 2-16c 方案可使孔内起模斜度值减少 50%，这使得内孔取直所需切削去的金属较少。如果铸件是由难于加工的材料铸成，则可显出其优点。缺点是可能有错型。图 2-16d 方案和图 2-16c 方案类似，只是外边斜度值减少 50%。图 2-16e 方案的内孔和外壁

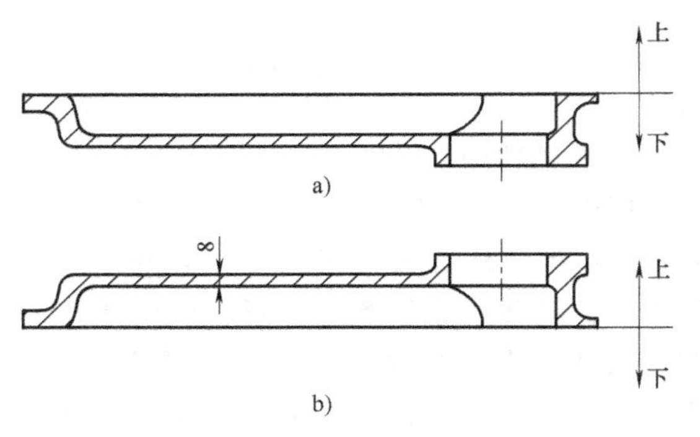

图 2-14　曲轴箱盖的浇注位置

a) 合理　b) 不合理

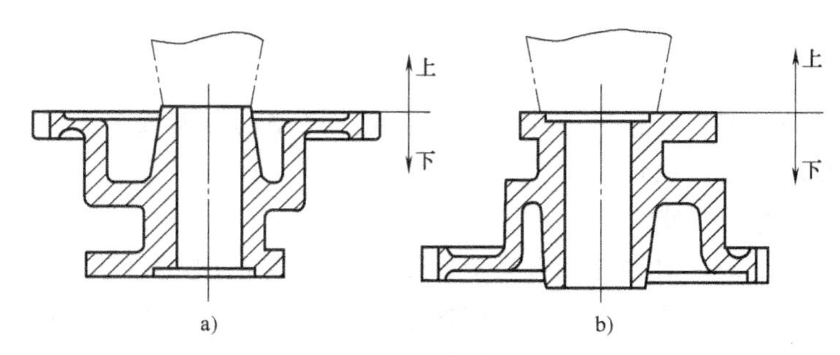

图 2-15　铸钢件浇注位置

a) 不利于补缩　b) 利于补缩

的起模斜度值都减少50%，铸件所需金属以及外边、内孔取直所切去的金属，比任何方案都少。图2-16f方案保证上下两个外边平行于孔的中心线。图2-16g方案则可保证所有4个外边面都平行于孔的中心线。

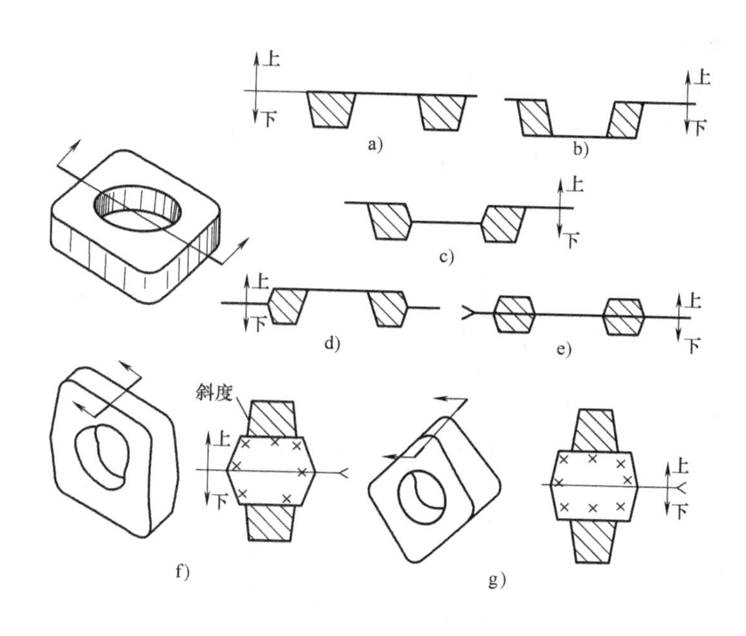

图2-16 一简单铸件的分型面方案

选择分型面时应注意以下几项原则：

1. 尽可能将整个铸件或其主要加工面和基准面置于同一箱内

尽可能将铸件的全部或大部分放在同一箱内，以减少因错型造成的尺寸偏差。

2. 尽可能减少分型面数目

机器造型的中小件，一般只允许一个分型面，以便充分发挥造型机的生产率。分型面数目少，砂箱需要量也少，造型简便，能减少披缝，铸件精度容易保证。如图2-17所示铸件，利用1号和3号两个型芯，可将原设计的三个分型面变为一个分型面。

3. 尽量选用平面分型，简化铸造工艺和装备

平面分型面可以简化造型和模板结构，易于保证铸件精度，但在有些情况下还必须选择曲面分型，如图2-18b所示的方案，铸件的分型面是平直的，但沿整个铸件中线全都可能有披缝，需要砂轮来磨掉，工作量相当大，因此，图2-18a所示的方案反而较合理。

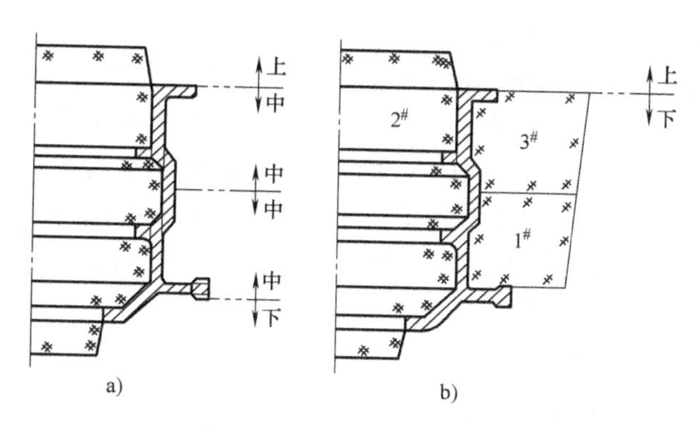

图2-17 减少分型面数目

a）三个分型面 b）一个分型面

4. 分型面应选取在铸件最大投影面处

在最大投影面处可方便起模，不用或少用活块或型芯。通常机器造型不允许采用有活块的方案，而单件、小批生产中有时采用活块较为经济。采用活块或型芯的两种方案如图2-19所示。

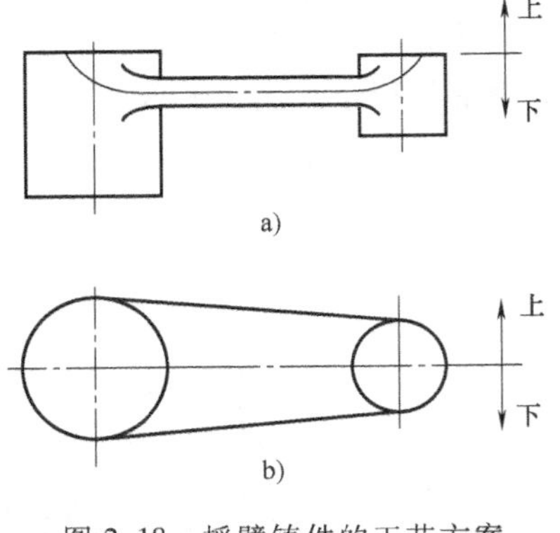

图2-18 摇臂铸件的工艺方案

a）合理 b）不合理

2.3.3 铸造工艺参数

（1）铸造收缩率 为了获得尺寸符合要求的铸件，常在制作模样时将线收缩量加上，以保证收缩后铸件尺寸符合要求。铸造收缩率可用下式表达：

$$K=\frac{L_M-L_J}{L_J}\times 100\%$$

式中，L_M 为模样尺寸；L_J 为铸件尺寸。

（2）加工余量 许多铸件表面都需要经过切削加工才能获得最终符合图样规定的尺寸，所以，铸件上要留出切削量。

（3）起模斜度 制作砂型时，模样被埋在型砂中，紧实后需要取出模样才能形成砂型的型腔。在模样上制作出便于取出模样的斜度，称之为起模斜度。

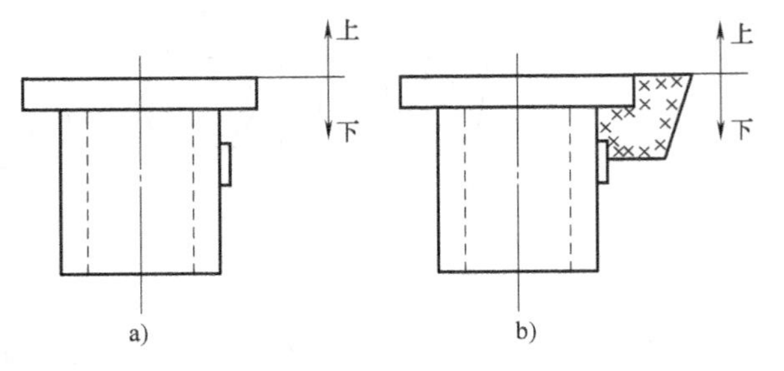

图2-19 采用活块或型芯的两种方案

a）用活块 b）用型芯

（4）最小铸出孔及槽 机械零件上的孔、槽和台阶一般应尽可能铸造出来，这样可节约金属、减少机械加工的工作量。但是，在有些情况下孔和槽又不宜铸出，直接机械加工反而更方便。在确定零件上的孔和槽是否铸出时，必须既考虑铸出这些孔或槽的可能性，又要考虑铸出这些孔或槽的必要性和经济性。

（5）工艺补正量 在单件、小批生产中，由于选用的缩尺不准，或铸件变形等原因，使得加工后的铸件某些部分的厚度小于图样要求尺寸，严重时会因强度太弱而报废。因工艺需要，在铸件相应非加工面上增加的金属层厚度称为工艺补正量。

（6）分型负数 砂型铸造时，由于修型和烘干过程中砂型的变形以及分型面上垫石棉绳或耐火泥条，合型时增大了铸件垂直于分型面方向的尺寸。为了保证铸件尺寸精确，在拟订工艺参数时，为抵消铸件在分型面部位的增厚，在模样上相应减去的尺寸，称为分型负数。

（7）反变形量 铸件在冷却过程中可能产生挠曲变形。制造模样时，可按铸件可能产生变形的相反方向留出变形量，这种在制造模样时预先做出的变形量称为反变形量。

（8）工艺筋 为了防止铸件产生热裂和变形，通常所采取的措施是使用工艺筋，又称铸筋，可分为两种：一种称为割筋，用于防止铸件热裂，另一种称为拉筋（也称加强筋），防止铸件变形。

2.3.4 浇注系统

浇注系统是铸型中液态金属流入型腔的通道，通常由浇口杯、直浇道、直浇道窝、横浇道和内浇道等单元组成，如图2-20所示。

浇注系统设计的正确与否对铸件质量影响很大。浇注系统除导入液态合金这一基本作用外，还具有使液态合金平稳充满型腔，不冲击型壁和型芯，不卷入气体，阻挡夹杂物进入型腔，调节铸件上各部分温差，控制铸件的凝固顺序等作用。

（1）按内浇道在铸件上的位置分类

1）顶注式浇注系统。以浇注位置为基准，内浇道设在铸件顶部的称为顶注式浇注系统，如图 2-21 所示。优点：容易充满，可减少薄壁件浇不到、冷隔方面的缺陷；充型后上部温度高于底部，有利于铸件自下而上的顺序凝固和冒口的补缩；冒口尺寸小，节约金属；内浇道附近受热较轻；结构简单，易于清除。缺点：易造成冲砂缺陷，金属液下落过程中接触空气，会出现飞溅、氧化、卷入空气等现象，使充型不平稳；易产生砂孔、铁豆、气孔和氧化夹杂物等缺陷。

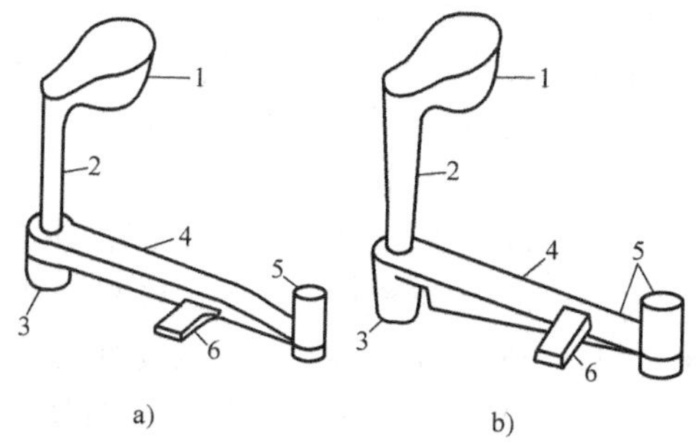

图 2-20　浇注系统的基本形式

a）开放式　b）封闭式

1—浇口杯　2—直浇道　3—直浇道窝　4—横浇道　5—末端延长段　6—内浇道

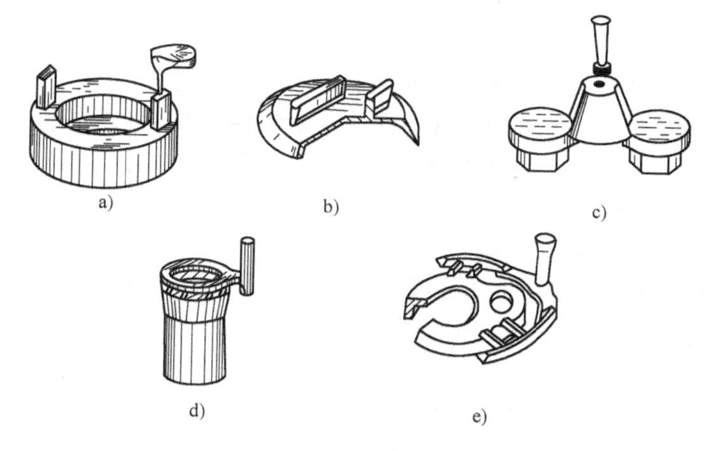

图 2-21　顶注式浇注系统

a）简单式　b）楔形（刀片）式　c）压边式　d）雨淋式　e）搭边式

2）底注式浇注系统。内浇道设在铸件底部的称为底注式浇注系统，如图 2-22 所示。主要优点：内浇道充满，充型平稳；可避免金属液飞溅、氧化；横浇道有利于阻渣。主要缺点：充型后金属的温度分布不利于顺序凝固和冒口补缩；内浇道附近容易过热，导致缩孔、缩松和结晶粗大等缺陷；金属液面上升慢，容易结皮，难于保证高大的薄壁铸件充满，易形成浇不到、冷隔等缺陷；金属消耗较大。

3）中间注入式浇注系统。在铸件中间某一高度上开设内浇道称为中间注入式浇注系统，如图 2-23 所示。对内浇道以下的型腔部分为顶注式，对内浇道以上的型腔部分相当于底注式，它兼有顶注式和底注式浇注系统的优缺点。由于内浇道在分型面上开设，故极为方便，广为应用，适用于高度不大的中等壁厚的铸件。

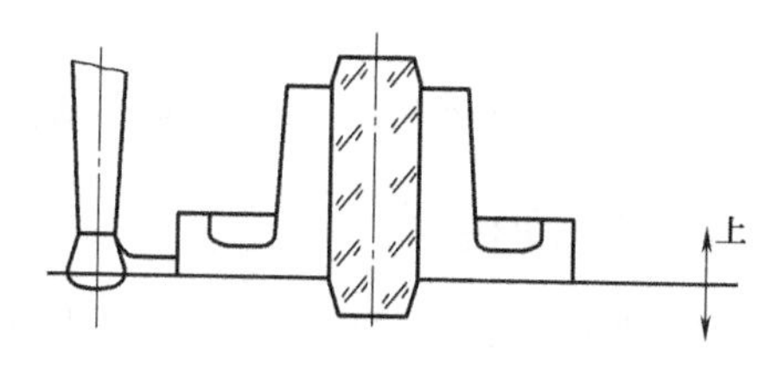

图 2-22　底注式浇注系统的一般形式

4）阶梯式浇注系统。在铸件不同高度开设多层内浇道称为阶梯式浇注系统，如图 2-24 所示。阶梯式浇注系统适用于高度大的中、大型铸件。阶梯式浇注系统充型平稳，避免了喷射和飞溅。金属液自下而上地充满型腔，有利于排气，而且铸件上部的温度高于下部，能方便实现自下而上、最后到冒口的顺序凝固，可使冒口充分补缩铸件。其缺点是结构复杂，故造型和清理工作也较复杂。

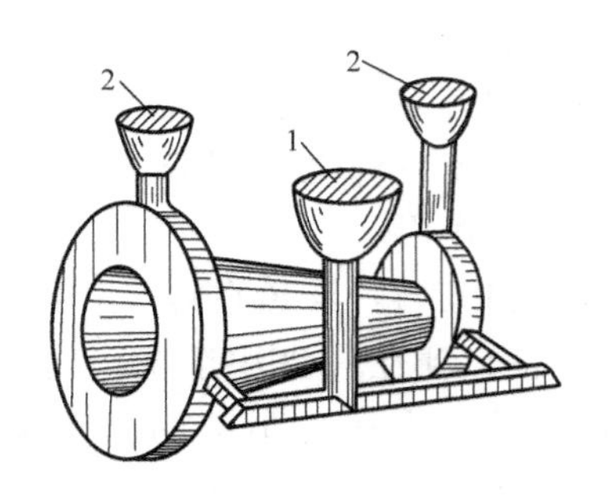

图 2-23 中间注入式浇注系统
1—浇口杯 2—出气冒口

（2）按浇注系统各组元截面比例分类

1）封闭式浇注系统。封闭式浇注系统可理解为在正常浇注条件下，所有组元能被金属液充满的浇注系统。其直浇道截面积大于横浇道截面积，横浇道截面积又大于内浇道截面积总和，可表示为 $A_{直}>A_{横}>A_{内}$，也称为充满式浇注系统。其优点是有较好的阻渣能力，可防止金属液卷入气体，消耗金属少，清理方便。缺点是进入型腔的金属液流速高，易产生喷溅和冲砂，使金属氧化，使型内金属液发生扰动、涡流和不平静。因此，主要应用于不易氧化的各种铸铁件。对于容易氧化的轻合金铸件、采用漏包浇注的铸钢件和高大的铸铁件，均不宜使用。

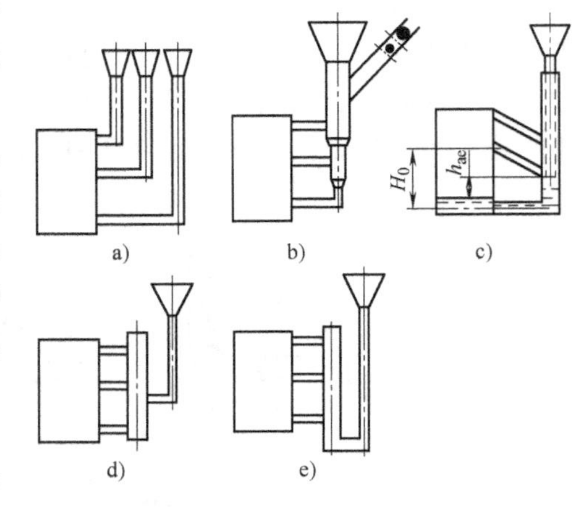

图 2-24 阶梯式浇注系统
a）多直浇道 b）用塞球法控制 c）控制各组员比例 d）带缓冲直浇道 e）带反直浇道

2）开放式浇注系统。在正常浇注条件下，金属液不能充满所有组元的浇注系统。可表示为 $A_{直}<A_{横}<A_{内}$，浇注系统各组元均呈非充满状态，几乎不能阻渣而且会带入大量气体。主要优点是进入型腔时金属液流速小，充型平稳，冲刷力小，金属氧化轻。适用于轻合金铸件、球墨铸铁件、铸钢件。主要缺点是阻渣效果稍差，内浇道较大，金属消耗略多。

3）半封闭式浇注系统。可表示为 $A_{内}<A_{直}<A_{横}$，兼有以上两者之优点，挡渣能力强，对铸型冲刷小，应用也很多。

2.3.5 冒口与冷铁

冒口是在铸型内人为设置的储存金属液的结构体，在铸件形成时补给金属，用以补偿铸件形成过程中可能产生的收缩，有防止缩孔、缩松、排气和集渣的作用。习惯上把冒口所铸成的金属实体也称为冒口。冒口按补缩原理和适用的合金种类分普通冒口和特种冒口；冒口按顶部是否覆盖分明冒口和暗冒口；冒口按位置分顶冒口和边冒口。

冷铁是用来增强铸件局部冷却速度的激冷物。在铸件凝固过程中，当各处冷却速度相同时就不容易产生缩孔。采用安放冷铁的措施，可以实现薄壁处与厚壁处同时凝固的目的。

2.4 特种铸造

特种铸造是指砂型铸造以外的所有铸造方法。特种铸造方法很多，各有其特点和适用范围，它们从各个不同的侧面弥补了砂型铸造的不足。本节主要介绍常用的几种特种铸造方法，如熔模铸造、金属型铸造、压力铸造、低压铸造和离心铸造。

2.4.1 熔模铸造（失蜡铸造）

熔模铸造是采用易熔材料（蜡料）制成模样（蜡模），再在模样上包覆若干层耐火材料制成型壳，熔出模样后经高温焙烧、浇注金属液获得铸件的方法。

1. 熔模铸造的工艺过程

熔模铸造工艺过程如图2-25所示。

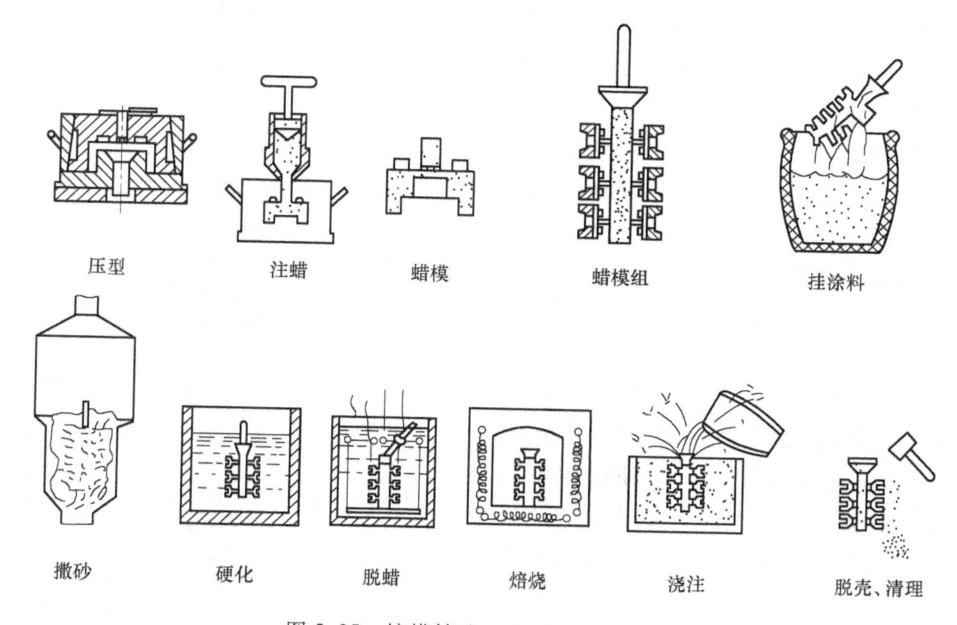

图2-25 熔模铸造工艺过程示意图

（1）制作压型 压型是用于压制模样的模具。一般用钢或铝合金制成。小批量生产可用易熔合金、树脂和石膏等制造。

（2）注蜡 将糊状蜡料注入压型制成蜡模。蜡料可用50%石蜡和50%硬脂酸（质量比）配制，其熔点约为55℃。

（3）焊接模组 将若干蜡模焊到用蜡料制成的浇注系统上，形成蜡模组。

（4）挂涂料 在蜡模组上涂覆耐火涂料。常用的涂料是水玻璃和石英粉（极细）配成的。

（5）撒砂 往涂料层上撒覆硅砂。

（6）硬化 将撒砂后的模组浸入化学硬化液中促使耐火涂料层硬化。生产中常用20%氯化铵液或聚合氯化铝溶液作为硬化液。

（7）脱蜡 加热熔失蜡模而获得型壳。

（8）焙烧 将型壳加热到一定温度以除去壳中的水和残蜡。焙烧还能提高型壳的强度。

（9）浇注、脱壳取出铸件并清理。

2. 熔模铸造的特点

熔模铸造由于是将蜡模熔失，故型壳无分型面，并且由于采用高耐火度的材料，使这种铸造方法具有下列优点：铸件精度和表面质量高，精度可达IT11~IT14级，表面粗糙度值

Ra12.5~1.6μm；可铸造出涡轮、叶轮等特殊形状和用切削加工难于成形的铸件；能适用于各种合金，特别是高熔点合金（如耐热合金钢）铸件的制造。

熔模铸造的工序多，周期长，型壳只能浇注一次，成本高，效率低。此外模料强度低，易受温度影响而软化变形，不宜制造大型铸件，也不宜单件生产。

2.4.2 金属型铸造

将熔融金属用重力浇注到金属铸型中获得铸件的方法称为金属型铸造。金属型一般用钢或铸铁等材料制成。图2-26所示为垂直分型的金属型构造图。它由可垂直分开的两个半型和型芯、定位销、销扣、底座、心轴、手柄组成。铸型的浇口开设在垂直分型面上，启闭方便、排气容易。

金属型铸造的工艺过程主要是预热金属型，在金属型型腔表面喷刷耐火涂料，合型，浇注，开型取出铸件，清理，检验。

金属型铸造的优点是金属型可多次使用，一般可用几百次到上万次，实现了一型多铸，生产率高。金属型腔尺寸精确，表面光滑，所得铸件尺寸精度和表面质量较高，精度为IT12~IT14，表面粗糙度值 Ra12.5~6.3μm。金属型对铸件有激冷作用，铸件组织晶粒细密、力学性能好。金属型制造成本高，不适合单件或小批量生产。主要用于生产较大批量的非铁合金铸件，有时也用于生产铸铁件和铸钢件。

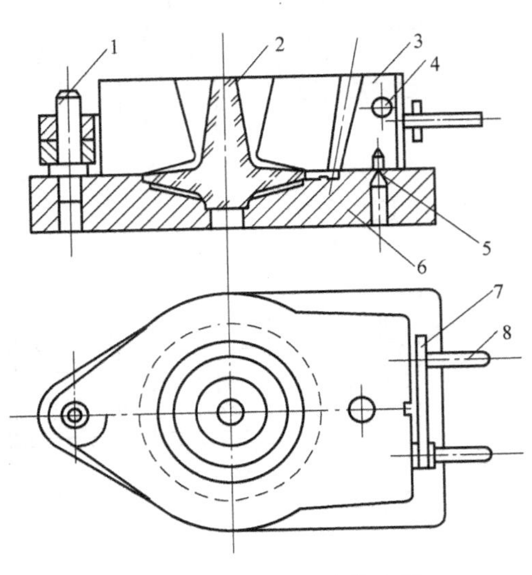

图2-26 金属型的构造图

1—心轴 2—型芯 3—半型 4、5—定位销 6—底座 7—销扣 8—手柄

2.4.3 压力铸造

压力铸造是指在高压下快速地将液态或半液态金属压入金属型中，并在压力下凝固而获得铸件的铸造方法。它的基本特点是高压（5~70MPa，甚至高达200MPa）、高速（充型时间为0.03~0.2s）。

（1）压力铸造过程 压铸是在压铸机上进行的，压铸机的种类很多，原理基本相似。图2-27所示为立式压铸机压铸过程示意图。压铸型由定型、动型组成。定型固定在压铸机的定模板上，动型安装在压铸机的动模板上。首先使动型与定型合紧，合型后，浇入压室2中的液态金属3被已封住喷嘴6的反料冲头8托住，当压射冲头1向下压到液态金属面时，反料冲头8下降（下降高度由弹簧或分配阀控制），打开喷嘴6，液体金属被压入型腔。凝固后，压射冲头1退回，反料冲头8上升，切断余料9，并将其顶出压室2，余料取走后反料冲头再降到原位，然后开型取出铸件，完成一个压铸循环。

（2）压力铸造特点

1）生产效率高，容易实现自动化。压铸是目前铸造方法中生产率最高的一种方法，每小时可压铸50~500次。

2）能铸出形状复杂的薄壁铸件，也能直接铸出各种小孔、螺纹。铸件的精度和表面质量高于金属型铸造的铸件，精度为IT11~IT13，表面粗糙度值 Ra3.2~0.8μm。压铸件一般

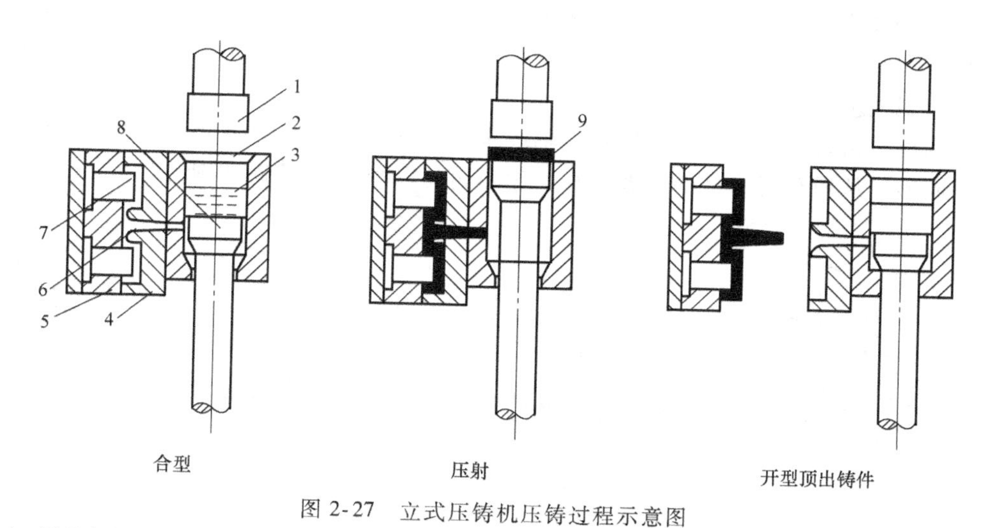

图 2-27 立式压铸机压铸过程示意图

1—压射冲头 2—压室 3—液态金属 4—定型 5—动型 6—喷嘴 7—型腔 8—反料冲头 9—余料

不用进行切削加工就可直接使用。

压铸时金属液裹进的气体不容易排出，故压铸件皮下常产生细小分散的气孔并导致压铸件不宜进行热处理。

压铸机设备昂贵，压铸型制造费用高，经济上只有大量生产时才合算。由于目前钢铁材料的压铸问题还未解决，故压铸适用于大批量非铁合金铸件的生产。

2.4.4 低压铸造

低压铸造是利用低压（2~7N/cm^2）使金属液由下而上地填充铸型从而获得铸件的铸造方法。

（1）低压铸造工作原理 低压铸造工作原理如图 2-28 所示。铸型装在坩埚的密封盖上，浇口与坩埚盖上的升液管相通。铸造时，将干燥的压缩空气通入密封的坩埚内，金属液沿升液管平稳上升充入铸型。保压到铸件凝固后去压，浇口和升液管中的金属液流向坩埚内，打开上型取出铸件。

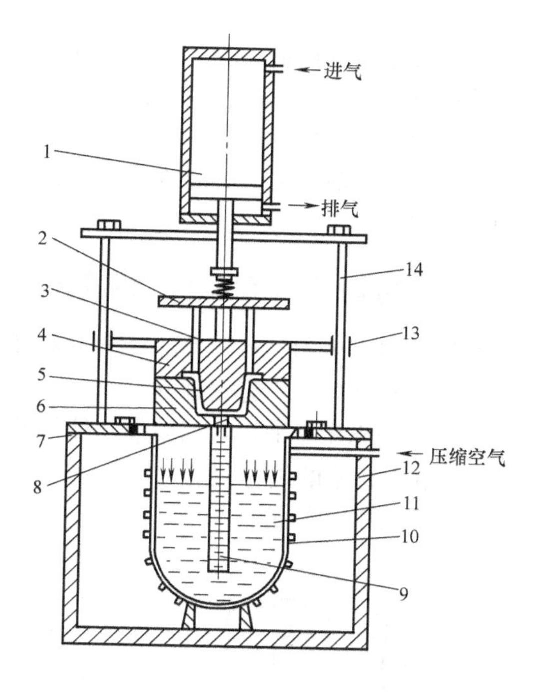

图 2-28 低压铸造工作原理图

1—气垫 2—顶板 3—顶杆 4—上型 5—型腔 6—下型 7—密封垫 8—浇口 9—升液管 10—坩埚 11—金属液 12—保温炉 13—滑套 14—导柱

（2）低压铸造特点

1）低压铸造合金液充型平稳，铸件在压力下结晶而且是自上而下顺序凝固，故铸件组织致密，强度高，气密性好。浇注系统简单，不用冒口，浇口中的金属液能回落入坩埚，故金属利用率高达 90%~98%。

2）充型压力和速度便于控制，可使用金属型、砂型、熔模型壳等各种铸型。设备比压铸简单，便于实现机械化和自动化。低压铸造目前主要用来生产质量要求高的铝、镁合金铸件。

2.4.5 离心铸造

离心铸造是指将熔融金属浇入绕水平轴或垂直轴高速旋转的铸型里，在离心力作用下充型、凝固成形，从而获得铸件的铸造方法。离心铸造示意图如图2-29所示。

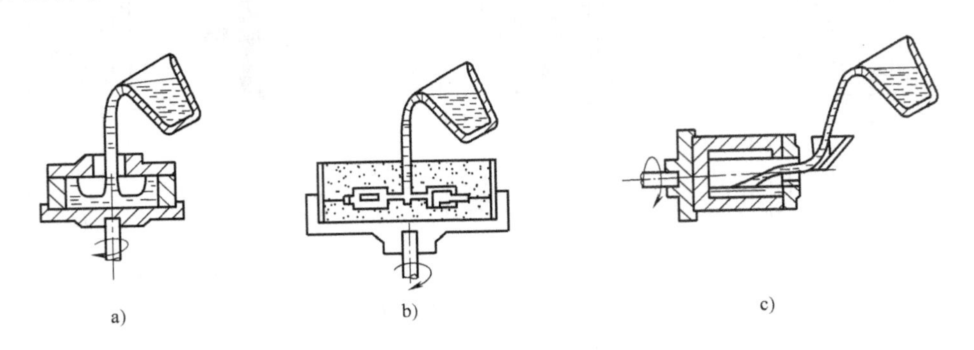

图2-29 离心铸造示意图

a）立式离心机铸造盘类铸件 b）立式离心机铸造成形铸件 c）卧式离心机铸造管套类铸件

离心铸造使用金属型也可使用砂型。利用离心力能得到壁厚均匀的圆筒形铸件，也能用于生产成形铸件。

离心铸造的特点是：适于生产长度较大的管类铸件，可不用型芯和浇注系统，省工省料，铸件成本低。离心铸造单靠离心力获得的管件内孔尺寸偏差较大，表面粗糙。若需加工，必须增大加工余量。

离心铸造目前多用于制造铸铁管、双金属滑动轴承，也常用于刀具、泵轮和涡轮等成形件的离心浇注。

2.5 减速机箱体和箱盖零件的铸造实训

减速机的箱体和箱盖的毛坯件，是采用砂型铸造的方法生产的，下面分别作简要说明。

2.5.1 箱体砂型手工造型过程

箱体砂型采用了活块、挖砂等几种手工造型方法完成，如图2-30所示。

2.5.2 箱体型芯的制作过程

制芯型芯的制作过程如图2-31所示。

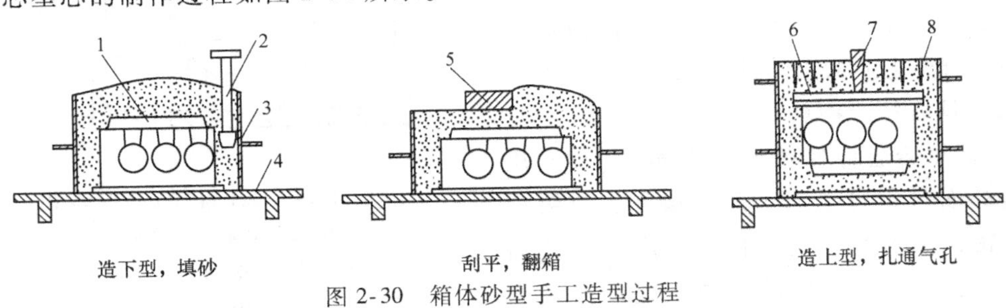

图2-30 箱体砂型手工造型过程

1—模样 2—砂舂 3—下砂箱 4—底板 5—刮砂板 6—横浇道 7—浇道棒 8—通气孔

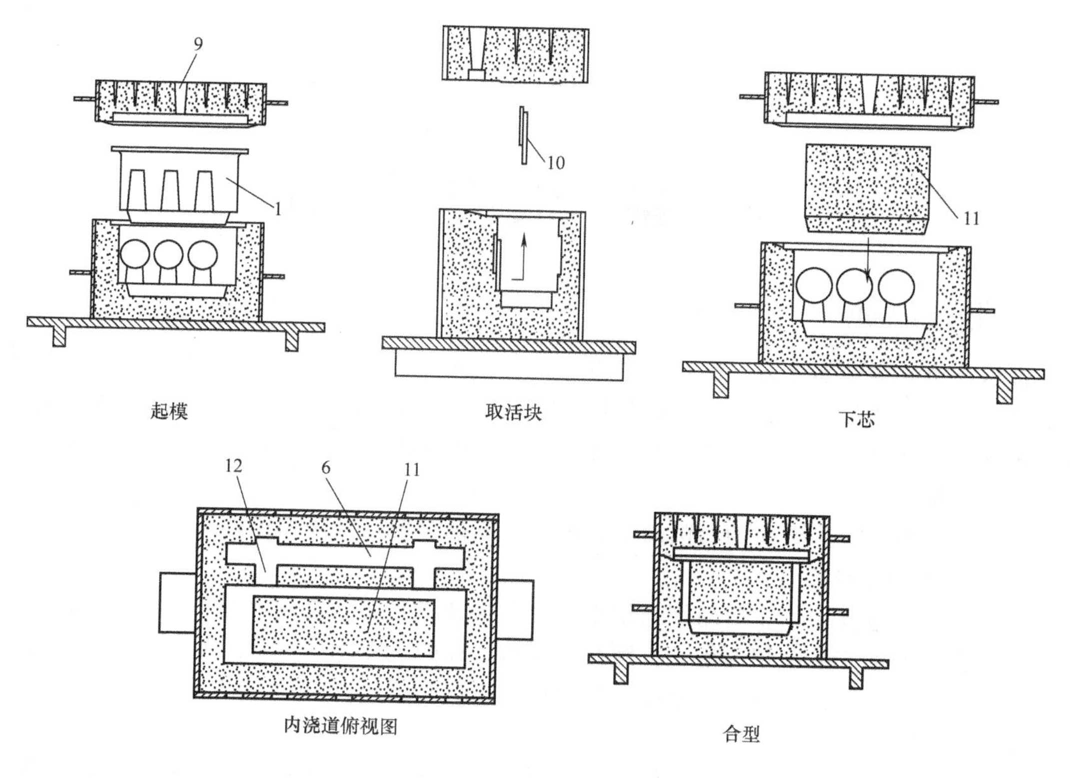

图 2-30　箱体砂型手工造型过程（续）

9—直浇道　10—活块　11—型芯　12—内浇道

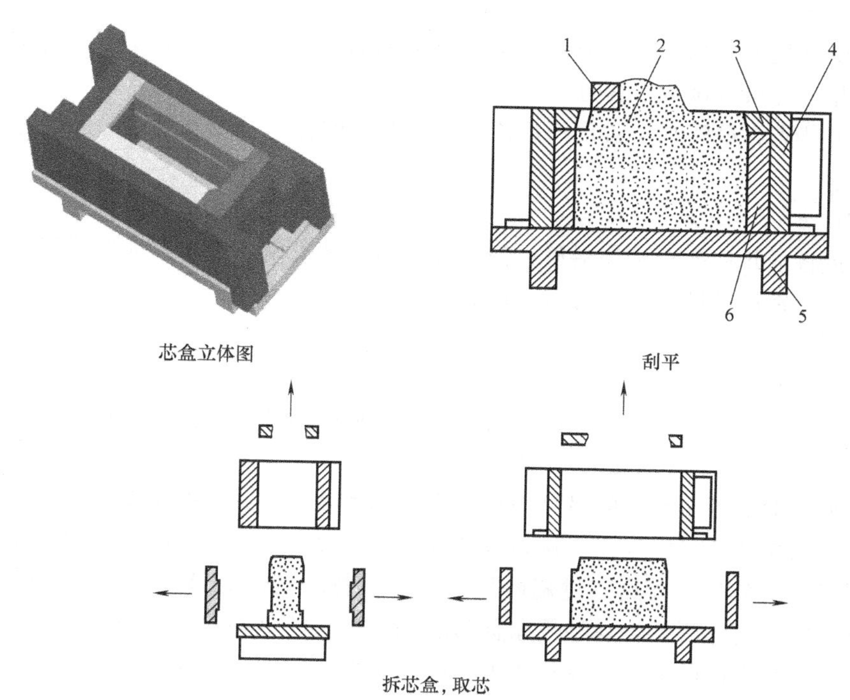

图 2-31　箱体型芯制作过程

1—刮砂板　2—型芯　3—上活块　4—芯盒　5—芯盒底座　6—下活块

第3章　锻压实训

3.1　锻压概述

锻压是对坯料施加外力，使其产生塑性变形，从而获得一定尺寸、形状及具有一定力学性能毛坯或零件的加工方法。锻压通常是指锻造和板料冲压的总称。主要包括自由锻造、模锻和板料冲压几种方法。具有同样特征的加工方法还有轧制、挤压和拉拔等。这些加工方法统称为压力加工。

锻造和板料冲压同金属的切削加工、铸造、焊接等加工方法相比具有如下特点：

1. 产品的力学性能好

在塑性成形过程中，金属内部组织得到改善，使工件获得良好的力学性能和物理性能。因而，锻造生产的产品常用作承受重载荷及冲击载荷的重要零件；常用的冲压加工可提高产品的强度和硬度，得到质量轻、刚度好的冲压件。

2. 节省金属材料

金属塑性成形是金属材料在塑性状态下依靠形状的改变和体积的转移来实现的，因此材料利用率高，可节约大量金属材料。

3. 锻压件形状不能太复杂

金属的塑性变形是依靠金属原子的移动来实现的，而固态下金属原子的移动比较困难，所以，其产品的复杂程度低于铸件。

由于以上特点，锻压加工被广泛应用于机械制造的各个领域。

3.2　锻造

锻造是指将加热后的金属坯料放在锻压设备的砧铁或模具之间，施加锻压力以获得毛坯或零件的方法。常用的锻造方法有自由锻、胎模锻和模锻等。

3.2.1　自由锻

1. 金属的加热

锻造前金属坯料要加热，加热的目的是提高坯料的塑性并降低变形抗力，以改善其锻造性能。

各种材料在锻造时所允许的最高加热温度，称为该材料的始锻温度。金属材料终止锻造的温度，称为该材料的终锻温度。从始锻温度到终锻温度之间的间隔，称为锻造温度范围。

始锻温度过高会产生过热和过烧两种缺陷。晶粒间低熔点杂质的熔化和晶粒边界的氧化，会削弱晶粒之间的联系，这种现象称为过烧。过烧的钢料是无可挽回的废品，锻打时必然碎裂。而过热时内部的晶粒会变得粗大，晶粒粗大锻件的力学性能较差，可采取增加锻打次数或断后热处理的办法，使晶粒细化。

终锻温度过低会产生裂纹缺陷。坯料在锻造过程中，随着热量的散失，温度不断下降，因而塑性越来越差，变形抗力越来越大。温度下降到一定程度后难以继续变形，且易产生断裂，必须及时停止锻造重新加热。

几种常用金属材料的锻造温度范围见表3-1。

表3-1 常用金属材料的锻造温度范围

材 料	始锻温度/℃	终锻温度/℃
低碳钢	1200~1250	800
中碳钢	1150~1200	800
合金结构钢	1100~1180	850
合金钢 W18Cr4V	1100	900
弹簧钢 65Mn	1200	830

根据所采用的热源不同，金属毛坯的加热设备主要有反射炉、室式炉和箱式电阻炉几种。

2. 自由锻设备

自由锻是指用简单、通用的工具在自由锻设备的上下砥铁间直接使坯料变形从而获得锻件的生产方法。它使用的工具简单，操作灵活，但是，锻件的精度低、生产率低、工人劳动强度大，所以，只适用于单件、小批量和大型锻件生产。自由锻分为手工自由锻和机器自由锻，机器自由锻是自由锻生产的主要生产方法。常用的机器自由锻设备有空气锤、蒸汽空气锤和水压机等。

空气锤是生产小型锻件的常用设备，也是实习的常见设备。其外形及主要结构如图3-1所示。空气锤的规格是以落下部分的质量来表示的，落下部分包括了工作活塞、锤杆、锤头和上砥铁。例如，150kg空气锤，是指其落下部分质量为150kg，而不是指它的打击力。

空气锤由锤身、压缩缸、工作缸、传动机构、操纵机构、落下部分及砧座等组成。锤身和压缩缸及工作缸铸成一体；传动机构包括减速机构和曲柄、连杆等；操纵机构包括脚踏杆（或手柄）、旋阀和连接杠杆。

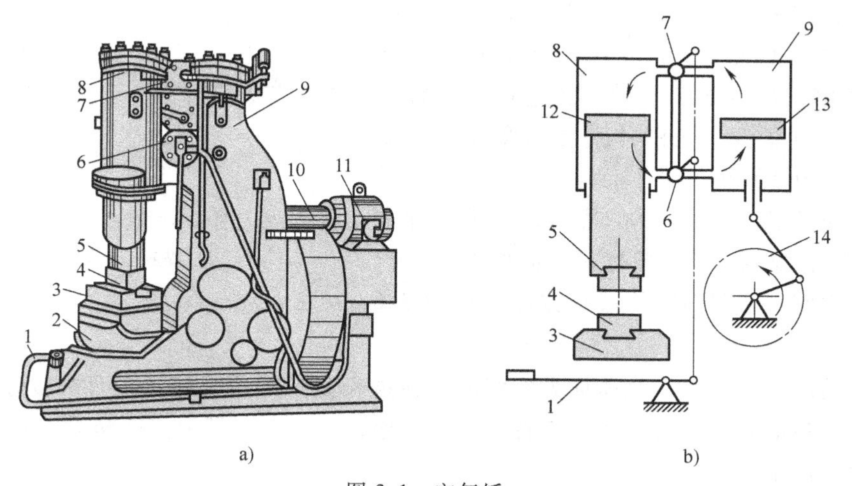

图3-1 空气锤

a）外形图 b）传动简图

1—踏杆 2—砧座 3—砧垫 4—下砥铁 5—上砥铁 6—下旋阀 7—上旋阀 8—工作缸 9—压缩缸 10—减速装置 11—电动机 12—工作活塞 13—压缩活塞 14—连杆

3. 自由锻基本工序

锻件的锻造成形过程由一系列变形工序组成，根据工序的实施阶段和作用不同，自由锻工序可分为基本工序、辅助工序和精整工序三大类。基本工序是指使金属坯料实现主要的变形要求，达到或基本达到锻件所需形状和尺寸的工序，它包括镦粗、拔长、冲孔、扭转、错移、切割等。辅助工序是指进行基本工序之前的预变形工序，如压钳口、倒棱、压肩等。精整工序是指在完成基本工序之后，用于提高锻件尺寸及位置精度的工序。下面简单介绍几种常用的基本工序。

（1）镦粗　是指使坯料高度减小，横截面积增大的工序。镦粗分为完全镦粗和局部镦粗两种，如图 3-2 所示。主要应用于齿轮坯、凸缘、圆盘等零件。

镦粗时应注意镦粗部分的长度与直径之比应小于 2.5，否则容易镦弯，如图 3-3 所示。另外，高径比过大或锤击力不足，还可能将坯料镦成双鼓形或叠形，如图 3-4 所示。所以，镦粗前坯料端面要平整且与轴线垂直，锻打用力要正，坯料镦粗部分的加热必须均匀。

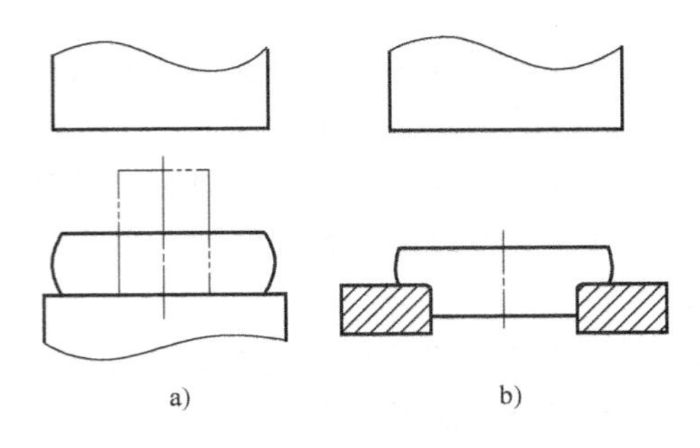

图 3-2　镦粗

a）整体镦粗　b）局部镦粗

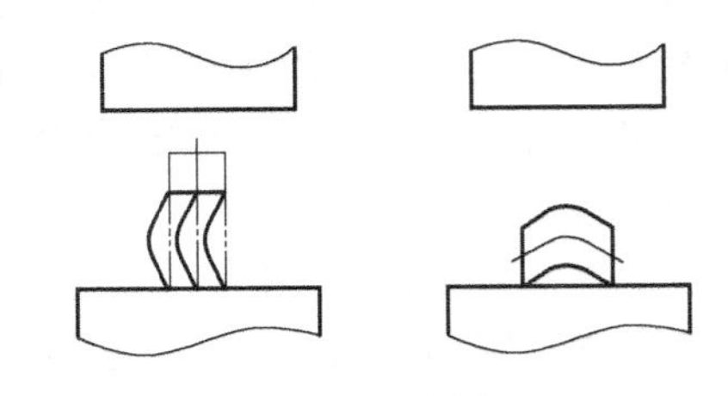

图 3-3　镦弯

（2）拔长　拔长是指使坯料的长度增加、截面减小的锻造工序，通常用来生产轴类件毛坯，如车床主轴、连杆等。锻打时，工件应沿砥铁的宽度方向送进，每次的送进量 L 应为砥铁宽度 B 的 0.3~0.7 倍，如图 3-5 所示。送进量太小容易产生夹层；送进量太大，锻件主要向宽度方向流动，使拔长的效率降低。

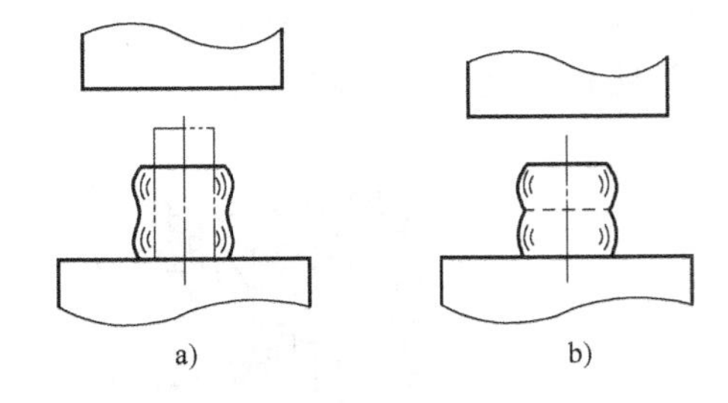

图 3-4　双鼓形及叠形

a）双鼓形　b）叠形

坯料在拔长过程中应作 90°翻转，较重锻件常采用锻打完一面翻转 90°再锻打另一面的方法；较小锻件则采用来回翻转 90°的锻打方法，如图 3-6 所示。

圆形截面坯料拔长时，先锻成方形截面，在拔长到方形边长接近锻件所要求的直径时，将方形锻成八角形截面，最后倒棱滚打成圆形截面，如图 3-7 所示。这样拔长效率高，且能避免中心裂纹产生。

台阶的轴类件拔长时，应先在台阶处压出凹槽，称为压肩，如图 3-8 所示。压肩后，再把截面较小的一端锻出。

长筒类锻件在拔长时，需要在芯棒上拔长，如图 3-9 所示。坯料需先冲孔，然后套在拔长芯轴上拔长，坯料边旋转边轴向送进，并严格控制送进量。

拔长时，工件要放平，并使侧面与砧面垂直，锻打要准，力的方向要垂直，以免产生菱形。

（3）冲孔　冲孔是指在坯料上用冲子冲出通孔或不通孔的锻造工序。由于冲孔时锻件的局部变形量很大，为了提高塑性，防止冲裂和损坏冲子，应将坯料加热到允许的最高温度，而且均匀热透。为了保证冲出孔的位置准确，需在镦粗平整的坯料表面孔的位置上先试冲，如果位置不正确可做修正，然后冲出浅坑，放少许煤粉，再继续冲至约 3/4 深度时，借助于煤粉燃烧的膨胀气体取出冲子，翻转坯料，从反面将孔冲透，如图 3-10 所示。

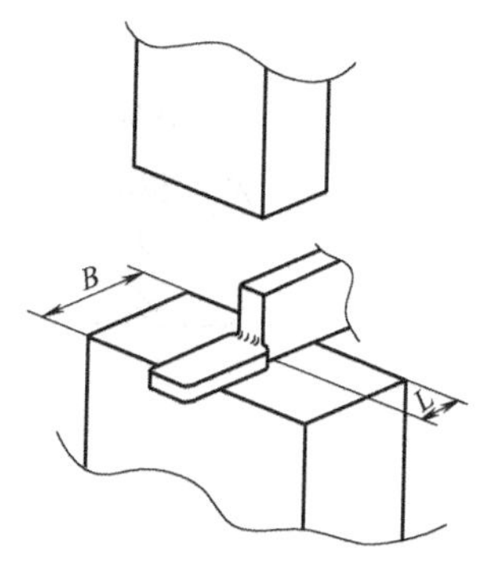

图 3-5　拔长

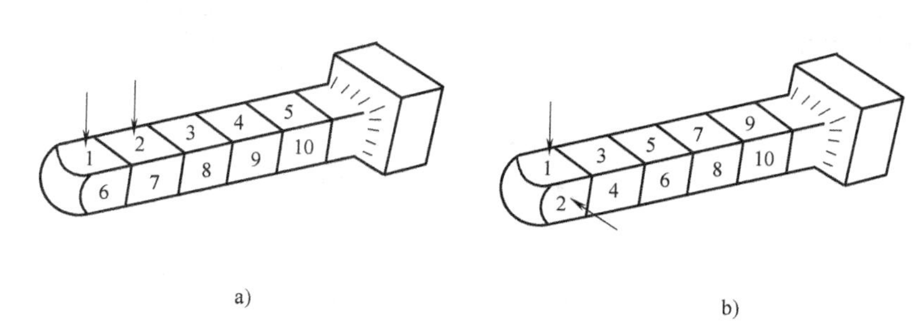

图 3-6　拔长时坯料的翻转方法
a）打完一面后翻转 90°　b）来回翻转 90°锻打

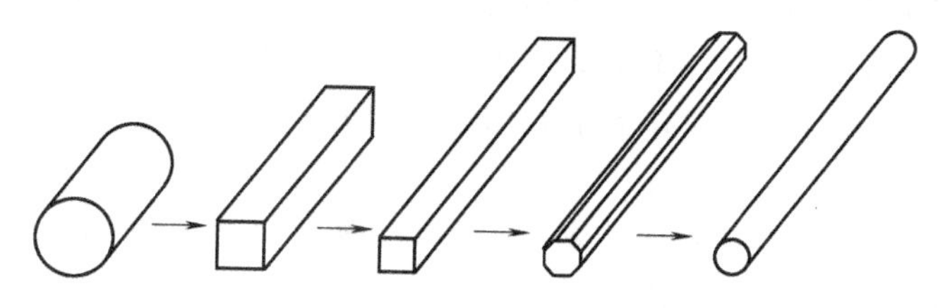

图 3-7　圆形截面坯料拔长时的拔长过程

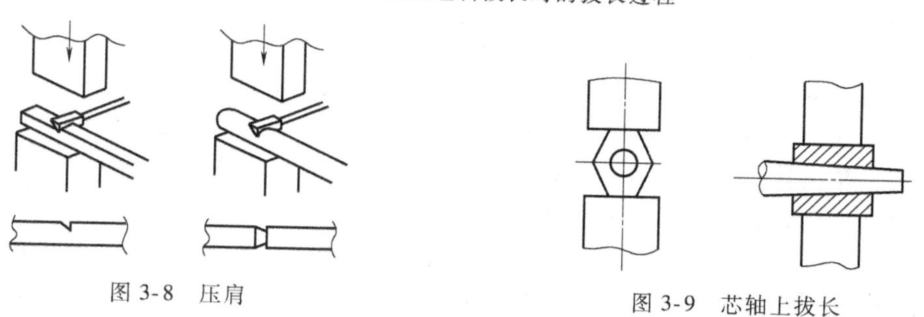

图 3-8　压肩

图 3-9　芯轴上拔长

3.2.2　胎模锻

胎模锻是指在自由锻的设备上使用简单的非固定模具（胎模）生产锻件的方法。每锻造一个锻件，胎模的各组件要往砧座处放上和取下一次。胎模锻一般先采用自由锻镦粗或拔长工序制坯，然后在胎模内终锻成形。与自由锻相比，胎模锻具有锻件尺寸较精确、生产效率高和节约金属等优点。胎模的种类主要有以下三种，如图 3-11 所示。

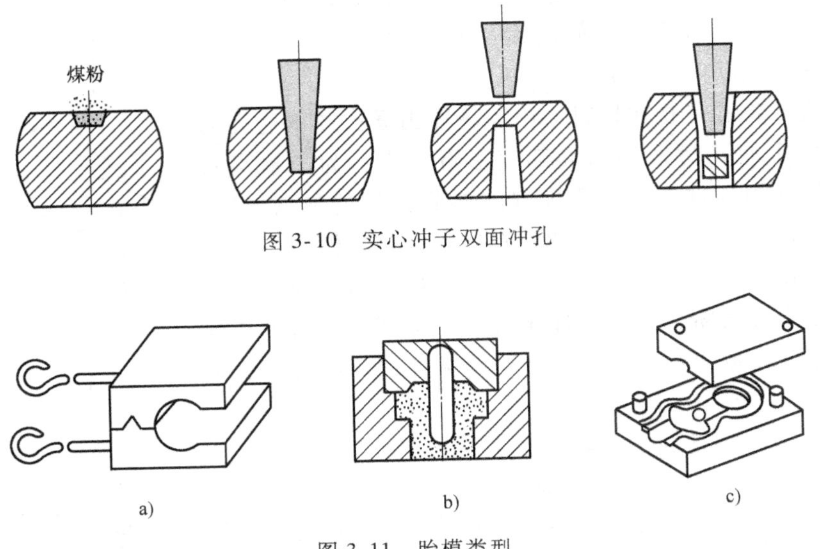

图 3-10　实心冲子双面冲孔

图 3-11　胎模类型
a）扣模　b）套筒模　c）合模

1. 扣模

扣模用于锻造非回转体锻件，具有敞开的模膛，如图 3-11a 所示。锻造时，工件一般不翻转，不产生飞边，既用于制坯，也用于成形。

2. 套筒模

套筒模主要用于回转体锻件，有开式和闭式两种。闭式套筒模如图 3-11b 所示。锻造时金属处于模膛的封闭空间中变形，不形成飞边。由于导向面间存在间隙，往往在锻件端部间隙处形成横向飞边，需进行修整。该方法要求坯料尺寸精确。

3. 合模

合模一般由上、下模及导向装置组成，如 3-11c 所示。用来锻造形状复杂的锻件，锻造过程中多余金属流入飞边槽形成飞边。

3.2.3　模锻

模锻是指将坯料加热后放在上、下锻模的模膛内，施加冲击力或压力，使坯料在模膛所限制的空间内产生塑性变形，最终获得和锻模模膛相适应的锻件的锻造生产方法。

锻模有单模膛锻模和多模膛锻模。图 3-12 所示为单模膛锻模，它用燕尾槽和斜楔配合使锻模固定，防止其脱出和左右移动；用键和键槽的配合使锻模定位准确，并防止前后移动。锻造时，加热好的坯料放在下模模膛里，锤头带动上模进行锻击，使金属流动并充满模膛而形成锻件，多余的金属被压入飞边槽内形成飞边，模锻后再将其切除。模锻形状复杂的零件时，需要用开有几个模膛的多模膛进行模锻，使坯料在几个模膛内逐步成形，最后在终锻模膛锻成所需形状。图 3-13 所示为多模膛锻模。

模锻可以在多种设备上进行。在工业生产中，锤上模锻大都采用蒸汽-空气锤，吨位为 5~300kN。固定模锻具有生产率高、锻件质量好、形状可以较复杂以及节省金属材料等优点，但它需要昂贵的模锻设备和锻模，锻件的大小受到模锻设备吨位的限制，仅适用于大批量生产中、小型锻件。

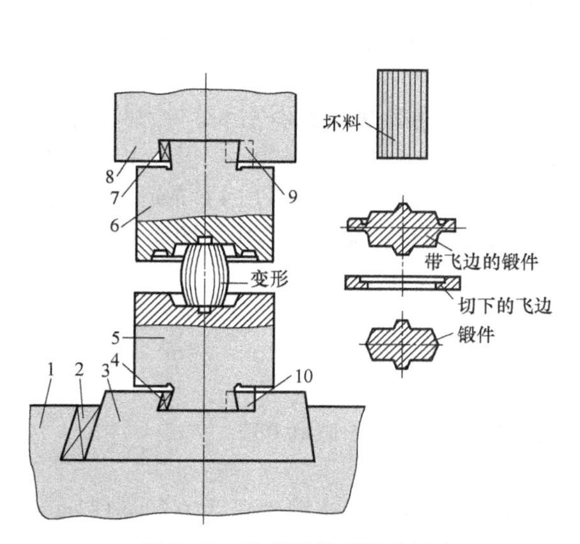

图 3-12　单模膛锻模及其固定

1—砧座　2—模座楔　3—模座　4—下模用楔　5—下模　6—上模　7—上模用楔　8—锤头　9—上模用键　10—下模用键

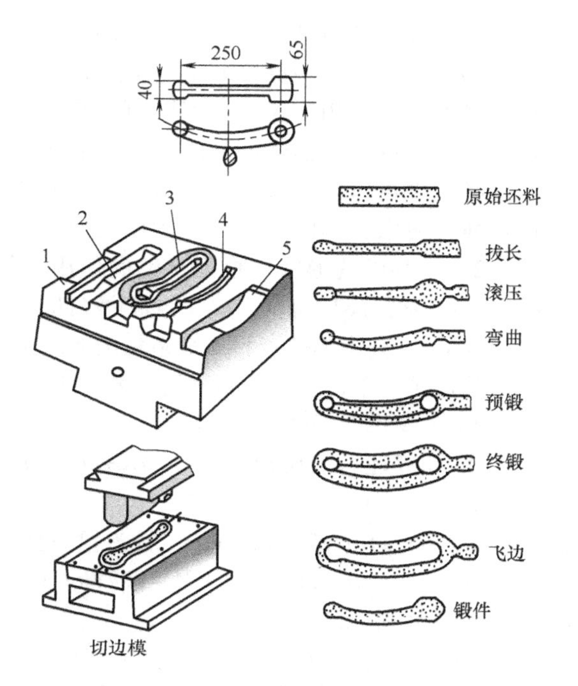

图 3-13　弯曲连杆的锻模及模锻过程

1—拔长模膛　2—滚压模膛　3—终锻模膛　4—预锻模膛　5—弯曲模膛

3.2.4　半轴自由锻加工实例

半轴零件图如图 3-14 所示。

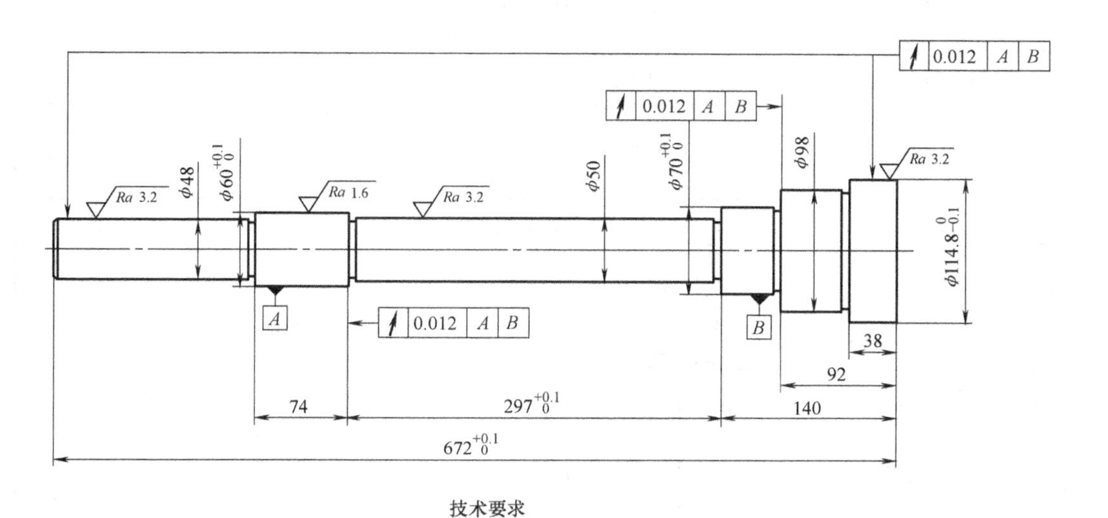

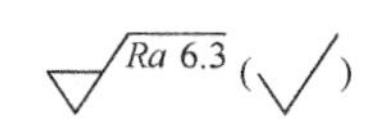

图 3-14　半轴零件图

（1）半轴毛坯零件生产工艺分析

1）材料选择：18CrMnTi。半轴零件是工程中常见的一种零件，其工作环境比较复杂，受到各种力的作用。这些力可以使其产生拉伸压缩、扭转和弯曲变形，这些因素要求轴零件生产时必须有更高的强度和刚度，而锻造件能获得较高的综合力学性能。对于性能要求更高的轴类零件可以通过锻造后再进行热处理，来获得更好的力学性能。18CrMnTi 能满足轴的使用条件要求，同时具有良好的可锻性。

2）工件结构形状。根据半轴的使用条件、工艺性和经济性进行综合分析，将其设计成 $\phi125$、$\phi108$、$\phi81$、$\phi60$、$\phi70$、$\phi55$ 六部分。根据零件图上半轴长为 672mm，最大直径为 $\phi114.8$mm，查询相关资料，锻造精度等级为 F 级的锻件余量及公差为（11±4）mm。由于锻件形状比较简单，故可不必增设工艺余块，绘制出锻件图。锻件图见工艺卡片（图 3-15）。

3）计算坯料质量和尺寸。

① 计算坯料的质量：$m_{坯}=m_{锻}+m_{烧}+m_{头}+m_{芯}$

$m_{锻}=22.07$kg（ρ 取 7.85）

$m_{头}=m_{锻}\times0.03=0.66$kg（料头损失按锻件质量的 3%计算）

$m_{烧}=m_{锻}\times\delta=22.07\times0.035=0.77$kg（考虑两次加热，烧损值 δ 取 0.035）

所以坯料总质量为：$m_{坯}=m_{锻}+m_{烧}+m_{头}+m_{芯}=23.5$kg

② 计算坯料的尺寸。锻件以轧钢材为坯料，锻造比取 1.2，可按锻件最大直径 $\phi123$mm 对照表所列热轧圆钢标准直径，选用 $\phi130$mm 热轧圆钢，并计算出坯料长度为 240mm。

4）选择锻造工序。根据轴的结构特点，锻造基本工序一般以镦粗、拔长、压肩为主，详见工艺卡片。

5）选定设备及规格。根据零件类型和尺寸，查表可知应选用 0.5t 自由锻锤。

6）选择锻造温度。18CrMnTi 属于合金结构钢，查表可知，始锻温度为 1100~1200℃，终锻温度为 800~850℃。取始锻温度为 1200℃，终锻温度为 800℃。

7）加热和冷却方式。火焰炉加热，堆放空冷。

（2）半轴坯加工工艺路线　根据零件的结构特点，其加工工艺路线为：胎模锻出头部→拔长→修整→拔长→修整。

（3）半轴坯自由锻件工艺卡片　如图 3-15 所示。

锻件名称	半轴	工艺类别	自由锻
材料	18CrMnTi	设备	0.5t 空气锤
加热次数	2	锻造温度范围	1200~800℃
锻件图		坯料图	
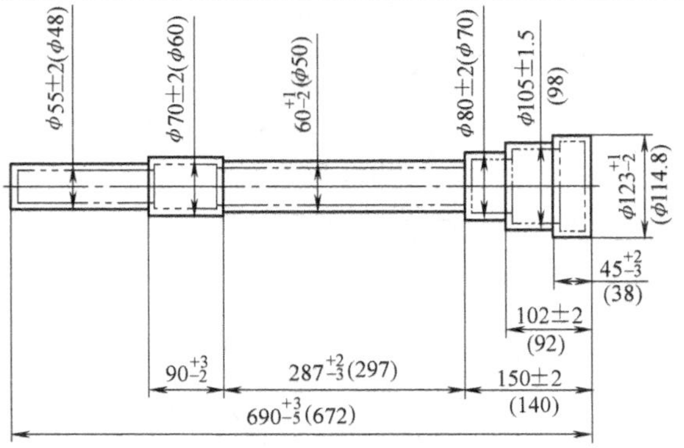 $\phi55\pm2(\phi48)$　$\phi70\pm2(\phi60)$　$60^{+1}_{-2}(\phi50)$　$\phi80\pm2(\phi70)$　$\phi105\pm1.5$ (98)　$\phi123^{+1}_{-2}$ ($\phi114.8$)　45^{+2}_{-3} (38)　102 ± 2 (92)　90^{+3}_{-2}　$287^{+2}_{-3}(297)$　150 ± 2 (140)　$690^{+3}_{-5}(672)$		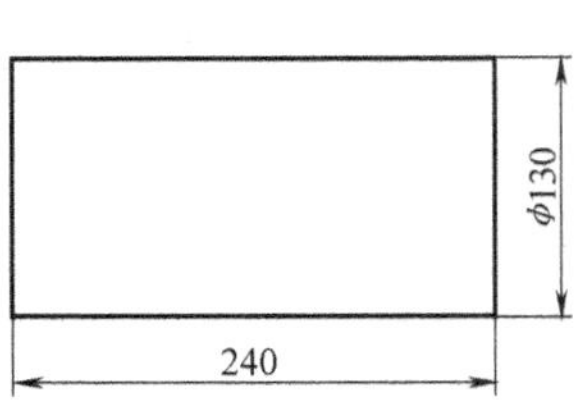 $\phi130$　240	

图 3-15　工艺卡片

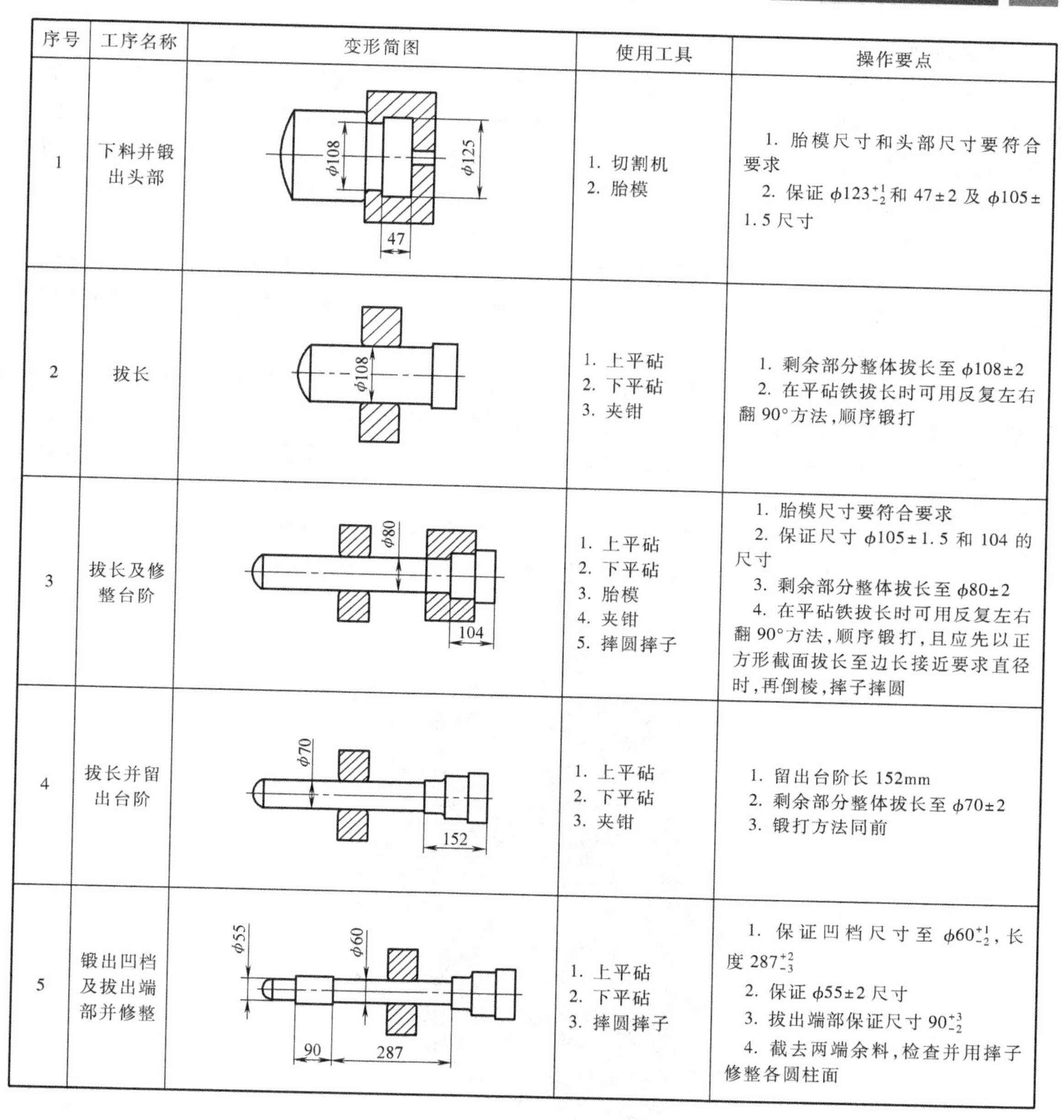

序号	工序名称	变形简图	使用工具	操作要点
1	下料并锻出头部	φ108 φ125 47	1. 切割机 2. 胎模	1. 胎模尺寸和头部尺寸要符合要求 2. 保证 $\phi123^{+1}_{-2}$ 和 47±2 及 φ105±1.5 尺寸
2	拔长	φ108	1. 上平砧 2. 下平砧 3. 夹钳	1. 剩余部分整体拔长至 φ108±2 2. 在平砧铁拔长时可用反复左右翻 90°方法，顺序锻打
3	拔长及修整台阶	φ80 104	1. 上平砧 2. 下平砧 3. 胎模 4. 夹钳 5. 摔圆摔子	1. 胎模尺寸要符合要求 2. 保证尺寸 φ105±1.5 和 104 的尺寸 3. 剩余部分整体拔长至 φ80±2 4. 在平砧铁拔长时可用反复左右翻 90°方法，顺序锻打，且应先以正方形截面拔长至边长接近要求直径时，再倒棱，摔子摔圆
4	拔长并留出台阶	φ70 152	1. 上平砧 2. 下平砧 3. 夹钳	1. 留出台阶长 152mm 2. 剩余部分整体拔长至 φ70±2 3. 锻打方法同前
5	锻出凹档及拔出端部并修整	φ55 φ60 90 287	1. 上平砧 2. 下平砧 3. 摔圆摔子	1. 保证凹档尺寸至 $\phi60^{+1}_{-2}$，长度 287^{+2}_{-3} 2. 保证 φ55±2 尺寸 3. 拔出端部保证尺寸 90^{+3}_{-2} 4. 截去两端余料，检查并用摔子修整各圆柱面

图 3-15 工艺卡片（续）

3.3 板料冲压

板料冲压是指利用冲模在压力机上使板料分离或变形，从而获得冲压件的加工方法。板料冲压的坯料厚度一般小于 4mm，通常在常温下冲压，故又称为冷冲压。冲压的原材料必须具有足够的塑性，常用的板材为低碳钢，不锈钢，铝，铜及其合金等。冲压的生产率高，可以冲出尺寸精确、表面光洁以及形状较复杂的零件，且质量轻，刚度好。板料冲压易实现机械化和自动化，广泛用于汽车、拖拉机、仪表、电器、日用品和航空等制造业中。

3.3.1 冲压设备

冲压是在各种类型的压力机上进行的。P65 单人操作联合冲剪机功能部件如图 3-16 所示。主要部件简述如下。

(1) 控制系统　所有出厂的设备只需将动力线连接到电气盒即可。有前后两个控制盒。后控制盒位于切角切口工位端，并且只能通过脚踏开关来控制。前控制盒位于冲孔工位的右端，包含以下部分：控制盒和选择开关，应急开关按钮，脚踏开关插座，脚踏切换开关，上下按钮和两个限位开关，上下推动按钮等。只有被预先选择的控制盒才可以控制设备，然而，可以通过任意一个控制盒来关闭设备。

(2) 剪切工位　剪切工位包括扁钢剪切工位、角钢剪切工位、圆钢剪切工位及方钢剪切工位，方钢剪切工位需要另配刀具。压紧装置是用来在剪切之前压紧材料用的。进料侧和落料侧，机器本身各配了一个安全罩。

(3) 冲孔工位　由冲孔附件、冲孔底座和耦合扳手三个主要组件组成。这种联合冲剪机的另一个卓越特点是在给材料冲孔前自动压紧材料，在冲压过程中握住材料，冲压完成后卸掉废料，使材料与孔分离来保证孔的精确度及板材的平整度。通过在冲孔工位更换模具可以完成冲裁、弯曲等工作。

(4) 切口工作台　切口工作台的操作是由后控制盒控制的。脚踏开关同样也适用于切口工作台。切口工作台的冲程控制设置是通过使用前面控制盒的限位开关来实现的。

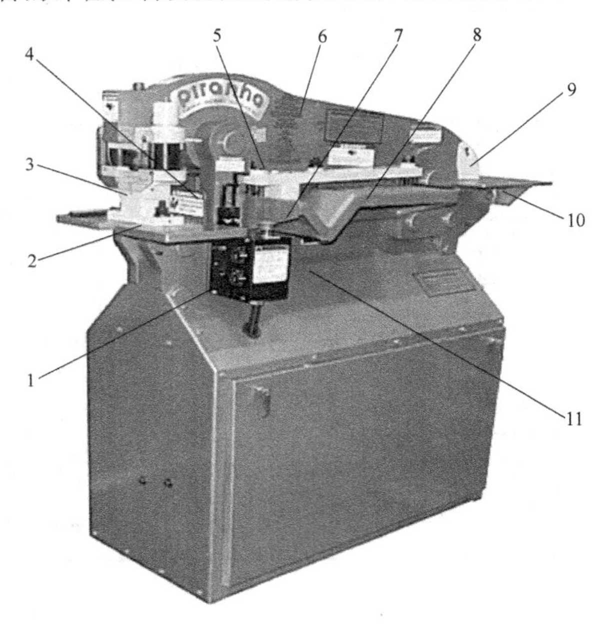

图 3-16　P65 单人操作联合冲剪机功能部件

1—前控制盒　2—冲压工作台　3—冲头附件　4—行程控制　5—压紧装置　6—吊孔　7—角钢工作台　8—剪切工作台　9—切口防护装置　10—切口工作台　11—序列号铭牌

3.3.2　冲模结构

冲模是使板料产生分离或变形的工具。图 3-17 所示为一种简单冲模。

简单冲模是在滑块一次行程中只完成一个冲压工序的冲模。它的组成和各部分的作用是：

(1) 模架　包括上、下模座和导柱、导套。上模座 7 通过模柄 6 安装在压力机滑块的下端，下模座 12 用螺钉固定在压力机的工作台上。导柱 11 和导套 10 的作用是保证凸模和凹模对准。

（2）凸模和凹模 凸模4和凹模5是冲模的核心部分。凸模又称冲头。冲裁模的凸模和凹模的边缘都加工出锋利的刃口，以便于剪切，使板料分离。拉深模的边缘则要加工成圆角，以防止板料拉裂。

（3）导料板和定位销 它们的作用是控制条料的送进方向和送进量。

（4）卸料板 使凸模在冲裁以后从板料中脱出。

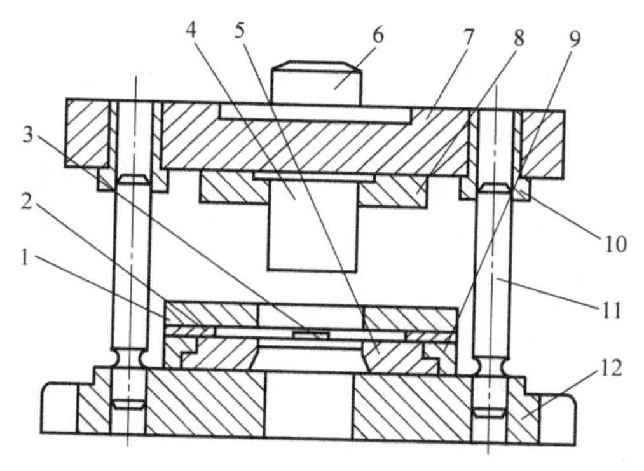

图3-17 简单冲模

1—卸料板 2—导料板 3—挡料销 4—凸模 5—凹模 6—模柄 7—上模座 8—凸模固定板 9—凹模固定板 10—导套 11—导柱 12—下模座

简单冲模结构简单，容易制造，适用于单工序完成的冲压件。另外，还有连续冲模和复合冲模。在滑块的一次行程中，在模具的不同部位同时完成两个或多个冲压工序的冲模称为连续冲模，其生产率高，易于实现机械化，但定位精度要求高，制造成本较高。在滑块的一次行程中，在模具的同一个位置完成两个或多个冲压工序的冲模称为复合冲模，一般应用于大批量的中小型零件的冲压生产。

3.3.3 冲压基本工序

冲压基本工序分两类：一类是分离工序；一类是变形工序。

分离工序是指使坯料的一部分相对另一部分产生分离的工序（包括冲孔、落料、修正、剪切、切边等）。变形工序是指使坯料的一部分相对另一部分产生位移而不被破坏的工序（包括拉深、弯曲、翻边、成形等）。下面介绍几个典型工序。

1. 冲孔和落料

（1）落料 落料是从板料上冲出一定外形的零件或坯料，冲下部分是成品，带孔的周边为废料。

（2）冲孔 冲孔是在板料上冲出孔，带孔的周边为成品，冲下部分是废料。

落料和冲孔统称为冲裁，所用的冲模称为冲裁模，如图3-18所示。

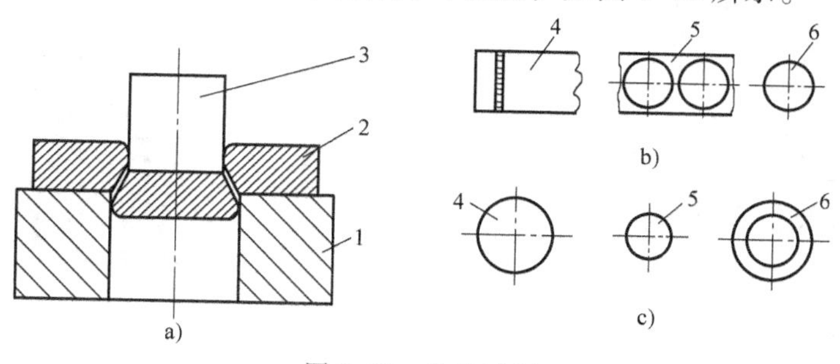

图3-18 冲裁过程

a）冲裁模 b）落料 c）冲孔

1—凹模 2—板料 3—凸模 4—坯料 5—余料 6—产品

冲裁件的断面质量主要与凸凹模间隙、刃口锋利程度有关。同时也受模具结构、材料性能及板料厚度等因素影响。

2. 弯曲

弯曲是指将平直板料弯成一定的角度或圆弧的工序，如图 3-19 所示。弯曲时，板料内层的金属被压缩，容易起皱，外层受拉伸，容易拉裂。弯曲模上使工件弯曲的工作部分要有适当的圆角半径，以避免工件外表面弯裂。一般圆角半径 $r \geq r_{min}=(0.25\sim1)t$，同时，还要考虑回弹的问题，回弹角一般为 0°～10°。

3. 拉深

拉深是指使坯料在凸模的作用下压入凹模，获得空心体零件的冲压工序。如图 3-20 所示。拉深模的工作部分冲头和凹模边缘应作成圆角以避免工件被拉裂。冲头与凹模之间要有比板料厚度稍大一点的间隙（一般为板厚的 1.1～1.2 倍），以减少摩擦力，保证拉深时板料顺利通过。间隙过小，摩擦力大，易拉穿工件、擦伤表面，模具使用寿命低。间隙过大，易使工件起皱。深度大的拉深件需经多次拉深才能完成，由于拉深过程中金属产生加工硬化，因此拉深工序之间有时要进行退火，以消除硬化，恢复塑性。

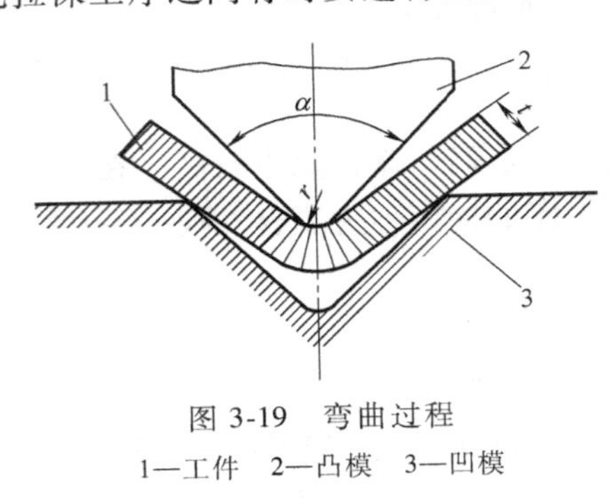

图 3-19 弯曲过程

1—工件 2—凸模 3—凹模

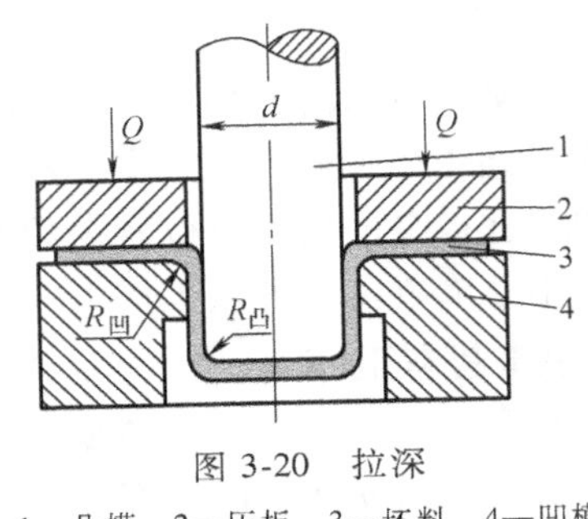

图 3-20 拉深

1—凸模 2—压板 3—坯料 4—凹模

4. 翻边

翻边是指在带孔的平坯料上用扩孔的方法获得凸缘的工序。如图 3-21 所示。

5. 胀形

胀形是指利用局部变形使坯料或半成品改变形状的工序。如图 3-22 所示。胀形主要用于制造具有局部凸起的冲压件。

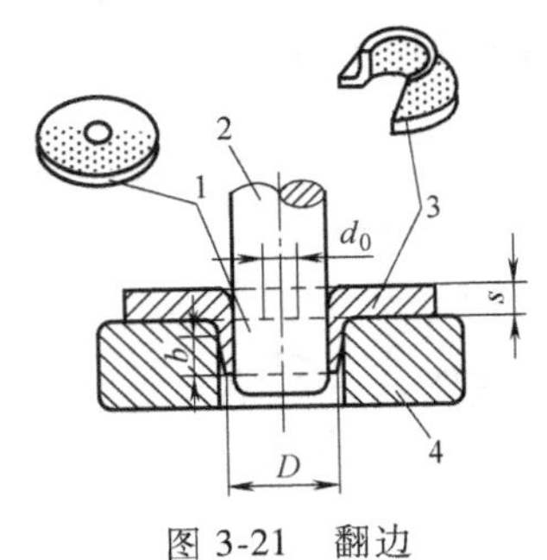

图 3-21 翻边

1—翻边前 2—凸模 3—翻边后 4—凹模

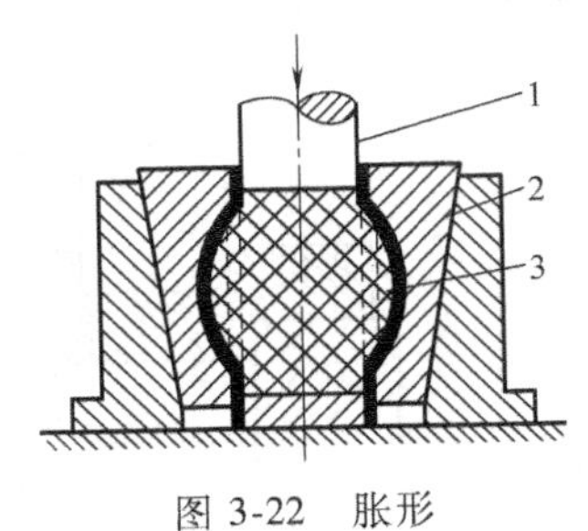

图 3-22 胀形

1—凸模 2—凹模 3—橡皮

3.3.4 金属连接件板料冲压项目实训

1. 连接件零件图

连接件零件图如图 3-23 所示。

2. 连接件加工工艺分析

（1）加工要点分析

1）材料选择。08F 钢板，板料厚度 2mm。08F 钢板是优质碳素结构钢，由于强度低，塑性好，具有良好的可冲压性，用于制造受力不大的冲压件。

2）冲裁结构形状分析。根据连接件的零件形状，零件加工需要剪切、冲裁、弯曲几道工序。

① 板料件应力求简单、对称，有利于材料合理利用，连接件满足了工艺性要求。

② 冲孔件工艺要求孔距大于板料厚度。连接件最小孔距 38mm，大于板厚 2mm，满足工艺要求。

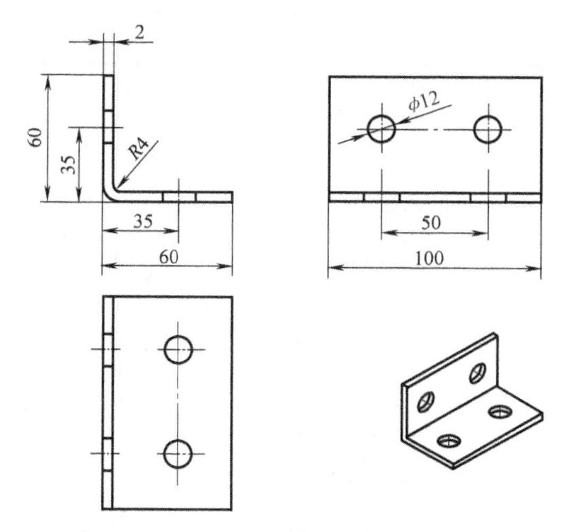

图 3-23　连接件零件图

③ 冲孔模具刃口尺寸。凸模刃口尺寸等于所要求孔的尺寸，即 12mm，凹模刃口尺寸则是孔的尺寸上加上两倍间隙值，而冲头和凹模的间隙应为材料厚度的 5%～10%，间隙太大，撕裂现象严重，塌角，飞边和剪裂带均增大，冲裁质量恶化。取间隙值 $Z=8\%t=0.08\times2\text{mm}=0.16\text{mm}$。所以凹模刃口尺寸 $=12\text{mm}+2\times0.16\text{mm}=12.32\text{mm}$。

④ 冲裁力为：

$$F=KLt\tau$$

式中，F 为冲裁力，单位为 N；L 为冲裁件周长，单位为 mm；t 为板料厚度，单位为 mm；τ 为材料抗剪强度，单位为 MPa（220～310MPa）；K 为安全系数，通常取 1.5。

所以冲裁力为：

$$F=1.5\times(2\times3.14\times8)\text{mm}\times2\text{mm}\times300\text{N/mm}^2=45216\text{N}$$

⑤ 尺寸精度。零件图上所有尺寸均未标注公差，属于自由尺寸，可按 IT14 级确定工件尺寸公差。

3）弯曲结构形状分析。

① 弯曲件形状应尽量对称，弯曲半径不应小于最小值，并考虑纤维方向。$R_{\min}=(0.25\sim1)t=(0.25\sim1)\times2\text{mm}$ 取 $R=4\text{mm}$。

② 弯曲边最小高度和最小弯曲半径与板厚关系，如图 3-24 所示。

故，连接件符合工艺要求。

4）展开料尺寸确定。如图 3-25 所示。根据经验值 $L=L_1+L_2-K$，当板料 $t=2.0\text{mm}$ 时，K 取 3.5（条件为 90°弯，标准折弯刀具）。故，展开料尺寸为 $L=60\text{mm}+60\text{mm}-3.5\text{mm}=116.5\text{mm}$

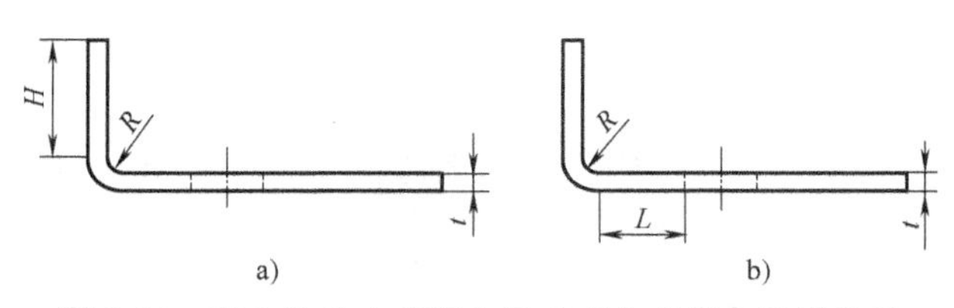

图 3-24　弯曲边最小高度和最小弯曲半径与板厚关系

a）最小弯曲半径 $R>(0.25\sim1)t$，弯曲边高 $H>2t$　b）带孔弯曲线 $L>(1.5\sim2)t$

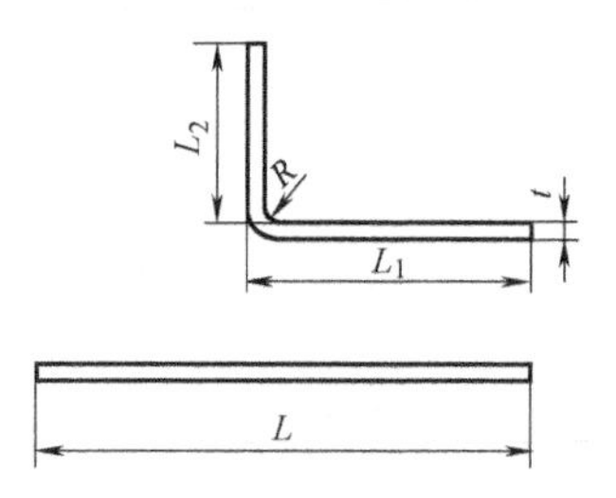

图 3-25　展开料尺寸确定

冲压件名称	连接件	工艺类别	冲压
材料	08F	设备	联合冲剪机
冲压零件图		坯料图	
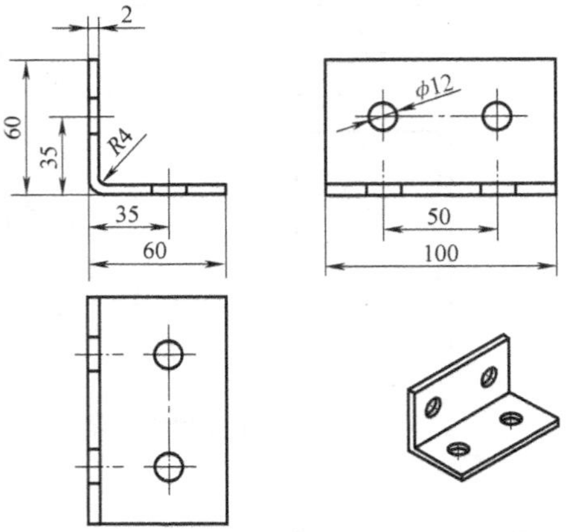 2 60 35 R4 35 60 φ12 50 100		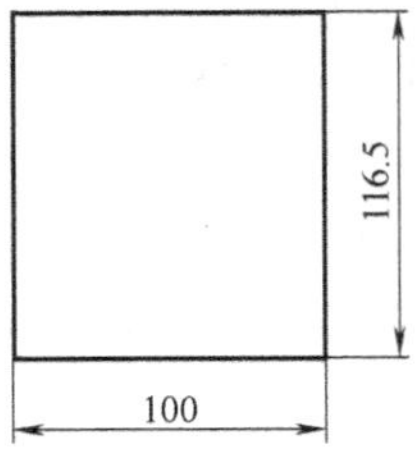 116.5 100	

序号	工序名称	工序简图	使用工具
1	划线		1. 划线平板 2. 划针
2	剪切	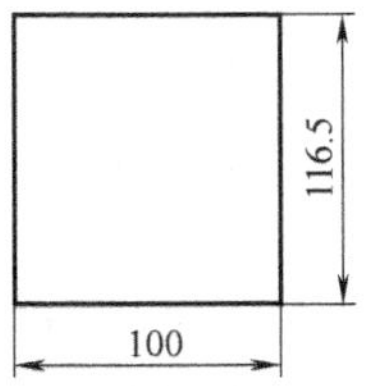 116.5 100	剪切工位
3	打飞边,划线		1. 锉刀 2. 划线平板 3. 划针
4	冲孔(4 个孔按 1、2、3、4 分别冲出)	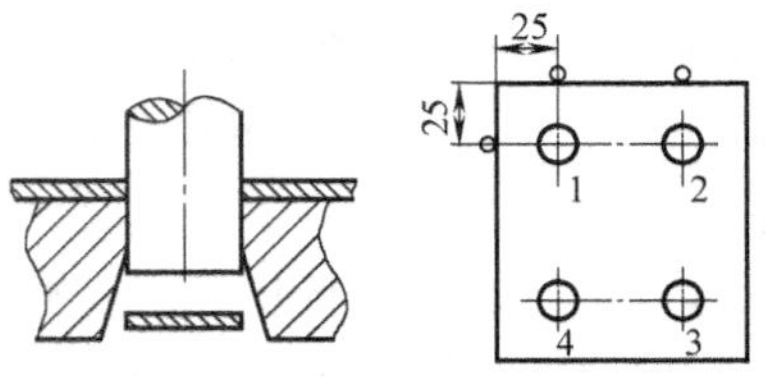 25 25 1 2 4 3	冲孔工位
5	打飞边		锉刀
6	弯曲	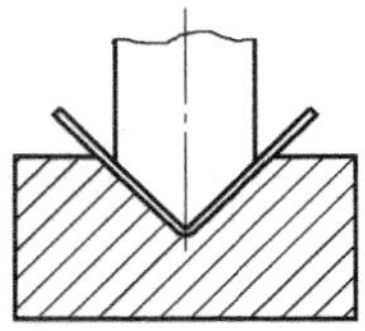	弯曲工位

图 3-26 工艺卡片

（2）装夹方式　人工按划线送料，自动夹紧。

3. 连接件加工工艺路线

任何板料冲压件往往是经过若干个工序加工而成，在板料冲压前，要根据零件形状、尺寸大小及坯料形状等具体情况，合理选择基本工序并确定工艺过程，连接件主要工序是剪切、冲孔和弯曲。其工艺流程为：划线→ 剪切（下料）→冲孔（4个孔分别进行）→打飞边→弯曲。

4. 连接件加工工艺卡片

工艺卡片如图3-26所示。

5. 准备毛坯料

毛坯尺寸为200mm×116.5mm×2mm。

6. 准备工具

（1）量具　游标卡尺。

（2）刀具　剪切刀具。

（3）模具　冲孔模具和弯曲模具。

7. 实训操作要领

（1）开机前预准备

1）各传动部位润滑应充足，各润滑点每班加油2~3次。

2）剪切刀具及冲孔模具应完好无崩刃，紧固牢靠。

3）冲头和模孔壁间间隙应均匀，符合冲剪要求，冲头最低位置应略超过模孔平面。

4）设备电气绝缘、接地良好。

（2）剪切工位　剪切工位如图3-27所示，操作步骤如下：

1）调整限位开关手柄到适合位置，如图3-28所示。

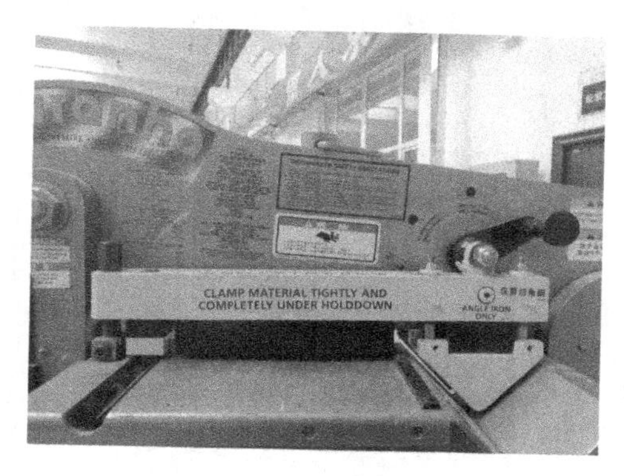

图3-27　剪切工位

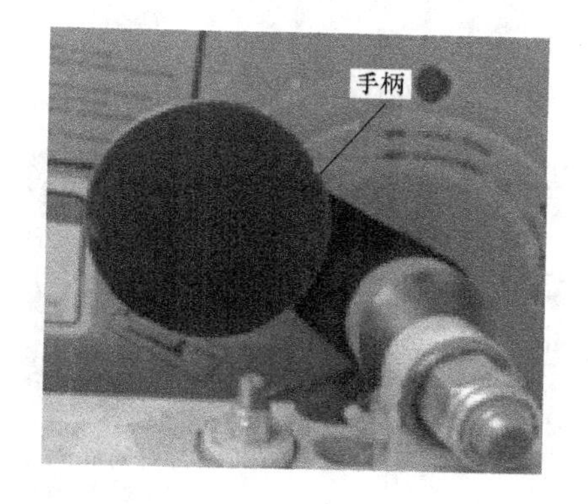

图3-28　限位开关手柄位置

2）启动电源。设定控制盒选择开关放到前面的位置，使用前控制盒控制设备，确保两个紧急停止按钮被拉到了向上的位置，如图3-29所示。启动电源如图3-30所示。

3）送料并压紧板料。使用上下推动按钮，如图3-31所示，将机床的上梁提高至最上端位置，并且放松调节螺母，如图3-32所示。通过压紧装置将材料通过剪切刀。右侧尺定位，前后看线取长度100mm，如图3-33所示，旋紧调节螺母，降低压紧装置，直至压紧装置接近剪切材料。

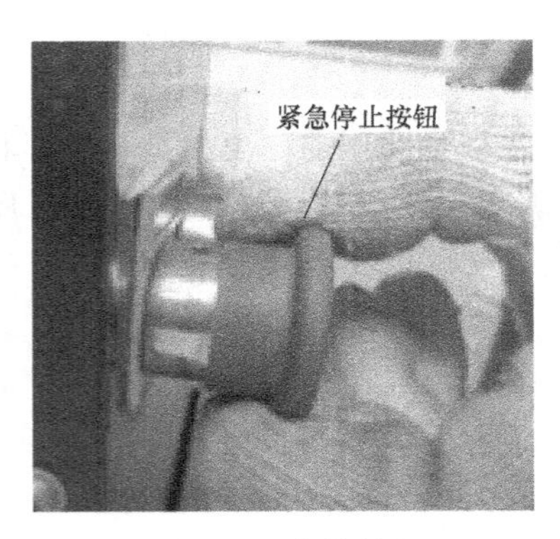

图 3-29　急停按钮

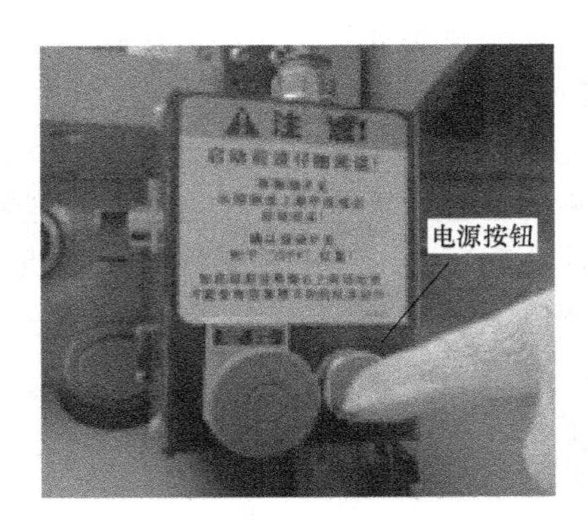

图 3-30　启动按钮

4）剪切 100mm 尺寸。使用上下推动按钮如图 3-31 所示，自动压紧板料进行剪切，100mm 宽度剪切完成，同时连接件毛坯料 116.5mm×100mm×2mm 剪切完成。需要注意的是：①必须压紧板料；②严禁用手抚摸正在加工的机件表面，严禁测量工件；③不得用手直接清理边角料；④不准从操作杆对面上料。

5）关闭电源，如图 3-34 所示。

图 3-31　上下推动开关

图 3-32　调节螺母

图 3-33　右侧尺定位

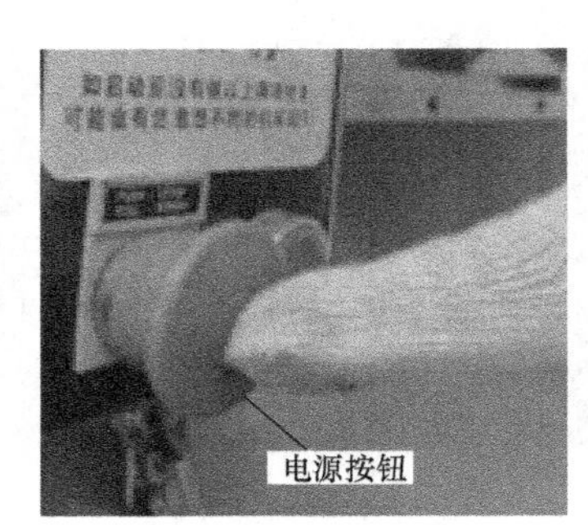

图 3-34　关闭电源按钮

（3）打飞边　用锉刀打飞边。

（4）冲孔工位　如图 3-35 所示。

1）划线。平板划线，确定 4 个孔的中心位置，打样冲眼。

2）调整限位开关手柄到适合位置，如图 3-36 所示。

3）启动电源。

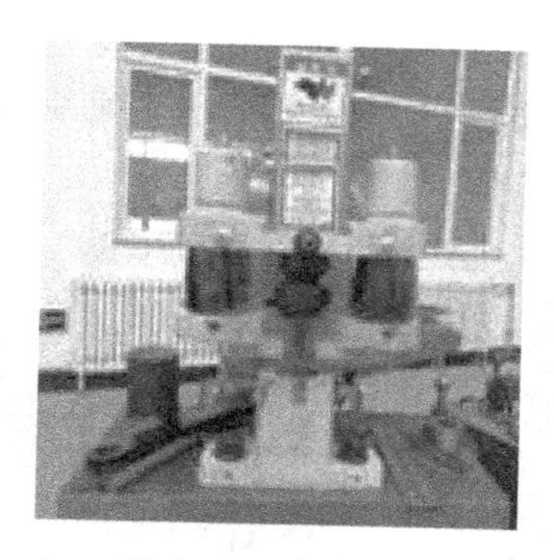

图 3-35 冲孔工位

图 3-36 限位开关手柄位置

4）校正模具。操作机器之前，一定要先检查模具是否校正。步骤为：①慢慢用向下按钮将冲孔附件向下移动，靠近冲孔底座，在冲孔附件接触到下模前停止操作；②调节冲孔底座的位置使下模与上模的间隙均匀。上下调整到一条垂直线上后，将冲孔组件紧紧压到冲孔底座上，并将底座固定在工作台上，旋紧两个法兰螺母，适当调节三个位置固定螺钉，以便下一次模具校正的调整

5）进料并压紧板料。使用上升按钮，将冲孔附件上组件提升，将板料放到冲孔底座上，注意对中。图 3-37 所示为压紧板料。

6）冲孔 1。启动上下推动按钮，自动锁紧进行冲孔，完成冲制孔 1，如图 3-38 所示。关闭电源按钮。注意事项：①必须压紧钢板，不准冲压未压紧的板料；②两人或多人协同作业时必须有一人统一指挥，工作一致；③入料时，手指必须离开刀口 200mm 以外，小件要用专用工具。

7）冲出孔 2、孔 3、孔 4。重复 5）、6）操作步骤，冲孔全部完成，如图 3-39 所示。

8）按下应急关闭按钮，关闭机器。

图 3-37 对中并压紧

图 3-38 孔 1 完成

图 3-39 冲孔全部完成

（5）弯曲工位　弯曲工位，如图 3-40 所示。

1）平板划线，确定 4 个孔的中心位置，打样冲眼。

2）调整厚度手柄到适合位置，如图 3-41 所示。

3）启动电源。

4）校正模具。操作同前。

5）送料。操作同前，注意冲头对准划线位置。

6）弯曲。启动上下推动按钮，自动锁紧进行弯曲，如图 3-41 所示。完成弯曲工作，如图 3-42 所示。

（6）检查。按图样要求进行检查。

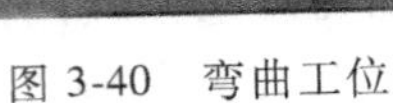

图 3-40 弯曲工位

图 3-41 弯曲

图 3-42 连接件完成

实训拓展训练

1. 如图 3-43 所示的零件拟采用自由锻制坯，试定性绘出锻件图，选择自由锻工序，并绘出工序简图。

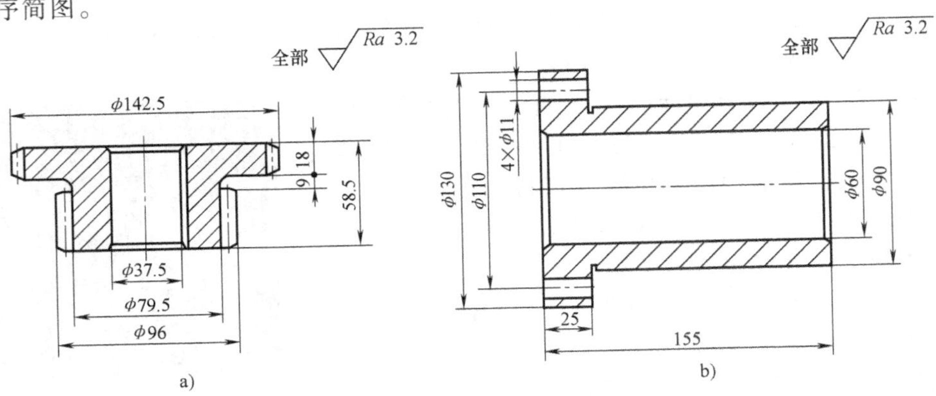

图 3-43

2. 试述如图 3-44 所示的冲压件的生产过程。

3. 试述如图 3-45 所示的冲压件（消声器）的生产过程。

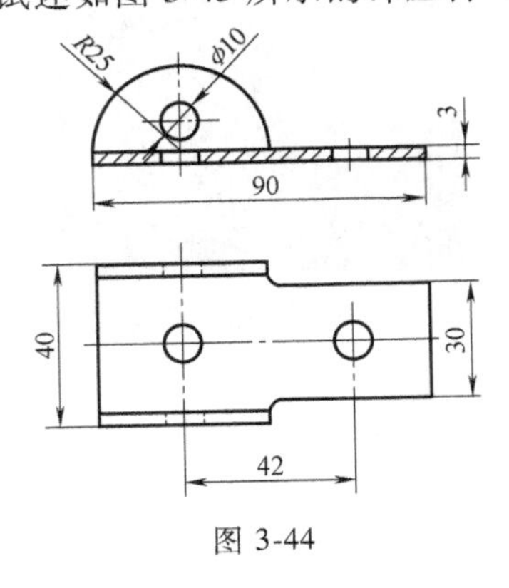

图 3-44

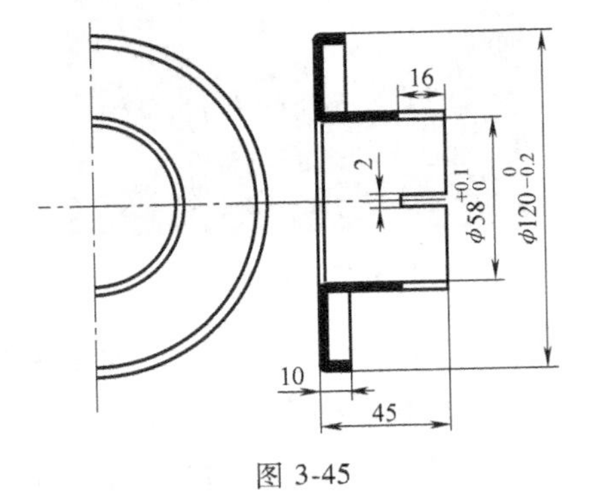

图 3-45

第4章 焊接实训

4.1 焊接概述

4.1.1 焊接种类

焊接是将两个分离的金属工件，通过加热、加压或加热、加压两者并用的方法，使其达到原子间结合的一种连接方法。焊接方法很多，按照焊接过程中金属所处的状态及工艺特点可分为熔焊、压力焊和钎焊三类。

（1）熔焊　熔焊是将焊件连接处局部加热到熔化状态，填充或不填充金属，在常压下冷却结晶成为一体的焊接方法。在加热的条件下，焊件连接处部分母材熔化，冷却凝固后形成牢固的焊接接头。熔焊方法有电弧焊、激光焊等。

（2）压力焊　在焊接过程中对焊件接头处施加压力，在加热或不加热的状态下完成焊接的方法。如摩擦焊、电阻焊、爆炸焊等。

（3）钎焊　将熔点低于被焊金属熔点的钎料熔化，使其渗透到被焊金属接缝的间隙从而达到结合的焊接方法。根据钎料的熔点高低，可以分为硬钎焊和软钎焊两类。

4.1.2 焊接特点及应用

焊接在现代工业生产中具有十分重要的作用，如舰船的船体、高炉炉壳、建筑构架、锅炉与压力容器、车厢及家用电器、汽车车身等工业产品的制造，都离不开焊接。焊接在制造大型结构件或复杂机器部件时，更显得优越。它可以用化大为小、化复杂为简单的办法来准备坯料，然后用逐次装配焊接的方法拼小成大、拼简单成复杂，这是其他加工方法难以做到的。在制造大型机器设备时，还可以采用铸-焊或锻-焊复合工艺。这样，仅有小型铸、锻设备的工厂也可以生产出大型零部件。此外，还可以对不同材料进行焊接，用来焊补某些缺陷及局部损坏的机件。

焊接接头牢固、密封性能好。焊接方法具有上述的优越性，因此在现代工业中的应用日趋广泛。其中电弧焊是应用最普遍的焊接方法。电弧焊是利用电弧作为焊接热源进行焊接的方法，简称弧焊。电弧焊包括焊条电弧焊、气体保护焊、埋弧焊等。

4.2 焊条电弧焊

手工操作焊条进行焊接的电弧焊方法称为焊条电弧焊。焊接原理如图 4-1 所示。焊条电弧焊可在室内、室外、高空和各种方位进行，设备简单、维护容易、焊钳小、使用灵便，适于焊接高强度钢、铸钢、铸铁和非铁金属，其焊接接头与工件（母材）的强度接近，是焊接生产中应用最广泛的方法。焊条电弧焊的焊接参数包括焊条直径、焊接电流、电弧电压、焊接速度等。焊接参数选择是否正确，直接影响焊接质量和生产效率。

4.2.1 焊接电弧

在具有一定电压的两电极间或电极与工件之间的气体介质中，产生强烈而持久的放电现象，即在局部气体介质中有大量电子流通过的导电现象。

焊接电弧如图 4-2 所示。引燃电弧后，弧柱中充满了高温电离气体，并放出大量的热能和强光。电弧的热量与焊接电流和电弧电压的乘积成正比。电弧包括阴极区、阳极区、弧柱区三个区域，一般情况下，电弧在阳极区产生的热量较高，约占总热量的 43%，阴极区相对较少，约占 36%，其余 21%热量在弧柱中产生。

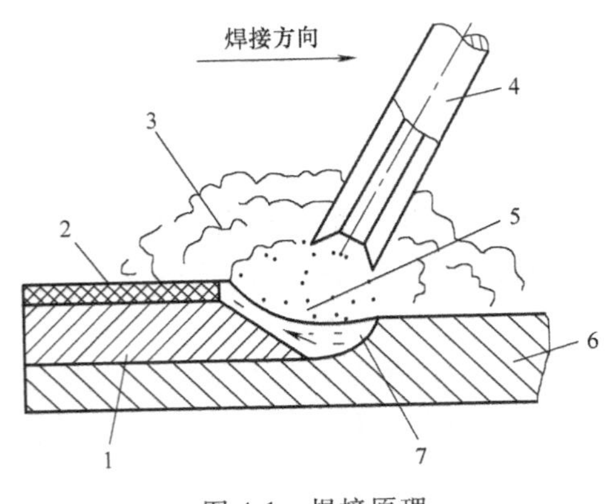

图 4-1　焊接原理

1—焊缝　2—熔渣　3—保护气体　4—焊条　5—熔滴　6—母材　7—焊接熔池

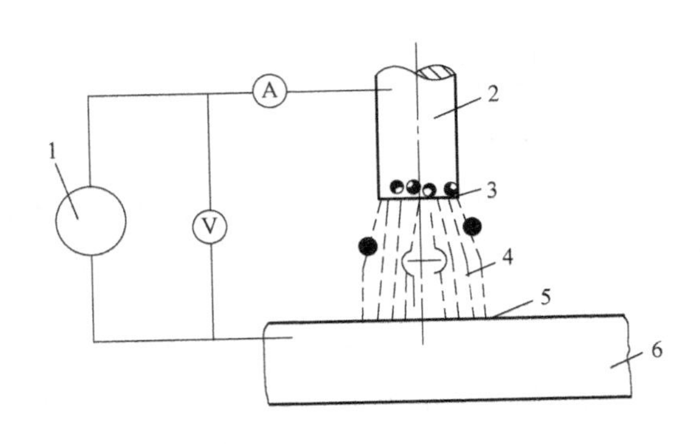

图 4-2　焊接电弧

1—弧焊机　2—焊条　3—阴极区　4—弧柱　5—阳极区　6—焊件

4.2.2　焊接设备

1. 电焊机

焊条电弧焊的常用设备有两种：一种是交流弧焊机，另一种是直流弧焊机。交流弧焊机为焊接电弧提供交流电源，结构比较简单，维修方便，噪声小，使用广泛，但电弧燃烧时的稳定性较差，常用于焊接一般结构件；直流弧焊机为焊接电弧提供直流电，电弧燃烧稳定，焊接质最较高，但直流弧焊机结构复杂，维修不便，噪声大，损耗大，焊接成本较高，常用于焊接较重要的结构件。以 ZX7-400T 逆变式直流弧焊机为例，主要技术参数见表 4-1。

表 4-1　ZX7-400T 逆变式直流弧焊机的主要技术参数

电源电压/V	空载电压/V	额定输入电流/A	电流调节范围/A	额定负载持续率(%)
380	67	26	40~400	60

直流弧焊机输出端有正极、负极之分，焊接时电弧两端极性不变。因此，直流弧焊机输出端有两种不同的接线法：将焊件接到直流弧焊机的正极，焊条接负极，这种接法称为正接；反之，称为反接。用直流弧焊机焊接厚板时，一般采用正接，以利用电弧正极的温度和热量比负极高的特点，获得较大的熔深；焊接薄板时，为了防止焊穿，常用反接。在使用碱性焊条时，均应采用直流反接，以保证电弧燃烧稳定。

2. 辅助工具

焊条电弧焊辅助工具有：焊钳、面罩、敲渣锤、焊条保温筒和钢丝刷等。焊钳是用来夹持焊条并传导电流的工具，应具有良好的导电性，可靠的绝缘性和隔热性能。面罩是为了防止焊接时飞溅物、弧光及其他辐射对人体面部及颈部灼伤的一种遮盖工具，一般有手持式和头盔式两种。面罩上的护目玻璃主要起减弱弧光，过滤红外线、紫外线的作用。焊接时，通过护目玻璃观察熔池情况，从而控制焊接过程，避免眼睛灼伤。焊条保温筒主要是将烘干的焊条放在保温筒内供现场使用，起到防沾泥土、防潮、防雨淋等作用，避免焊接过程中焊条药皮的含水率上升，防止焊条的工艺性能变差和焊缝质量降低。敲渣锤用来清除焊缝渣核。钢丝刷用来清除工件表面污物。

4.2.3　焊条

电弧焊在焊接过程中所使用的焊接材料称为焊条。

1. 焊条的组成

焊条由焊芯和药皮两部分组成，如图4-3所示。焊条在使用前应烘干。

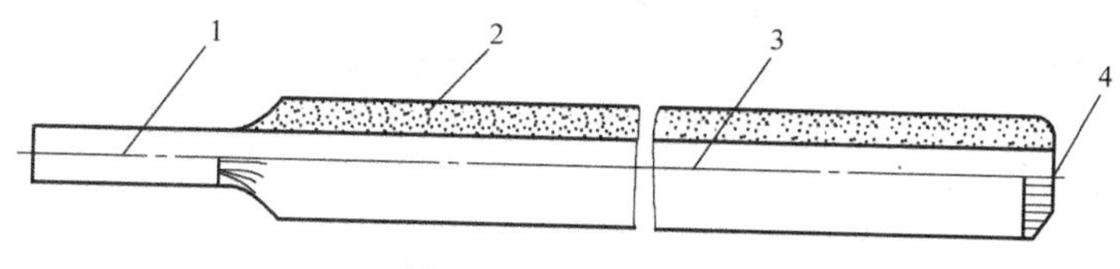

图4-3　焊条的组成

1—夹持端　2—药皮　3—焊芯　4—引弧端

（1）焊芯及作用　焊芯是一根具有一定直径和长度的金属丝。焊芯的直径称为焊条直径，焊芯的长度即焊条长度。焊接时焊芯作为电极，产生电弧，熔化后作为填充金属，与熔化的母材一起形成焊缝。

（2）药皮及作用　药皮是压涂在焊芯表面的涂料层。它由矿石粉、铁合金粉和粘结剂等原料按一定的比例配制而成。它包裹在焊芯表面并且绝缘。其主要作用是：

1）改善焊条工艺性。焊条药皮中含有钾和钠成分的稳弧剂，能提高电弧的稳定性，使焊条在交流电或直流电的情况下都能容易引弧，稳定燃烧以及熄灭后的再次引弧，减少飞溅，利于焊缝成形。

2）机械保护作用。在电弧热量下，药皮分解产生大量气体将熔池金属与外界空气隔离，防止空气入侵。药皮熔化形成熔渣覆盖在熔池表面，隔离空气，保护液态金属不被氧化。

3）冶金处理作用。药皮及其熔化形成的熔渣能够与液态金属发生一系列的物理化学反应，通过冶金反应去除有害杂质，如脱氧、脱硫、脱磷、去氢等，还可以向焊缝过渡合金元素，使焊缝合金化。

2. 焊条的分类

根据焊条药皮熔化后的熔渣特性可将焊条分为两大类：酸性焊条和碱性焊条。

（1）酸性焊条　酸性焊条焊接，合金元素烧损多，力学性能较差，特别是塑性和冲击韧度比碱性焊条低。同时酸性焊条脱氧、脱磷、脱硫能力低，因此，热裂倾向较大。但工艺性较好，对弧长、铁锈不敏感，且焊缝成形好，脱渣性好，广泛用于一般结构。

（2）碱性焊条　焊缝的力学性能比酸性焊条好。但工艺性差，引弧困难，电弧稳定性差，飞溅大，不易脱渣，必须采用短弧焊。此类焊条一般要求采用直流电源，焊缝强度高、抗冲击能力强，但操作性差，电弧不够稳定，成本高，故适合合金钢和重要碳钢的焊接。

3. 焊条的选择

通常根据被焊钢材的化学成分、力学性能、工作环境要求，焊接结构承载的情况和弧焊设备的条件等选择合适的焊条。

4.2.4 焊条电弧焊工艺

1. 焊接接头形式和坡口形式

焊接接头形式有四种：对接、角接、T形和搭接接头，如图4-4所示。对接接头应力集中相对较小，能承受较大载荷，焊接结构中常用；角接接头承载能力不高，一般用在不重要构件中；T形接头整个接头承受载荷，承载能力强，应用也很普遍；搭接接头应力分布不均，承载能力低，适用于结构狭小处及密封的焊接结构。

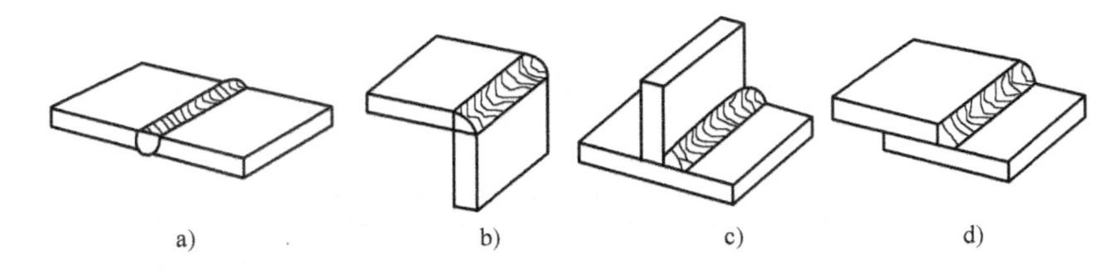

图4-4 焊接接头形式

a）对接接头 b）角接接头 c）T形接头 d）搭接接头

根据设计或工艺需要，在焊件的待焊部位加工并装配成一定形状的沟槽称为坡口。开坡口的目的是焊透焊件。常见对接接头的坡口形式有I形坡口、Y形坡口、双Y形坡口和带钝边U形坡口等，如图4-5所示。焊件较薄时，在焊件接头处留出一定的间隙，采用单面焊或双面焊，就可以保证焊透。

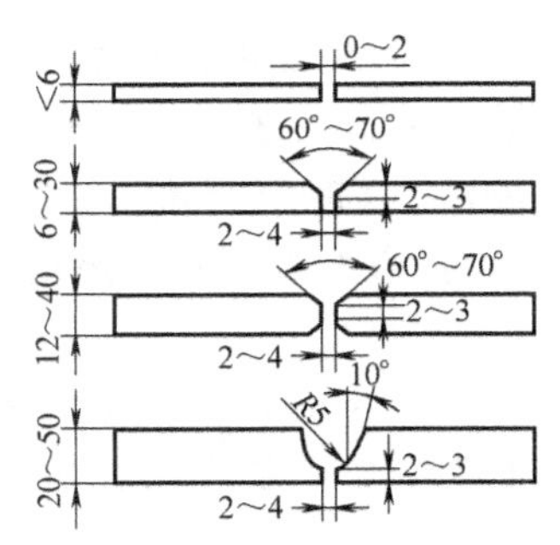

图4-5 对接接头坡口形式及适用的焊件厚度

a）I形坡口 b）Y形坡口 c）双Y形坡口 d）带钝边U形坡口

2. 焊接位置

焊缝在焊接结构上的空间位置称为焊接位置，焊接位置有平焊、横焊、立焊和仰焊，如图4-6所示。平焊操作方便，劳动条件好，生产率高，焊缝质量易于保证。横焊和立焊的焊缝成形困难，操作较困难。仰焊焊缝更难成形，而且劳动条件差，操作困难，技术要求高，质量也最难保证。

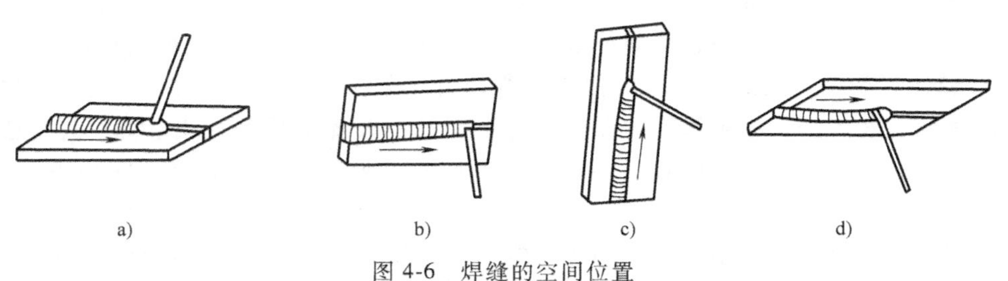

图4-6 焊缝的空间位置

a）平焊 b）横焊 c）立焊 d）仰焊

3. 焊接参数

焊接时为保证焊接质量而选定的一些物理量的总称称为焊接参数，焊条电弧焊的主要工艺参数如下。

（1）焊条直径　主要根据焊件厚度选定。厚焊件可选用大直径焊条，薄焊件选用小直径焊条。一般情况下，可参考表4-2的规定选择焊条直径。

表4-2　焊条直径的选择

（单位：mm）

焊件厚度	<4	4~8	8~12	>12
焊条直径	不超过焊件厚度	3.0~4.0	4.0~5.0	5.0~6.0

（2）焊接电流　主要根据焊条直径选用，生产中还需要结合焊缝位置、焊条类型等具体情况灵活调整。

（3）电弧电压　电弧长度决定电弧电压。电弧长则电弧电压高，反之则低。若电弧过长，燃烧不稳定，熔深小、熔宽加大，容易产生焊接缺陷。若电弧太短，熔滴过渡时可能经常发生短路，使操作困难。电弧长度一般不超过焊条直径。

（4）焊接速度　单位时间内完成的焊缝长度称为焊接速度。在保障焊缝质量的前提下应适当提高焊接速度，从而提高焊接效率。

4.2.5　平板对接件焊接实训

1. 技术要求

材料：Q235，尺寸：150mm×60mm×6mm；在平焊位置上利用焊条电弧焊焊接对接接头。

要求：

1）焊缝的长度应保持在120~140mm范围内。

2）焊缝的宽度10mm。

3）焊缝的余高应在2~3mm范围内。

4）焊波应呈鱼鳞状，整齐且光洁。

5）焊缝的余高差应≤0.5mm。

2. 工艺分析

焊接工艺要点：焊件材料为Q235低碳钢，低碳钢本身机械强度不高，塑性较好，焊接性良好，焊接时容易保证得到与基体金属相等强度的焊缝。一般要求没有未焊透、裂缝及气孔、夹渣等缺陷，机械强度等于或近似于基体金属。一般情况下，几乎所有的焊接方法都能获得良好的焊接性能，而不需要复杂的预热和热处理工艺措施。

被焊材料为低碳钢，选择E4303（J422）焊条；材料厚6mm，根据材料厚度选用直径为3~4mm范围内的焊条；焊接电流在100~130A范围内（根据《简明焊接手册》确定），电弧长度是焊条直径的0.5~1倍，选用直流弧焊机，焊接速度不做原则规定，灵活调整。

3. 焊条电弧焊焊接工艺卡

焊条电弧焊焊接工艺卡如图4-7所示。

焊接顺序							
1	清理待焊部位及周围油污等杂物						
2	按规范定位焊,焊缝长 10~15mm,间距 100~150mm						
3	检验组对间隙						
4	按工艺焊接						
5	焊缝外观检查						
检验	序号		中心				
	2、3、5						
母材(1)		Q235	厚度	6mm	焊接位置	平焊	
母材(2)		Q235	厚度	6mm	焊后热处理	无	
层	道	焊接方法	焊材尺寸	电流种类及极性	焊接电流/A	电弧长度/mm	
定位焊接	1	焊条电弧焊	E4303 $\phi3.2$	直流反接	110	1.6~3.2	
1	1	焊条电弧焊	E4303 $\phi3.2$	直流反接	110	1.6~3.2	

图 4-7 焊接工艺卡

4. 焊前准备

（1）焊件 低碳钢板 150mm×60mm×6mm，如图 4-8 所示。

（2）焊条 E4303（J422），$\phi3.2$mm，如图 4-9 所示。

图 4-8 焊件

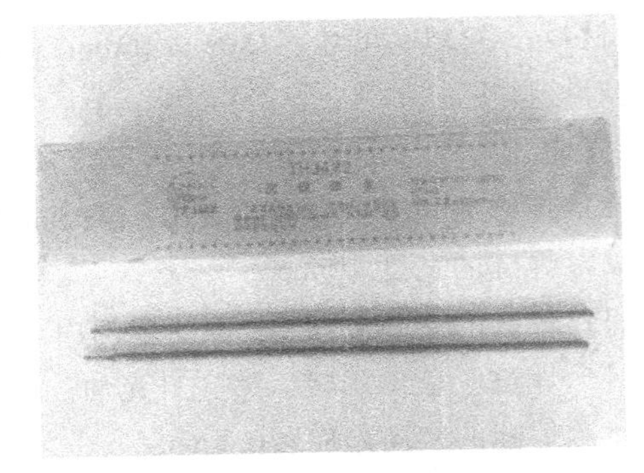

图 4-9 焊条

（3）焊机 直流 ZX7-400T 弧焊机，如图 4-10 所示。

（4）辅助工具 焊钳如图 4-11 所示。钢丝刷、敲渣锤、錾子、钳子、面罩等其他辅助工具如图 4-12 所示。

5. 操作方法及要领

1）穿好工作服，戴好工作帽，穿戴好绝缘鞋套、绝缘焊接手套，如图 4-13 所示，以免焊接中弧光伤害皮肤。

2）把焊接板料平放在工作台上，将焊件一侧距板边缘 10~20mm 范围的铁锈或油污用钢丝刷打磨干净，以确保焊接质量，如图 4-14 所示。

3）将两块板材放在工作台上，清理面朝下且保证焊件之间的对口间隙在 0~1mm 范围内，如图 4-15 所示。

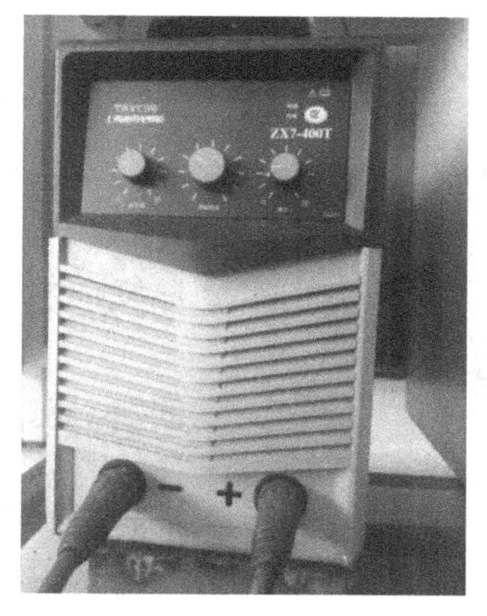

图 4-10 弧焊机

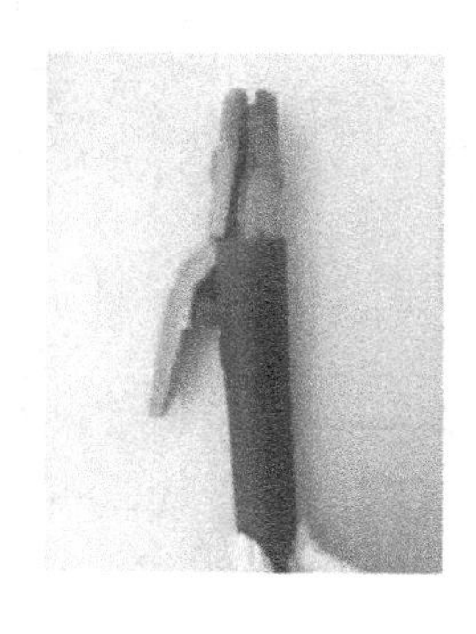

图 4-11 焊钳

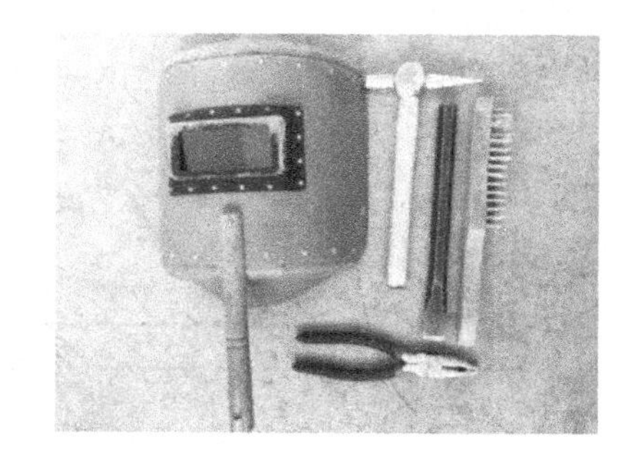

图 4-12 其他辅助工具

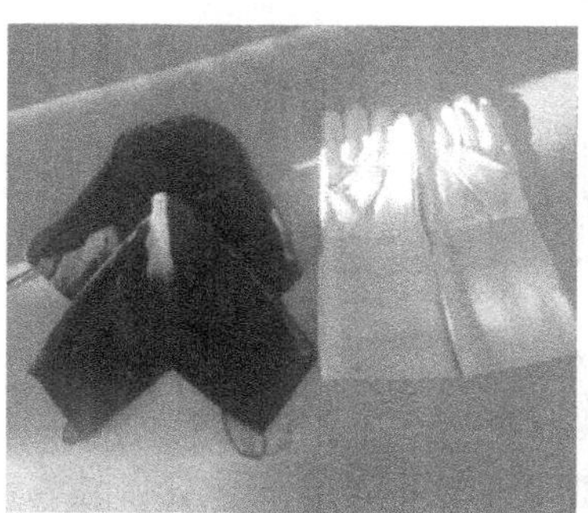

图 4-13 手套、鞋套

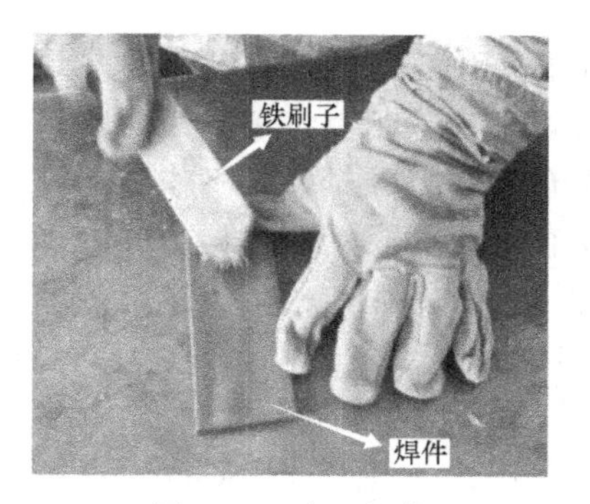

图 4-14 清理焊件

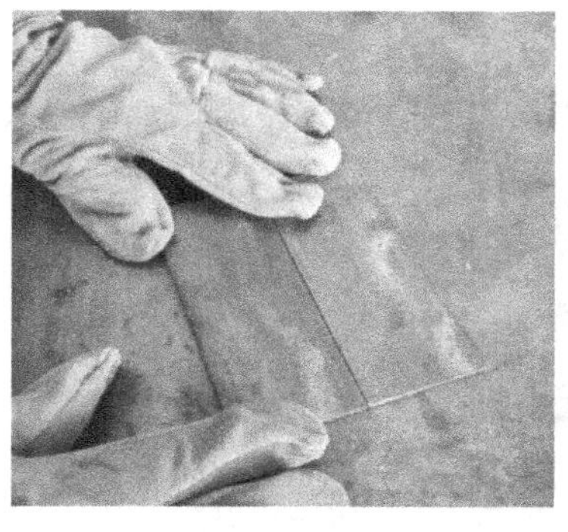

图 4-15 调整间隙

图 4-16 调节电流

4） 检查焊钳及各接线处是否良好，将焊接电流用旋钮调至 110A，如图 4-16 所示。

5） 从焊条筒中取出烘干过的焊条，将焊钳钳口张开，并将焊芯夹持在焊钳的凹槽中。确保焊条和焊钳呈 90°。找准引弧处且手保持稳定，用面罩遮住面部，准备用划擦法在板端内焊件缝隙位置附近引弧。先将焊条对准焊件，将焊条像划火柴似地在焊件表面轻微划动一下，即可引燃电弧。如图 4-17 所示。

6）引弧后立即移动焊条，将电弧指向焊缝起焊处（借助弧光找到）。

7）在钢板两端先焊上一小段长10~15mm的焊缝，如图4-18所示。定位焊点能够固定两块钢板的相对位置。焊后用敲渣锤将渣壳清除干净。

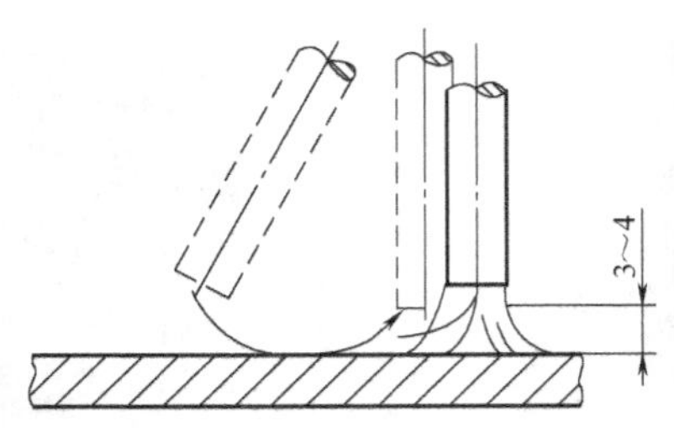

图4-17 划擦引弧

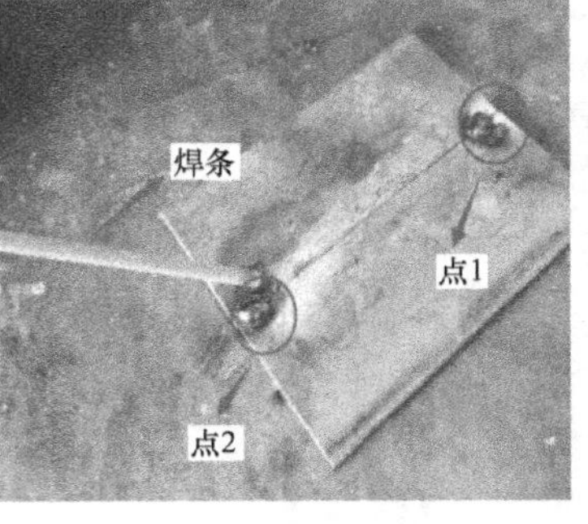

图4-18 定位焊点

8）翻转焊件。

9）再次引弧，引弧后立即将电弧移向焊缝起焊处，压低电弧，采用直线运条法向前施焊。直线运条法的动作要领是焊条不作横向摆动，仅沿焊接方向作直线移动。焊接过程中焊条与焊缝方向呈70°~80°夹角，与焊缝两侧呈90°夹角，如图4-19所示。

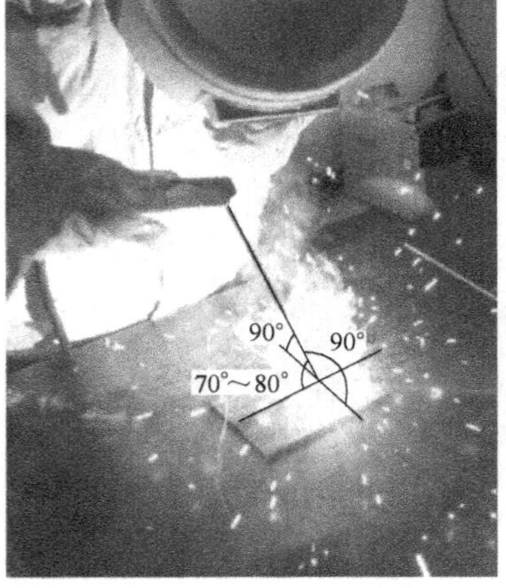

图4-19 焊接

10）焊接的收尾动作不仅是熄弧，还须填满弧坑，采用划圈方式焊接并沿焊条移动的反方向提起焊条收弧。

11）切断电源。

12）用敲渣锤清理焊缝，用錾子将焊件上的焊接飞溅物清理干净，如图4-20所示。

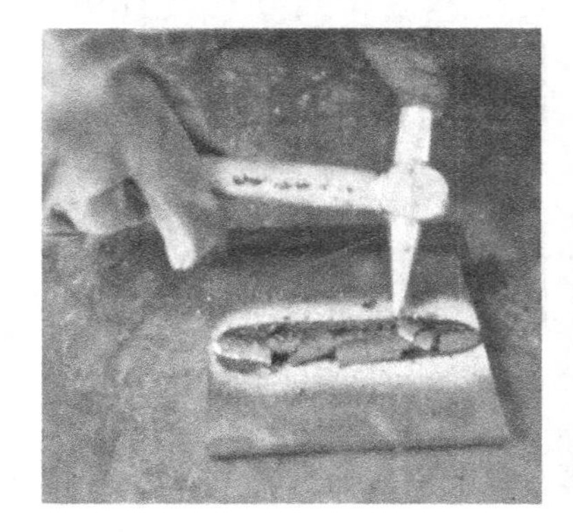

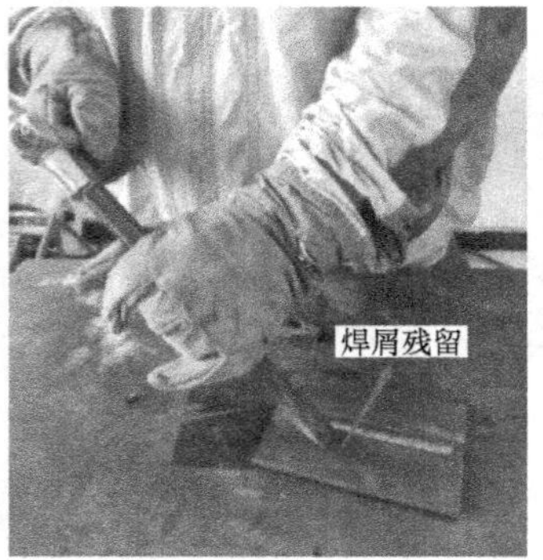

图4-20 清理焊件

13）检验。焊缝尺寸如图4-21所示。

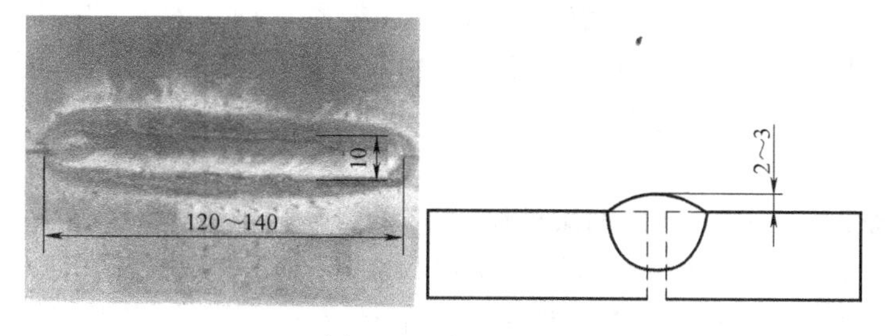

图 4-21　焊缝尺寸

4.3　气焊与气割

4.3.1　气焊

气焊是利用气体火焰作热源的一种焊接方法，如图 4-22 所示。气体火焰是由可燃气体和助燃气体混合燃烧而形成的，当火焰燃烧的热量能熔化母材和填充金属时，就可以用于焊接。气焊最常用的气体是乙炔和氧气。两者燃烧产生的火焰温度最高可达 3150℃左右。

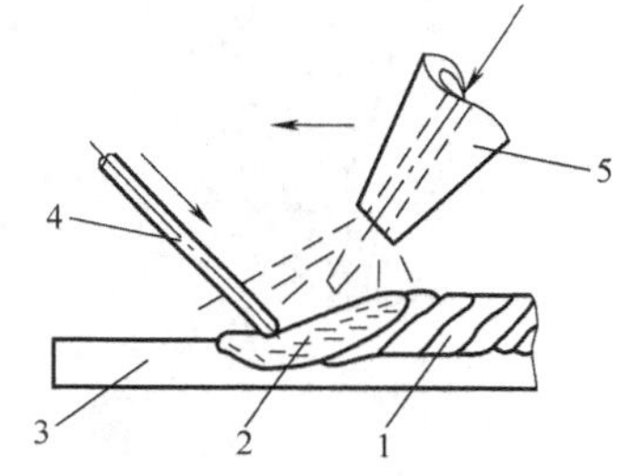

图 4-22　气焊原理

1—焊缝　2—熔池　3—焊件　4—焊丝　5—焊嘴

与电弧焊相比，气焊具有以下特点：不需要电源，熔池温度容易控制，易实现均匀焊透和单面焊双面成形；设备简单、移动方便、施工场地不受限；气体火焰温度比电弧低，热量分散，加热较为缓慢，生产率低，焊件变形严重；保护效果较差，焊接接头质量不高，接头变形大，焊缝组织粗大，性能较差，不易实现自动化。

气焊常用于 3mm 以下的低碳钢薄板和薄壁管子以及铸铁件的焊补，对铝、铜及其合金，当质量要求不高时，也可采用气焊。

1. 气焊设备

气焊所用的设备由氧气瓶、乙炔瓶、减压器、回火防止器、焊炬和橡胶管等组成。如图 4-23 所示。

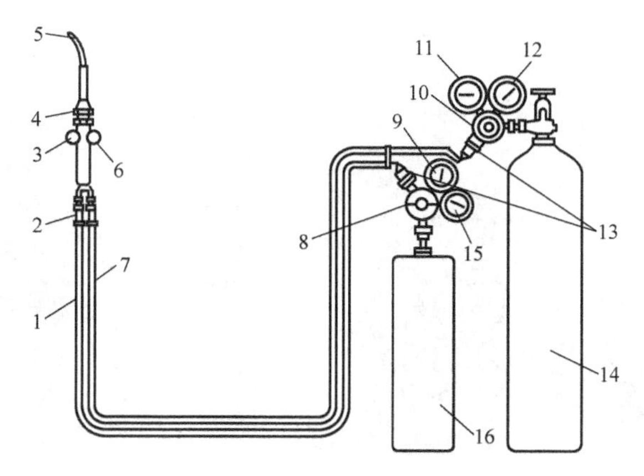

图 4-23　气焊设备组成

1—乙炔软管　2—回火调节器　3—乙炔调节阀　4—混合室　5—气焊喷嘴　6—氧气调节阀　7—氧气软管　8—乙炔调节器　9、11—工作压力表　10—氧气调节器　12—氧气瓶压力表　13—回火防止器　14—氧气瓶　15—乙炔瓶压力表　16—乙炔瓶

（1）氧气瓶　氧气瓶是储存和运输氧气的高压容器（图 4-24）。按照规定，氧气瓶外表面涂天蓝色漆，并用黑漆标以“氧”字样。使用氧气瓶时应保证安全，防止爆炸。放置氧气瓶要平稳可靠，不应与其他气瓶混放在一起；运输时应避免互相撞击；氧气瓶不得靠近气焊工作场地和其他热源（如火炉、暖气片等）；夏天要防止暴晒，冬季阀门冻结时严禁用火烤，应用热水解冻；氧气瓶上严禁沾染油脂。

（2）乙炔瓶　乙炔瓶是储存和运输乙炔用的容器，其外形与氧气瓶相似，外表面漆成白色，并用红漆标上“乙炔”和“火不可近”字样（图 4-25）。使用乙炔瓶时，除应遵守氧气瓶使用要求外，还应注意：瓶体的温度不能超过 30~40℃；乙炔瓶只能直立，不能横躺卧放；不得遭受剧烈振动；存放乙炔瓶的场所应注意通风。

图 4-24　氧气瓶

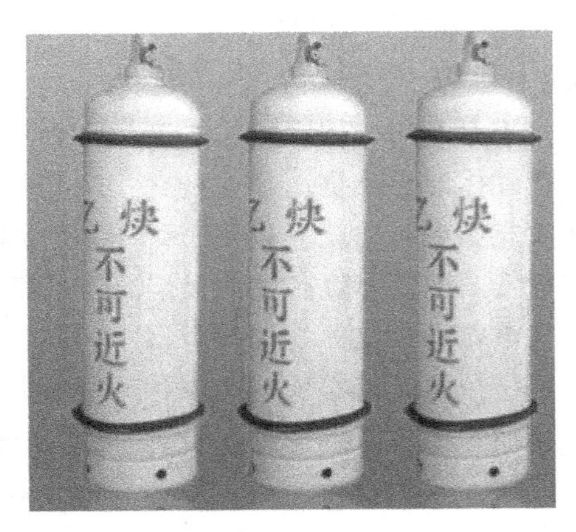

图 4-25　乙炔瓶

（3）减压器　减压器是将高压气体降为低压气体的调节装置。气焊时所需的气体工作压力比较低，氧气压力通常为 0.2~0.3MPa，乙炔压力最高不超过 0.15MPa。因此，必须将气瓶内输出的气体减压后才能使用。减压器的作用就是降低气瓶输出的气体压力，并能保持降压后的气体压力稳定，而且可以调节减压器输出的气体压力，氧气减压器和乙炔减压器如图 4-26 所示。

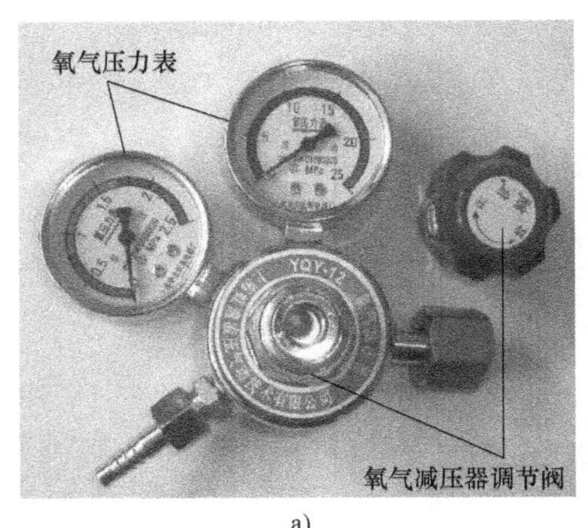

a)

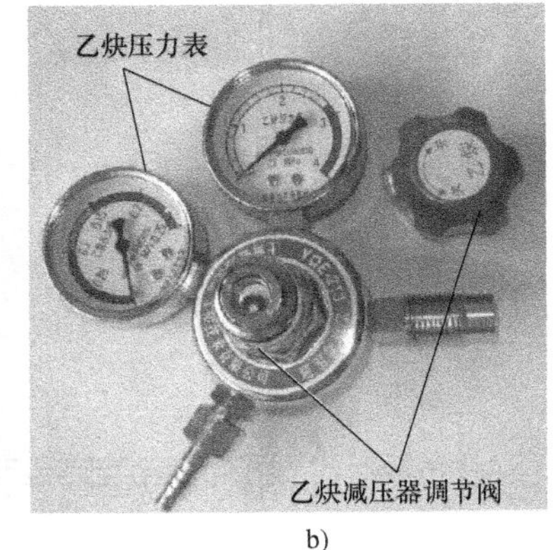

b)

图 4-26　减压器

a）氧气减压器　b）乙炔减压器

（4）回火保险器　回火是气体火焰进入喷嘴内逆向燃烧的现象。为了防止回火的火焰进入乙炔管道和乙炔瓶，在乙炔减压器和焊炬之间安装回火保险器，其作用是截住回火气体，防止回火蔓延到可燃气体源，保证安全。

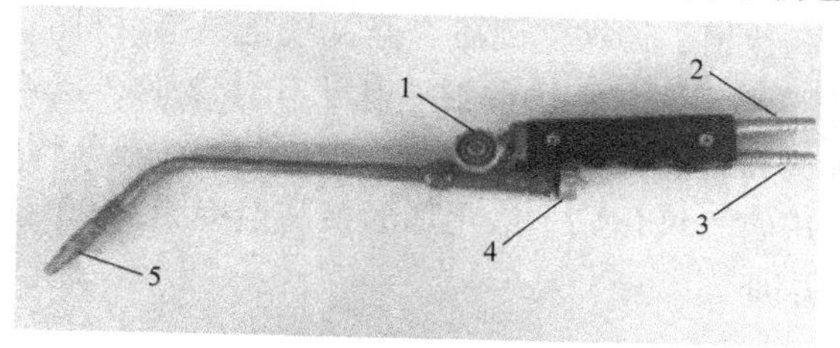

图 4-27　焊炬

1—乙炔调节阀　2—乙炔管　3—氧气管

4—氧气调节阀　5—焊嘴

（5）焊炬　焊炬是用于控制火焰进行焊接的工具，如图4-27所示。其作用是将乙炔和氧气按一定比例均匀混合，由焊嘴喷出后，点火燃烧，产生气体火焰。

2. 焊丝和焊剂

（1）焊丝　气焊的焊丝作为填充金属，与熔化的母材一起形成焊缝，焊丝如图4-28所示。焊丝的化学成分应与母材相匹配。焊接低碳钢时，常用的焊丝牌号有H08和H08A等。焊丝的直径一般为2～4mm，应根据焊件厚度来选择。为了保证焊接接头质量，焊丝直径与焊件厚度不宜相差太大。

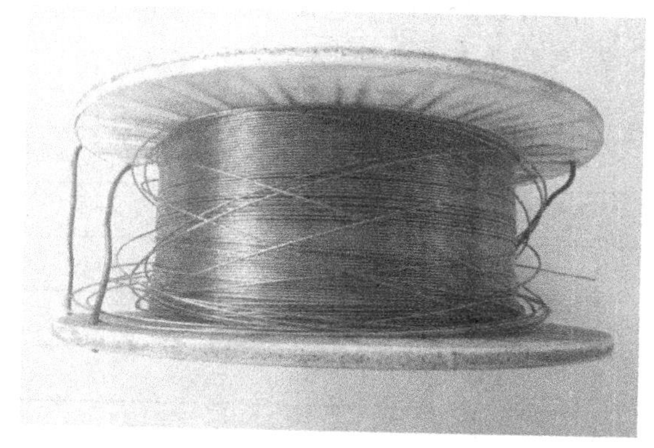

图 4-28　焊丝

（2）气焊溶剂　气焊溶剂又称气剂或焊粉，其作用是除去焊接过程中形成的氧化物，增加液态金属的湿润性，保护熔池金属。

3. 气焊火焰

气焊火焰是由可燃气体与氧气混合燃烧而形成的。气焊中最常用的是乙炔和氧气混合燃烧的氧乙炔焰。改变乙炔和氧气的混合比例，可以获得三种不同性质的火焰。如图4-29所示。

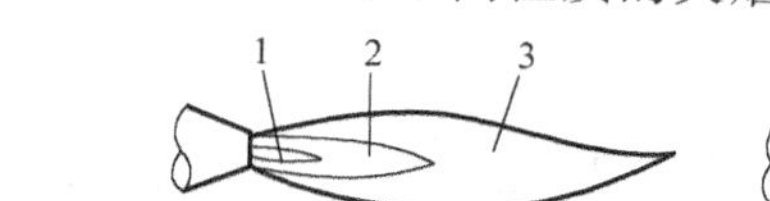

a)

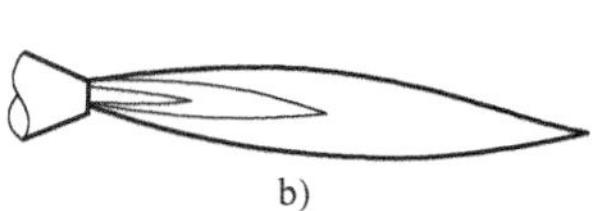

b)

c)

图 4-29　火焰性质

a）中性焰　b）碳化焰　c）氧化焰

1—焰心　2—内焰　3—外焰

（1）中性焰　氧气和乙炔的混合比为1.1～1.2时，燃烧所形成的火焰为中性焰，由焰心、内焰和外焰三部分组成。焰心呈尖锥状，色白亮，轮廓清楚；内焰颜色发暗，轮廓不清楚，与外焰无明显界限；外焰由里向外逐渐由淡紫色变为橙黄色。中性焰在距离焰心前面2～4mm处温度最高，为3050～3150℃。中性焰适用于焊接低碳钢、中碳钢、低合金钢、不锈钢、纯铜、铝及铝合金、镁合金等材料。

（2）碳化焰　氧气与乙炔的混合比小于1.1时，燃烧所形成的火焰为碳化焰。碳化焰比中性焰长，其结构也分为焰心、内焰和外焰三部分。焰心呈亮白色，内焰呈淡白色，外焰呈橙黄色。乙炔量多时火焰还会冒黑烟。碳化焰的最高温度为2700~3000℃。碳化焰适用于焊接高碳钢、高速钢、铸铁、硬质合金、碳化钨等材料。

（3）氧化焰　氧气与乙炔的混合比大于1.2时，燃烧所形成的火焰为氧化焰。整个火焰比中性焰短，其结构分为焰心和外焰两部分。一般气焊时不宜采用，只有在气焊黄铜、镀锌铁板时才采用轻微氧化焰。氧化焰的最高温度为3100~3300℃。

4.3.2　气焊实训

1. 技术要求

材料：Q235低碳钢板，尺寸：50mm×25mm×1.5mm；气焊进行平对焊接。要求：焊缝的长度应保持在30~40mm范围内。

2. 工艺分析

焊接工艺要点：低碳钢焊接要求参见4.2.5节平板对接件焊接实训。低碳钢板厚1.5mm适于气焊焊接，对于一般结构，可采用H08、H08A焊丝；焊丝直径根据板厚选用直径为1.0~2.0mm，不用焊剂。喷嘴的号码根据焊件厚度和材料性质确定为H01-6、3号。角度根据焊件厚度、喷嘴的大小及施焊位置选择30°。焊接时采用中性焰，根据板厚选择氧气压力0.15MPa，乙炔压力0.2MPa。

3. 气焊工艺卡

气焊工艺卡如图4-30所示。

<table>
<tr><td colspan="8">焊接顺序</td></tr>
<tr><td colspan="2">1</td><td colspan="6">清理待焊部位及周围油污等杂物</td></tr>
<tr><td colspan="2">2</td><td colspan="6">定位焊</td></tr>
<tr><td colspan="2">3</td><td colspan="6">检验组对间隙</td></tr>
<tr><td colspan="2">4</td><td colspan="6">左向焊</td></tr>
<tr><td colspan="2">5</td><td colspan="6">清理</td></tr>
<tr><td colspan="2">6</td><td colspan="6">焊缝外观检查</td></tr>
<tr><td colspan="2" rowspan="2">检验</td><td colspan="2">序号</td><td colspan="4">中心</td></tr>
<tr><td colspan="2">2、3、6</td><td colspan="4"></td></tr>
<tr><td colspan="2">母材(1)</td><td>Q235</td><td>厚度</td><td>1.5mm</td><td colspan="2">焊接位置</td><td>平焊</td></tr>
<tr><td colspan="2">母材(2)</td><td>Q235</td><td>厚度</td><td>1.5mm</td><td colspan="2">焊后热处理</td><td>无</td></tr>
<tr><td>层</td><td>道</td><td>焊接方法</td><td>焊接材料</td><td>焊炬型号及
焊嘴型号</td><td>氧气工作压力
/MPa</td><td>乙炔工作压力
/MPa</td><td>火焰性质</td></tr>
<tr><td>定位焊接</td><td>1</td><td>气焊</td><td>H08A
ϕ1.6</td><td>H01~6
3</td><td>0.15</td><td>0.2</td><td>中性焰</td></tr>
<tr><td>1</td><td>1</td><td>气焊</td><td>H08A
ϕ1.6</td><td>H01~6
3</td><td>0.15</td><td>0.2</td><td>中性焰</td></tr>
</table>

图4-30　气焊工艺卡

4. 焊前准备

1）焊件：50mm×25mm×1.5mm的Q235钢板，如图4-31所示。

2）焊丝：牌号H08A或一般铁丝均可，直径1.6mm并将焊丝截取成500mm左右数根，捋直待用。

3）设备及工具：准备好护目墨镜、钢丝刷、通针、点火枪等常用工具，如图 4-32 所示。

图 4-31　钢板

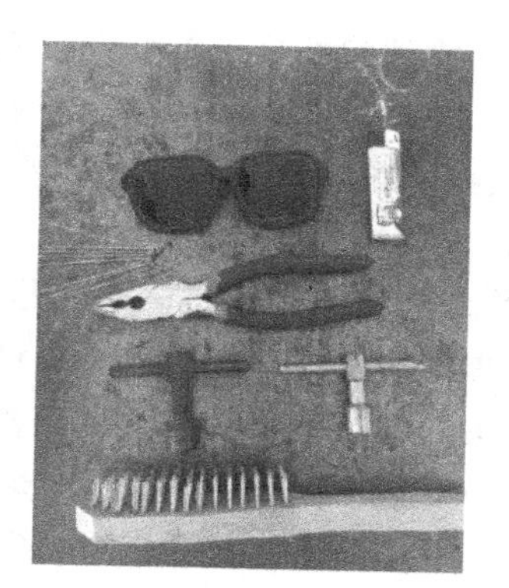

图 4-32　常用工具

4）焊件的清理：将焊件表面氧化皮、铁锈等用钢丝刷清理干净，使焊件表面露出金属光泽。清理焊件方式如图 4-14 所示。

5. 操作方法及要领

1）送气。调整气体压力，送气。逆时针旋转打开氧、乙炔瓶阀门，如图 4-33 所示。分别调整氧、乙炔减压器调节阀（顺时针方向增加流量，逆时针方向减少流量），使压力表的指针指向正确的氧气和乙炔的工作压力，如图 4-26 所示。

a)

b)

图 4-33　送气装置

a）氧气送气装置　b）乙炔送气装置

1—氧气减压阀阀门　2—氧气瓶阀门　3—乙炔减压阀阀门　4—乙炔瓶阀门

2）特别检查。为保证安全，系统送气后要再次检查是否有泄漏部位，特别是焊炬本身及焊炬与气路间的接头，绝对不可以漏气，一定要用专用管卡扎紧防脱。

3）将焊件放在工作台上，调整二者间隙，使二者紧密贴合，如图 4-15 所示。

4）点火。戴好手套和眼镜，略微打开焊炬上的氧气阀门，以吹掉气路中的残留杂物，然后打开乙炔阀门，如图 4-27 所示。用打火机点火。若有放炮声或者火焰点燃后熄灭，应减少氧气或放掉不纯的乙炔，再行点火。

5）调整火焰的性质和大小。通过焊炬上的氧气调节阀和乙炔调节阀来调整。点燃焊炬后，逐渐开大氧气阀门，可见火焰长度变短，颜色由淡红变为蓝白色焰心，内焰的轮廓特别清晰，即为中性焰。然后调整火焰大小，如果要减小火焰，应先减小氧气，然后减小乙炔直到火焰又恢复到中性焰。若调大，先增大乙炔，然后增大氧气，直到出现中性焰。

6）左手拿焊丝，手要远离焊接一端，以免烫伤，右手持焊炬。

7）气焊火焰指向焊件，焊件变红后，让焊丝熔化，焊接长度为5mm的定位焊点，如图4-34所示。

8）平焊焊接。为了集中热量尽快地加热和熔化焊件形成熔池，焊炬倾角 α 应大些，接近垂直于焊件。板端起焊处的金属由红色固体状态变为白亮的液体熔池时，便可送入焊丝，将焊丝端头送入熔池，然后立即稍微抬起焊丝端头2~3mm，并随即将焊嘴的倾角 α 减小为40°~50°，转入正常焊接阶段，焊炬焊丝角度如图4-35所示，焊炬、焊丝的摆动方式如图4-36所示。注意：让火焰焰心的焰尖处于熔池表面及熔池中心的位置，保持零距离。送丝时要把焊件加热至熔化后再加焊丝。焊丝熔化一定数量后，应退出熔池，焊炬随即向前移动，形成新的熔池。

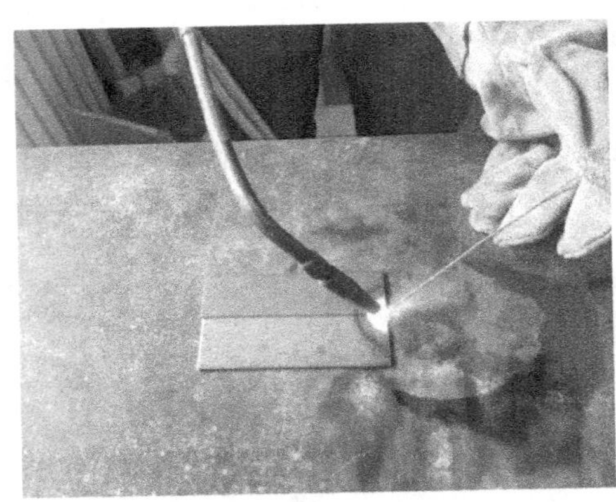

图 4-34　定位焊

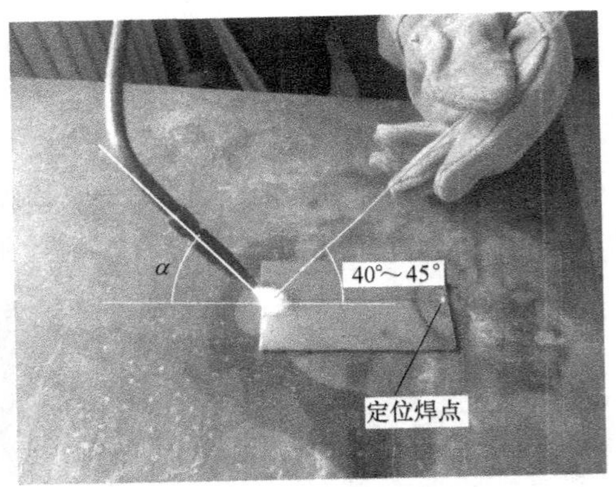

图 4-35　焊丝及焊炬角度

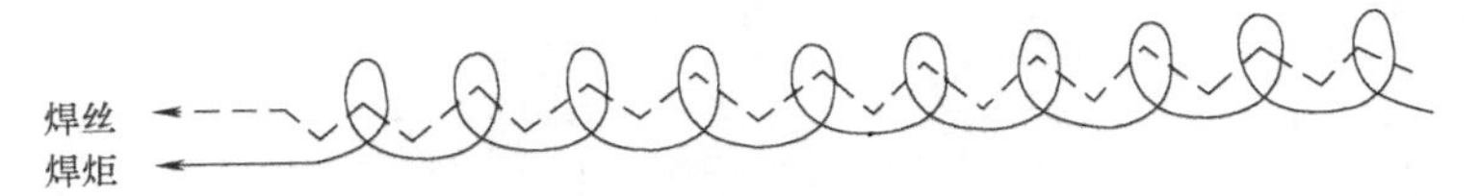

图 4-36　焊丝及焊炬移动方式

9）收尾。将要到达焊道末尾时，由于焊件温度升得很高，易产生塌陷或烧穿，操作要领是减小焊嘴倾角 α 约20°~30°，加快焊接速度，多填充焊丝，填满熔池，螺旋状上调断弧。

10）灭火时，应先关乙炔阀，后关氧气阀，防止回火和减少烟灰。

4.3.3　气割

气割通常是根据高温金属能在纯氧中燃烧的原理来进行的。它与气焊有本质不同，气焊是熔化金属，而气割是金属在纯氧中的燃烧。通常可以气割的金属材料有低、中碳钢和低合金钢。而高合金钢、铸铁以及铜、铝等非铁金属及其合金，均难以进行气割。

气割时，先用火焰将金属预热到燃点，再用高压氧使金属燃烧，并将燃烧所生成的氧化物熔渣吹走，形成切口，如图 4-37 所示。金属燃烧时放出大量的热，又预热待切割的部分，所以气割的过程实际上就是预热→燃烧→去渣重复进行的过程。

1. 气割条件

1）被切割金属的熔点必须高于其燃点。

2）金属燃烧时能放出足够热量，且金属本身的导热性要低。

3）金属的碳含量及合金、杂质要少。燃烧形成的氧化物的熔点要低于金属的熔点，且流动性要好。

2. 气割的设备及工具

气割时，用割炬代替焊炬，其余设备与气焊相同。目前手工气割最常用的割炬是 G01-30 型，“G” 代表割炬，“0” 代表手工，“1” 代表射吸式割炬，“30” 代表最大材料切割厚度为 30mm 以内，射吸式割炬如图 4-38 所示。

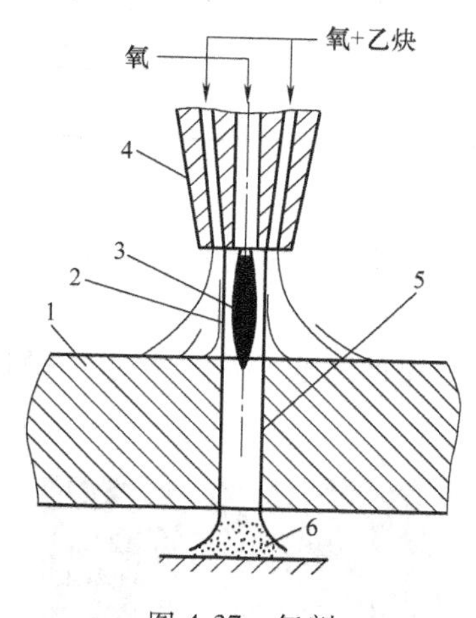

图 4-37　气割

1—焊件　2—预热火焰　3—高压氧气流　4—割嘴　5—切口　6—熔渣

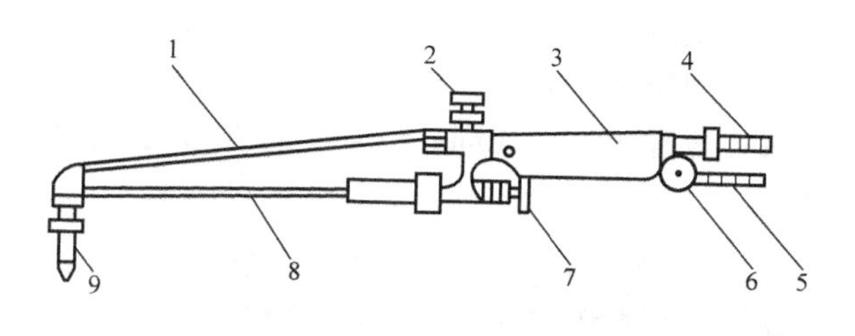

图 4-38　射吸式割炬

1—切割氧管　2—切割氧气调节阀手轮　3—手柄　4—氧气接头　5—乙炔接头　6—乙炔开关　7—预热氧气调节阀手轮　8—混合气管　9—割嘴

常用工具包括墨镜、通针、点火枪或打火机、锤子、直尺和钢丝刷等。

4.3.4　气割实训

1. 技术要求

材料：Q235 钢板，尺寸：450mm×130mm×6mm；切割出一块钢板 50mm×130mm×6mm，保证切口整齐。

2. 工艺分析

将 Q235 钢板从中间割开，首先需要用石笔在需要切割部位画线。根据钢板厚度及材料选用 G01-30 割炬，1 号割嘴，切割氧孔为环形，孔径为 0.6mm，氧气压力为 0.3~0.4MPa，乙炔压力 0.01~0.12MPa，割嘴与焊件距离为 3~5mm，割嘴倾角为后倾 25°~40°。

3. 气割工艺卡

气割工艺卡如图 4-39 所示。

4. 割前准备

1）割件。材料：Q235，尺寸：450mm×100mm×6mm，如图 4-40 所示。

气割顺序						
1	清理待焊部位及周围油污等杂物					
2	画线					
3	切割					
4	清理					
5	尺寸及切口外观检查					
检验	序号		中心			
	2、5					
母材		Q235		厚度		6mm
割炬型号	割嘴型号及切割孔径	切割氧孔形状	氧气压力/MPa	乙炔压力/MPa	割嘴倾角方向角度	割嘴与焊件距离/mm
G01-30	1 号 0.6	环形	0.3～0.4	0.01～0.12	与焊件呈 90°	3～5

图 4-39　气割工艺卡

2）工具。墨镜、通针、点火枪或打火机、锤子、直尺和钢丝刷等，如图 4-32 所示。

3）用钢丝刷除去铁锈和油污。

4）找准距一端 50mm 位置绘制割断线，如图 4-41 所示。将焊件适当垫高，并水平平稳放置。

图 4-40　割件

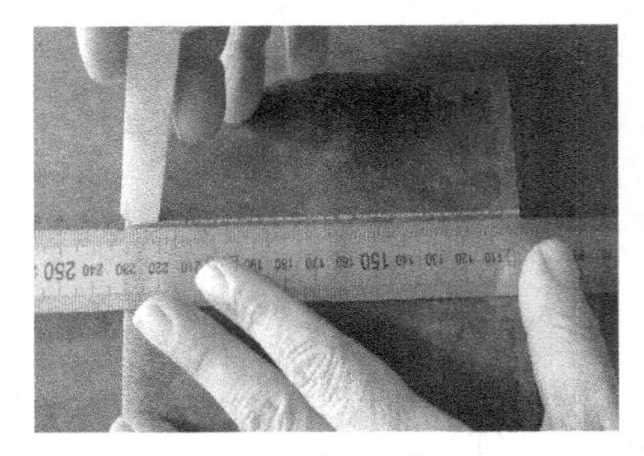

图 4-41　绘制割断线

5. 操作及要领

1）送气点火。参见气焊的送气点火操作。

2）调整氧、乙炔阀将气割火焰调为中性焰，并调整火焰大小。

3）试有无风线。火焰调整好后，打开切割氧阀门，火焰中心会有一切割氧流产生的风线，若风线直而长，并处在火焰中心，说明割嘴具有良好的工作条件，否则，关闭火焰用通针对割嘴的高压氧喷孔进行疏通。

4）预热与起割。割嘴和焊件表面保持垂直，将割嘴中心对准起割处，当看到板边已红，马上将割嘴沿气割方向倾斜一定角度（留 1/3 火焰仍在板边上），缓慢打开切割氧阀门（一定稳定住割炬，避免摆动），然后将割嘴逐渐转为 90°向板内移动，进入切割状态。在气割过程中保持割嘴与焊件表面的距离在 3~5mm，且与切口两侧焊件垂直，如图 4-42 所示。

5）切割。割炬要稳，速度要均匀。

6）切割临近终点时割嘴逐渐向切割方向后倾一定角度，适当放慢割速，以使钢板下部提前割透，之后关闭高速切割氧阀门。

7）工作结束。关闭乙炔阀门，再关闭预热氧气阀门，将火焰熄灭。

8）清渣。用钢丝刷将切割背面的氧化物熔渣清理干净。

9）检查尺寸和切口。

图 4-42　手工气割状态

4.4　气体保护焊

4.4.1　CO_2 气体保护焊

CO_2 气体保护焊是利用 CO_2 作为保护介质的气体保护焊。它利用焊丝作电极并兼作填充金属。

1. CO_2 气体保护焊特点

CO_2 气体保护焊工艺具有生产率高、焊接成本低、适用范围广，焊缝质量好等优点。其缺点是焊接过程中飞溅较大，焊缝成形不够美观。二氧化碳气体保护焊的工艺适用范围广，可以焊接厚板、中厚板、薄板及全位置焊缝。主要用于焊接低碳钢及低合金高强度钢，也可以用于焊接耐热钢和不锈钢。目前广泛用于汽车、轨道客车制造、船舶制造、航空航天和石油化工机械等诸多领域。

2. CO_2 气体保护焊设备

CO_2 气体保护焊的操作方式分半自动和自动两种，生产中应用较广的是半自动焊。其焊接设备主要由焊接电源、焊枪、送丝系统、供气系统和控制系统等部分组成，如图 4-43 所示。

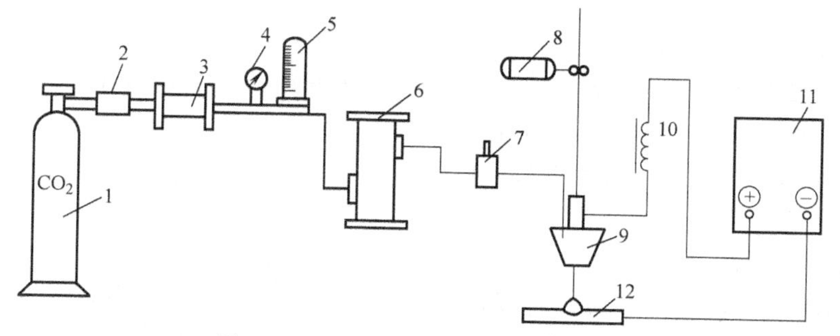

图 4-43　CO_2 电弧焊焊接设备示意图

1—CO_2 气瓶　2—预热器　3—高压干燥器　4—气体减压阀　5—气体流量计　6—低压干燥器　7—气阀　8—送丝机构　9—焊枪　10—可调电感　11—焊接电源及控制系统　12—焊件

3. 焊接参数的选择

CO_2 气体保护焊的工艺参数主要包括焊丝直径、焊接电流、电弧电压、焊接速度、焊丝伸出长度、电源极性、回路电感以及气体流量等。

1）焊丝直径。根据焊件厚度、焊接位置及生产率的要求选择，同时还需兼顾到熔滴过渡的形式以及焊接过程的稳定性。一般细焊丝用于焊接薄板，随着焊件厚度的增加，焊丝直径增加。

2）焊接电流的选择。焊接电流应根据焊件的厚度、坡口形式、焊丝直径和所需的熔滴过渡形式来选择。电流范围为60~250A时，主要适用于直径为0.5~1.6mm焊丝的短路过渡全位置焊。焊接电流大于250A时，一般都采用滴状过渡来焊接中厚板结构。

3）电弧电压的选择。通常细丝焊接时电弧电压为16~24V，粗丝焊接时，电弧电压为25~36V。采用短路过渡时，电弧电压与焊接电流有一个最佳配合范围，见表4-3。

表4-3 焊接电流与电弧电压关系

焊接电流/A	电弧电压/V	
	平焊	立焊和仰焊
75~120	18~21.5	18~19
130~170	19.5~23	18~21
180~210	20~24	18~22
220~260	21~25	

4）焊接速度根据焊件性质和厚度来确定，半自动焊接速度为15~40m/h，自动焊接时为15~80m/h。

5）焊丝伸出长度的选择。焊丝伸出长度也称平伸长度，是指焊丝从导电嘴伸出到焊件除弧长以外的那段距离，可根据焊丝直径选择，近似为10倍的焊丝直径。

6）电源极性的选择。为了减少飞溅，保持焊接过程的稳定，一般采用直流反极性焊接。

7）回路电感的选择。根据焊丝直径、焊接电流大小、电弧电压高低来选。

8）气体流量的选择。细焊丝短路过渡焊接时，气体流量通常为5~15L/min，粗丝焊接时约为20L/min。

4. 中厚板平焊焊接实训

（1）焊件尺寸及要求 焊件材料Q235，尺寸300mm×100mm×12mm；坡口加工如图4-44所示，焊接位置为平焊。焊接要求：单面焊双面成形。焊接材料：H08MnSiA，ϕ1.2。焊机为NBC-400。

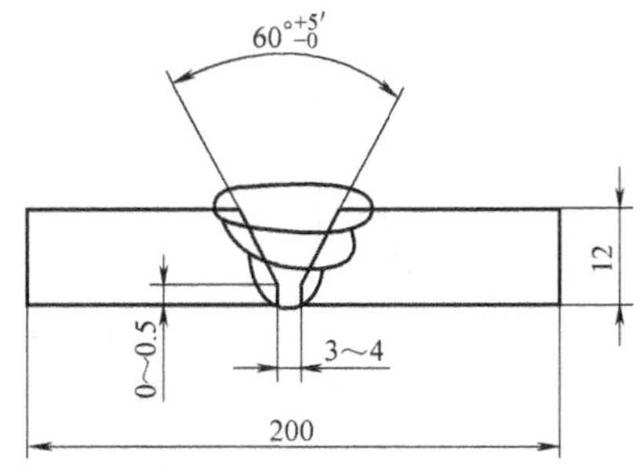

图4-44 焊件及坡口尺寸

（2）焊件装配

1）钝边0~0.5mm。

2）在焊前必须对坡口内及坡口正反两侧20mm范围内的油、水、锈进行清理，直至露出金属光泽。

3）装配。装配间隙为3~4mm，进行定位焊焊于焊件坡口内两端，焊点长度约10~15mm；预置反变形量3°；错边量≤1.2mm。

（3）低碳钢对接平焊半自动CO_2焊的焊接参数的选择 见表4-4。

表 4-4　对接平焊焊接参数

焊接参数	焊丝直径/mm	焊丝伸出长度/mm	焊接电流/A	电弧电压/V	气体流量/(L/min)
打底焊	1.2	20~25	90~110	18~20	10~15
填充焊	1.2	20~25	230~250	24~26	20
盖面焊	1.2	20~25	230~250	24~26	20

（4）操作要点及注意事项　焊接采用左向焊，焊接层数为三层三道，焊炬角度如图4-45所示。

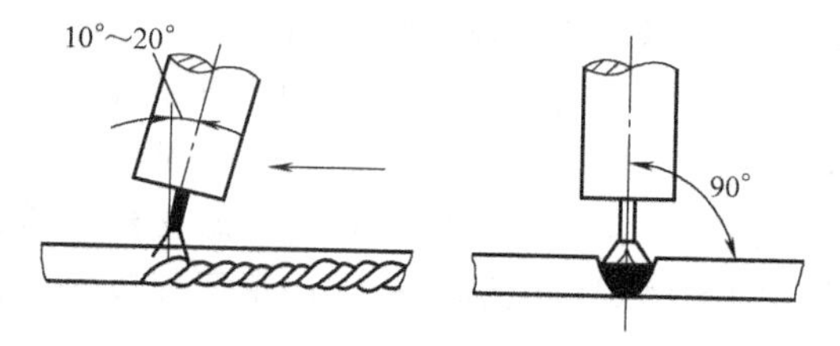

图 4-45　焊炬角度

1）打底焊。焊件间隙小的一端放于右侧。在离焊件右端定位焊焊缝约 20mm 坡口的一侧引弧，然后开始向左焊接打底焊道，焊炬沿坡口两侧作小幅度横向摆动，并控制电弧在离底边约 2~3mm 处燃烧，当坡口底部熔孔直径达 3~4mm 时，转入正常焊接。操作时应注意以下事项：

① 电弧始终在坡口内作小幅度横向摆动，并在坡口两侧稍微停留，使熔孔直径比间隙大 0.5~1mm，焊接时应根据间隙和熔孔直径的变化来调整横向摆动幅度和焊接速度，尽可能维持熔孔直径不变，以获得宽窄和高低均匀的反面焊缝。

② 依靠电弧在坡口两侧的停留时间，保证坡口两侧熔合良好，使打底焊道两侧与坡口结合处稍有下凹，焊道表面平整。如图 4-46 所示。

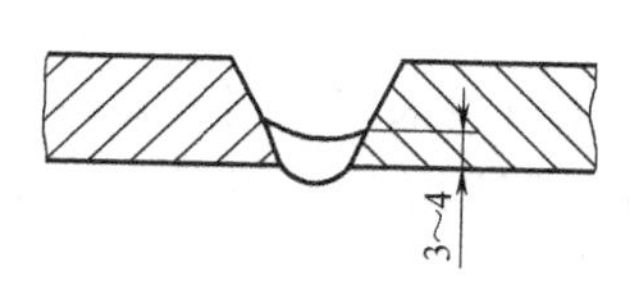

图 4-46　打底焊道

③ 在打底焊时，严格控制喷嘴高度，电弧必须在离坡口底部 2~3mm 处燃烧，保证打底焊厚度不超过 4mm。

2）填充焊。调试好填充层焊接参数，在焊件右端开始焊接，焊炬角度与打底焊相同，焊炬的横向摆动幅度稍大于打底焊，注意熔池两侧熔合情况，保证焊道表面平整并稍下凹，并使填充层的高度低于表面 1.5~2mm。

3）盖面层。在调试好盖面层焊接参数后，从右端开始焊接，焊炬角度与打底焊相同。焊接过程中需要注意以下事项：

① 保持喷嘴高度，焊接熔池边缘应超过坡口棱边 0.5~1.5mm，并防止咬边。

② 焊炬横向摆动幅度应比填充焊时稍大，尽量保持焊接速度均匀，使焊缝外形美观。

③ 收弧时一定要填满弧坑，并且弧长要短，以免产生弧坑裂纹。

4.4.2　氩弧焊

用氩气作为保护气体的电弧焊方法称为氩弧焊。

1. 氩弧焊特点

1）氩弧焊的优点。由于氩气是惰性气体，它既不与金属发生化学反应，又不溶解于金属，是一种理想的保护气体，能获得高质量的焊缝。氩气的热导率小，且是单原子气体，高温时不分解吸热，电弧热量损失小，所以电弧一旦引燃就很稳定。明弧焊接，便于观察熔池，进行控制，可以进行各种空间位置的焊接，易于实现机械化和自动化。

2）氩弧焊的缺点。不能通过冶金反应消除进入焊接区中氢和氧等元素的有害作用，抗气孔能力差，故焊前必须对焊丝和焊件坡口及坡口两侧 20mm 范围的油、锈等进行严格清理；氩气价格贵，焊接成本高；氩弧焊设备较为复杂，维修不便。

2. 适用范围

氩弧焊几乎可以焊接所有的金属材料，目前主要用于焊接易氧化的非铁合金（如铜、铝、镁、钛及其合金），难熔活性金属（钼、锆、铌等），高强度合金钢以及一些特殊性能合金钢（如不锈钢、耐热钢等）。

3. 氩弧焊分类

氩弧焊有熔化极氩弧焊和钨极氩弧焊两种。

（1）熔化极氩弧焊　利用焊丝作电极，在焊丝端部与焊件之间产生电弧，焊丝连续地向焊接熔池送进。氩气从焊炬喷嘴喷出以排除焊接区周围的空气，保护电弧和熔化金属免受大气污染，从而获得优质焊缝。熔化极氩弧焊的操作方式分自动和半自动两种。焊接时可以采用较大的焊接电流，通常适用于焊接中厚板焊件。焊接钢材时，熔化极氩弧焊一般采用直流反接，以保证电弧稳定。

（2）钨极氩弧焊　钨极材料一般采用钍钨（在钨中加入质量分数为 1%～2%的 ThO_2）和铈钨（在钨中加入质量分数为 2%的 CeO_2）。其中钍钨的放射性较大，铈钨的放射性很小。在整个焊接过程中，钨极不熔化，但有少量损耗。为尽量减少钨极的损耗，钨极氩弧焊采用直流正接，且所使用的焊接电流不能过大。因此，钨极氩弧焊适用于焊接较薄的焊件。焊接铝、镁及其合金时，需采用交流电源。这是因为当焊件处于负极的半周时，焊件表面上熔点较高的氧化物能够得以清除（称为阴极破碎作用），而当钨极处于负极的半周时，又可得到冷却，减少损耗。按操作方式不同钨极氩弧焊分为手工焊、半自动焊和自动焊三种。目前，工业生产中应用最广泛的是手工钨极氩弧焊，其焊接过程如图 4-47 所示。手工钨极氩弧焊焊接设备系统示意图如图 4-48 所示，主要由焊接电源、控制系统、焊炬、供气系统和供水系统等部分组成。

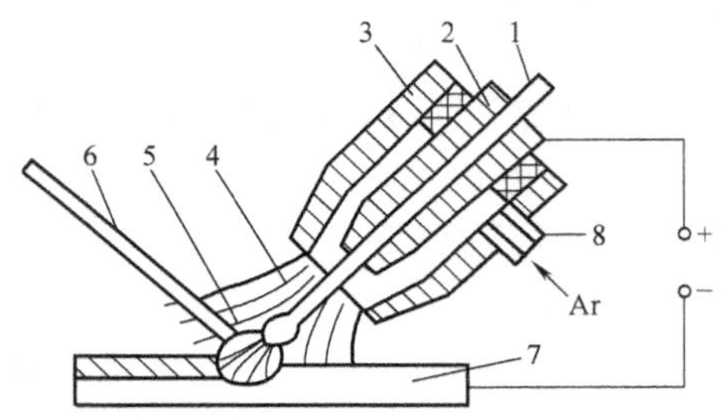

图 4-47　手工钨极氩弧焊示意图

1—钨极　2—导电嘴　3—喷嘴　4—氩气流　5—电弧　6—填充焊丝　7—焊件　8—进气管

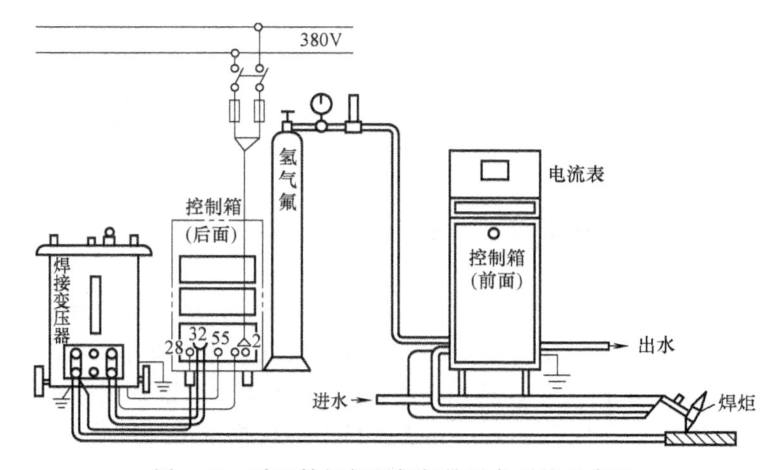

图 4-48　手工钨极氩弧焊焊接设备系统示意图

4. 3mm 厚铝合金板（A5083P-0）对接平焊手工钨极氩弧焊实训

工艺要点及操作要领如下：

1）采用I形坡口，根部间隙为0，在坡口两侧各20mm宽的区域内，清理去除氧化膜。

2）选用直径为3.2mm的A5183-BY焊丝。

3）钨极直径为2.4mm。

4）在距焊缝始端前方10~15mm处引弧（通过高频电或高压脉冲），然后迅速返回始端，母材熔化即开始正常焊接。

5）焊炬及焊丝角度如图4-49所示。焊炬与焊缝夹角为70°~80°，与母材保持90°。焊丝与母材表面夹角为15°~20°。

6）焊丝填入方法如图4-50所示。焊丝对准熔池前端，有节奏地、适量地熔入，保持焊缝波形的均一性。

7）收弧处采用连续填入法填入焊丝，如图4-51所示。即在距焊缝终端约5mm之前的位置，钨极瞬间停止移动，焊丝较多地送入，填满收弧处。

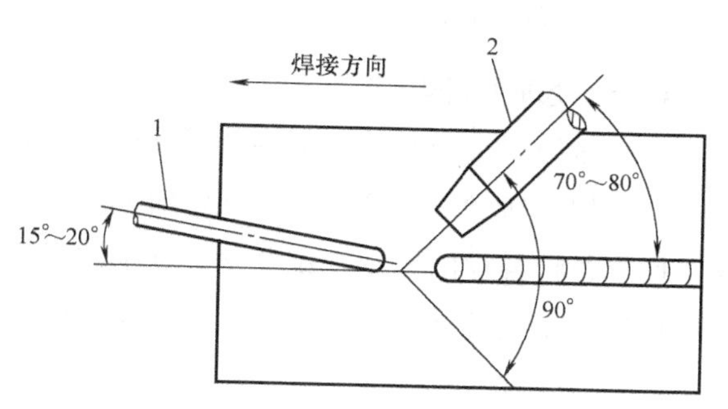

图4-49 铝合金平板对接平焊手工钨极氩弧焊焊炬角度
1—焊丝 2—焊炬

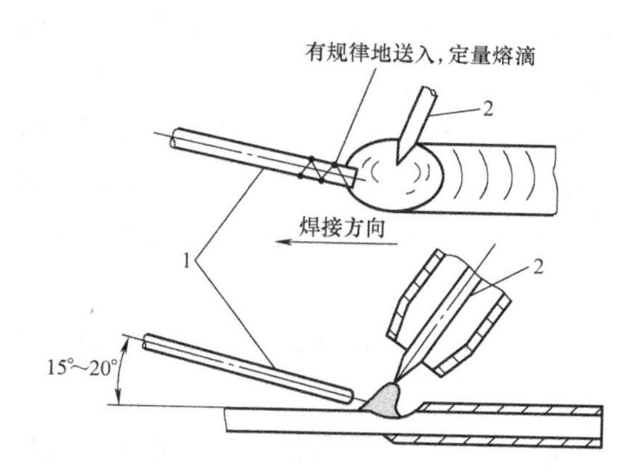

图4-50 铝合金平板对接平焊手工钨极氩弧焊焊丝填入法
1—焊丝 2—钨极

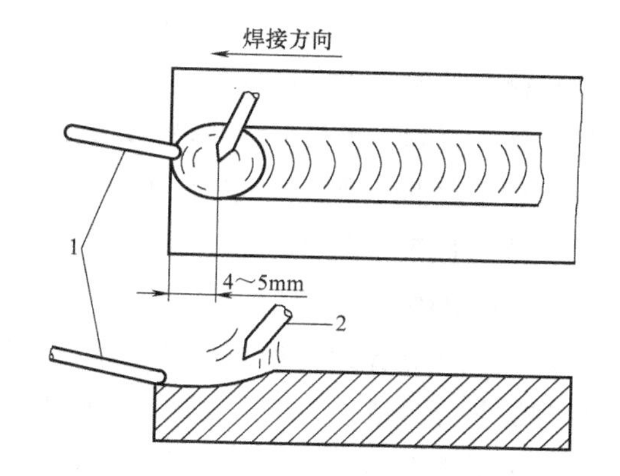

图4-51 铝合金平板对接平焊手工钨极氩弧焊收弧处的连续填入法
1—焊丝 2—钨极

实训拓展训练

1. 自行设计某一结构，材料选用尺寸为150mm×60mm×6mm，50mm×25mm×1.5mm的Q235钢板，数量不限。利用已掌握的焊接方法将该结构焊接成形。

2. 自行设计某一结构，材料选用H08A焊丝，数量不限，利用点焊技术将该结构焊接成形。

第5章　热处理实训

5.1　热处理概述

5.1.1　热处理原理与应用

金属热处理是指在固态下将金属加热到一定的温度，保温一定的时间，然后用不同的冷却速度冷却，通过对加热温度、保温时间、冷却速度三个要素的有机配合，使其发生相的转变，形成各种各样的微观组织结构，从而获得所需要的使用性能的一种材料热加工工艺。与材料热加工工艺中的成形工艺不同，热处理只改变材料微观结构，不改变材料宏观外形尺寸。

为保证机械产品的质量和使用寿命，通常重要的机械零件都要经过热处理，例如，机床制造业中有60%~70%的零件要进行热处理，汽车和拖拉机制造业中有70%~80%的零件要进行热处理，模具、滚动轴承100%需进行热处理。而且，只要选材合适，热处理得当，就能使机械零件的使用寿命成倍、甚至十几倍地提高，实现“搞好热处理，零件一顶儿”的目标，从而得到事半功倍的效果。因此，热处理是机械零件和模具制造过程中的关键工序，也是机械工业的一项重要基础技术，它对于充分发挥金属材料的性能潜力，提高产品的内在质量，节约材料，减少能耗，延长产品的使用寿命，提高经济效益都具有十分重要的意义。

5.1.2　常用热处理方法

（1）按工艺要素分类　根据加热、冷却方式等要素及材料组织性能变化特点不同，将热处理工艺分为退火、正火、淬火、回火。

（2）按热处理深度分类　热处理按深度，可分为对工件整体穿透性加热的整体热处理工艺和只加工表层的表面热处理工艺。

表面热处理包括表面淬火和化学热处理。根据加热方式的不同，表面热处理又可进一步分为感应淬火和火焰淬火。化学热处理包括渗碳、渗氮、碳氮共渗和渗其他元素等。

（3）按工序位置分类　按热处理所处的工序位置划分，可将其分为预备热处理与最终热处理。预备热处理是为随后的加工（冷拔、冲压、切削）或进一步热处理作准备的热处理。一般情况下，退火、正火为预备热处理。最终热处理是赋予工件所要求使用性能的热处理。一般情况下淬火或回火为最终热处理。通常机械零件的一般加工工艺为：毛坯（铸、锻）→预备热处理→机加工→最终热处理。图5-1所示为W18Cr4V钢热处理的工艺曲线图。

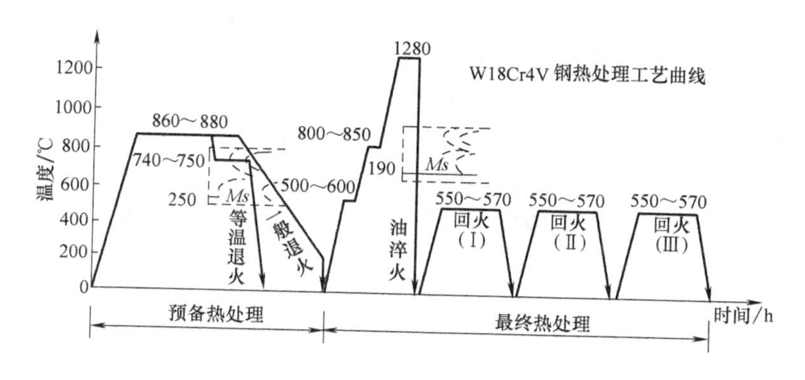

图 5-1　W18Cr4V 钢热处理的工艺曲线图

5.2　热处理工艺

热处理工艺要素有：加热温度，保温时间，冷却方式及冷却速度。

通常热处理工艺要素所构成的加热、保温、冷却三个阶段组合成为热处理工艺过程。图 5-2 所示是采用温度-时间坐标表示的热处理工艺过程图。对不同的钢铁材料而言，三个阶段工艺参数的选择不同；对同一种钢材，冷却方式和冷却速度的不同选择，对组织的影响最大，可据此获得预期的硬度、强度、塑性、韧性等力学性能指标。

不同工艺要素构成热处理退火、正火、淬火、回火 4 项基本工艺。

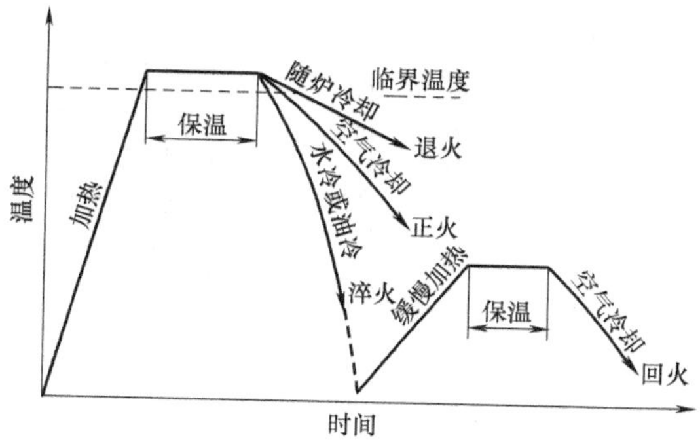

图 5-2　常用热处理方法的工艺曲线示意图

5.2.1　退火工艺

将钢加热至适当温度保温一定时间，然后缓慢冷却（一般为随炉冷却）的热处理工艺称为退火。退火的目的之一是调整硬度，便于切削加工。适合加工的硬度为 170～250HBW。第二个作用是消除内应力，防止加工中变形。第三个作用是细化晶粒，为最终热处理作组织准备。

5.2.2　正火工艺

正火是指钢被加热到适宜的温度，并在此温度下保温一定时间，然后在静止或轻微流动的空气中冷却的工艺过程。正火的目的是调整钢材的硬度，细化晶粒，使组织正常化。正火能改善切削性能，消除硬脆组织。正火冷却速度比退火快，因此正火组织比退火组织的硬度和强度稍高。

5.2.3　淬火工艺

淬火是指钢被加热到某一适当温度并保温后实施快速冷却的工艺过程。淬火的目的是使钢硬化。不同钢材及不同表面质量要求的淬火可以使用不同的加热介质，如空气、可控气氛、熔盐、真空加热等。其冷却介质可以是水、油、聚合物液体、熔盐及强烈流动的气体等，可依据不同钢材进行选择。淬火会使钢材形成淬火组织并达到零件预期的高硬度。

5.2.4 回火工艺

将淬火后的钢重新加热到临界温度以下的某一温度并保温一段时间后，再冷却到室温的过程称为回火。回火的目的是提高淬火钢的塑性和韧性，并消除淬火应力，保证零件的尺寸稳定性。回火温度对钢的性能影响十分明显。重新加热温度在250℃以下的回火称为低温回火，可消除应力，保持高硬度，常用于工具、模具的处理；重新加热到500℃以上的回火称为高温回火，它使硬度降低幅度较大，但可获得良好的综合力学性能。淬火+高温回火称为调质处理，常用于重要结构零件的处理。

5.3 45钢的热处理实训

5.3.1 45钢中间轴整体淬火实训

1. 中间轴力学性能要求

图5-3所示为减速器中间轴零件简图。该轴受交变弯曲应力与扭应力，但由于承受的载荷与转速均不高，冲击作用也不大，故具有一般综合力学性能即可。根据中间轴工作受力及性能要求，可选用45、40Cr或42CrMo钢，考虑原材料成本情况，运用热处理工艺提高45钢中间轴使用性能，满足使用需求。

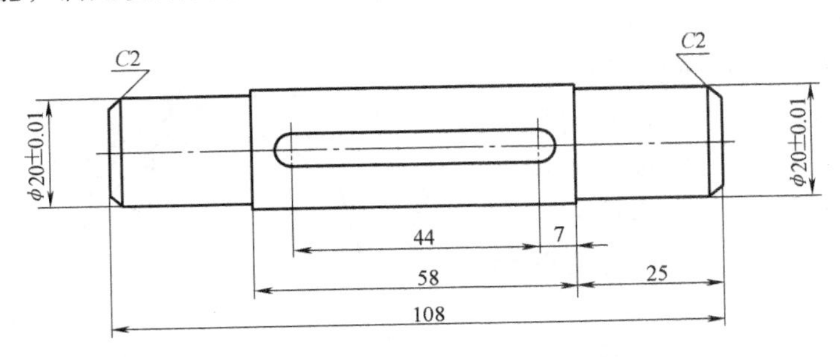

图5-3 减速器中间轴零件简图

2. 中间轴整体热处理工艺分析

为了提高中间轴的力学性能，满足使用要求，45钢中间轴热处理工序确定为两部分：①整体调质处理，②两轴端感应加热表面淬火。调质处理分为淬火加高温回火两道工序。首先对中间轴进行第一步整体淬火热处理。

（1）制定45钢中间轴淬火工艺　查GB/T 699—2015优质碳素结构钢标准可知，45钢推荐热处理工艺为850℃正火、840℃淬火、600℃回火。整体淬火后，硬度达到55~62HRC。因此，制定45钢整体淬火热处理工艺为：加热温度：840℃±10℃；保温时间：40min；冷却介质：10%NaCl（质量分数）水溶液。

（2）设备规格选定　SX2-10-12型箱式电阻炉，最高温度1200℃，额定功率：10kW

（3）操作过程注意事项　45号钢淬火温度在A_3+(30~50)℃，在实际操作中一般取上限。偏高的淬火温度可以使工件加热速度加快，表面氧化减少，且能提高工效。为使工件的奥氏体均匀化，就需要足够的保温时间。如果实际装炉量大，就需适当延长保温时间。不然，可能会出现因加热不均匀造成硬度不足的现象。但保温时间过长，也会出现晶粒粗大、氧化脱碳严重的弊病，从而影响淬火质量。根据SX2-10-12型号炉膛内有效工作区尺寸与零件外形尺寸，确定最大装炉量不超过 20 根中间轴。

淬火过程中应该保温 40min，采用质量分数为 10%的 NaCl 水溶液冷却。因为 45 钢淬透性低，故应采用冷却速度大的 10%盐水溶液。轴入水后，首先要保持轴持续在水面下作垂直水面的上下直线运动，这是因为淬火操作中静止的轴放入静止的冷却介质中，将导致硬度不均匀，轴将产生较大变形，甚至开裂。其次，操作过程中观察水中的轴排出气泡停止时，即可将工件出水空冷。

45 钢中间轴淬火后的硬度应该达到 55～62HRC，截面大的位置可能硬度低些，但不能低于 48HRC，否则就表明工件未得到完全淬火，淬火加工失效，轴需重新加热淬火。

3. 热处理工艺曲线

45 钢中间轴整体淬火热处理工艺曲线如图 5-4 所示。

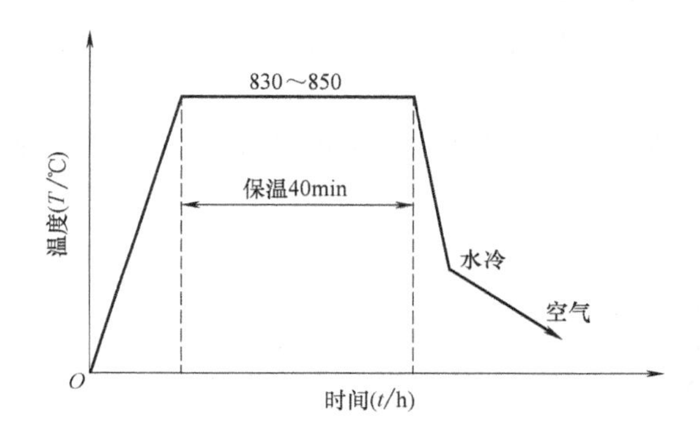

图 5-4　45 钢淬火热处理工艺曲线

5.3.2　45 钢中间轴调质实训

1. 45 钢中间轴调质目的

调质热处理可分为整体淬火加高温回火两个加工步骤。目的是使中间轴从外部到心部都具有良好的强度、硬度与塑性、韧性的搭配，使轴整体上具备良好的综合力学性能，在组织上得到均匀细密的回火索氏体组织，利于零件精加工后获得光洁的表面，提高力学性能的同时为后续精加工做准备。中间轴调质后要求硬度为 215HBW。

2. 45 钢中间轴调质热处理工艺

（1）热处理工艺参数　淬火温度：840℃±10℃；保温时间：40min；冷却介质：10% NaCl 水溶液；回火温度：580℃±10℃；保温时间：1.5h；冷却方式：空冷。

（2）设备规格选定　SX2-10-12 型箱式电阻炉，最高温度 1200℃，额定功率：10kW

（3）操作要点　淬火操作要点同 5.3.1 节。

45 钢中间轴淬火后进行高温回火，其硬度主要由回火温度决定，查表 5-1 可知 45 钢回火温度与回火硬度的关系。根据中间轴调质后硬度值要求达到 215HBW，查表可确定回火温度应设为 580℃。而回火保温时间，主要受工件大小影响，且回火必须回透，否则易造成工件开裂变形。一般工件回火保温时间在 1h 以上，中间轴回火保温时间为 1.5h。

表 5-1 45 钢回火硬度对应的回火温度

钢种	淬火规范			回火温度/℃			
	加热温度/℃	冷却剂	硬度 HRC	540±10	580±10	620±10	650±10
45	840±10	10%NaCl 水溶液	≥55	30±2HRC	210±20HBW	170±20HBW	

5.3.3 45 钢中间轴感应加热表面淬火实训

1. 感应加热表面淬火的原理及特点

感应加热表面淬火是指利用电磁感应的原理，使工件表层产生涡流而被迅速加热，而心部未被加热，只将表面进行淬火的方法。感应加热表面淬火示意图如图 5-5 所示。工件表面电流分布如图 5-6 所示。该种热处理工艺具备如下特点：

1）加热速度极快，一般需要几秒到几十秒的时间，就可将零件加热到淬火温度。

2）淬火后可获极细的马氏体组织，硬度比普通淬火要高出 2~3HRC，且脆性较低，韧性较好。

3）淬火后工件表层存在残余压应力，疲劳极限高，且不易氧化脱碳。

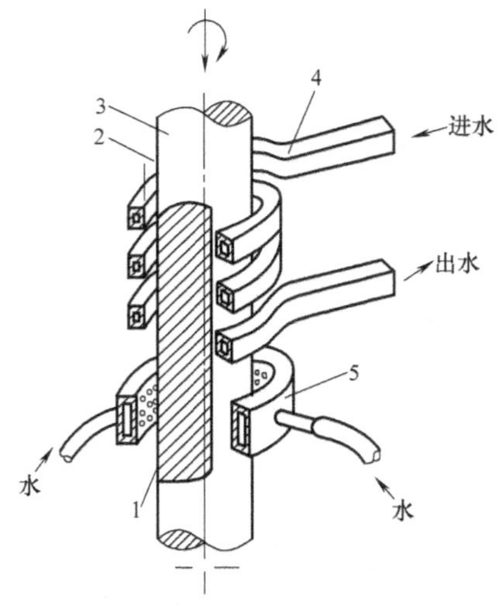

图 5-5 感应加热表面淬火示意图

1—加热淬火层 2—间隙 3—工件 4—加热感应圈 5—淬火喷水套

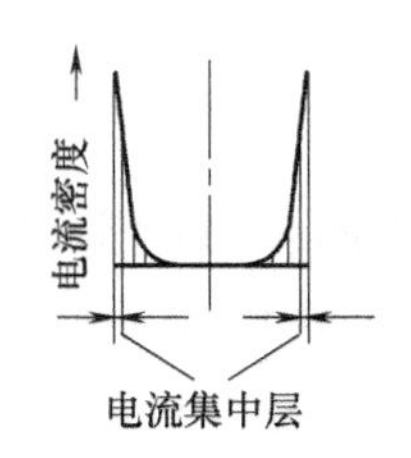

图 5-6 感应加热表面电流分布示意图

2. 45 钢中间轴表面淬火实训

在中间轴轴承安装位置处，由于与轴承之间存在滑动摩擦，故要求此处具有较好的耐磨性、表面硬度高，并且变形小，因此，可选用感应加热表面淬火工艺，提升此处表面硬度。

3. 操作顺序

1）检查电源、水管等各部分连接是否正常。

2）打开冷却水开关，等待每路出水口都有水流出，确保各路循环水都畅通，确保水压稳定。如缺水报警，应调节压力控制器，确保机器的冷却水压力参数。

3）调整感应圈，放入工件，再调整好感应圈与工件之间的间隙，并检查感应圈与工件是否短路。

4）时间调整。一般情况，45 钢中间轴加热时间已提前调好并设为 15s。

5）启动加热。先把“功率调节”按钮调到最小处，按“启动”按钮或踩下脚踏开关，此时加热指示灯闪烁，并发出“嘀嘀”声响，设备开始对工件加热。一边拿稳工件，一边注意观察工件升温过程中表面状态的变化，逐步将功率调至 350kW 处，加快升温速度。

6）停止工作。15s 后，设备自动断电停止加热，或按“停止”按钮，机器停止工作。

7）关机。先关面板的电源开关，待出水口水温变凉时，再关冷却水电源开关，然后关掉电源。

4. 操作注意事项

高频感应加热时温度上升极快，工件上的尖角、键槽和孔的周围容易过热。为防止淬火裂纹，可降低比功率以减缓加热速度，或用铜塞或钢塞将槽、孔填平后再加热。导致淬火裂纹产生的另一个原因是淬火液选择不合理，冷却不当。如果冷速过大或冷透且未及时回火，也会产生淬火裂纹。

5.4　金相组织检测

显微组织分析是指用光学显微镜或电子显微镜观察金属内部的相及组织，并分析组织组成物的类型、相对量、大小、形态及分布等特征。材料的性能取决于内部的组织状态，而组织又取决于化学成分及加工工艺，热处理是改变组织的主要工艺手段，因此显微组织分析是材料及热处理质量检验与控制的重要方法。

5.4.1　显微镜简介

1. 光学显微镜

光学显微镜是分析显微组织最简单、最常用的重要工具。通常光学显微镜的最高放大倍数选在 1000～1500 倍以下。

2. 电子显微镜

电子显微镜以波长很短的电子束作为光源，有很高的分辨率和放大倍数，是材料显微分析的重要工具。电子显微镜包括透射电镜（TEM）和扫描电镜（SEM）两种。电镜的制样复杂、成本高，视域小，应用受限。一般情况下，观察金属的内部组织，首先都要使用光学显微镜观察全貌，然后再使用电子显微镜观察组织内部更细小的结构。

本节将介绍光学显微镜下观察到的 45 钢的四种典型热处理工艺后的金相组织图谱。在实训中所使用的显微镜为 MDS 倒置金相显微镜，实物组成如图 5-7 所示，使用方法主要分为如下几个步骤：

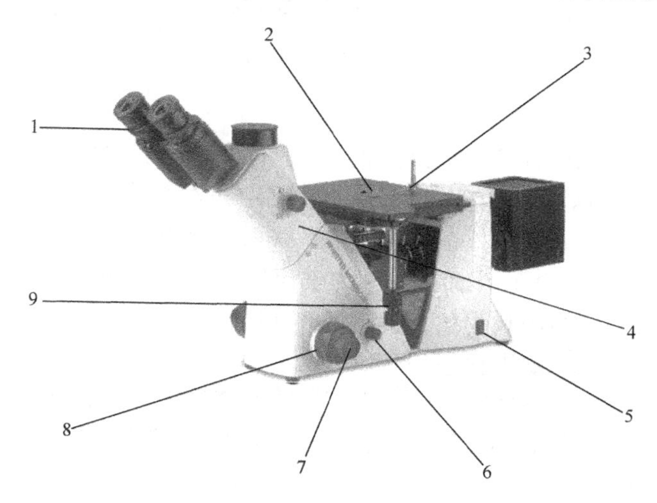

图 5-7　MDS 倒置金相显微镜
1—目镜　2—载物片　3—压片弹簧　4—物镜　5—电源开关
6—电位器旋钮　7—微动手轮　8—粗动手轮　9—载物台手轮

1）旋转电位器旋钮，使其处

于亮度最低位置，打开仪器电源开关，然后调节电位器使亮度适中。

2）安放试样。将要观察的试样放置在载物片上，注意将观察面向下，对准透光孔，用压片弹簧将试样固定好。旋转载物台手轮将试样移入光路。

3）旋转物镜转换器使10×物镜对准光圈，缓慢调节粗动手轮，找到清晰图像，此时图像的放大倍数为目镜倍率×物镜倍率。因目镜在操作中通常使用12.5×目镜，故此时观察到的图像总放大倍数为125×。

4）旋转物镜转换器分别将20×，40×物镜对准光圈，调节粗动手轮配合微动手轮，找到最清晰的图像，此时图像放大倍数分别为250×、500×。

5）重复上述操作过程，观察纯铁退火态、45钢退火态、45钢正火态、45钢淬火态、以及45钢淬火加低温、中温、高温回火态等7种材料不同状态的组织，初步了解45钢不同种热处理状态下的材料内部显微组织特征。

5.4.2 45钢退火态组织检测

白色晶粒为铁素体组织（F），黑色块状为片状珠光体组织（P），可观察到珠光体的层片结构。45钢铁素体所占比重为42.7%，珠光体所占比重为57.3%（质量分数）。如图5-8所示。

图5-8 45钢退火组织 500×

850℃加热30min，炉冷

5.4.3 45钢正火态组织检测

45钢正火态组织为铁素体（F）和索氏体（S）。白色块状为铁素体，沿晶界析出；黑色块状为索氏体。正火冷却快，铁素体得不到充分析出，含量少，奥氏体（A）增多，析出的珠光体（P）多而细，称为索氏体。45钢正火可以改善铸造或锻造后的组织，细化奥氏体晶粒，组织均匀化，提高钢的强度、硬度和韧性。45钢正火态组织如图5-9所示。

5.4.4 45钢淬火态组织检测

45钢在850℃下水淬得到中碳马氏体（M）组织。马氏体呈板条状和针叶状混合分布。板条马氏体较多，针状马氏体的针叶两端较为圆钝。45钢的马氏体转变点温度较高，先形成的马氏体产生自回火，呈黑色，未自行回火的马氏体呈白色。如图5-10所示。

5.4.5 45钢回火态组织检测

1. 45钢淬火加低温回火

45钢在850℃水淬加260℃低温回火后得到回火中碳马氏体组织，如图5-11所示。

图 5-9 45 钢正火组织 800×

工艺：850℃加热 30min，空冷 组织：索氏体和铁素体（白色）

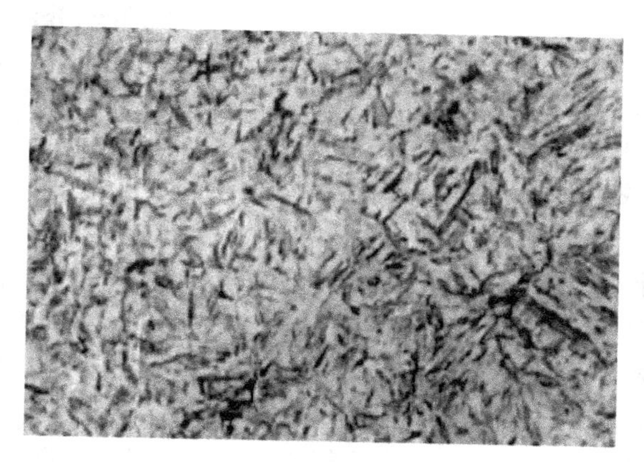

图 5-10 45 钢淬火组织 800×

工艺：850℃加热 30min，盐水冷却

组织：淬火马氏体

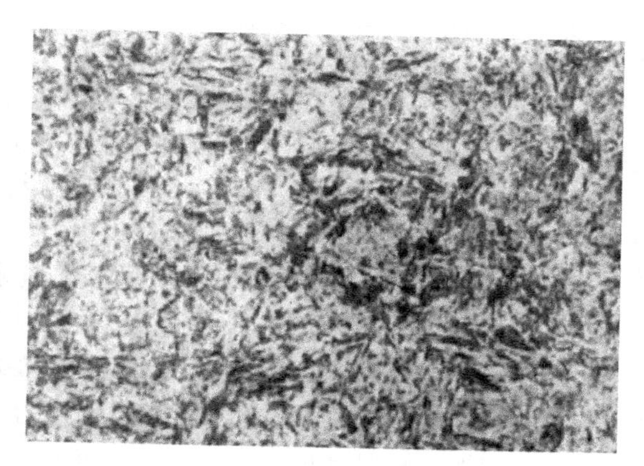

图 5-11 45 钢低温回火组织 800×

工艺：850℃加热 30min，盐水冷却，260℃回火，空冷

组织：回火中碳马氏体

2. 45 钢淬火加中温回火

45 钢 850℃水淬加 400℃中温回火后得到的组织为回火托氏体（T）组织。回火托氏体是从马氏体分解出的在铁素体基体上分布极细粒状 Fe_3C 的混合物组织。中温回火，促使马氏体中析出的碳化物向针叶边缘聚集，呈极细颗粒状，在光学显微镜下不能分辨而呈黑色。马氏体的中心出现贫碳而呈白色。所以白色铁素体片条状说明仍稍保持马氏体位向。黑色的碳化物，只有在电子显微镜下才能分辨渗碳体质点，并可看出回火托氏体仍然保存有针叶状马氏体的位向，如图 5-12 所示。

3. 45 钢淬火加高温回火

45 钢 850℃水淬加 600℃高温回火所得到的组织为回火索氏体组织。回火索氏体是铁素体基体上分布细粒状 Fe_3C 颗粒长大，其颗粒比回火托氏体粗。淬火得到的马氏体通过高温回火，促使马氏体中析出的碳化物向针叶边缘聚集，使其易浸蚀呈黑色，而马氏体中心贫碳呈灰白色，如图 5-13 所示。

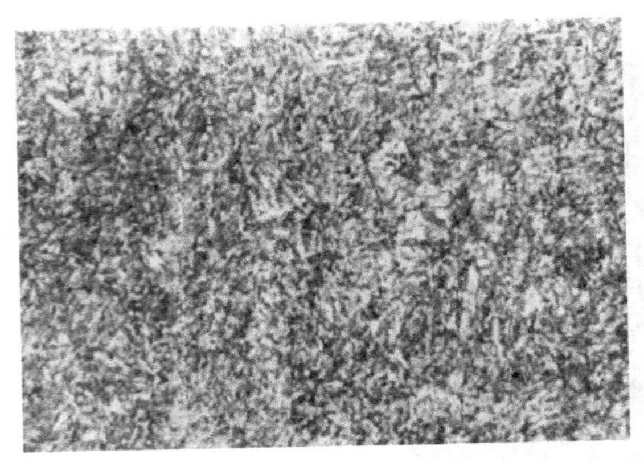

图 5-12　45 钢中温回火组织　800×

工艺：850℃加热 30min，盐水冷却，400℃回火，空冷

组织：回火托氏体

图 5-13　45 钢高温回火组织　800×

工艺：850℃加热 30min，盐水冷却，600℃回火，空冷

组织：回火索氏体

5.5　材料力学性能测试

材料力学性能是指材料在不同环境（温度、介质、湿度）下，承受各种外加载荷（拉伸、压缩、弯曲、扭转、冲击、交变应力等）时所表现出的力学特征，是材料的宏观性能。是工程结构选用材料的依据。一般来说，金属的力学性能主要分为以下几种：

1）强度。金属材料在静载荷作用下抵抗永久变形或断裂的能力。也可以定义为比例极限、屈服强度、断裂强度或极限强度。

2）塑性。金属材料在载荷作用下产生永久变形而不破坏的能力。

3）硬度。金属材料表面抵抗硬物压入的能力。

4）韧性。金属材料抵抗冲击载荷而不被破坏的能力。韧性是指金属材料在拉应力的作用下，在发生断裂前有一定塑性变形的特性。金、铝、铜是韧性材料，它们很容易被拉成导线。

5）疲劳强度。材料零件和结构零件对疲劳破坏的抗力。

本节介绍材料硬度、强度、塑性这三项力学性能指标的测试方法以及所使用的设备。

5.5.1　强度与塑性测试设备与实训

1. 强度与塑性测试设备——材料万能试验机

材料万能试验机能够完成材料的拉伸、压缩、抗弯试验，是最基本的材料力学性能测试设备之一。使用万能试验机，按国家标准对材料进行静拉伸试验，可准确测试材料在室温下的强度和塑性。万能试验机外形结

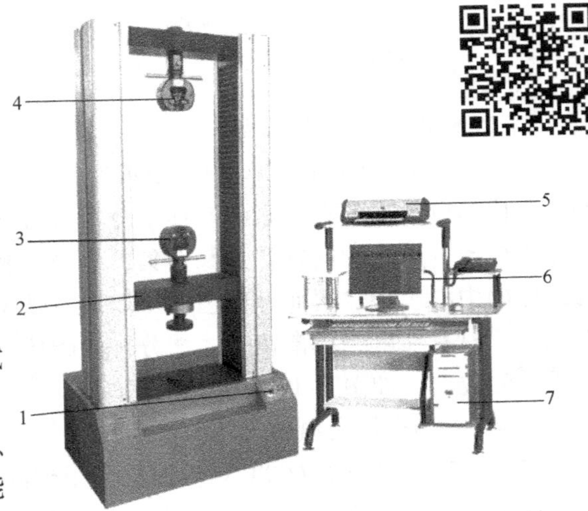

图 5-14　WD-P4 微型计算机控制电子万能试验机

1—主机电源　2—移动横梁　3—下夹钳　4—上夹钳

5—打印机　6—显示器　7—计算机主机

构如图5-14所示，实训中采用的设备是型号为WD-P4微型计算机控制电子万能试验机。该设备可利用微型计算机控制拉伸过程，可精确地测试材料多种力学性能指标。下面介绍操作此设备进行拉伸试验的基本步骤。

2. WD-P4微型计算机控制电子万能试验机基本操作规程

1）按顺序开机。打开主机电源，打开运行软件（需输入用户名及用户密码），进入联机状态。

2）进入计算机软件窗口后选择设置好的试验方案，并设置好试验用户参数。

3）顺时针旋转夹钳手柄，将待测试样两端分别夹紧在上夹钳和下夹钳上。（试件至少夹持在夹钳内3/4处，且先将试件上端夹紧，然后升降横梁至适当位置，力值清零，夹紧试样另一端，试样夹紧后需将位移或变形值清零）。

4）单击计算机软件窗口的“运行”按钮，进入试验状态。

5）试样拉断时（即为试验结束），在试验结果栏中，程序将自动计算出的结果显示在其中。

6）将断后试样的两部分在断口处仔细对好，量取断后标距长度及断后直径，计算伸长率、断面收缩率。

3. Q235钢板焊缝拉伸实训

（1）试验材料　如图5-15所示，试验材料：Q235低碳钢对接平焊焊缝，尺寸：120mm×15mm×6mm。

（2）实训设备　WD-P4微型计算机控制电子万能试验机。

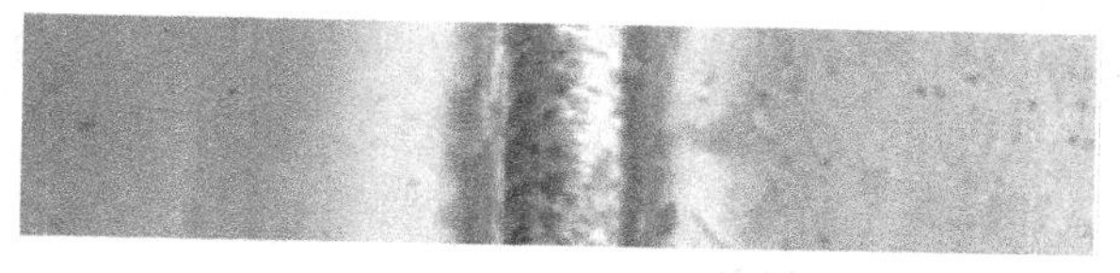

图5-15　Q235钢板对接焊缝拉伸试样

（3）拉伸曲线和结果分析　按照上述万能试验机操作规程进行操作，对试样进行拉伸实验，可得如图5-16所示材料应力-应变曲线。该图表示Q235钢板对接焊缝在静拉伸过程中，在不同载荷下，材料发生变形直至断裂的过程。

图中F_{eH}和F_m分别表示材料的屈服强度和断裂强度。Q235低碳钢焊缝在拉伸时也具有四个阶段，即弹性阶段、屈服阶段、强化阶段和颈缩断裂阶段。后三个阶段统称为塑性阶段。下面简要分析材料在各区域的力学性能。

1）弹性阶段OB。在该阶段，当卸去载荷后变形可完全消失，这种变形称为弹性变形。这一阶段称为弹性阶段。在OA段应力与应变为线性关系。超过比例极限后，从A点到B点，应力与应变之间的关系不再是直线，但仍是弹性变形。材料出现弹性变形的最高点所对应的应力值（即B点所对应的应力）称为弹性极限，以σ_e表示。当应力大于弹性极限后，如若再卸去载荷，则试样变形的一部分随之消失（这部分变形为弹性变形），但还残留一部分变形不能消失，这种不能消失的

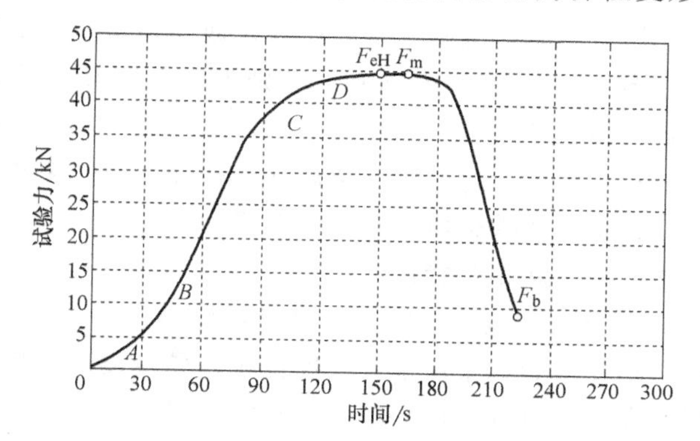

图5-16　应力-应变曲线

变形称为塑性变形或残余变形。

2）屈服阶段 BC。当应力越过 B 点增加到某一数值时，应变有非常明显的增加，而应力略有下降后作微幅上下波动，在曲线上出现近于水平的小锯齿状线段。总体来说，该区间应力基本保持不变，而应变有显著增加，材料好像暂时失去了抵抗变形的能力，这种现象称为屈服或流动，这一阶段称为屈服阶段。C 点强度为屈服强度 R_{eL}。

3）强化阶段 CD。过了屈服阶段后，材料又恢复了抵抗变形的能力，要使试件继续变形必须继续增加拉力，这种现象称为材料的强化，这一阶段称为强化阶段。在强化阶段试样的变形主要是塑性变形，可观察出试样横向尺寸明显缩小。E 点强度为抗拉强度 R_m。

4）颈缩断裂阶段。过了 D 点后，在某一局部区段内横截面积突然急剧缩小，此即缩颈现象，如图 5-17 所示，a-b 段为发生颈缩位置。由于在缩颈部分横截面积迅速减小，使试样继续伸长所需拉力也相应减少（载荷读数反而降低），在应力-应变图中，用横截面原始面积算出的应力随之下降，一直降落到 F_b 点，试样随即拉断。

5）试样的断裂发生在焊缝附近热影响区内，由于热影响区内的过热组织晶粒显著粗大，塑性和韧性低于母材，往往是裂纹的发源地，因此，在焊条电弧焊操作适当的情况下，过热区优先断裂，而焊缝处的组织为金属冷却结晶的铸态组织，经历了加热、凝固、冷却，相当于一次热处理。焊缝金属由焊芯和母材组成，但主要是焊芯金属，有药皮合金化作用（锰、硅），其化学成分优于母材，因此焊缝处强度大于等于母材强度，焊缝处不断裂。

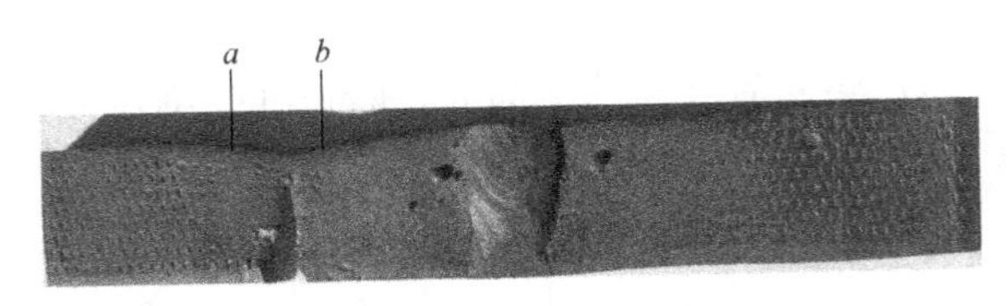

图 5-17 拉伸后的试样

5.5.2 硬度测试设备与实训

1. 硬度测试设备——硬度计

目前，硬度的测量方法较多，因此硬度计种类也很多。针对不同力学性能特点的材料，有不同的方法进行硬度测试。硬度计的测量原理通常分为划痕法、压入法、回跳法三类，常用的检测金属硬度的方法有划痕法的莫氏硬度，压痕法的洛氏硬度、布氏硬度、维氏硬度，回跳法的里氏、肖氏硬度。目前测量金属硬度，广泛应用的是压痕硬度中的洛氏硬度和布氏硬度。

压痕硬度的原理是运用不同材质的压头，对材料表面施加一定压力，保压一定的时间，卸载压力后，通过测量金属材料表面的残余塑性变形，来计算材料的硬度。

图 5-18、图 5-19 所示，分别为型号为 HR-150A 型洛氏硬度计和型号为 HB-3000E 型电子布氏硬度计。

布氏硬度计通过测量金属表面塑性变形残余压痕直径，计算出布氏硬度，常用于测量铸铁、钢材、非铁金属的硬度。布氏硬度与洛氏硬度可以通过查布氏与洛氏硬度对照表进行两者硬度值之间相互转换。

2. 洛氏硬度计与布氏硬度计操作过程

热处理的效果通常用硬度衡量。硬度测试简单易行，对工件破坏小。金属硬度值与金属强度在一定范围内还存在着正相关的对应关系，有时也可依据硬度值大致推断强度。

（1）HR-150A 型洛氏硬度计原理与使用

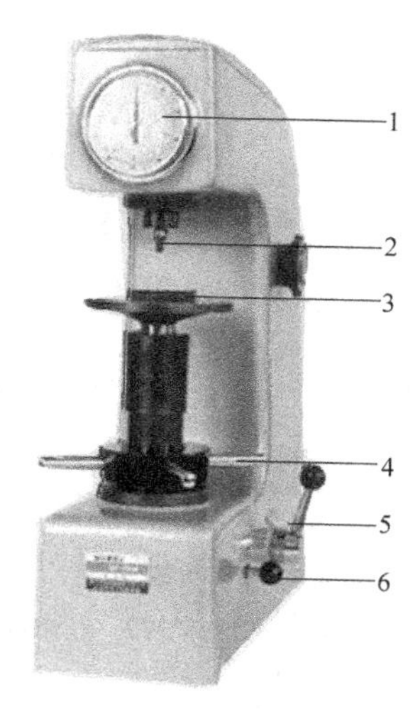

图 5-18 HR-150A 型洛氏硬度计
1—表盘 2—压头 3—载物台 4—升降手轮
5—卸载手柄 6—加载手柄

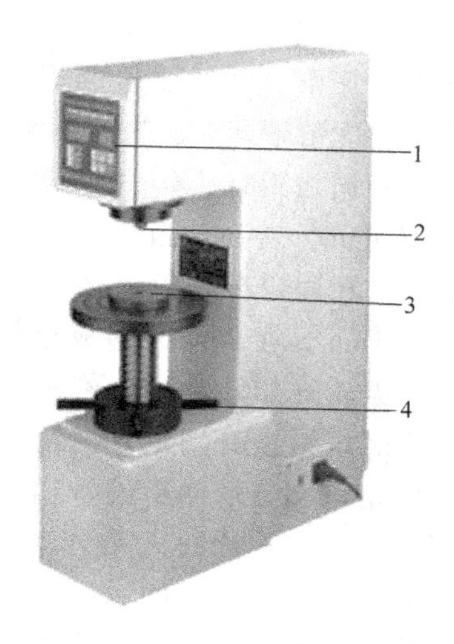

图 5-19 HB-3000E 型电子布氏硬度计
1—数显表盘 2—压头
3—载物台 4—升降手轮

1）选择压头及载荷。压头使用金刚石圆锥压头，载荷调到 150kg 位置；检查加载手柄放在“卸”的位置。

2）将样品两端磨平放在载物台上。

3）加预载荷 10kg。顺时针转动升降手轮，使样品靠上压头，并使表盘上小指针移动至小红点。

4）表盘对零。转动表盘使长针对准 C 标尺零刻度。

5）加主载荷。搬动加载手柄至“加”的位置，加载饱和时间约 8~10s。

6）卸主载荷。搬回加载手柄至“卸”的位置。

7）读数，长针所指为硬度值，HRC 读黑色数字，每块样品测三点，取平均值。

8）下降工作台，取下样品。

试验测得 45 钢淬火、调质处理后的洛氏硬度值，分别是多少？

（2）HB-3000E 型电子布氏硬度计的基本操作

1）仪器实验前的准备工作就绪后，将试样平稳地放在工作台上，转动手轮，在试样接触压头的同时，试验力也开始显示。

2）当试验力接近自动加载荷值时，必须缓慢上升，达到自动加载荷值时，仪器会发出“嘟”的响声，同时停止转动手轮。

3）加载荷指示灯“LOADING”点亮，负荷自动加载，运行达到所选定的力值时，保荷开始。

4）保荷指示灯“DEWELL”点亮，加载荷指示灯熄灭，并进入倒计时，待保荷时间结束，保荷指示灯熄灭，反向转动手轮使试样与压头脱开，载物台回复到起始位置，试验结束。

5）试验结束后通过布氏硬度计读数显微镜（图 5-20），测量压印直径，再通过查询布氏硬度对照表，找到该材料的布氏硬度。

6）布氏硬度计读数显微镜的使用方法。将读数显微镜置于试样上，在长镜筒的缺口处用自然光或灯光照明。在视场中同时看清分划板上的字和刻线及试样上的压痕，如感觉压痕不清晰，可转动目镜调节套调至压痕轮廓清晰即可。进行测量时先转动读数鼓轮，在读数鼓轮的圆周上刻有从0~90的数字和100格线条，每一小格为0.005mm，转动读数鼓轮一圈为0.5mm。目镜内有两块分划板，在固定分划板上刻有从0~8的数字，每一个数字间隔为1mm，在移动分划板上刻有用于测量的黑色刻线。当读数鼓轮开始转动后，刻有黑线的分划板开始移动，这时即可对压痕进行测量。测量时先将刻线的内侧与压痕直径一边相切，记录测得的数据，然后再转动读数鼓轮，移动刻线到压痕直径的另一边，同样用刻线的内侧与压痕直径相切，再记录测得的数据。把两个数据相减即为压痕直径的长度。用同样的方法转动90°测量另一个方向压痕的直径，用两个直径的算术平均值查表可得试样硬度值。

图5-20 布氏硬度计读数显微镜
1—镜筒锁紧螺钉 2—目镜调节套
3—测微目镜 4—读数鼓轮
5—物镜筒 6—长镜筒缺口

3. 45钢中间轴不同热处理状态的硬度

实训动手测试45钢中间轴经正火、淬火、调质后的洛氏硬度和布氏硬度。参考值如下：正火：229HB，淬火：55~62HRC，调质：20~30HRC。

实训拓展训练

1. 将钳工锯条进行退火、淬火、调质处理，检测锯条弹性、硬度及强度的变化。
2. 查找热处理手册，运用弹簧钢丝制作弹簧，并利用热处理工艺提升弹簧的弹性模量。

第6章　车削加工实训

6.1　车削加工概述

车削是金属切削加工的主要方法之一。车削加工时工件旋转作主运动，刀具移动作进给运动。进给运动可以是直线，也可以是曲线运动，不同的进给方式会得到不同形状的表面。

6.1.1　车削加工范围

车削加工一般在车床上进行。车床的加工范围很广，可加工各种内外回转面、螺旋面等，如图6-1所示。

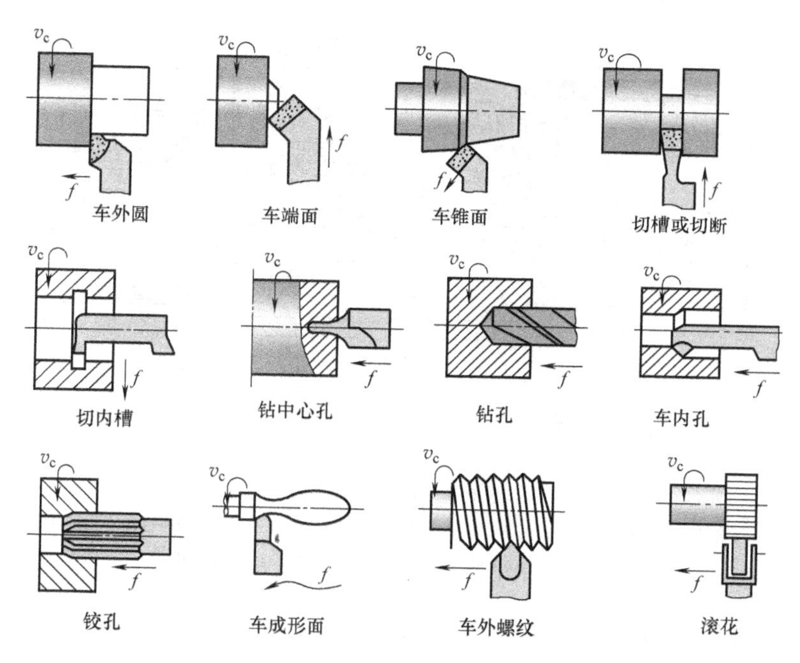

图6-1　车削加工范围

车削加工的特点：

1）适应性强。车削加工适合加工多种回转表面，如轴、盘、套类零件上的回转表面；适用加工多种材料，如钢、铁、非铁金属等；加工尺寸范围广，适合各种生产类型。

2）适于非铁金属零件的精加工。

3）生产效率高。在一次安装过程中加工各回转表面时，可保证加工表面的多种位置精度，一般可达IT8～IT7。表面粗糙度 Ra 可达3.2～1.6μm。

4）生产成本低。车削使用的刀具及附件种类较多，购置容易，刃磨及安装方便。

6.1.2　卧式车床CA6140简介

车床是切削加工的主要技术装备，是使用最早、应用最广和数量最多（占金属切削机床拥有量的20%~35%）的一种金属切削机床。以CA6140为例说明车床的基本结构、组成及型号含义。

1. 型号含义

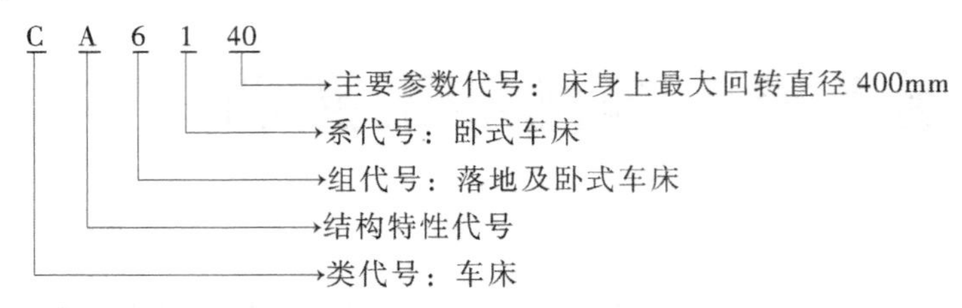

2. CA6140主要技术参数

床身上最大加工直径：400mm；最大加工工件长度：750mm；主轴孔径 $\phi52$；24级转速；转速范围9~1600r/min。

3. CA6140组成结构

CA6140结构如图6-2所示。

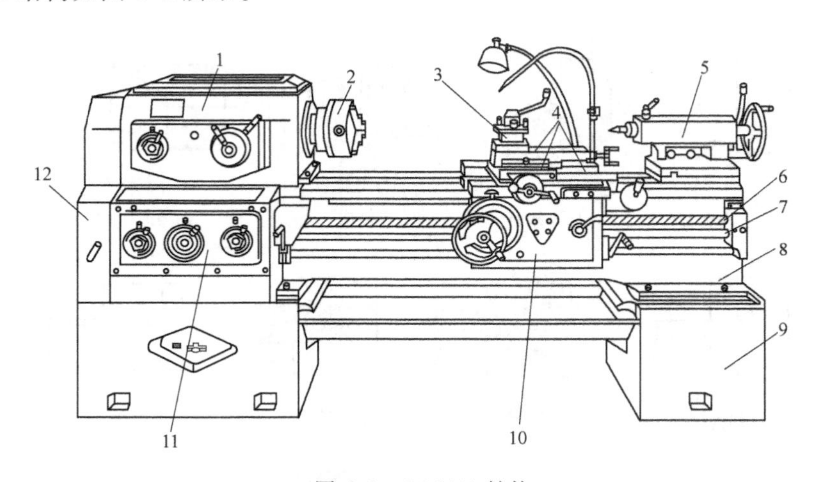

图6-2 CA6140结构

1—主轴箱 2—卡盘 3—刀架 4—滑板 5—尾座 6—丝杠 7—光杆 8—床身 9—床腿 10—溜板箱 11—进给箱 12—挂轮箱

（1）主轴箱（床头箱） 固定在床身的左端。在主轴箱中装有主轴，以及使主轴变速和变向的传动齿轮，通过卡盘等夹具装夹工件，使主轴带动工件按需要的转速旋转，以实现主运动。

（2）刀架部件 装在床身的刀架导轨上，由大滑板、中滑板、小滑板和方刀架组成。刀架部件用于装夹车刀，并使车刀作纵向、横向或斜向的运动。大滑板可沿导轨作纵向移动；中滑板在大滑板上沿大滑板的导轨作横向移动；小滑板转盘转动角度后沿角度方向作进给运动，用于车削锥体。如图6-3所示。

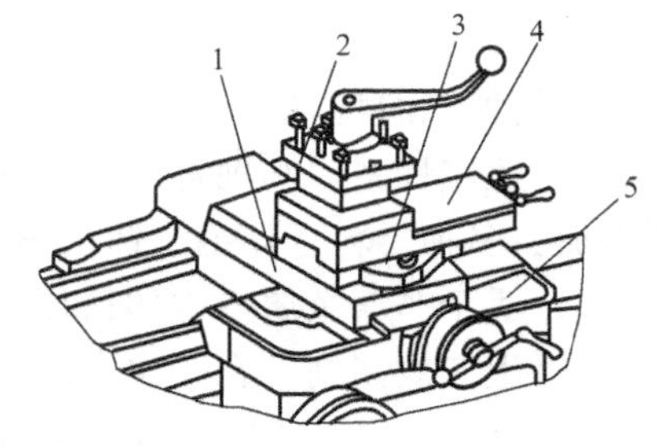

图6-3 刀架部件

1—中滑板 2—方刀架 3—转盘 4—小滑板 5—大滑板

（3）尾座 安装在床身的右端，可沿尾座导轨作纵向位置调整。尾座的功能是用后顶尖支承工件，还可安装钻头、铰刀等孔加工刀具，以进行孔加工。

（4）光杠和丝杠　是将运动由进给箱传递到溜板箱的中间传动元件。光杠用于一般车削，丝杠用于车螺纹。

（5）溜板箱　位于床身前侧和刀架部件相联接。它的功能是把进给箱的运动传递给刀架，使刀架实现纵向进给、横向进给、快速移动或车螺纹。在溜板箱上还装有操纵手柄和按钮，以使操作者方便地操纵机床。

（6）进给箱　固定在床身的左前侧。进给箱中有进给运动的变速装置及操纵机构，能改变被加工螺纹的螺距或机动进给时的进给量。

（7）床身　固定在左床腿和右床腿上。床身是车床的基本支承件，为机床各部件的安装基准，使机床各部件在工作过程中保持准确的相对位置。

（8）挂轮箱　用来搭配不同齿数的齿轮，以获得不同的进给量，主要用于车削不同种类的螺纹。

6.2 车刀及工件安装

车刀是指在车床上使用的单刃刀具，包括外圆车刀、端面车刀、切断车刀、螺纹车刀和内孔车刀等。为使车刀具有良好的切削性能，必须合理选择刀具结构、材料、角度、刃磨方法及安装形式。

6.2.1 常用车刀

1. 车刀分类及用途

常用车刀根据结构差别，可分为整体式和焊接式。如图6-4所示。

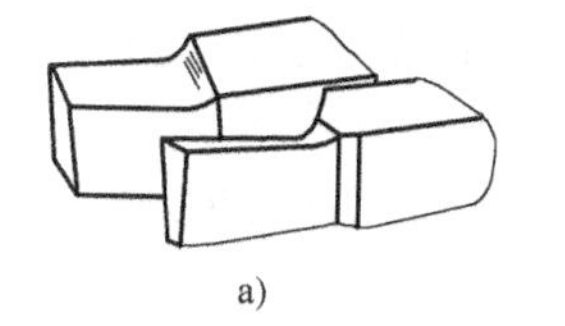

a)

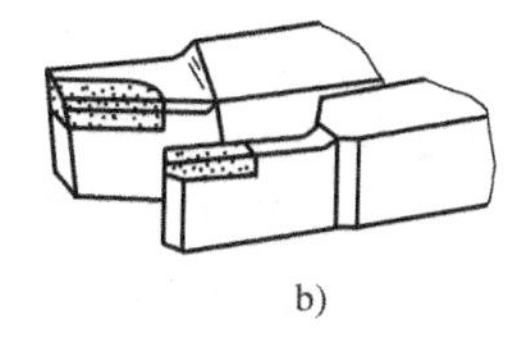

b)

图6-4 车刀分类

a）整体式车刀　b）焊接式车刀

1）整体式车刀，如图6-4a所示。车刀的切削部分与夹持部分材料相同，多用于小型车床。高速钢刀具属此类。

2）焊接式车刀，如图6-4b所示。车刀的切削部分与夹持部分材料不同。切削部分材料多以刀片形式焊接在夹持部分上。硬质合金钢刀具属此类。

生产中常用的车刀及用途，如图6-5所示。

在切削过程中车刀要承受很大的压力、摩擦、冲击和很高的温度。因此，车刀必须具备高硬度、高耐磨性、高强度和高冲击韧度以及高耐热性。常用车刀性能如下：

（1）高速钢车刀　切削速度为25~30m/min，具有较高的抗弯强度和冲击韧度，以及良好的磨削性能，刃磨质量较高，多用作低速加工车刀和成形车刀。常用车刀高速钢牌号为W18Cr4V和W6Mo5Cr4V2。

（2）硬质合金车刀　切削速度为100~300m/min，适合高速切削，其缺点是韧性较差、较脆，不耐冲击。常用的有两类：

1）K类硬质合金车刀。成分含有Co，韧性好抗冲击，用于加工铸铁等脆性材料，不适用于重型车削加工。常用牌号：K01、K20、K30、K40。

2）P类硬质合金车刀。成分含有TiC，脆性大，不抗冲击，用于加工塑性材料，如钢材。常用牌号：P30用于粗加工，P01、P10二者均用于半精加工。

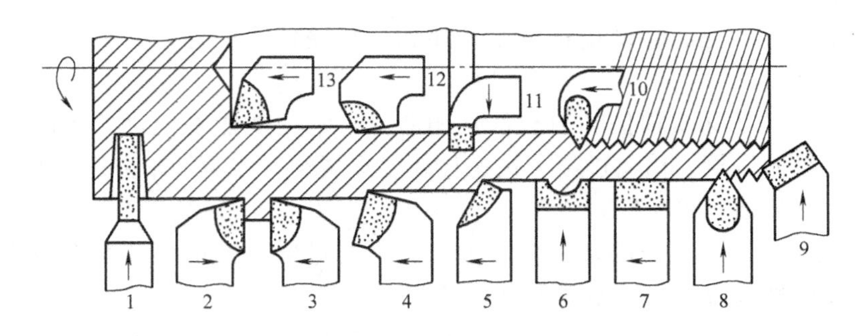

图 6-5 常用车刀及用途

1—切断刀 2—右偏刀 3—左偏刀 4—弯头车刀 5—直头车刀 6—成形车刀 7—宽刀精车刀 8—外螺纹车刀 9—端面车刀 10—内螺纹车刀 11—内孔车刀 12—通孔车刀 13—不通孔车刀

2. 车刀的组成

车刀由刀头和刀体两部分组成。刀头用于切削，刀体用于安装。刀头由三面、两刃和一尖组成。如图 6-6 所示。

1）前面。切屑流经的表面。

2）主后面。与工件切削表面相对的表面。

3）副后面。与工件已加工表面相对的表面。

4）主切削刃。前刀面与主后刀面的交线，完成主要的切削工作。

5）副切削刃。前刀面与副后刀面的交线，完成少量的切削工作，有修光作用。

6）刀尖。是主切削刃与副切削刃的相交部分，一般为一小段过渡圆弧。

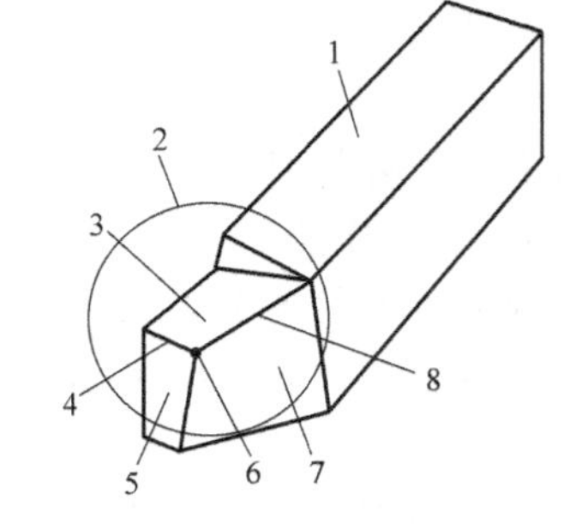

图 6-6 车刀组成

1—夹持部分 2—切削部分 3—前面 4—副切削刃 5—副后面 6—刀尖 7—主后面 8—主切削刃

3. 车刀的刃磨

当车刀用钝后，必须刃磨，以恢复其原来的形状和角度。车刀通常是在砂轮机上刃磨。刃磨高速钢刀具要用氧化铝砂轮（一般为白色），刃磨硬质合金钢刀具要用碳化硅砂轮（一般为绿色）。车刀在砂轮上刃磨后要用油石加机油将各面磨光，以提高车刀的使用寿命和被加工零件的表面质量。

4. 车刀的安装

车刀使用时必须正确安装，具体要求如下：

1）刀尖应与车床主轴轴线等高且与尾座顶尖对齐，刀杆应与零件的轴线垂直，其底面应平放在方刀架上。

2）刀头伸出长度应小于刀杆厚度的 1.5~2 倍，以防切削时产生振动影响质量。

3）刀具应垫平、放正、夹牢。垫片数量不宜过多，以 1~3 片为宜。

4）锁紧方刀架。

5）装好零件和刀具后，检查加工极限位置是否干涉、碰撞。

6.2.2 工件的安装

在车床上安装零件时应使被加工表面的回转中心和车床主轴的轴线重合，以保证零件在加工之前有一个正确的位置，即定位。零件定位后还要夹紧，以承受切削力和重力等。因此，零件在车床上的安装一般经过定位和夹紧两个过程。按零件的形状、大小和加工批量不同，安装零件的方法及所用附件也不同。

1. 自定心卡盘装夹工件

自定心卡盘的三个卡爪是同步运动的，能自动定心，其定心精度为 0.05～0.15mm。使用时，用卡盘扳手转动小锥齿轮，使与其相啮合的大锥齿轮随之转动，大锥齿轮背面的平面螺纹就使三个卡爪同时作向心或离心移动，以夹紧或松开零件，如图 6-7a 所示。工件装夹后一般不需找正，但较长的工件离卡盘远端的旋转中心不一定与车床主轴旋转中心重合，必须找正。找正工件，就是使工件的加工中心与车床主轴的旋转中心一致。卡盘可按加工对象不同，装成正爪或反爪两种形式，反爪用来装夹直径较大的工件，如图 6-7b、c 所示。

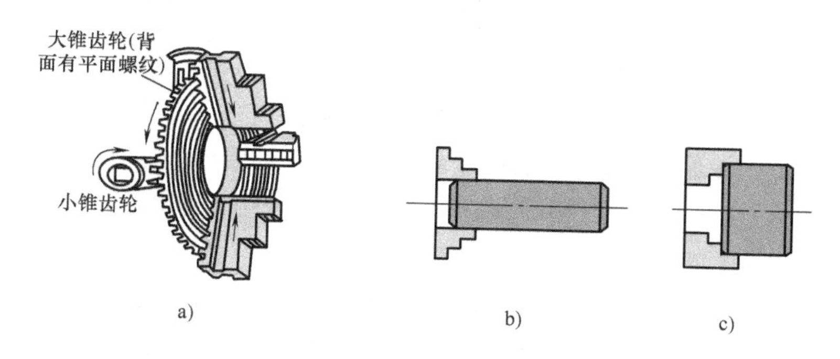

图 6-7　自定心卡盘结构及零件装夹
a）结构　b）夹持棒料　c）反爪夹持大棒料

自定心卡盘装夹工件方便、省时，适用于装夹外形规则的中、小型工件。使用时应注意以下几点：

1）零件在卡爪间必须放正，轻轻夹紧，夹持长度至少为 10mm。零件紧固后，随即取下扳手，以免起动后扳手飞出，砸伤人或机床。

2）起动机床，使主轴低速旋转，检查零件有无偏摆，若有偏摆应停车，用小锤轻敲校正，然后紧固零件。

3）移动车刀至车削行程的左端，用右手旋转卡盘，检查刀架等与卡盘或零件是否相碰。

2. 单动卡盘装夹工件

单动卡盘的四个卡爪各自独立运动，如图 6-8a 所示，在工件装夹时必须将加工部分的旋转中心校正到与车床主轴回转中心重合后才可车削。单动卡盘找正比较费时，但夹紧力较大，所以适用于装夹大型或形状不规则的工件。在单动卡盘上装夹工件时，找正工件十分重要，一般用划线盘按零件外圆或内孔进行找正，也可以按事先加工界线用划线盘进行划线找正。找正不规则工件，如找正长方体零件时，如图 6-8b 所示，因工件各平面已加工，所以采用 A、B 两夹爪，反爪夹持工件，C、D 两夹爪，正爪夹持工件。使工件与夹爪台阶面靠紧，端面平整。调整划线盘划针高度与主轴回转轴线等高，将划线盘划针靠近划线圆，旋转工件，图 6-8b 中所示划针位置偏离划线圆，应轻轻松开 A 夹爪，然后拧紧 B 夹爪。如此反复旋转工件，松紧夹爪，找正工件。当定位精度要求达到 0.01mm 以上时要用百分表找正。

如图 6-8c 所示，首先用单动卡盘预夹紧工件，使百分表测头在工件外圆正上方接触工件，然后旋转工件，找到百分表中显示的高点，松开与高点对称一侧的夹爪，然后拧紧高点一侧的夹爪，反复寻找高点，松紧夹爪，当旋转一周，百分表指针变动量达到精度要求时，即完成百分表找正。

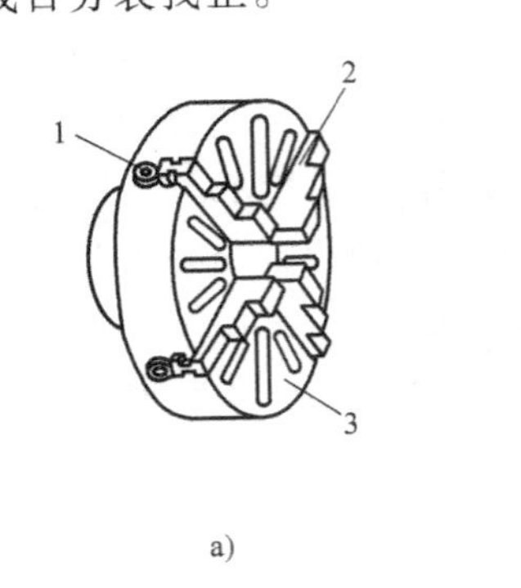

a)

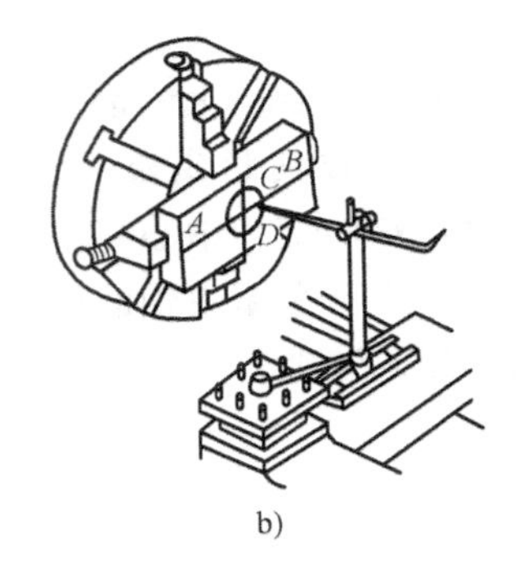

b)

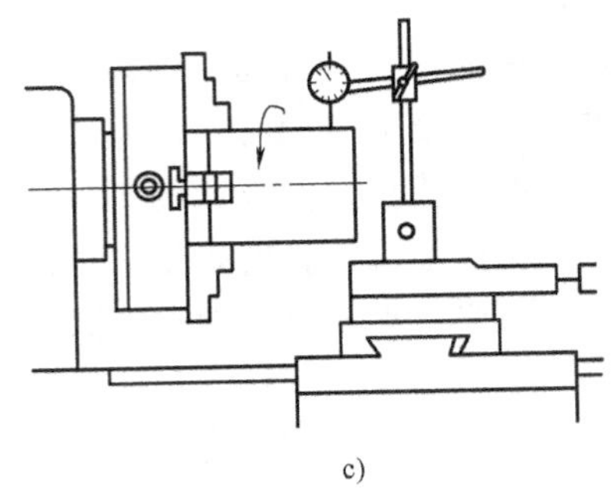
c)

图 6-8 单动卡盘及找正

a）单动卡盘结构 b）单动卡盘划线盘找正 c）单动卡盘百分表找正

1—扳手插入方孔 2—卡爪 3—卡盘体

3. 顶尖装夹工件

对同轴度要求比较高且需要调头加工的轴类工件，常用双顶尖装夹工件。顶尖是尾部带有锥柄，安装在机床主轴锥孔和尾座锥孔内，用其头部锥体定位夹持工件的机床附件。顶尖与机床配合的锥度一般为莫氏 2~6 号，其前顶尖为固定顶尖，装在主轴孔内，并随主轴一起转动；后顶尖为回转顶尖，装在尾座套筒内。工件利用中心孔被顶在前后顶尖之间，并通过拨盘和卡箍随主轴一起转动，如图 6-9 所示。用顶尖装夹工件时应注意：

1）卡箍上的支承螺钉不能拧得太紧，以防工件变形。

2）由于靠卡箍传递转矩，所以车削时的切削用量要小。

3）钻两端中心孔时，要先把端面车平，再用中心钻钻中心孔。

4）安装拨盘和工件时，首先要擦净拨盘的内螺纹和主轴端的外螺纹，把拨盘拧在主轴上，再把轴的一端装在卡箍上，最后在双顶尖中间安装工件。

5）由于顶尖面积小，承受切削力小，增大切削用量困难，因此粗车轴类零件时采用一夹一顶的装夹方法，精车时采用两顶尖装夹。

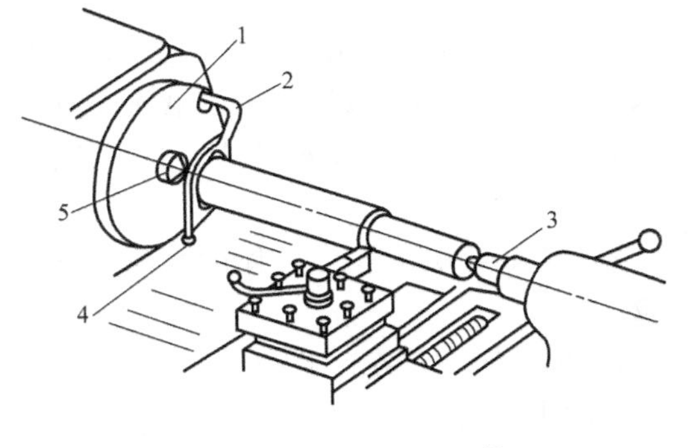

图 6-9 双顶尖装夹工件

1—拨盘 2—卡箍 3—后顶尖

4—卡箍螺钉 5—前顶尖

4. 中心架及跟刀架

当工件长度与直径之比大于 25 倍时，工件本身的刚度变差，在车削时，工件受切削力、自重和旋转时离心力的作用，会产生弯曲、振动，严重影响其圆柱度和表面粗糙度。同时，在切削过程中，工件受热伸长产生弯曲变形，车削很难进行，严重时会使工件在顶尖间卡住，此时需要用中心架或跟刀架来支承工件。中心架安装在车床导轨上，是固定不动的，与双顶尖配合起辅助支承作用，加工细长阶梯轴，如图6-10a所示；或与卡盘配合作为夹具的一部分，加工端面，如图6-10b所示。跟刀架安装在车床托板上，随车刀一起移动，与双顶尖配合起辅助支承作用，加工各种细长光滑轴，如图6-11所示。中心架及跟刀架均能有效提高加工时零件的刚度、机床的加工精度，降低表面粗糙度值和提高工作效率。

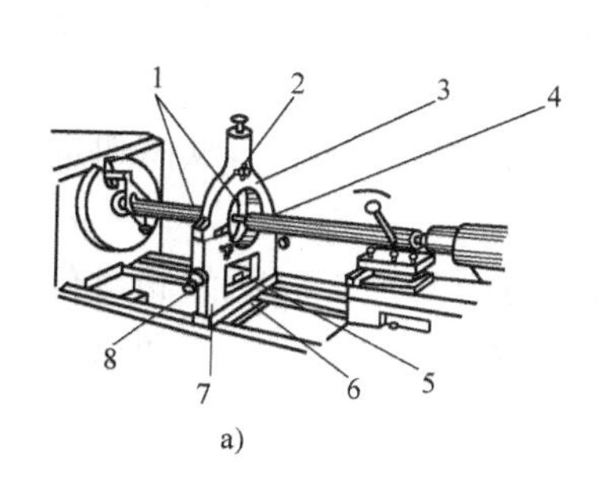

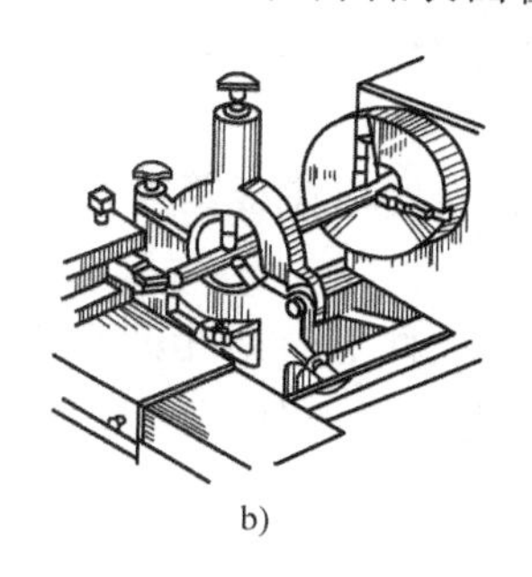

图6-10 中心架装夹工件

a）车外圆 b）车端面

1—螺栓支爪 2—固定螺栓支爪的螺栓 3—中心架上部

4—铰链 5—螺旋 6—压板 7—中心架下部 8—调整螺钉

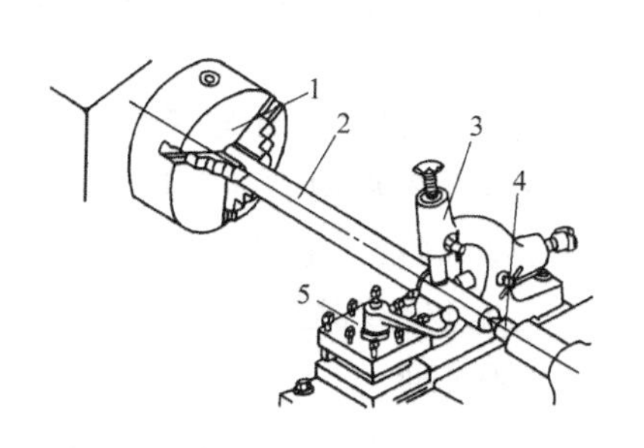

图6-11 跟刀架装夹工件

1—自定心卡盘 2—工件 3—跟刀架

4—后顶尖 5—刀架

5. 心轴装夹工件

盘套类零件在卡盘上安装时，其外圆、孔和两个端面无法在一次安装中加工完成。如果调头安装再加工则无法保证零件的几何精度。因此，当工件有径向跳动量要求和端面跳动量要求时，可利用已精加工过的孔把工件安装在心轴上，再把心轴安装在两顶尖之间进行加工。常用的心轴有圆柱心轴和圆锥心轴等，如图6-12所示。

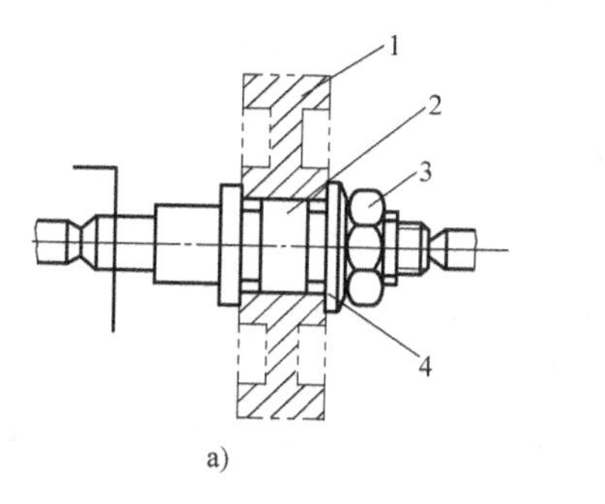

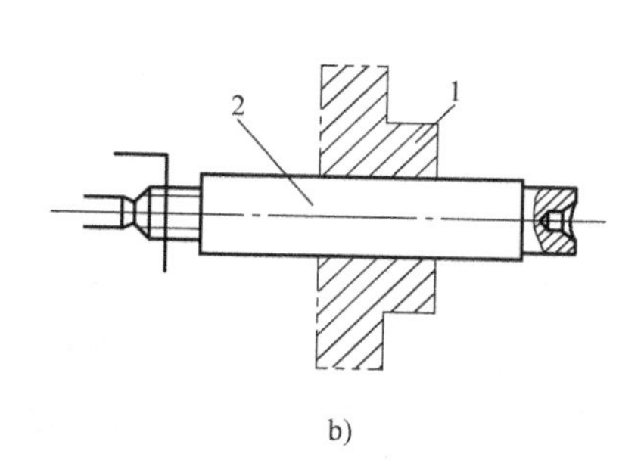

图6-12 心轴装夹工件

a）圆柱心轴 b）圆锥心轴

1—工件 2—心轴 3—螺母 4—垫圈

6.3 车削加工工艺

上面介绍的知识和车削相关内容已经为车削加工的具体方式、方法奠定了基础。了解掌握车削加工的基本方法和步骤是工程训练的重要内容。

6.3.1 车削加工基本过程

车削加工基本过程包括试切、粗车、精车以及检测。

1. 试切

为了控制背吃刀量，保证零件径向的尺寸精度，开始车削时，应先进行试切。

1）开车对刀。使刀尖与零件表面轻微接触，作为进切深的起点，然后向右纵向退刀。中溜板刻度盘上的数值是每转过一小格，车刀的横向背吃刀量值，即半径变动量，根据背吃刀量可以计算出需要转过的格数。CA6140 车床横溜板刻度盘上每一小格的数值为 0.05mm。注意：对刀时必须开车，因为这样可以找到刀具与零件最大外圆的接触点，也不容易损坏刀具。

2）按背吃刀量与零件直径的要求，根据横溜板刻度盘上的数值进切深，手动纵向切进 1~3mm，然后向右纵向退刀。

3）测量。通过测量的尺寸和横溜板丝杠上的刻度盘读数确定刀尖与加工表面的相对位置。通过比较测量尺寸和图样尺寸，获得准确的加工余量数据。图 6-13 以车外圆为例说明了试切过程。

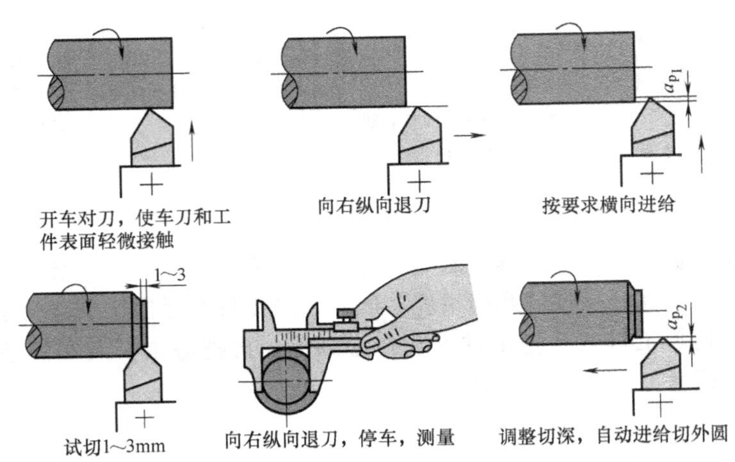

图 6-13 试切的方法

2. 粗车

粗车的目的是尽快从毛坯上切去大部分加工余量，使工件接近最后的形状和尺寸。粗车后一般要留 0.5~2mm 的精车余量。车削时，通过刻度盘控制背吃刀量。经试切获得合格尺寸后，就可以扳动自动进给手柄使之自动进给。当车刀纵向进给至距离末端 3~5mm 时，应将自动进给改为手动进给，以避免行程进给超长或车刀车削卡盘爪。如需再车削，可将车刀沿进给反方向移出，再增加切深进行切削；如无需切削，则应先将车刀沿切深反方向退出，脱离零件已加工表面，再沿进给反方向退出车刀，然后停车。

3. 精车

精车的目的是要准确保证零件的尺寸精度和表面粗糙度。尺寸精度依靠准确的测量、准确的进给刻度并加试切来保证。表面粗糙度依靠合理选择合适的刀具、切削用量，同时使用切削液来保证，其步骤与粗车基本相同。

4. 检测

零件加工过程中和完成后都要进行测量检验，以确保零件的质量。

6.3.2 典型表面车削加工工艺

1. 车外圆

外圆用于支承传动零件和传递转矩，车外圆是车削加工中最基本的操作。

（1）工件安装与找正　安装工件的方法主要是用自定心卡盘或者单动卡盘、心轴等。找正工件的方法是通过划针或者百分表找正。

（2）车刀的选择　车外圆可用如图6-14所示的各种车刀。直头车刀（尖刀）的形状简单，主要用于粗车外圆，如图6-14a所示；弯头车刀不但可以车外圆，还可以车端面，如图6-14b所示；加工台阶轴和细长轴则常用偏刀，偏刀可以使细长轴只受轴向力，不受径向力的作用，防止弯曲变形，如图6-14c所示。

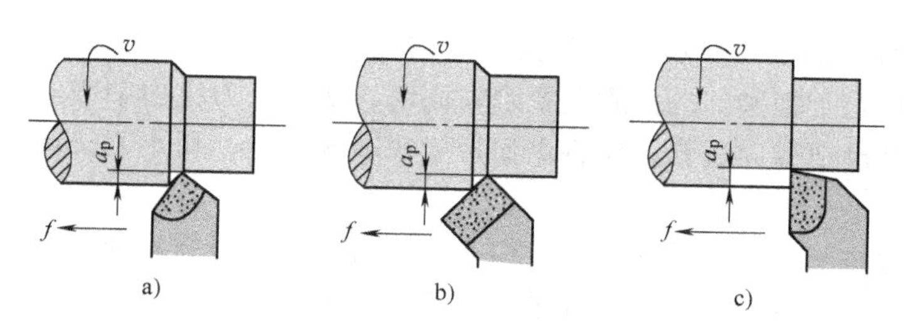

图6-14　车外圆

a）尖刀车外圆　b）45°弯头刀车外圆　c）偏刀车外圆

3）车削用量的选择　包括主轴转速 n、车刀的进给量 f 和背吃刀量 a_p。主轴的转速 n 是根据切削速度 v_c 计算选取的，而切削速度的选择与工件材料、刀具材料以及工件加工精度有关。用高速钢车刀车削时，$v_c=30\sim50\text{m/min}$；用硬质合金刀时，$v_c=60\sim180\text{m/min}$。根据选定的切削速度计算车床主轴的转速 $n=1000v/\pi d$（r/min），再对照车床主轴转速铭牌，选取车床上最近似计算值而偏小的一挡。

进给量 f 是根据工件加工要求确定的。粗车时一般取 $f=0.2\sim0.3\text{mm/r}$。精车时随所需要的表面粗糙度要求而定，表面粗糙度为 $Ra3.2$ 时选用 $f=0.1\sim0.2\text{mm/r}$；表面粗糙度为 $Ra1.6$ 时，选用 $f=0.06\sim0.12\text{mm/r}$。

粗车时以提高生产率为主可加大背吃刀量，$a_p=0.8\sim1.5\text{mm}$，采用中等或中等偏低的切削速度。精加工以提高工件加工质量为主，应选用较小的背吃刀量，$a_p=0.1\sim0.3\text{mm}$，采用较高切削速度。

2. 车端面

端面常作为轴、套、盘类零件的轴向基准，因此车削时常先车端面。

（1）工件安装与找正　使用自定心卡盘或单动卡盘安装工件。使用划针盘或百分表对外圆及端面进行找正。

（2）车刀的选择　如图6-15所示，车端面时一般选用偏刀或弯头刀。安装车刀时，刀尖应对准工件中心，以免端面出现凸台，造成崩刀或不宜切削。

（3）切削用量的选择　车端面时，端面的直径从外到中心是变化的，切削速度 v_c 也在改变，在计算切削速度时必须按端面的最大直径计算。用偏刀车端面时，当背吃刀量 a_p 较大时，容易扎刀。因此，背吃刀量 a_p 的选择是：粗车时 $a_p=0.2\sim1\text{mm}$；精车时 $a_p=0.05\sim0.2\text{mm}$。

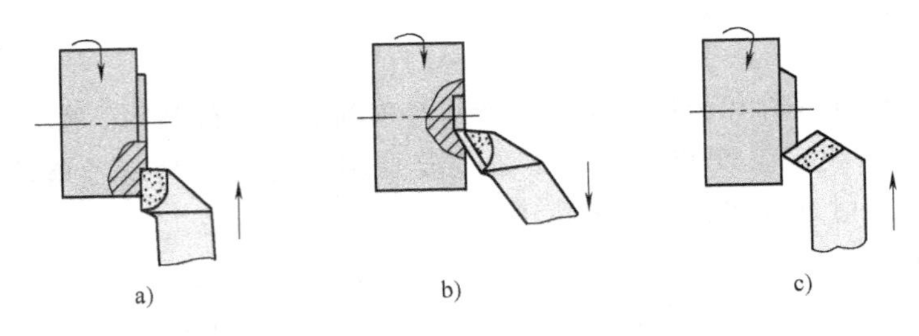

图 6-15 车端面

a）偏刀由外向中心车端面 b）偏刀由中心向外车端面 c）弯头刀车端面

（4）操作过程中的注意事项 车直径较大的端面，若出现凹心或凸肚时，应检查车刀和方刀架及大溜板是否锁紧。端面质量要求较高时，最后一刀应由中心向外切削。车削大端面时，为使车刀准确地横向进给，应将纵溜板紧固在床身上，用小刀架调整背吃刀量。

3. 车台阶

车削台阶的方法与车外圆基本相同，但在车削时应兼顾外圆直径和台阶长度两个方向的尺寸要求，还必须保证台阶平面与工件轴线的垂直度要求。

（1）工件的安装与找正 使用自定心卡盘或单动卡盘安装工件，配合顶尖进行安装或双顶尖进行安装。使用划针盘或百分表对外圆及端面进行找正。

（2）车刀的选择 车削高度在 5mm 以下的台阶时，可用主偏角为 90°的偏刀在车外圆时同时车出，如图 6-16a 所示；车高度在 5mm 以上的台阶时，应分层多次走刀进行切削，如图 6-16b 所示。

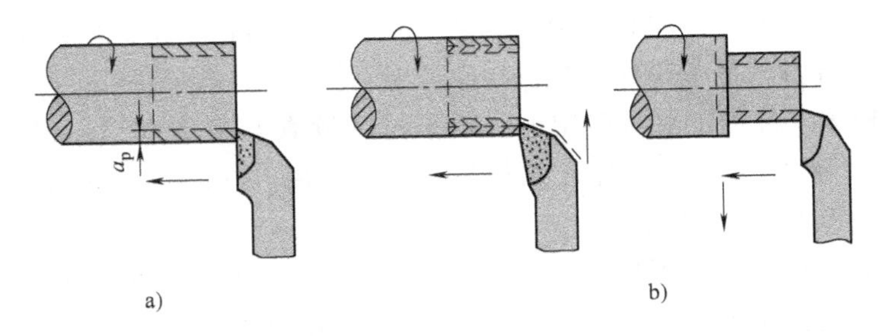

图 6-16 车台阶

a）车低台阶 b）车高台阶

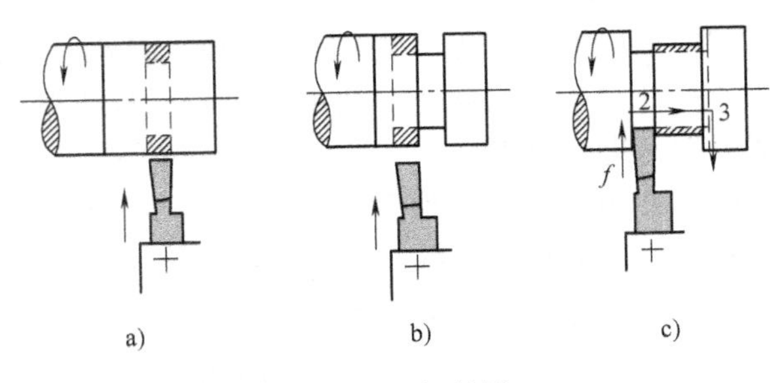

图 6-17 切外槽

a）第一次横向进给 b）第二次横向进给

c）末一次横向进给后，再以纵向进给精车槽底

4. 切槽与切断

（1）切槽 在工件表面上车沟槽的方法称为切槽，槽的形状有外槽、内槽和端面槽。外槽加工过程如图 6-17 所示。

1）工件的安装与找正。使用自定心卡盘或单动卡盘安装工件。使用划针盘或百分表对外圆进行找正。

2）车刀的选择。常选用高速钢切

槽刀切槽。切槽刀前为主切削刃，安装切槽刀时，其主切削刃应平行于工件轴线，主切削刃与工件轴线在同一高度。

3）操作过程中的注意事项：车削宽度较窄的矩形沟槽时，精度要求不高的，可以用刀宽等于槽宽的切槽刀，横向进给一次车出；精度要求较高的，一般分多次车成。车削较宽的沟槽，主切削刃小于槽宽，分几次横向进给切出槽宽。切出槽宽后，纵向进给精车槽底。车削较小的圆弧形槽，一般用成形车刀车削；较大的圆弧形槽，可用双手联动车削，用样板检查修整。

（2）切断　切断是指在车床上将工件用车削方法分离。

1）工件的安装与找正。使用自定心卡盘或四爪单动卡盘并配合顶尖安装工件。使用划针盘或百分表对外圆进行找正。切断处应靠近卡盘，以免引起工件振动。

2）车刀的选择。切断时采用切断刀，切断刀与切槽刀基本相同，但其主切削刃较窄，刀头较长，容易折断。安装切断刀时，刀尖要对准工件中心，刀杆与工件轴线垂直，刀杆不能伸出过长，但必须保证切断时刀架不碰卡盘。

3）切削用量的选择。由于切断刀在切削过程中散热条件差、刀具刚度低，因此必须减小切削用量，以防止机床和工件振动。手动进给时要均匀，应放慢进给速度，以免刀头折断。

4）如图6-18所示，常用的切断方法有直进法和左右借刀法两种。直进法常用于切断铸铁等脆性材料；左右借刀法常用于切断钢等塑性材料。

5）切断刀刀尖必须与工件中心等高，否则切断处将剩有凸台。

6）切断钢件时需要加切削液进行冷却润滑，切铸铁时一般不加切削液，但必要时可用煤油进行冷却润滑。

5. 车内孔

如图6-19所示，车内孔是对锻出、铸出或钻出的孔的进一步加工。车内孔可扩大孔径，提高精度，减小表面粗糙度值，还可以较好地纠正原来孔轴线的偏斜。

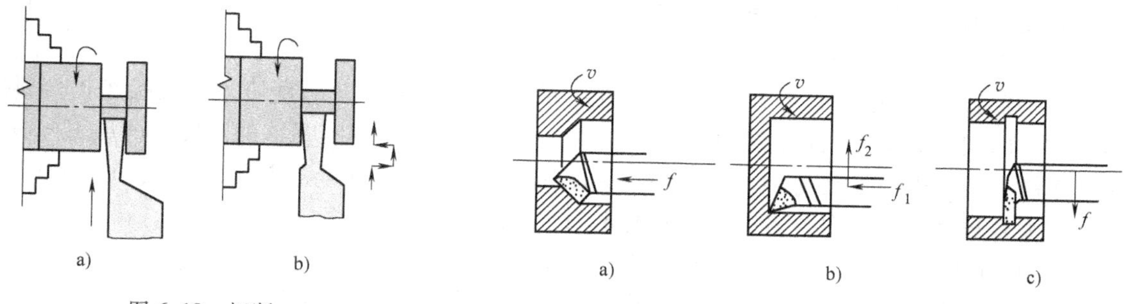

图6-18　切断

a）直进法　b）左右借刀法

图6-19　车内孔

a）车通孔　b）车不通孔　c）车槽

1）工件的安装与找正。装夹工件时一定要根据内、外圆找正，既要保证内孔有加工余量，又要保证与非加工表面的相互位置度要求。装夹薄壁孔件时，不能装夹过紧避免变形，影响精度。

2）刀具的选择。车孔时采用车孔刀。

3）车削用量的选择。由于车孔刀刚度差，容易产生变形和振动，车孔时常采用较小的进给量和背吃刀量，多次进给，生产率低。

4）车通孔基本上与车外圆相同，只是进刀和退刀方向相反。粗车和精车孔时也要进行试切和检测精车时要多次进给，以消除孔的锥度。车台阶孔和不通孔时，应在刀杆上做记号，以控制车孔刀进入的长度。

6. 车锥面

将工件车削成圆锥表面的方法称为车圆锥。常用车削锥面的方法有宽刀法、转动小刀架法、靠模法和尾座偏移法等。

1）转动小刀架法。车圆锥面如图 6-20 所示。当加工锥面不长的工件时，可用转动小刀架法车削。将工件安装在卡盘上，对外圆进行找正，采用直头车刀进行车削。车削时，根据零件的圆锥角 α，将小滑板下面转盘上的螺母松开，把转盘顺时针或逆时针转半个圆锥角 $\alpha/2$ ，与基准零线对齐，然后固定转盘上的螺母。加工时用手缓慢而均匀地转动小刀架手柄，车刀则沿着锥面的母线移动，从而加工出所需要的圆锥面。

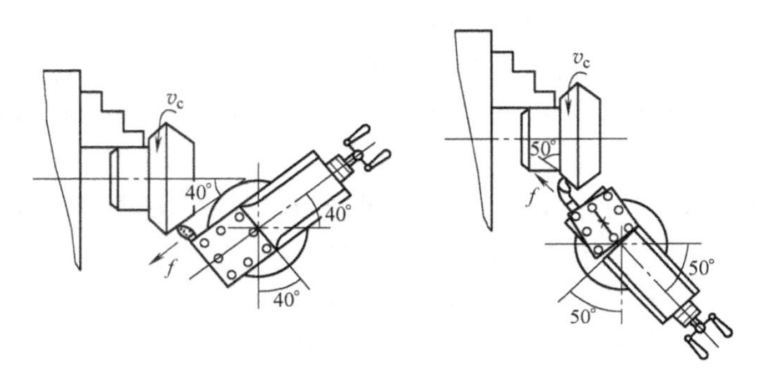

图 6-20　转动小刀架法车圆锥面

此方法车圆锥面操作简单，可加工任意锥角的内、外圆锥面。但其也受小刀架行程的限制，不能加工较长的圆锥面。CA6140 的小刀架行程为 140mm。并且，该方法需要手动进给，因此加工精度低，生产效率也较低，适用于单件、小批生产中加工任意锥度且长度较短的内外圆锥面。

2）宽刀法。使用宽刀即样板刀车削圆锥面是依靠主切削刃垂直切入，直接车出圆锥面。加工的圆锥面不能太长，要求机床、工件、刀具系统必须具有足够的刚度。此加工方法生产率高，工件表面粗糙度 Ra 值可达 6.3~1.6μm，适用于大批量、成批、大量生产中加工锥度较大且长度较短的内外圆锥面。如图 6-21 所示。

3）尾座偏移法。主要用于车削锥度小，锥形部分较长的圆锥面。尾座由尾座体和底座组成，底座靠压板和固定螺钉紧固在床身上，尾座体可在底座上作横向调节。当松开固定螺钉而拧动两个调节螺钉时，即可使尾座体在横向移动一定距离。

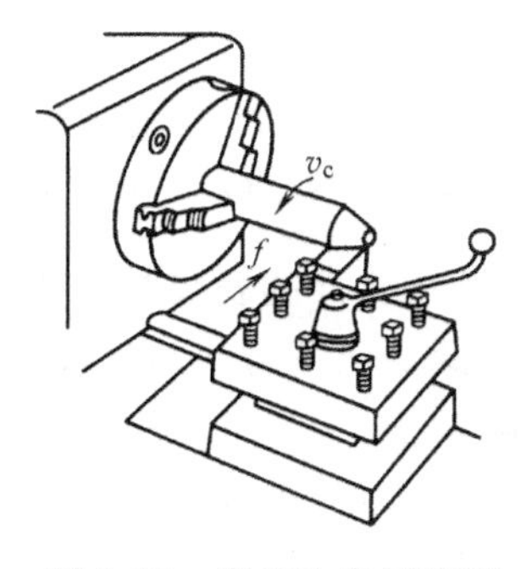

图 6-21　宽刀法车圆锥面

工件安装在前、后顶尖之间，将尾座体相对底座在横向向前或向后偏移一定距离 S，使工件的回转轴线与车床主轴轴线的夹角等于工件圆锥角的一半，即 $\alpha/2$，当刀架进给时可车削出所需的圆锥面。尾座偏移距离 $S=L_0(D-d)/2L$，其中 D、d 为锥体大端和小端直径，L_0 为工件总长度，L 为锥度部分轴向长度。此法可以自动进给，表面加工质量较高，但受尾座偏移量的限制，只能车削工件圆锥角度 $\alpha/2<8°$ 的外圆锥面。适用于单件、成批生产中加工小锥度且长度较长的外圆锥面。如图 6-22 所示。

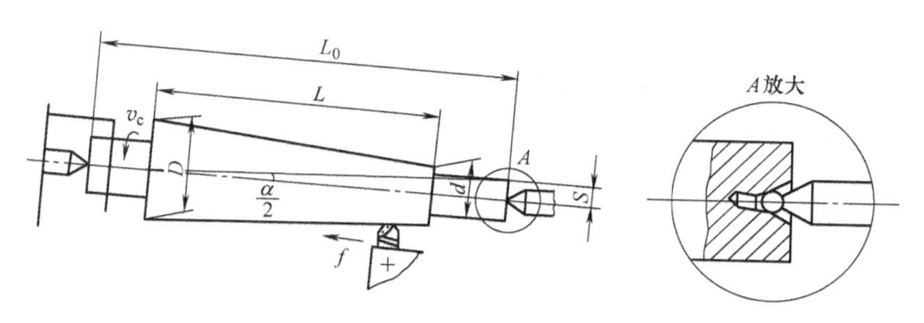

图 6-22 尾座偏移法车圆锥面

7. 车螺纹

车螺纹时，为了获得准确的螺纹，必须用丝杠带动刀架进给，车刀的移动是靠开合螺母与丝杠的啮合来带动的。车削螺纹时，刀尖必须与工件旋转中心等高。刀尖角的平分线必须与工件轴线垂直，因此要用对刀样板对刀。

车刀安装好之后要对机床进行调整。根据工件螺距的大小查找车床铭牌，选定进给箱手柄位置，脱开光杠，改由丝杠传动。选取较低的主轴转速，以便切削顺利进行，并有充分的时间退刀。车削螺纹的具体步骤如图 6-23 所示。

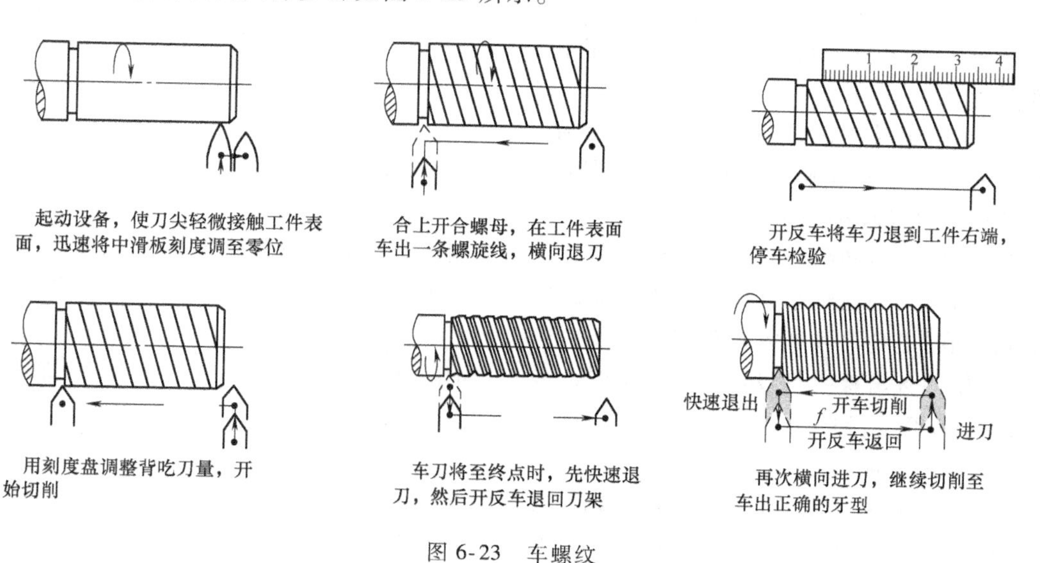

图 6-23 车螺纹

1）确定车螺纹切削深度的起始位置，将中滑板刻度调到零位，起动设备。使刀尖轻微接触工件表面，然后迅速将中滑板刻度调至零位，以便于进刀记数。

2）试切第一条螺旋线并检查螺距。将床鞍摇至距离工件端面 8～10 牙处，横向进刀 0.05mm 左右。合上开合螺母，在工件表面车出一条螺旋线，至螺纹终止线处退出车刀，开反车把车刀退到工件右端。停车，用钢直尺检查螺距是否正确。

3）用刻度盘调整背吃刀量，开车切削。螺纹的总背吃刀量 a_p 与螺距的关系按经验公式

$a_p \approx 0.65P$（P 为螺距）确定，每次的背吃刀量为 0.1mm 左右。

4）车刀将至终点时，应做好退刀停车准备，先快速退出车刀，然后开反车退回刀架。

5）再次横向进刀，继续切削至车出正确的牙型。

8. 滚花

滚花是用滚花刀来挤压工件，使其表面产生塑性变形而形成花纹。滚花的径向挤压力很大，因此加工时，工件的转速要低些，需要充分供给切削液，以免研坏滚花刀和防止细屑滞塞在滚花刀内而产生乱纹。

6.4 车削加工实训

6.4.1 台阶轴车削加工实训

1. 工程图样

台阶轴如图 6-24 所示。技术要求：其余表面粗糙度 *Ra* 3.2，锐角倒钝。

2. 工艺分析

（1）加工要点分析

1）因工件没有同轴度要求，所以采用二次装夹方式加工。

2）切削端面时，端面中心不可出现凸台，保证端面为一平整表面。如出现凸台必须调整垫片使刀尖点与主轴轴线等高，避免在加工过程中出现振动和工件表面粗糙度超差。

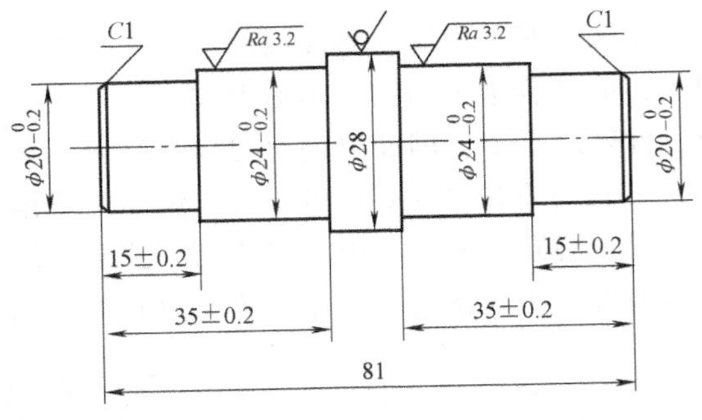

图 6-24 台阶轴

3）车削工件时，必须先粗加工所有需要加工的表面后再精加工。在加工工件外圆时，先加工长度较长、直径较大的轴段，再加工长度较短、直径较小的轴段。

4）外圆车刀和精车刀在车削外圆前要分别在端面处接触并确定长度基准。

5）粗车外圆或精车外圆每个工步完成后必须测量，以确定下一个工步背吃刀量（切削深度），同时避免尺寸超差零件报废。

6）使用各滑板手柄设定背吃刀量时，务必先消除螺纹间隙后，再按刻度旋转手柄。

（2）加工工艺路线

1）车削端面，确定长度基准。

2）粗车 $\phi 24 \times 35$，$\phi 20 \times 15$ 两段外圆表面，留外圆余量 0.5mm。

3）精车 $\phi 24 \times 35$，$\phi 20 \times 15$ 两段外圆表面到图样要求尺寸。

4）倒角。

5）卸下零件重新装夹，以车削另外一侧。

6）车削另一侧端面。

7）粗车 $\phi 24 \times 35$，$\phi 20 \times 15$ 两段外圆表面，留外圆余量 0.5mm。

8）精车 $\phi 24 \times 35$，$\phi 20 \times 15$ 两段外圆表面到图样要求尺寸。

9）倒角。

（3）加工工艺卡　如图 6-25 所示。

序号	工序内容	刀具	切削参数		
			主轴转速/(r/min)	进给量/(mm/r)	背吃刀量/mm
1	装夹工件伸出长度45mm，车端面	45°车刀	170	0.1	1
2	粗车 $\phi24\times35$，$\phi20\times15$ 外圆柱面。预留0.5mm余量	外圆车刀	170	0.4	2
3	精车 $\phi24\times35$，$\phi20\times15$ 外圆柱面	精车刀	170	0.2	0.2
4	倒角	45°车刀	170	手动进给	1
5	重新装夹工件，车端面	45°车刀	170	0.1	1
6	粗车 $\phi24\times35$，$\phi20\times15$ 外圆柱面。预留0.5mm余量	外圆车刀	170	0.4	2
7	精车 $\phi24\times35$，$\phi20\times15$ 外圆柱面	精车刀	170	0.2	0.2
8	倒角	45°车刀	170	手动进给	1

图6-25 加工工艺卡

3. 备料单

45钢，毛坯尺寸 ϕ28mm×83mm。

4. 工具准备

45°车刀，外圆车刀，精车刀，游标卡尺。

5. 实训步骤

（1）装夹 在自定心卡盘上装夹零件毛坯，毛坯伸出卡盘45mm长，如图6-26所示。使用卡盘扳手并用套管加力夹紧零件，如图6-27所示。将卡盘扳手放入安全开关，旋转打开急停按钮，如图6-28所示。旋转刀架换45°车刀到工作位置，然后逆时针摇动大滑板手柄将45°车刀移动到工件附近（车刀向左移动可接触工件端面的位置），按下滑板箱上的电源开关，如图6-29所示。抬起开车手柄，使主轴带动工件旋转，转数170r/min。

图6-26 工件装夹

图6-27 夹紧工件

图6-28 扳手放入安全开关

（2）车削端面 摇动中滑板手柄移动刀架，使45°车刀左侧刀尖介于工件外圆与工件端面圆心之间（此时刀具应在工件外侧），然后顺时针摇动小滑板手柄使45°车刀左侧刀尖缓慢接近工件，待听到刀具与工件接触的声音或者看到有铁屑飞出，说明刀具和工件已经接触。此时，逆时针摇动中滑板使刀具沿着接近身体的方向离开工件。以小滑板当前刻度值为基础刻度，顺时针摇动小滑板进给20个小格（每个小格0.05mm，即进给1mm）。然后缓慢顺时针摇动中滑板待刀

图6-29 滑板箱电源开关

具和工件接触后，如图 6-30 所示，向上扳自动手柄，如图6-31所示，自动切削端面，待刀尖接近工件端面圆心时，搬回自动手柄至中心位置，停止自动进给。手动缓慢顺时针摇动中滑板手柄，至刀尖与端面圆心重合。顺时针摇动大滑板远离工件，压下起动手柄至停车位置，待主轴停稳后，查看工件端面是否有凸台，检查无误，则端面车成，如图 6-32 所示，如有凸台，检查刀尖高度，调整垫片。

图 6-30　接近工件

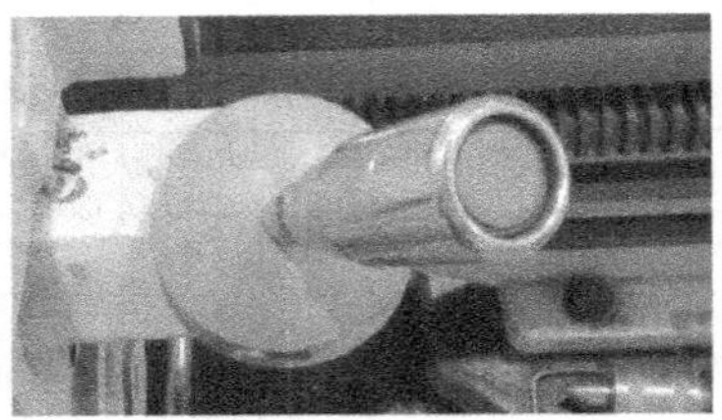

图 6-31　向上扳自动手柄

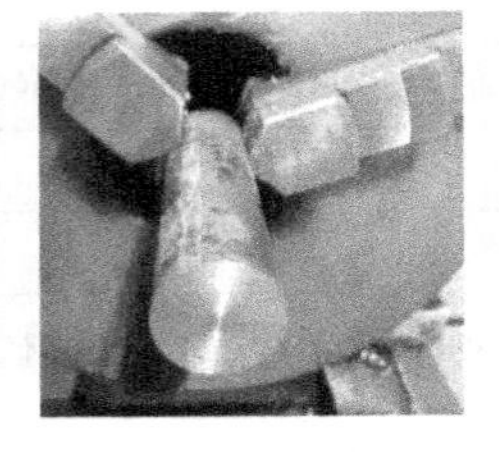

图 6-32　端面车成

（3）粗车 $\phi24\times35$，$\phi20\times15$ 外圆　顺时针摇动大滑板使刀架远离工件至安全位置，换外圆车刀。抬起开车手柄，起动主轴。重复 45°车刀接触端面方式，使外圆刀刀尖接触端面，如图 6-33 所示，然后逆时针摇动中滑板退离工件，在大滑板刻度盘上设定长度基准 0mm，如图 6-34 所示。逆时针摇动大滑板使外圆刀刀尖向左移动 5mm 左右（此时，刀尖应在工件毛坯外侧，向左移动时刀具不会接触工件，观察大滑板刻度盘可确定移动距离），如图 6-35 所示，顺时针摇动中滑板使外圆刀刀尖接近工件毛坯，待听到刀具与工件接触的声音或者看到有铁屑飞出，说明刀具和工件已经接触，缓慢顺时针摇动大滑板使刀具沿工件外圆离开工件（不可摇动中滑板手柄退出）。此时将中滑板刻度盘设定为 0mm，如图 6-36 所示。刀尖当前位置即为进给深度基准（即以外圆表面为基准），此时顺时针摇动中滑板手柄至刻度“20”处，使刀具单边进给 1mm（刻度盘每小格 0.05mm，进给 20 小格，即单边进给 1mm，加工过程中实际双边切削 2mm）。

图 6-33　外圆刀接触端面

图 6-34　设定长度基准

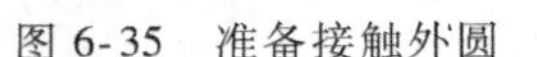

图 6-35　准备接触外圆

缓慢逆时针摇动大滑板，待外圆刀与工件接触后，向左扳自动手柄，切削工件外圆，如图 6-37 所示。观察大滑板刻度盘，当刻度到达“34mm”时，扳回自动手柄至中间位置。缓慢逆时针摇动大滑板至大滑板刻度盘“35mm”处（手动切削外圆时不可摇动小滑板手柄使刀具前进，否则会导致长度基准错乱）。顺时针摇动大滑板（不可摇动中滑板或小滑板），使刀具沿工件外圆方向退离，直至刀具离开工件，向下扳开车手柄至停车位置，测量工件直径和长度，如图 6-38、图 6-39 所示。根据测量好的已加工外圆直径值，计算粗车外圆第二刀进给量。

图 6-36　设定外圆基准

例如，测量值为 $A=\phi26.22\text{mm}$，目标粗车尺寸 $B=\phi24.5\text{mm}$，单边进给量 $=(A-B)/2=(26.22-24.5)\text{mm}/2=0.86\text{mm}$，单边进给小格数 $=0.86/0.05=17.2$，取整 17。依据计算值顺时针摇动中滑板手柄进给 17 小格（依据前例此次应进给至刻度“37”）。抬起开车手柄，逆时针摇动大滑板手柄，待外圆刀与工件接触后，向左扳自动手柄再次粗车外圆至 35mm（自动切削到 34mm，手动切削到 35mm）。ϕ24mm 外圆粗车到 $\phi24.5\pm0.2$ 后，继续粗车 $\phi20\times15$ 外圆至 $\phi20.5\times15$，其中直径尺寸由 ϕ24.5mm 到 ϕ20.5mm，共切削 4mm，分两次粗车每次切削 2mm，单边进给 1mm 即进给 20 小格，长度尺寸自动切削到 14mm，即距离长度目标尺寸 1mm 时，停止自动切削，手动切削到目标长度尺寸。粗加工结束后各部分尺寸应为 $\phi(24.5\pm0.2)\times35$，$\phi(20.5\pm0.2)\times15$。

图 6-37　外圆刀接触端面

图 6-38　测量外径

图 6-39　测量长度

（4）精车 $\phi24\times35$，$\phi20\times15$ 外圆　顺时针摇动大滑板使刀架远离工件，换精车刀。重复外圆车刀对端面基准的方法，对精车刀的左侧刀尖，如图 6-40 所示，设定大滑板刻度盘为 0mm。重复外圆车刀接触工件外圆的方法，接触粗加工至 $\phi(20.5\pm0.2)\times15$ 段的外圆，如图 6-41 所示。顺时针摇动大滑板手柄使刀具离开工件，设定中滑板刻度盘为 0mm，然后每次最多进给中滑板 2 小格（单边进给 0.1mm），精车 ϕ20 段外圆，到达合格尺寸 $\phi20_{-0.2}^{\ 0}$ 后，重复上述过程，精车 ϕ24 段外圆至尺寸合格 $\phi20_{-0.2}^{\ 0}$。

图 6-40　精车刀接触端面

图 6-41　精车外圆

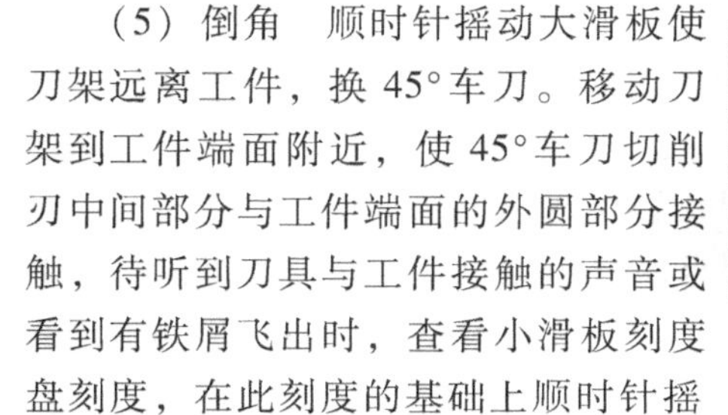

（5）倒角　顺时针摇动大滑板使刀架远离工件，换 45°车刀。移动刀架到工件端面附近，使 45°车刀切削刃中间部分与工件端面的外圆部分接触，待听到刀具与工件接触的声音或看到有铁屑飞出时，查看小滑板刻度盘刻度，在此刻度的基础上顺时针摇动小滑板手柄进给 20 小格（长度进给 1mm）切削第一个倒角，如图 6-42 所示。将 45°车刀移动到 ϕ24 段外圆的起始位置，重复之前倒角的方法倒角（注意使用 45°车刀刀刃的靠右侧部分）。倒角结束后，阶梯轴一侧加工完毕，停主轴，卸下工件，测量长度尺寸。

图 6-42　倒角

（6）重新装夹　在自定心卡盘上装夹零件，使卡爪夹住 ϕ24 段外圆，并使卡爪端面抵住 ϕ24 段轴肩。

（7）车削端面　重复步骤（2）车削端面方法，加工另一侧端面。

（8）粗车 $\phi24\times35$，$\phi20\times15$ 外圆　重复步骤（3）粗车 $\phi24\times35$，$\phi20\times15$ 外圆。

（9）精车 $\phi24\times35$，$\phi20\times15$ 外圆　重复步骤（4）精车 $\phi24\times35$，$\phi20\times15$ 外圆。

（10）倒角　重复步骤（5）倒角，工件加工完成后，将所有外圆及长度尺寸测量好后，卸下工件。

6.4.2　螺纹轴车削加工实训

1. 技术要求

螺纹轴如图 6-43 所示。全部表面粗糙度 Ra 3.2，锐角倒钝。

2. 工艺分析

（1）加工要点分析

1）因工件没有同轴度要求，所以螺纹轴加工采用二次装夹切削方式加工。

2）切削端面时，端面中心不可出现凸台，保证端面为一平整表面。如出现凸台必须调整垫片使刀尖点与主轴轴线等高，避免在加工过程中出现振动和工件表面粗糙度超差。

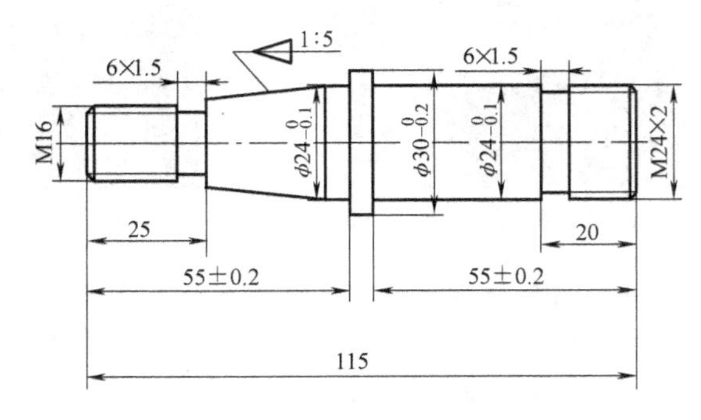

图 6-43　螺纹轴

3）车削工件时，必须先粗车所有需要加工的表面后再精车。在加工工件外圆时，先加工长度较长、直径较大的轴段，再加工长度较短、直径较小的轴段。

4）外圆车刀和精车刀在车削外圆前要分别在端面处接触并确定长度基准。

5）粗车外圆或精车外圆每个工步完成后必须测量，以确定下一个工步背吃刀量（切削深度），同时避免尺寸超差造成零件报废。

6）使用各滑板手柄设定背吃刀量时，务必先消除螺纹间隙后，再按刻度旋转手柄。

7）车螺纹时，每车削一次须横向退刀离开工件外圆，否则螺纹螺距将被破坏。

8）车圆锥时，小滑板不可后退过多，避免打坏小滑板导轨。松开小滑板螺钉时均匀用力，避免划伤手臂。

（2）工艺路线分析

1）车削端面，确定长度基准。

2）粗车 $\phi30\times62$，$\phi24\times55$ 两段外圆表面，留外圆余量 0.5mm。

3）精车 $\phi30\times62$，$\phi24\times55$ 两段外圆表面到图样要求尺寸。

4）切 6×1.5 退刀槽。

5）倒角。

6）车 M24×2 螺纹。

7）卸下零件重新装夹。

8）车削端面，确定长度基准。

9）粗车 $\phi24\times55$、$\phi16\times25$ 两段外圆表面，留外圆余量 0.5mm。

10）精车 $\phi24\times55$、$\phi16\times25$ 两段外圆表面到图样要求尺寸。

11）车圆锥。

12）切 6×1.5 退刀槽。

13）倒角。

14）车 M16×2 螺纹。

（3）加工工艺卡　如图 6-44 所示。

序号	加工内容	刀具	加工参数		
			主轴转速/(r/min)	进给量/(mm/r)	背吃刀量/mm
1	装夹工件伸出长度 70，车端面	45°车刀	170	0.1	1
2	粗车 $\phi30\times70$，$\phi24\times55$ 外圆柱面。预留 0.5mm 余量	外圆车刀	170	0.4	2
3	精车 $\phi30\times70$，$\phi24\times55$ 外圆柱面	精车刀	170	0.2	0.2
4	切 6×1.5 退刀槽	切槽刀	170	手动进给	1.5
5	倒角	45°车刀	170	手动进给	2
6	车 M24×2 螺纹	螺纹刀	170	2	0.5（逐次递减至要求尺寸）
7	重新装夹工件，车端面	45°车刀	170	0.1	1
8	粗车 $\phi24\times55$，$\phi16\times25$ 外圆柱面。预留 0.5mm 余量	外圆车刀	170	0.4	2
9	精车 $\phi24\times55$，$\phi16\times25$ 外圆柱面	精车刀	170	0.2	0.2
10	车圆锥	外圆车刀	170	手动进给	2
11	切 6×1.5 退刀槽	切槽刀	170	手动进给	1.5
12	倒角	45°车刀	170	手动进给	2
13	车 M16×2 螺纹	螺纹刀	170	2	0.5（逐次递减至要求尺寸）

图 6-44　加工工艺卡

3. 备料单

45 钢毛坯尺寸 $\phi32$mm×120mm

4. 工具准备

45°车刀，外圆车刀，精车刀，螺纹刀，游标卡尺，M16×2 环规，M24×2 环规，小滑板转台螺钉扳手。

5. 实训步骤

（1）装夹　在自定心卡盘上装夹零件毛坯，毛坯伸出卡盘 70mm 长。使用卡盘扳手并用套管加力夹紧零件。将卡盘扳手放入安全开关，旋转打开急停按钮，旋转刀架换 45°车刀到工作位置，然后逆时针摇动大滑板手柄将 45°车刀移动到工件附近（车刀向左移动可接触工件端面的位置），按下滑板箱上的电源开关，抬起开车手柄，使主轴带动工件旋转，转数 170r/min。

（2）车端面　依照台阶轴车削端面的方法车削端面，确定长度基准。

（3）粗车 $\phi30\times70$，$\phi24\times55$ 外圆柱面，预留 0.5mm 余量　依照台阶轴粗车外圆的方法

粗车 $\phi30\times70$，$\phi24\times55$ 外圆，预留 0.5mm 余量。

（4）精车 $\phi30\times62$，$\phi24\times55$ 外圆柱面　依照台阶轴精车外圆的方法精车 $\phi30\times70$，$\phi24\times55$ 外圆达到图样要求尺寸。其中 $\phi24$ 轴段中，由 0mm 至端面左侧 20mm 处工件外圆直径为 $\phi23.7$mm，该段轴颈为螺纹段，为保证螺纹段合格，需将螺纹段外圆直径减小。

（5）切 6×1.5 退刀槽　将切槽刀左侧刀尖接触工件端面，确定长度方向基准，如图 6-45所示。接触 $\phi23.7$mm 部分轴段外圆确定外圆车削基准。依据长度方向基准手动逆时针摇动大滑板到 18mm 处，如图 6-46 所示，顺时针摇动中滑板，待刀具与工件接触后，观察中滑板刻度值，在此刻度值的基础上顺时针摇动中滑板 30 小格（进给 1.5mm），逆时针摇动中滑板手柄使刀具退离工件。逆时针摇动大滑板到 20mm 处，顺时针摇动中滑板手柄，待刀具与工件接触后，再次观察中滑板刻度值，并顺时针摇动中滑板 30 小格（进给 1.5mm），随后顺时针摇动大滑板，将退刀槽槽底车平。

图 6-45　设定长度基准

图 6-46　切槽

（6）倒角　依照台阶轴倒角方法，端面处倒角。

（7）车 M24×2 螺纹　因加工 M24×2 螺纹时其螺距为 2mm，查如图 6-47 所示的表可知，进给箱上增倍手柄和挂轮手柄应分别在“Ⅱ”和“B”的位置上，如图 6-48 所示，罗通手柄应在“3”的位置，如图 6-49 所示。然后顺时针摇动大滑板使刀架远离工件至安全位置，换螺纹刀。使螺纹刀刀尖接触 $\phi23.7$mm 部分轴段外圆以确定外圆车削基准（记住此基准刻度），如图 6-50 所示，顺时针摇动大滑板，使螺纹刀沿工件外圆表面退离工件，顺时针摇动中滑板进给 5 个小格（单边进给 0.25mm，背吃刀量 0.5mm）。起动主轴，工件转速达到 170r/min 后，顺时针缓慢摇动大滑板，同时下压溜板箱上的开合螺母，待开合螺母可以压下后，刀具自动切削，如图 6-51 所示。当刀具运动到退刀槽处时，压下开车手柄至中间停车位置，同时逆时针摇动中滑板，使刀具完全退离工件外圆。压下开车手柄使主轴反转，退刀到工件端面右侧，顺时针摇动中滑板在基准刻度基础上进给 10 小格（再次进给 0.5mm），

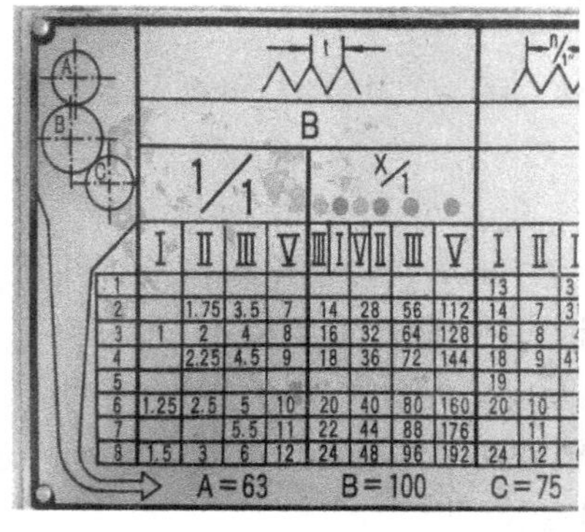

	B									
	1/1				X/1					
	Ⅰ	Ⅱ	Ⅲ	Ⅴ	ⅢⅠ	ⅤⅡ	Ⅲ	Ⅴ	Ⅰ	Ⅱ
1									13	
2		1.75	3.5	7	14	28	56	112	14	7
3	1	2	4	8	16	32	64	128	16	8
4		2.25	4.5	9	18	36	72	144	18	9
5									19	
6	1.25	2.5	5	10	20	40	80	160	20	10
7			5.5	11	22	44	88	176		11
8	1.5	3	6	12	24	48	96	192	24	12

A=63　B=100　C=75

图 6-47　查表

图 6-48　增倍手柄调节

图 6-49　罗通手柄调节

抬起开车手柄，自动切削螺纹至退刀槽位置退出中滑板，反转主轴退刀，如此反复切削（总背吃刀量 2.7mm，即大约 27 个小格。每刀进给量由 0.5mm 逐渐递减至 0.1mm）。当进给 2.4mm（24 小格）时，使用 M24×2 螺纹环规测量螺纹，如图 6-52 所示，此后每刀都应测量，直至螺纹加工完成。抬起开合螺母，将增倍手柄调回原位，如图 6-53 所示。

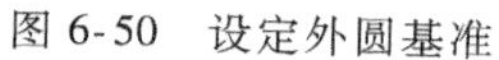

图 6-50　设定外圆基准

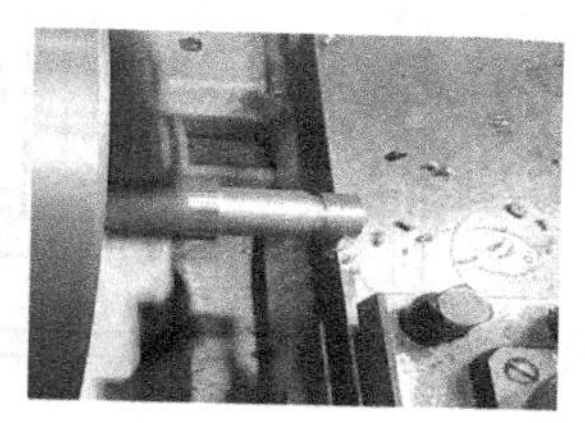

图 6-51　车削螺纹

图 6-52　测量

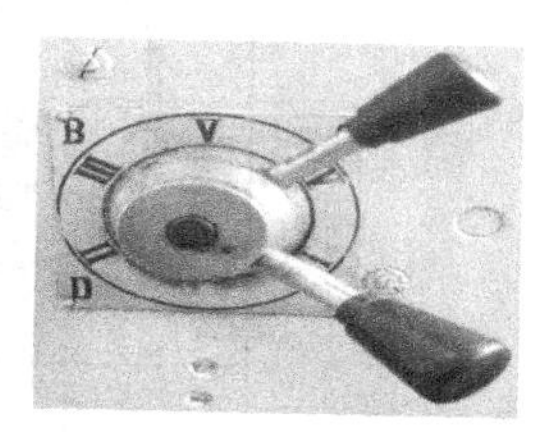

图 6-53　增倍手柄归位

（8）重新装夹　卸下零件，重新装夹工件 $\phi24$ 段轴径，并使卡爪端面抵住 $\phi30$ 段轴肩。

（9）车削端面　依照台阶轴车削端面的方法车削端面，确定长度基准。

（10）粗车 $\phi24\times55$，$\phi16\times25$ 外圆柱面，预留 0.5mm 余量　依照台阶轴粗车外圆的方法粗车 $\phi24\times55$，$\phi16\times25$ 外圆，预留 0.5mm 余量。

（11）精车 $\phi24\times55$，$\phi16\times25$ 外圆柱面　依照台阶轴精车外圆的方法精车 $\phi24\times55$，$\phi16\times25$ 外圆达到图样要求尺寸。其中 $\phi16$ 外圆直径精车到 $\phi16.7$mm，该段轴颈为螺纹段，为保证螺纹段合格，需将螺纹段外圆直径减小。

（12）车圆锥　换外圆刀后，松开小滑板紧固螺母，如图 6-54 所示，逆时针扳动小滑板旋转 6°，如图 6-55 所示。使外圆刀接触 $\phi24$ 段外圆表面，并设定为外圆车削基准。逆时针摇动小滑板退刀；顺时针摇动中滑板手轮进给 20 小格，进给量 2mm，顺时针摇动小滑板车圆锥，如图 6-56 所示。待没有铁屑被切下时，逆时针摇动小滑板退刀，如此往复切削圆锥至圆锥小端直径为 18mm，则圆锥车成。松开小滑板紧固螺母，将小滑板恢复原位。

图 6-54　松开小滑板紧固螺母

图 6-55　逆时针扳动小滑板旋转 6°

图 6-56　车圆锥

（13）切 6×1.5 退刀槽　重复步骤（5）过程切削 6×1.5 退刀槽。

（14）倒角　依照台阶轴倒角方法，端面处倒角。

（15）车 M16×2 螺纹　重复步骤（7），车 M16×2 螺纹。

6.4.3　套方车削加工实训

1. 工程图样

套方如图 6-57 所示。

2. 工艺分析

（1）加工要点分析

1）处理好各车刀刀具角度。

2）车削零件内孔时，内孔尺寸不可超差，否则内方可能会出现断裂现象。

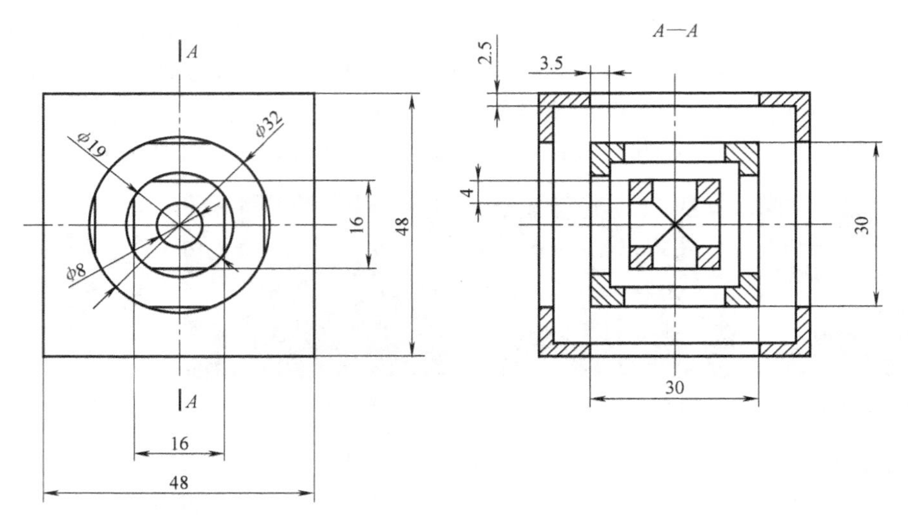

图 6-57　套方

3）车削四个平面时，由于断屑切削，因此进给速度适当降低，避免刀具打坏。

4）钻孔时，不可钻透工件。

5）车内孔槽时，注意退刀方向，避免刀具打坏。

6）钻孔及车削内孔时，使用专用夹套装夹工件。

（2）加工工艺路线

1）首先将毛坯料加工成六面体。

2）加工五个面的阶梯孔，内凹槽，倒角。

3）打胶固定已加工各表面。

4）加工第六面阶梯孔，内凹槽，倒角。

5）起胶完成套方。

（3）加工工艺卡　如图 6-58 所示。

序号	加 工 内 容	刀具	加 工 参 数		
			主轴转速/（r/min）	进给量/（mm/r）	背吃刀量/mm
1	车端面	45°车刀	500	0.2	1
2	车外圆至 ϕ67.8	外圆车刀	500	0.2	0.7
3	车四个平面	45°车刀	500	0.2	3.3
4	钻孔 ϕ8,ϕ18,ϕ30	钻头	500	0.1	
5	车内孔至 ϕ32,ϕ19	内孔车刀	500	0.1	0.3
6	切槽	内孔槽刀	500	0.1	3
7	倒角	内孔倒角刀	500	0.1	0.5
8	打胶				
9	钻孔 ϕ8,ϕ18,ϕ30	钻头	500	0.1	
10	车内孔至 ϕ32,ϕ19	内孔车刀	500	0.1	0.3
11	切槽	内孔槽刀	500	0.1	3
12	倒角	内孔倒角刀	500	0.1	0.5
13	起胶				

图 6-58　加工工艺卡

3. 备料单 ϕ70mm×50mm 铝毛坯。

4. 工具准备 45°车刀，外圆车刀，钻头（ϕ8mm，ϕ18mm，ϕ30mm），内孔车刀，内孔槽刀（两把），内孔倒角刀。

5. 实训步骤

1）装夹工件外圆，车削毛坯两端面，如图 6-59 所示，并加工到长度尺寸。

2）车工件外圆至 ϕ67.8mm，如图 6-60 所示。

图 6-59 车端面

图 6-60 车外圆

图 6-61 车平面装夹

3）使工件端面靠紧自定心卡盘的一个爪，另两爪与工件另一端面的外圆接触，并夹紧工件，如图 6-61 所示，依次车削四个平面，每个平面需车端面 9.9mm，平面各边长 48mm，如图 6-62 所示。

4）平面车成后，在刀架上安装四把内孔车刀。将车削好的六方安装在夹套内，装夹在卡盘上，如图 6-63 所示。依次在五个平面上各钻三个孔，直径分别为 ϕ8mm、ϕ18mm、ϕ30mm，长度 24mm，16mm，7mm，如图 6-64 所示。

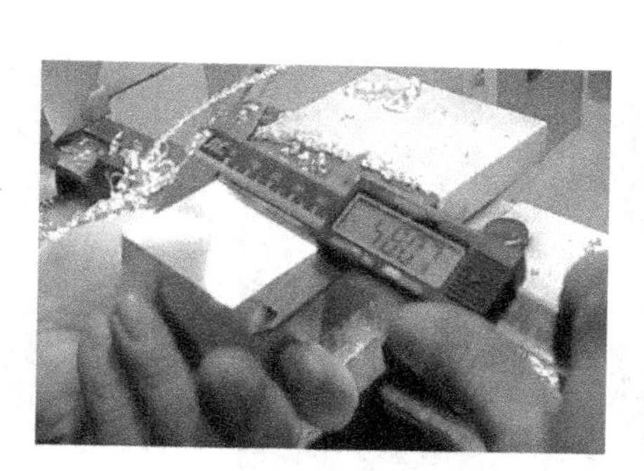

图 6-62 平面车削

图 6-63 夹套安装六方

图 6-64 钻孔

5）用内孔车刀车削 ϕ32mm，ϕ19mm 两内圆柱面，如图 6-65 所示，并车内端面。

6）用内孔槽刀切削两内孔槽，如图 6-66 所示。

7）用内孔倒角刀，将各锐角倒钝，如图 6-67 所示。

8）打胶固定各已加工表面，如图 6-68 所示。

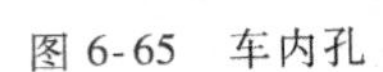
图 6-65 车内孔

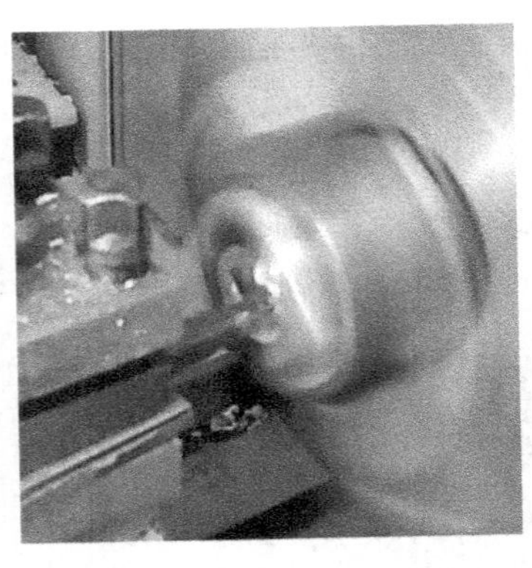
图 6-66 切内孔槽

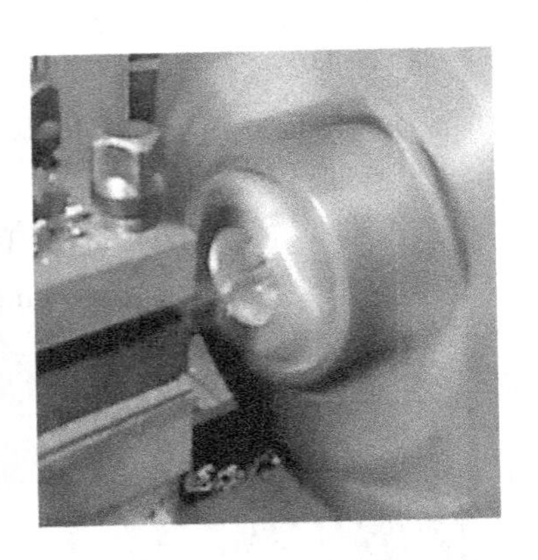
图 6-67 内孔倒角

9）将打好胶的六方装入夹套，未车削的平面向外，如图 6-69 所示。重复步骤 4）~步骤 7），钻孔、车内孔并倒角，如图 6-70 所示。

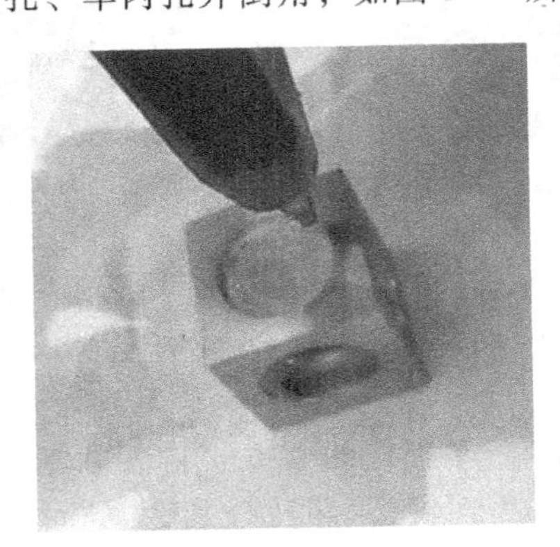
图 6-68 打胶

图 6-69 第六面装夹

10）起胶，清理工件，如图 6-71 所示。

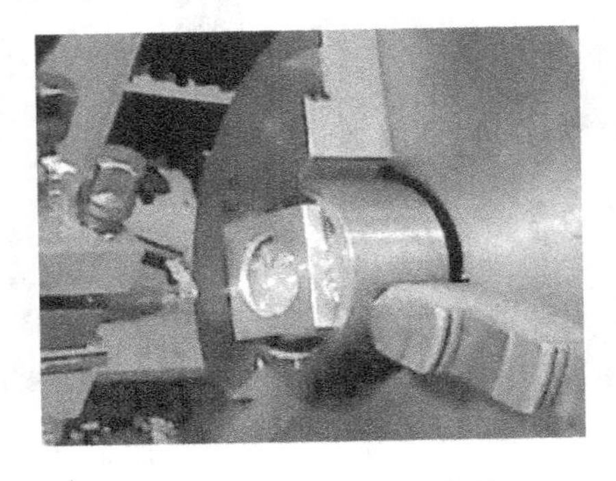
图 6-70 第六面内孔车削

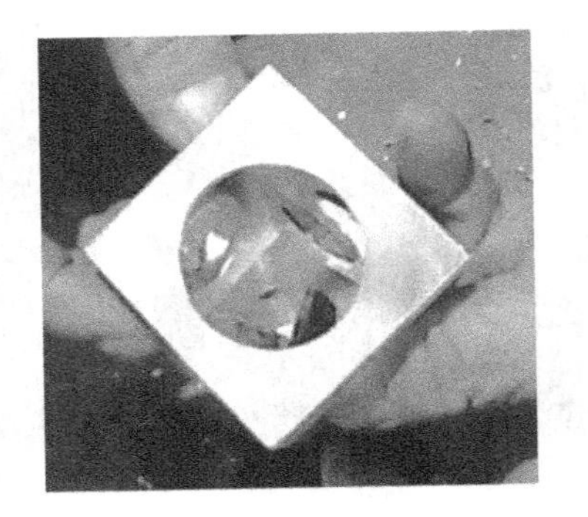
图 6-71 套方

实训拓展训练

1. 锤柄。技术要求：全部表面粗糙度 Ra 3.2，锐角倒钝。

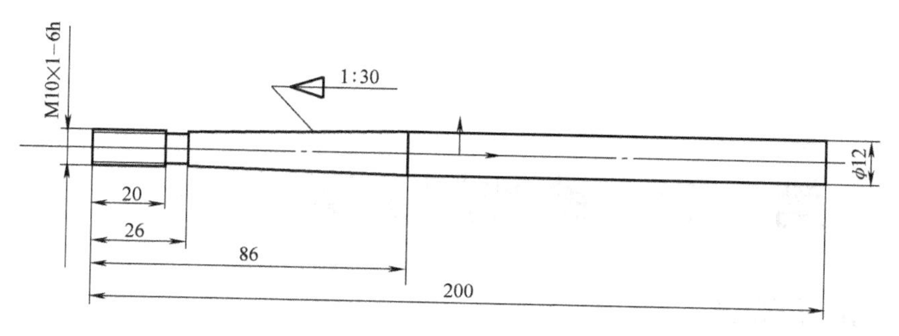

图 6-72　锤柄

2. 酒瓶。技术要求：全部表面粗糙度 *Ra* 3.2，锐角倒钝。

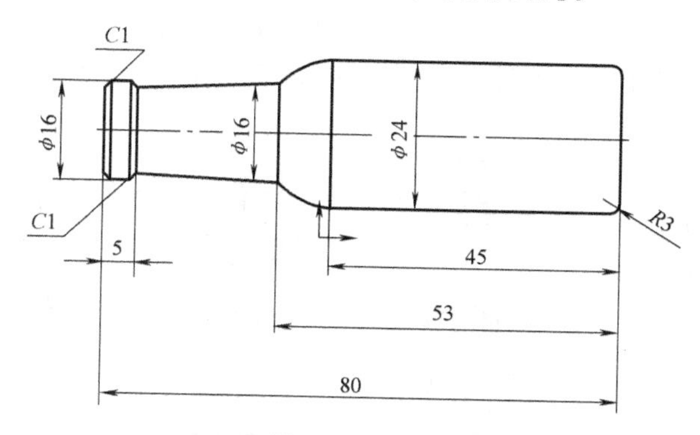

图 6-73　酒瓶

第7章　铣削加工实训

7.1　铣削加工概述

在铣床上用铣刀对工件进行切削加工的方法称为铣削加工。

7.1.1　铣削加工范围

铣削加工范围很广，可加工平面、垂直面、T形槽、键槽、燕尾槽、螺纹、螺旋槽、分齿零件（齿轮、链轮、蜗轮、花键轴）以及成形面等，如图7-1所示。

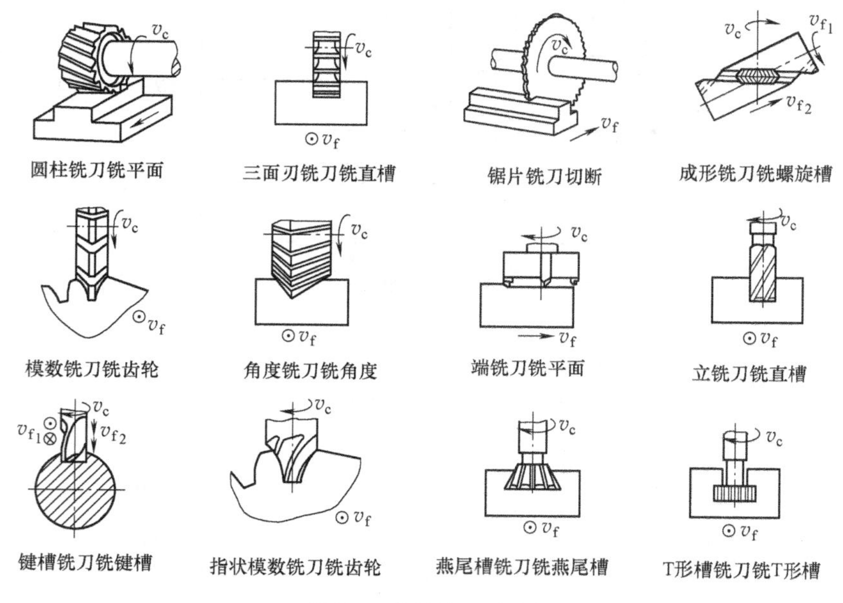

图7-1　铣削加工范围

1. 铣削加工的特点

1）由于铣削为断续切削，易产生冲击和振动。刀齿切入和切出工件的瞬间，同时工作的刀齿数目时增时减，产生一定的冲击和振动，降低了铣削加工的精度。

2）由于铣削为多刃切削，同时工作的齿数多，可以采用阶梯铣削，也可以采用高速铣削，且无空行程，故切削效率较高。

3）可选用不同的切削方式。铣削时，可根据不同材料的可加工性和具体加工要求，选用顺铣和逆铣、对称铣和不对称铣等切削方式，提高刀具寿命和加工生产率。

4）铣削属粗加工和半精加工，加工的公差等级为IT9～IT8，表面粗糙度 Ra 6.3～1.6μm。

2. 铣削切削用量

铣削的主运动是铣床主轴带动铣刀的旋转运动，进给运动是工件相对于铣刀的直线运动。

（1）切削速度 v_c　即铣刀最大直径的线速度，可用下式计算：

$$v_c = \pi dn/1000(\mathrm{m/min})$$

式中，d 为铣刀直径，单位为 mm；n 为铣刀转速，单位为 r/min 。

（2）进给量　是工件相对于铣刀单位时间内移动的距离，进给量有三种形式：

1）每齿进给量 f_z（mm/z）。即铣削中铣刀每转过一齿，工件相对于铣刀移动的距离。

2）每转进给量 f（mm/r）。即铣削中铣刀每转一圈，工件相对于铣刀移动的距离。

3）进给速度 v_f（每分钟进给量，mm/min）。即铣削时每分钟内工件相对于铣刀移动的距离：

$$v_f = fn = f_z zn$$

（3）背吃刀量 a_p（铣削深度，mm）　是铣削中待加工表面与已加工表面之间的垂直距离。

7.1.2　X5025 立式铣床简介

铣床的种类很多，一般按布局形式和适用范围加以区分，主要有升降台铣床、龙门铣床、单柱铣床和单臂铣床等。升降台铣床有万能式、卧式和立式几种，主要用于加工中小型零件，应用最广。卧式铣床主轴平行工作台布置，立式铣床主轴垂直工作台布置，其工作台均可上下升降。

立式铣床用的铣刀相对灵活一些，适用范围较广，可直接或通过附件安装各种圆柱铣刀、成形铣刀、端面铣刀、角度铣刀等刀具。立式铣床铣头可在垂直平面内顺、逆时针调整±45°，工作台可在 $X/Y/Z$ 三方向运动进给。立铣头还可以在垂直面内左右偏转，使主轴和工作台面倾斜成一定角度，从而扩大铣床的工作范围。在实训过程中使用 X5025 立式铣床，其主要技术参数有：工作台台面尺寸：250mm×1100mm；工作台 T 形槽数：3；T 形槽宽度：14mm；T 形槽中心距：63mm；工作台纵向行程：720mm；工作台横向行程：270mm；工作台垂向行程：410mm；主轴距工作台面最小距离：60mm。X5025 立式铣床的外形图及结构如图 7-2 所示。

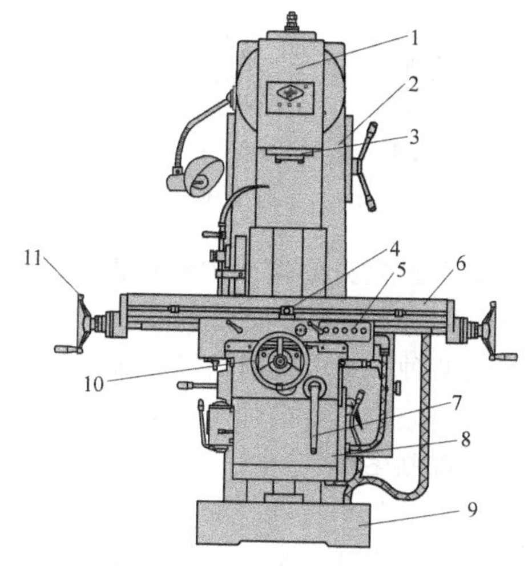

图 7-2　X5025 立式铣床外形及结构

1—立铣头　2—床身　3—主轴　4—纵向自动手柄　5—自动进给按钮　6—工作台
7—垂向移动手轮　8—升降台　9—底座　10—横向手动手轮　11—纵向移动手轮

7.2 铣刀及工件安装

7.2.1 常用铣刀

铣刀一般是用高速钢制成。根据铣刀安装方法不同，铣刀可以分为两类，即带孔铣刀和带柄铣刀。

1. 带孔铣刀

带孔铣刀多用于卧式铣床，如图 7-3 所示。

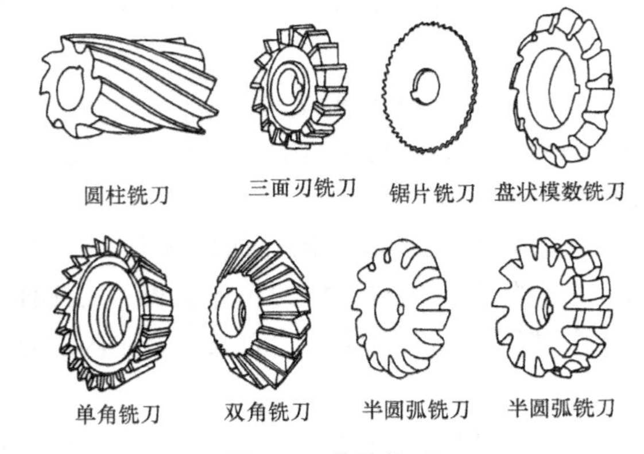

图 7-3 带孔铣刀

2. 带柄铣刀

带柄铣刀多用于立式铣床，有直柄和锥柄之分。一般直径小于 20mm 的较小铣刀作成直柄。直径较大的铣刀多作成锥柄。主要类型如图 7-4 所示。

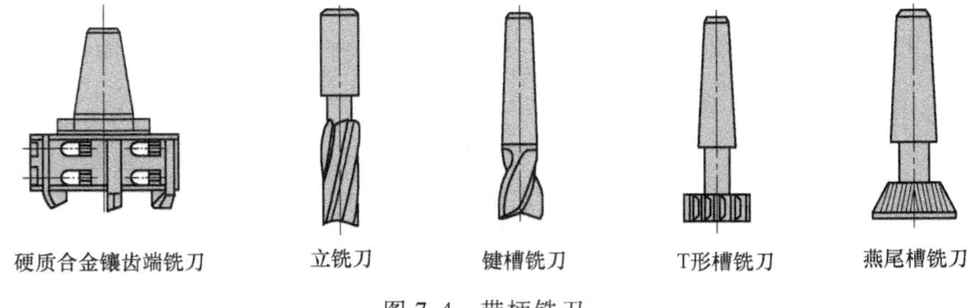

图 7-4 带柄铣刀

(1) 端铣刀 由于其刀齿分布在铣刀的端面和圆柱面上，故多用于立式升降台铣床上加工平面，也可用于卧式升降台铣床上加工平面。

(2) 立铣刀 有直柄和锥柄两种，适于铣削端面、斜面、沟槽和台阶面等。

(3) 键槽铣刀和 T 形槽铣刀 它们是专门加工键槽和 T 形槽的。

(4) 燕尾槽铣刀 专门用于铣燕尾槽。

3. 带柄铣刀的安装

有孔的圆锥柄铣刀，如其锥柄尺寸与主轴锥孔的尺寸相同，则可直接插入主轴锥孔内，并用螺钉压紧。若锥孔的尺寸比锥柄大，可采用过渡锥套装卡。过渡锥套外锥面与主轴锥孔尺寸相吻合，内锥孔与铣刀柄一致。如图 7-5a 所示。

圆柱柄铣刀的安装是将铣刀插在弹簧套内，旋紧压紧螺母，弹簧套即可将铣刀夹紧。弹簧套装到铣床上的方法与上述相同。如图 7-5b 所示。

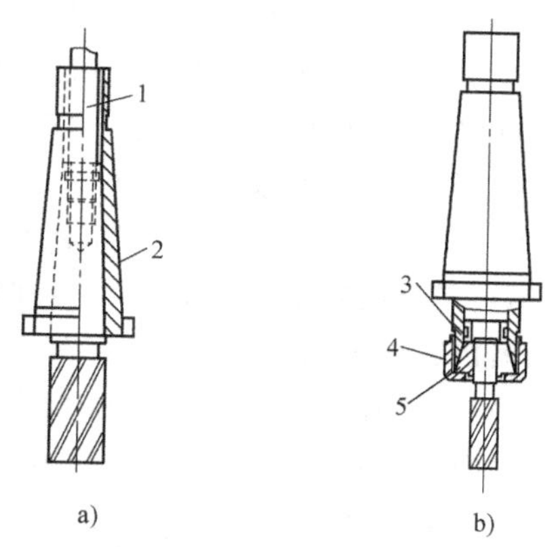

图 7-5 带柄铣刀的安装
a）过渡锥套装卡 b）直接装卡
1—拉杆 2—过渡锥套 3—夹头体
4—螺母 5—弹簧套

7.2.2 工件的安装

1. 平口钳装夹工件

平口钳又名机用台虎钳，是一种通用夹具，常用于安装小型工件，是铣床、钻床的随机附件，将其固定在机床工作台上，用来夹持工件进行切削加工。平口钳用扳手转动丝杠，通过丝杠螺母带动活动钳身移动，形成对工件的夹紧与松开。如图 7-6 所示。

工件在平口钳上安装时应注意下列问题：

1）装夹工件时，必须将零件的基准面紧贴固定钳口或导轨面，在钳口平行于刀轴的情况下，承受铣削力的钳口必须是固定钳口。

2）工件的余量层必须高出钳口，以免铣坏钳口和损坏铣刀。如果工件低于钳口平面，可在工件下面垫放适当厚度的平行垫铁，垫铁应具有合适的尺寸和较小的表面粗糙度值。

3）为了使工件紧密地靠在平行垫铁上，应用铜锤或木锤轻轻敲击工件，以用手不能轻易推动平行垫铁为宜。

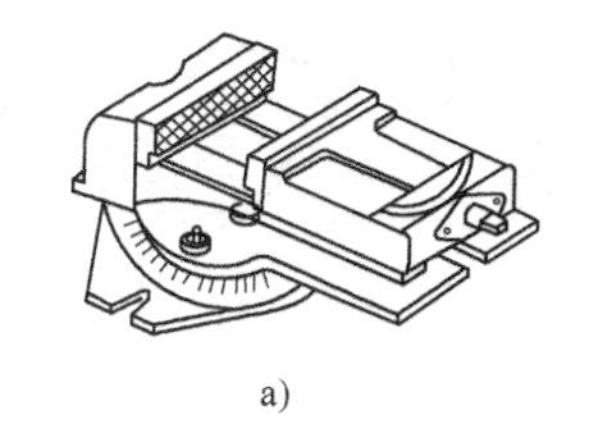

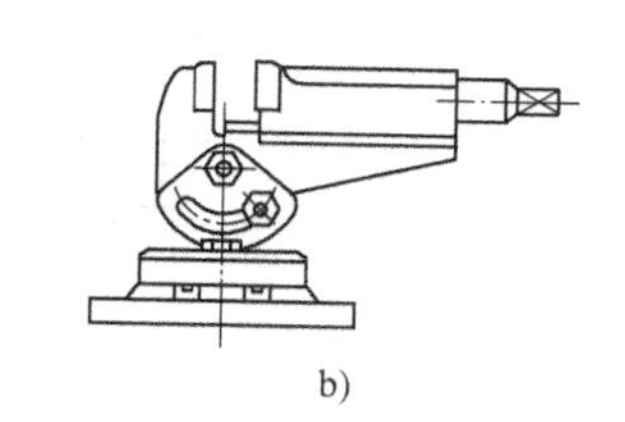

图 7-6 平口钳
a）普通型机床用平口虎钳 b）可倾型机床用平口虎钳

4）工件在平口钳上装夹时位置应适当，使工件装卡后稳固可靠，不致在铣削力的作用下产生位移。

5）用平口钳夹持毛坯时，应在毛坯面与钳口之间垫上铜皮等物，以免损坏钳口。

2. 压板、螺栓装夹工件

当工件较大或形状特殊时，可用压板、螺栓直接装夹在铣床工作台上。为了满足不同工件的需要，压板的形状也有多种，如图 7-7 所示。

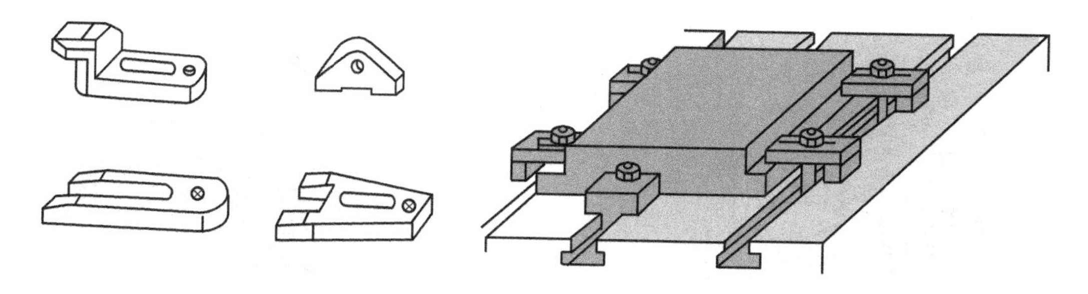

图 7-7 压板和专用卡具

用压板装夹工件时，应注意以下几点：

1）螺栓应尽量靠近工件，这样可增大夹紧力。

2）装夹薄壁工件时，夹紧力的大小要适当。

3）工件受压处要坚固，不能有悬空现象，如有悬空则要垫实，压板要放正，工件上的夹紧点要尽量靠近加工部位。

4）使用压板的数目一般不少于两块。使用多块压板时，应注意工件上受压点的合理选择。

5）压板的高度要适当，防止压板和工件接触不良，以免在铣削力的作用下工件位移。

6）工件夹持部位的表面粗糙度值较小时，应在压板和工件之间放垫片（如铜片等），以免损伤工件表面。

7）在工作台面上直接装夹毛坯工件时应在工件和台面之间加垫纸片等，这样不但可以保护台面，而且可使工件夹紧牢靠。

3. 万能铣头

卧式铣床上装上万能铣头，其主轴能扳成任意角度，可以扩大卧式铣床的加工范围，如图 7-8 所示。

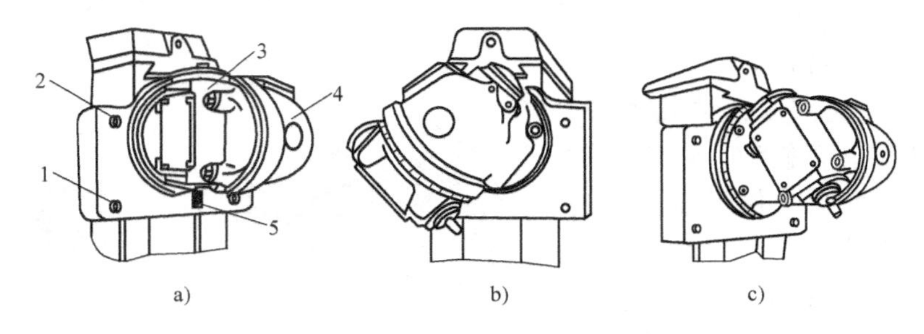

图 7-8　万能铣头

a）铣头外形图　b）铣头壳体 4 绕铣床主轴偏转任意角度　c）主轴壳体能在铣头壳体上偏转任意角度

1—底座　2—螺栓　3—主轴壳体　4—铣头壳体　5—主轴

4. 分度头

分度头是铣床的重要附件，利用分度头可铣削多边形、齿轮、花键、螺旋和刻度等并能分度工件，工件每铣过一面后，分度头需转过一个角度，再铣另一面，如图 7-9 所示。

5. 回转工作台

回转工作台又称为转盘或圆工作台，如图 7-10 所示。它主要用于铣削圆形表面和曲线槽，也可做等分工作。

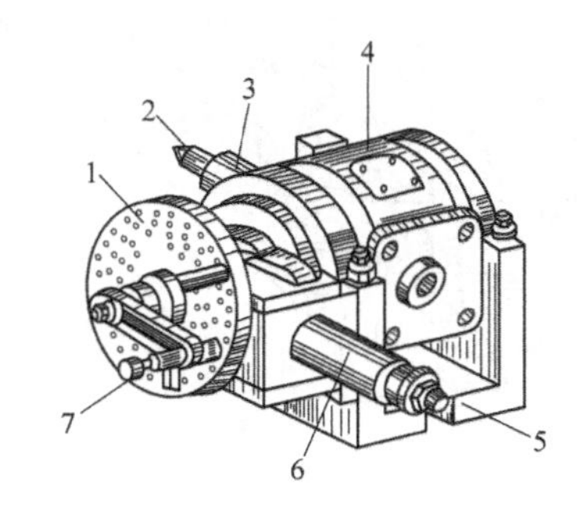

图 7-9　分度头图

1—分度盘　2—顶尖　3—主轴　4—回转体

5—底座　6—侧轴　7—手柄

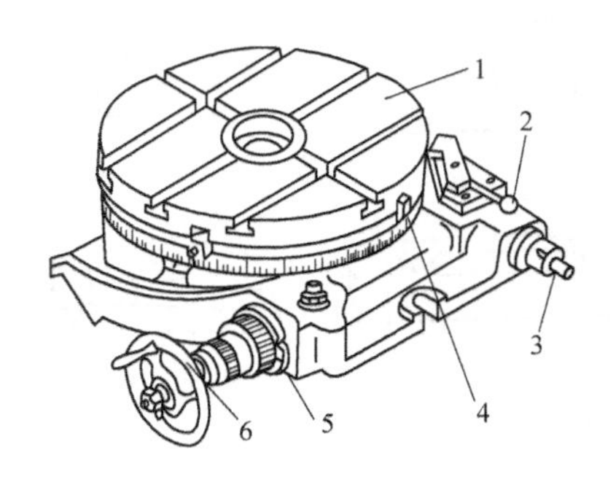

图 7-10　回转工作台

1—转台　2—离合器手柄　3—传动轴

4—挡铁　5—偏心环　6—手轮

7.3 铣削加工工艺

铣削加工是一种比较复杂的切削过程。选用的刀具不同及工件与刀具的相对运动不同，铣削的方式也不同。

7.3.1 铣削方式

1）根据铣削过程中使用铣刀部位的区别，铣削方式主要分为圆周铣削和端面铣削，其定义和特点见表7-1。

表7-1 圆周铣削和端面铣削的比较

区别＼名称	圆周铣削	端面铣削
定义	在铣床上用铣刀（圆柱铣刀、立铣刀、三面刃铣刀等）圆周上的切削刃进行切削，称为圆周铣削	在铣床上用铣刀端面刃进行铣削，称为端面铣削
特点	1. 周铣时，同时接触工件的刀齿数少，一般只有1~2个，当铣削宽度较小时，同时接触的刀齿更少，每个刀齿的切出、切入对整个铣削力的变化影响很大，造成铣削的不均匀性	1. 端铣可保持较多的刀齿同时参加切削，每个刀齿切入和切出时，对整个铣削力变化的影响小得多，因此切削比较平稳
	2. 周铣只有圆周上的切削刃参加切削，已加工表面实际是由许多圆弧所组成的，表面粗糙度值较大	2. 端铣时有副切削刃对加工表面起到修光作用，可减小加工表面粗糙度值

2）铣削时，按工件与刀具相对运动形式的不同，分为顺铣和逆铣两种铣削方式，其比较见表7-2。

表7-2 顺铣和逆铣的比较

区别＼名称	顺铣	逆铣
定义	铣刀旋转方向与工件进给方向相同时称为顺铣	铣刀旋转方向与工件进给方向相反时称为逆铣
特点	1. 每个刀齿的切削厚度从大到小	1. 每个刀齿的切削厚度是从零增大到最大值
	2. 刀齿对工件作用一个向下的垂直分力，有利于工件夹持稳定	2. 刀齿对工件作用一个向上的垂直分力，影响工件夹持稳定性
	3. 刀具磨损较小，并且有利于提高工件表面质量	3. 铣刀刀齿切入工件的初期要滑行一段距离后才能切入工件。这样，使刀具后面磨损加重，同时还会影响已加工表面的质量

但是，由于顺铣时工件台进给丝杠与固定螺母间一般都有间隙，顺铣时忽大忽小的水平切削分力与工件进给运动是同方向的，这会造成工作时的窜动和进给量不均匀，以致引起啃刀或打刀，因此铣床工作台丝杠螺母应具有消隙机构。

7.3.2 典型表面铣削加工工艺

1. 铣水平面

在铣床上用圆柱铣刀、立铣刀和端铣刀都可进行水平面加工，如图7-11所示。铣削时，工件可以夹紧在平口钳上，也可用压板直接夹持在工作台上。

铣平面时应注意如下事项：

1）先粗铣各表面，并按规定留出精铣余量。

2）精铣时，要先铣出基准面。

3）以基准面为定位面，使其贴紧于平口钳的固定钳口面上。为了使夹紧力集中，保证基准面和固定钳口面严密接触，应在活动钳口处夹上一根圆棒或一块撑板，接着铣出表面。用这种方法铣出的表面与基准面是垂直的。

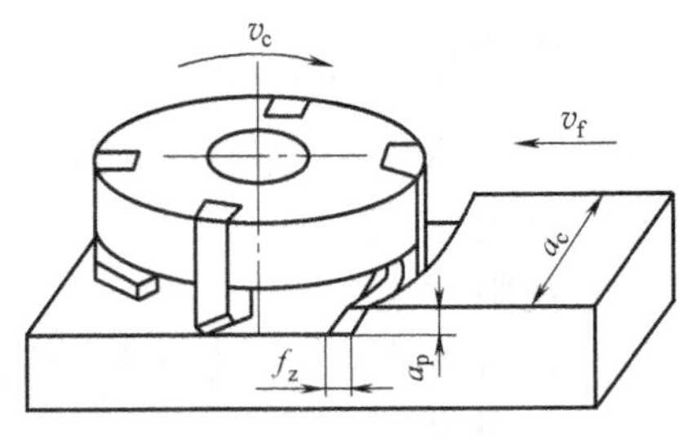

图 7-11 铣水平面

4）仍以基准面为定位面，同样在活动钳口处夹上一根圆棒或撑板，使基准面与固定钳口面靠紧。为了使铣出的表面与已加工表面平行，在已加工表面和钳座平面中间垫上平行垫铁，然后用一般的力量夹紧工件，当用铜锤向下敲击表面，平行垫铁不活动时，则表示表面已和平行垫铁贴紧，再用力把工件夹紧，铣出表面。用这种方法铣出的表面和基准面垂直，和已加工表面是平行的。

2. 铣台阶面

在铣床上铣台阶面时，可以用端铣刀或用立铣刀铣削台阶面。在成批生产中也可以用组合铣刀同时铣削几个台阶面，如图 7-12 所示。

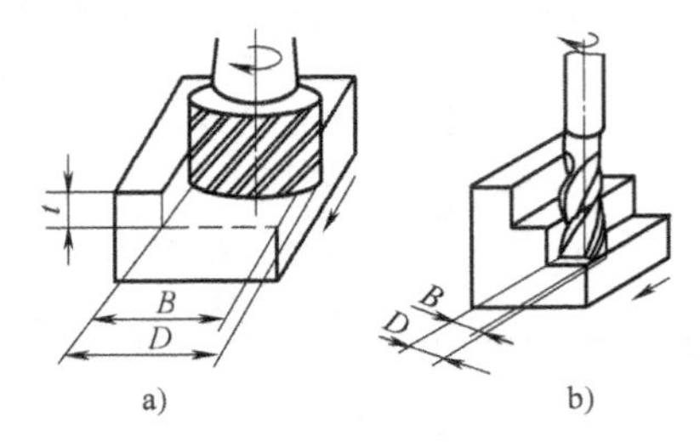

图 7-12 铣台阶面

a）端铣刀铣阶台面 b）立铣刀铣阶台面

3. 铣斜面

斜面是指与工件基准面成一定角度的平面，常用的铣斜面的方法有三种。

1）使用斜垫铁铣斜面。加工时采用平口钳装卡工件，钳口最好与进给方向垂直，以利承受铣削力。工件装卡好后，用划针盘把所划的线校正到与工作台台面平行，然后夹紧进行铣削，如图 7-13a 所示。

2）使用分度头铣斜面。将分度头偏转到一定的角度装卡工件进行铣削，如图 7-13b 所示。

3）偏转铣刀铣斜面。偏转立铣头铣削，扳转铣头使刀具对工件倾斜一定角度铣削所需斜面，如图 7-13c 所示。

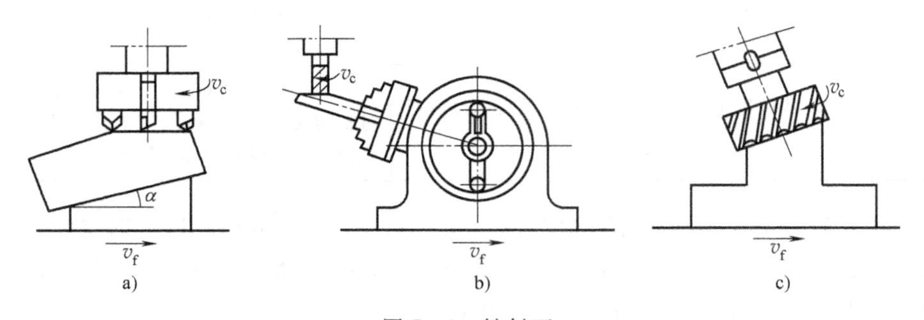

图 7-13 铣斜面

a）使用斜垫铁铣斜面 b）使用分度头铣斜面 c）偏转铣刀铣斜面

4. 铣键槽

键槽按其结构形式分，主要有敞开式键槽和封闭式键槽。铣封闭式键槽主要是在立式铣床上用键槽铣刀或立铣刀加工，装夹时应选用轴用平口钳或V形块和夹板来安装。切削前可用百分表找正，切削时要注意逐层切下，如图7-14所示。

5. 铣成形面

铣成形面常用与工件成形面形状相吻合的成形铣刀加工，如图7-15所示。

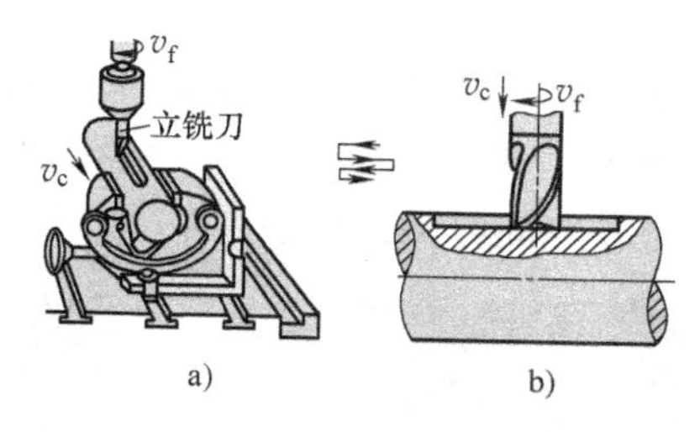

图7-14　铣封闭式键槽图
a）铣封闭式键　b）逐层铣削

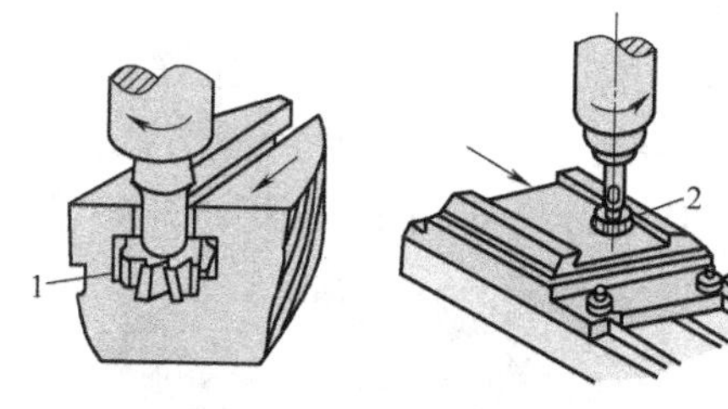

图7-15　铣成形面
1—T形槽铣刀　2—燕尾槽铣刀

7.4　铣削加工实训

7.4.1　六面体铣削加工实训

1. 工程图样

零件图如图7-16所示。技术要求：各表面粗糙度 Ra 6.3，锐边倒钝。

2. 工艺分析

（1）加工要点分析

1）装夹工件时，待加工表面应高于平口钳钳口，且高出距离应大于切削余量。

2）因毛坯料为棒料，且两端面相对平整，因此，加工过程中，仅需要铣削外圆表面。

3）零件装夹时，必须装夹牢固。

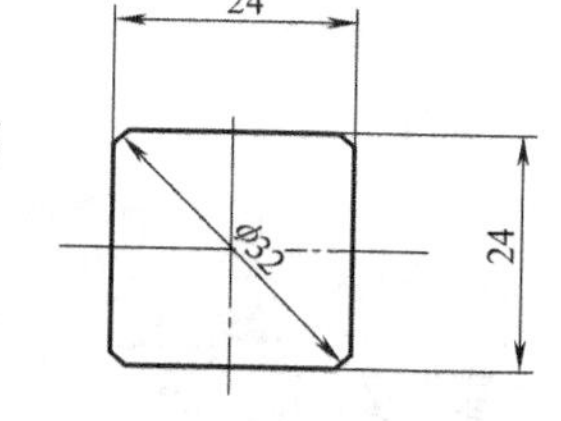

图7-16　零件图

（2）加工工艺路线

1）装夹工件。

2）铣底面。

3）铣上面。

4）铣左侧面。

5）铣右侧面。

（3）工艺卡片　如图7-17所示。

序号	加工内容	刀具	加工参数		
			主轴转速/(r/min)	进给速度/(mm/min)	背吃刀量/mm
1	装卡工件，铣削底面	盘铣刀	566	72	2
2	铣削上面	盘铣刀	566	72	2
3	铣削左侧面	盘铣刀	566	72	2
4	铣削右侧面	盘铣刀	566	72	2

图7-17　工艺卡片

3. 备料单

毛坯棒料 ϕ28mm×65mm，45 钢。

4. 刀具及附件

盘铣刀，平口钳，垫铁，手锤。

5. 实训步骤

1）装夹工件。调整平口钳在工作台上的位置，使其位于刀具左侧（不可正对刀具下方），以便于装夹。在平口钳中放置垫铁，将工件毛坯置于垫铁上。下压平口钳手柄夹紧零件，如图 7-18 所示。再用手锤敲实工件，保证工件与垫铁间无缝隙，如图 7-19 所示。

图 7-18　夹紧零件

图 7-19　敲实工件

2）对刀。摇动纵向手轮使工件位于刀具边缘正下方，如图 7-20 所示，按起动按钮开车。顺时针摇动垂向移动手轮，上升升降台，如图 7-21 所示。当工件轻微接触刀具时，停止上升升降台，如图 7-22 所示，此时不可继续摇动手柄。逆时针转动纵向移动手轮使工件离开刀具。

图 7-20　工件接近刀具

图 7-21　对刀

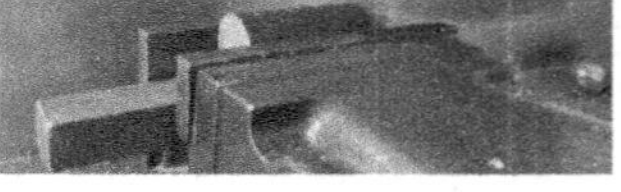

图 7-22　工件接触刀具

3）铣削平面。将垂向移动手轮刻度对零，如图 7-23 所示，顺时针转动垂向移动手轮 1 周，使升降台上升 2mm，如图 7-24 所示，此时背吃刀量（切削深度）2mm。脱开垂向移动手轮，如图 7-25 所示。起动自动进给，向右搬动自动进给手柄，自动切削工件，如图 7-26～28 所示。摇动纵向手轮退刀，至工件完全离开刀具后，使升降台再次上升 2mm，脱开垂向移动手

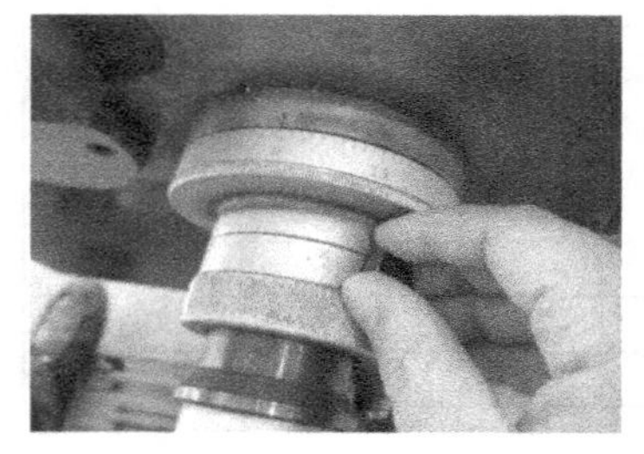

图 7-23　垂向移动手轮刻度对零

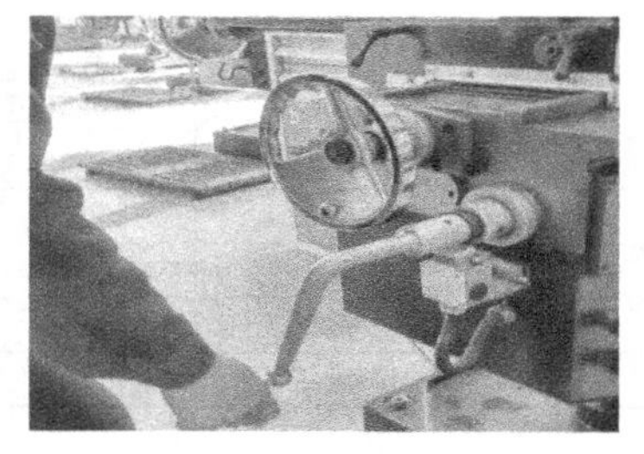

图 7-24　转动垂向移动手轮

图 7-25　脱开垂向移动手轮

轮，起动自动进给，向右扳动自动进给手柄，切削工件。当工件离开刀具没有铁屑切下后，停止主轴，移动平口钳到安全位置，卸下工件。

图 7-26　起动自动进给

图 7-27　向右搬动自动进给手柄

图 7-28　开始铣削

4）铣上面。以已加工表面为精基准，铣削上面，装夹方法如图 7-29 所示。重复步骤 3）铣削过程，铣削上面。铣削过程中注意测量工件尺寸。

5）铣削左侧面。装夹方法如图 7-30 所示。重复步骤 3）铣削过程，铣削左侧面。

6）铣削右侧面。以左侧面为精基准，铣削右侧面，装夹方法如图 7-31 所示。重复步骤 3）铣削过程，铣削右侧面。铣削过程中注意测量工件尺寸变化。

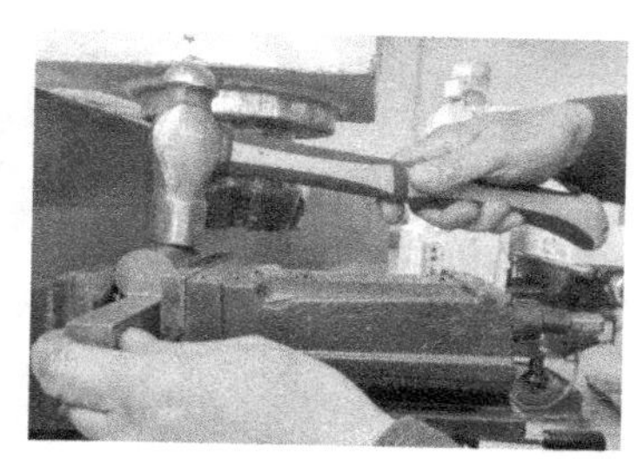

图 7-29　底面装卡

图 7-30　左侧面铣削装夹

7）松开平口钳手柄，取下工件，如图 7-32 所示。用毛刷清理平口钳底部，如图 7-33 所示。

图 7-31　右侧面铣削装夹

图 7-32　六面体

7.4.2　锤头铣削加工实训

1. 工程图样

锤头如图 7-34 所示。技术要求：各表面粗糙度 Ra 6.3，锐边倒钝。

2. 工艺分析

（1）加工要点分析

1）装夹工件时，待加工表面应高于平口钳钳口，且高出距离应大于切削余量。

图 7-33 毛刷清理平口钳底部

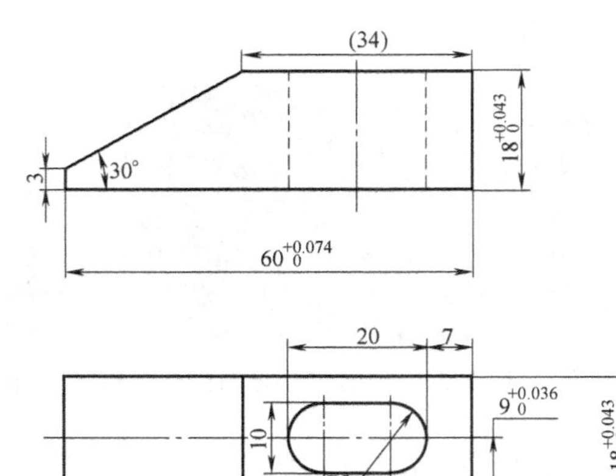

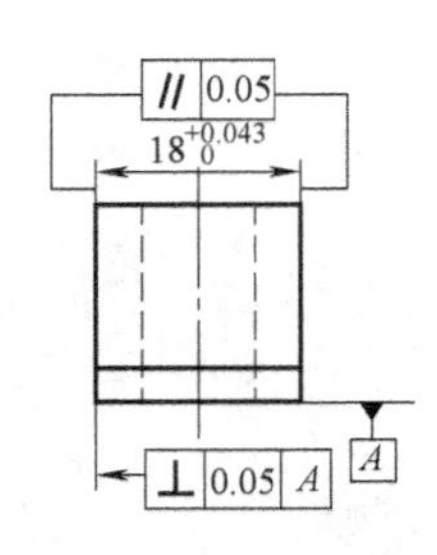

图 7-34 锤头

2）因毛坯料为棒料，且两端面相对平整，因此，加工时仅需要铣削外圆表面。

3）零件装夹时，必须装夹牢固。

4）斜面部分采用先划线，然后按线加工的方式铣削。

5）铣削长孔时，需先做预钻孔后再铣削。

（2）加工工艺路线

1）装夹工件。

2）铣底面。

3）铣上面。

4）铣左侧面。

5）铣右侧面。

6）铣斜面。

7）钻孔。

8）铣长孔。

（3）工艺卡片 如图 7-35 所示。

序号	加工内容	刀具	加工参数		
			主轴转速/(r/min)	进给量/(mm/min)	背吃刀量/mm
1	装夹工件，铣削底面	盘铣刀	566	72	2
2	铣削上面	盘铣刀	566	72	2
3	铣削左侧面	盘铣刀	566	72	2
4	铣削右侧面	盘铣刀	566	72	2
5	铣 30°斜面	盘铣刀	566	72	2
6	钻孔 $\phi10$	麻花钻		手动进给	
7	铣 10×20 长孔	立铣刀	566	手动进给	2

图 7-35 工艺卡片

3. 备料单

棒料 $\phi28\times65$，45 钢。

4. 刀具及附件

盘铣刀，平口钳，垫铁，手锤，划线工具，立铣刀。

5. 实训步骤

1）各面的铣削参照 7.4.1 节实训。

2）划线。在已经加工完成的立方体表面划出斜面的加工线，如图 7-36 所示。

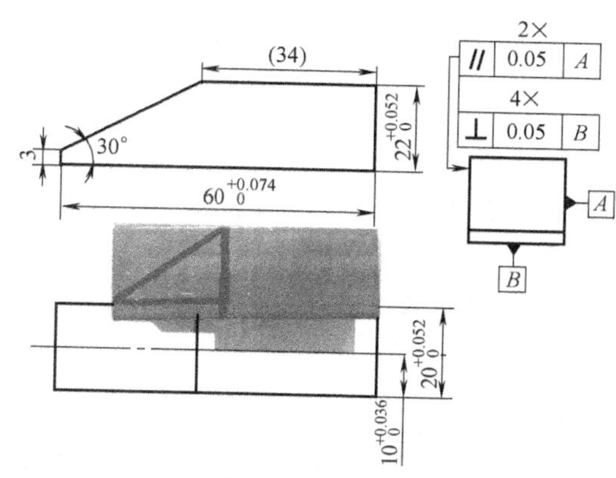

图 7-36 划线

3）装夹工件。按照划线位置装夹工件，如图 7-37 所示。

4）铣削斜面。仿照平面铣削方法使铣刀在铣削高点轻微接触后退刀。摇动升降台手柄每次进给 1.0mm，逐层铣削工件至划线处。取下工件将锐角倒钝。如图 7-38～图 7-40 所示。

图 7-37 装夹工件

图 7-38 对刀

图 7-39 逐层铣削

5）钻孔。根据图样要求，划出钻孔的样冲眼位置，用台钻钻 $\phi8.5$ 的孔，如图 7-41、42 所示。

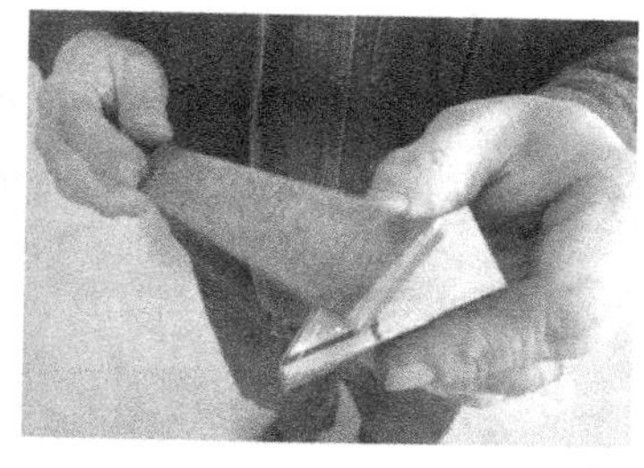

图 7-40 锐角倒钝

图 7-41 钻第一个孔

图 7-42 钻第二个孔

6）换 ϕ10 立铣刀，手动进给铣削长孔，如图 7-43 所示。

图 7-43 铣削长孔

实训拓展训练

铣内型腔。零件图如图 7-44 所示。技术要求：

1）所有外形尺寸及高度尺寸公差均按上极限偏差为 0，下极限偏差为 0.05 进行加工。

2）全部表面粗糙度 Ra 6.3。

3）所有相互平行表面的平行度要求为 0.02。

4）锐角倒钝。

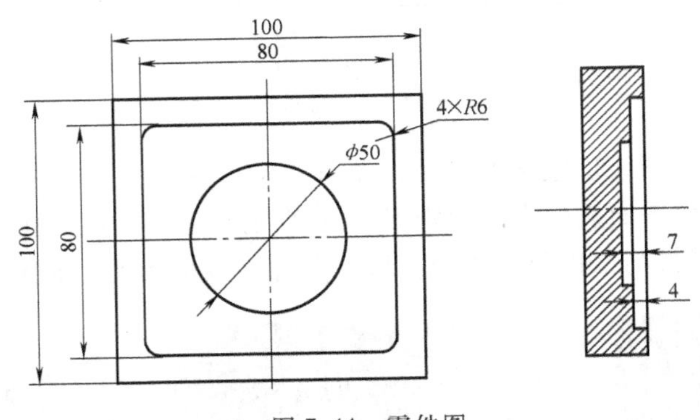

图 7-44 零件图

第 8 章　刨削加工实训

8.1　刨削加工概述

在刨床上用刨刀加工工件的方法称为刨削。刨床主要用来加工平面（水平面、垂直面、斜面）、槽（直槽、T 形槽、V 形槽、燕尾槽）及一些成形面。

8.1.1　刨削加工范围

刨削加工的基本形式及刀具如图 8-1 所示。

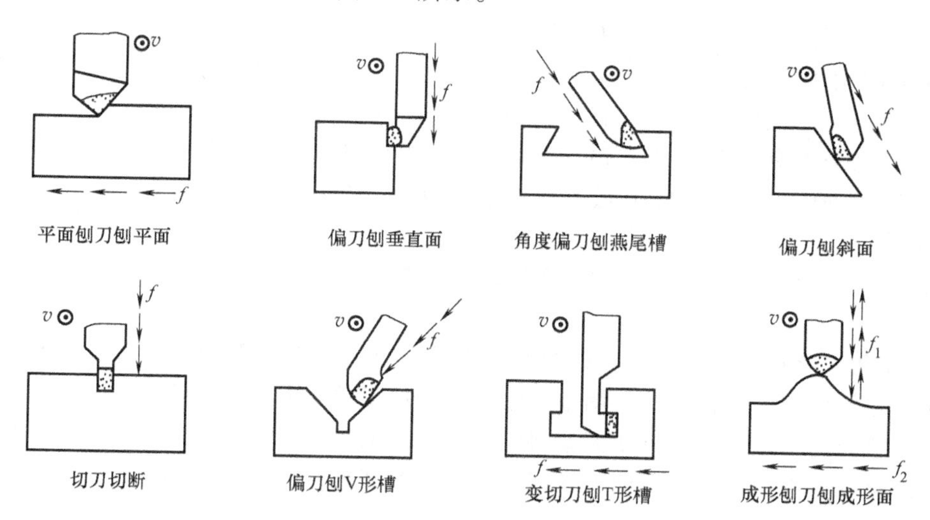

图 8-1　刨削加工的基本形式及刀具

1. 刨削加工的特点

1）刨削的主运动是刨刀相对工件的周期往复直线运动，进给运动是工作台相对刀架的间歇直线运动。

2）刨削是断续切削。在每个往复行程中，刨刀切入工件时会受到较大的冲击力，要求加工系统有足够的刚度，工件和刀具装卡牢固；主运动换向时必须克服较大的惯性，所以切削速度不能太快；返回行程时刨刀不参与切削，造成空行程损失，因此生产率较低。

3）刨削不仅能加工平面、斜面及凹凸面，还能加工曲面，工艺范围广。

4）刨削加工精度高，对大型机床的长导轨面可以以刨代磨。刨削加工的精度一般为 IT9～IT8，表面粗糙度值为 Ra 6.3～1.6μm。

2. 刨削运动

（1）切削运动　在刨削工作过程中，刀具和工件间的相对运动，称为刨削运动。如图 8-2 所示。

1）主运动。刀具的直线往复运动，它是将切屑切下来所需的基本运动。

2）进给运动。工件的横向间歇移动，它是使新的金属层继续投入切削的运动。在滑枕回程以后，刀具再次切入工件之前的瞬间进行。

（2）刨削用量　是指刨削过程中所采用的背吃刀量、进给量和切削速度。

1）背吃刀量 a_p。工件上已加工表面和待加工表面之间的垂直距离。

2）进给量 f。刨刀每往复一次后，工件所移动的距离，单位是 mm/每次往复。牛头刨床 B6065 的进给量为 $f=k/3$，k 为刨刀每往复行程一次棘轮被拨过的齿数。

3）切削速度 v_c。主运动的平均速度，单位是 m/min。计算公式如下：

$$v_c = \frac{2nl}{1000}$$

式中，l 为行程长度；n 为刨刀每分钟往复次数。

一般 $v_c = 17 \sim 50$m/min。在实际工作中是在 v_c 决定后，换算成每分钟往复行程次数 n，$n = v_c/0.0017l$。

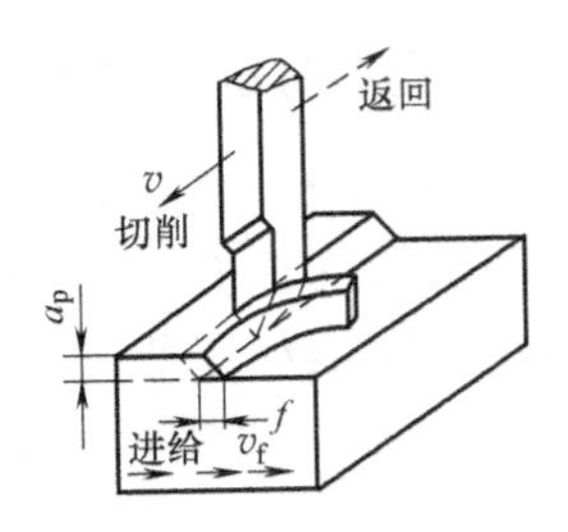

图 8-2　刨削运动

8.1.2　B6065 刨床简介

刨床主要有牛头刨床和龙门刨床，常用的是牛头刨床。以 B6065 型牛头刨床为例说明刨床结构，如图 8-3 所示。B6065 编号的意义是：“B”类别代号，刨床类；“60”组别和系别代号，牛头刨床；“65”主参数代号，最大刨削长度为 650mm。

1）工作台用以安装零件，可随横梁作上下调整，也可沿横梁导轨作水平移动或间歇进给运动。

2）刀架用以夹持刨刀，其结构如图 8-4 所示。当转动刀架手柄时，滑板带着刨刀沿刻度转盘上的导轨作上、下移动，以调整背吃刀量或加工垂直面时作进给运动。松开转盘上的螺母，将转盘扳转一定角度，可使刀架斜向进给，以加工斜面。刀座装在滑板上。抬刀板可绕刀座上的销轴向上抬起，以使刨刀在返回行程时离开零件已加工表面，以减少刀具与零件的摩擦。

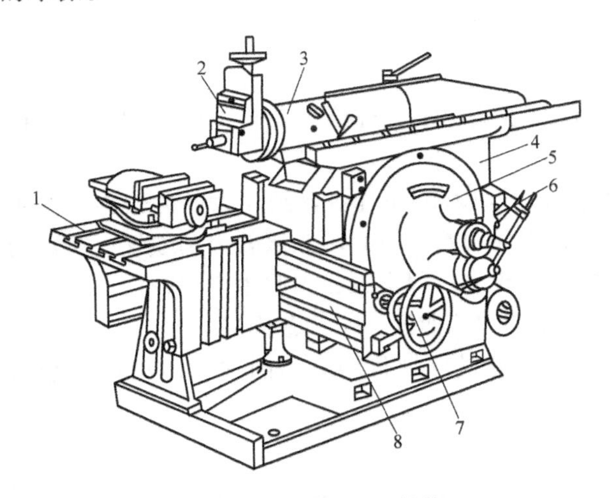

图 8-3　刨床 B6065 结构

1—工作台　2—刀架　3—滑枕　4—床身　5—摆杆机构　6—变速机构　7—进给机构　8—横梁

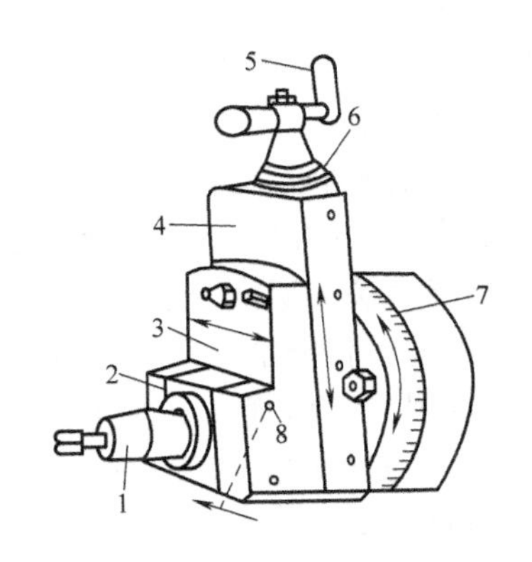

图 8-4　刨床刀架

1—刀夹　2—抬刀板　3—刀座　4—滑板　5—手柄　6—刻度环　7—刻度转盘　8—销轴

3）滑枕用以带动刀架沿床身水平导轨作往复直线运动。滑枕往复直线运动的快慢、行程的长度和位置，均可根据加工需要调整。

4）床身用以支撑和连接刨床各部件。其顶面水平导轨供滑枕带动刀架进行往复直线运动，侧面的垂直导轨供横梁带动工作台升降。床身内部有主运动变速机构和摆杆机构。

5）摆杆机构的作用是将电动机的旋转运动变为滑枕的往复直线运动。

6）变速机构通过变换变速手柄的位置，可以把各种不同的转速传给曲柄摇杆机构，使摇杆以各种不同的次数前后摇动。

7）进给机构的作用是使工作台在滑枕完成回程与刨刀再次切入零件之前的瞬间，作间歇横向进给。

8.2　刨刀及工件安装

8.2.1　刨刀

刨刀的几何形状与车刀相似，但刀杆的截面积比车刀大1.25~1.5倍，以承受较大的冲击力。刨刀的一个显著特点是刨刀的刀头往往作成弯头，如图8-5所示。弯头刨刀的目的是为了当刀具碰到零件表面上的硬点时，刀头能绕O点向后上方弹起，使切削刃离开零件表面，不会啃入零件已加工表面或损坏切削刃，因此，弯头刨刀比直头刨刀应用更广泛。

安装刨刀时，将转盘对准零线，以便准确控制背吃刀量，刀头不要伸出太长，以免产生振动和折断。直头刨刀伸出长度一般为刀杆厚度的1.5~2倍，弯头刨刀伸出长度可稍长些，以弯曲部分不碰刀座为宜。装刀或卸刀时，应使刀尖离开零件表面，以防损坏刀具或者擦伤零件表面，必须用一只手扶住刨刀，另一只手使用扳手，自上而下用力，否则容易将抬刀板掀起，碰伤或夹伤手指。

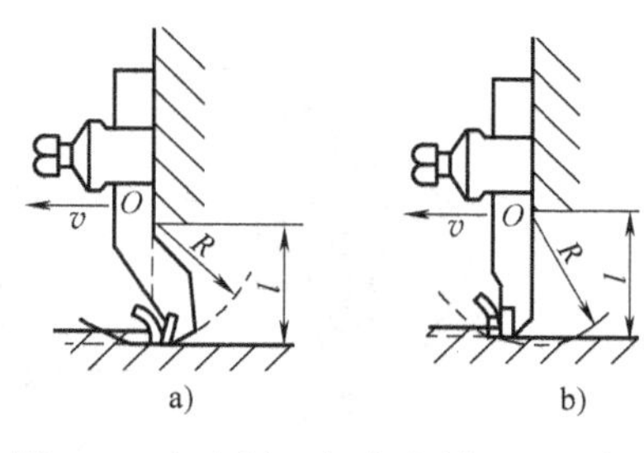

图8-5　弯头刨刀与直头刨刀的比较
a）弯头刨刀　b）直头刨刀

8.2.2　工件的安装

在刨床上零件的安装方法视零件的形状和尺寸而定。常用的方法有平口钳安装、工作台安装和专用夹具安装等，装夹工件方法与铣削相同，可以参考。

8.3　刨削加工工艺

8.3.1　刨平面

刨水平面采用平面刨刀，常用平口钳装夹工件。为使工件表面光整，在刨刀返回时，可用手掀起刀座上的抬刀板，以防刀尖刮伤已加工表面。加工过程如图8-6所示。

8.3.2　刨垂直面与斜面

刨垂直面采用偏刀，刀架转盘应对准零线，以使刨刀沿垂直方向移动。刀座必须偏转10°~15°，以使抬刀板在返回行程时离开零件表面，减少刀具的磨损，避免零件已加工表面被划伤，如图8-7所示。

刨斜面与刨垂直面基本相同，只是刀架转盘必须按所需加工的斜面扳转一定角度，以使刨刀沿斜面方向移动，采用偏刀或样板刀，转动刀架手柄进行进给，可以刨削左侧或右侧斜面，如图8-8所示。刨垂直面和斜面的加工方法一般在不能或不便于进行水平面刨削时才使用。

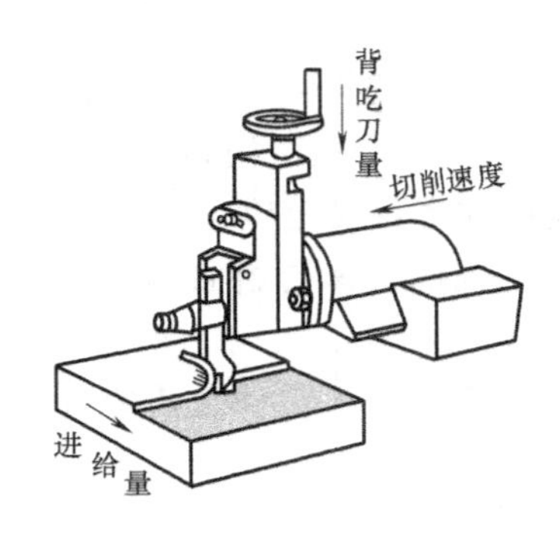

图 8-6 刨平面

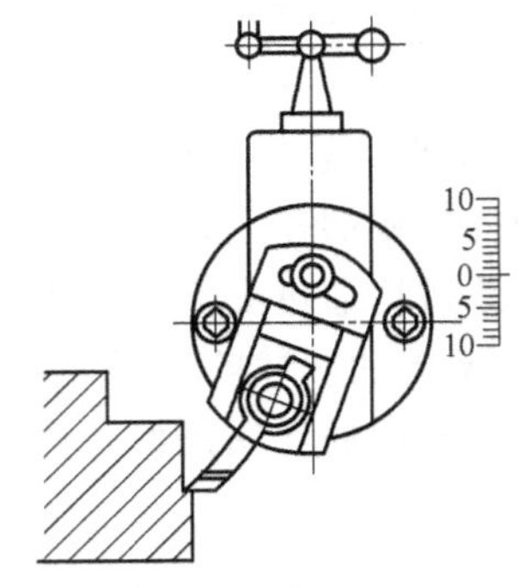

图 8-7 刨削垂直面

8.3.3 刨槽

（1）刨直槽　刨宽度小于10mm直槽时用切槽刀以垂直进给完成，如图 8-9 所示。切槽刀应比槽宽略窄 0.01～0.03mm。直槽的精度要求较高或宽度较大时，应采用两次进给来完成加工。先采用较窄的切槽刀开槽，槽底留出精刨余量，然后采用刀头宽度等于槽宽的切槽刀精刨到所要求的尺寸。

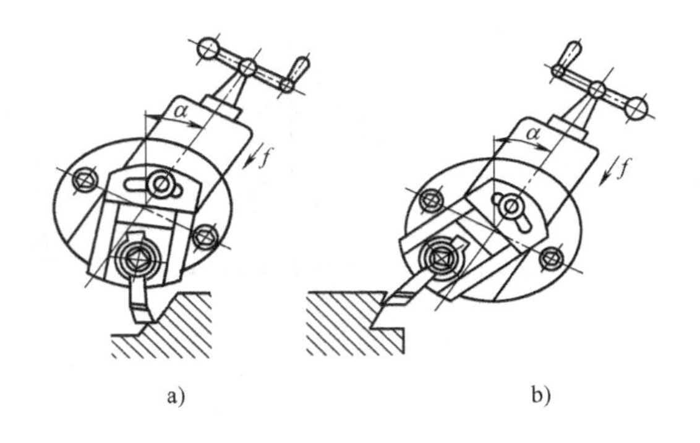

图 8-8 刨削斜面

a）刨外斜面　b）刨内斜面

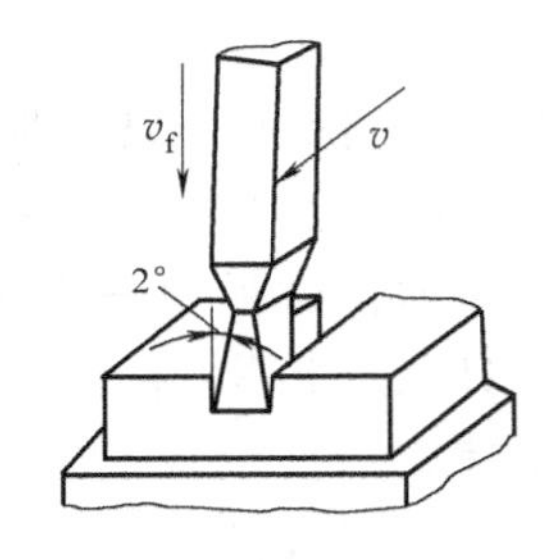

图 8-9 刨槽

（2）刨 T 形槽　刨 T 形槽前，应先将工件各关联面加工完，并在工件上划出加工线，找正和夹紧后再进行加工。首先，用切槽刀刨直槽，刀的主切削刃宽度与槽宽相等；然后，用弯切刀刨左右槽；最后，用角度刨刀进行倒角，如图 8-10 所示。

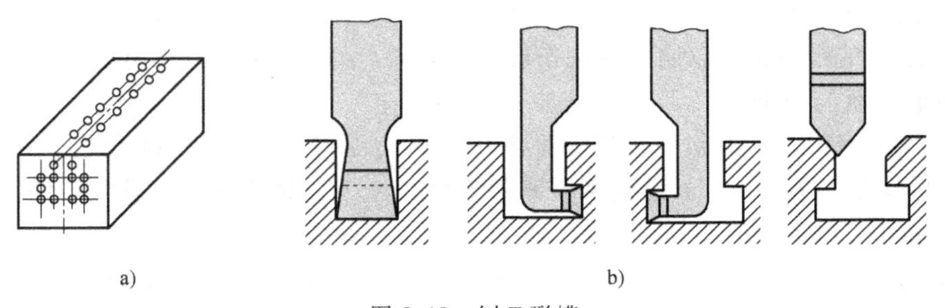

图 8-10 刨 T 形槽

a）刨 T 形槽前划线　b）刨 T 形槽过程

（3）刨燕尾槽　与刨T形槽相似，应先在零件端面和上平面划出加工线，但刨侧面时需用角度偏刀，刀架转盘要扳转一定角度。加工顺序如图8-11所示。

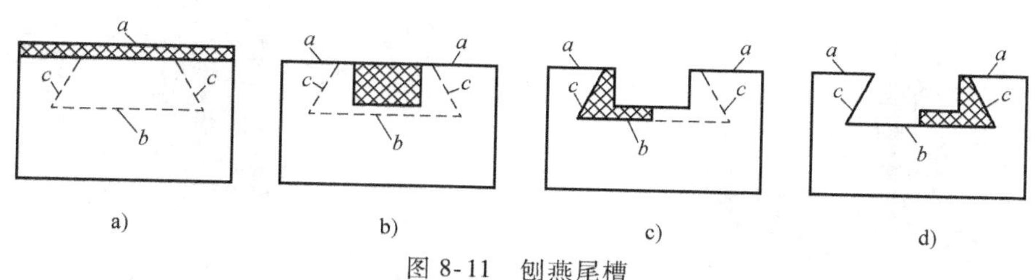

图8-11　刨燕尾槽

a）刨平面　b）刨直槽　c）刨左燕尾槽　d）刨右燕尾槽

8.4　燕尾块刨削加工实训

1. 工程图样

燕尾块如图8-12所示。技术要求：锐角倒钝。

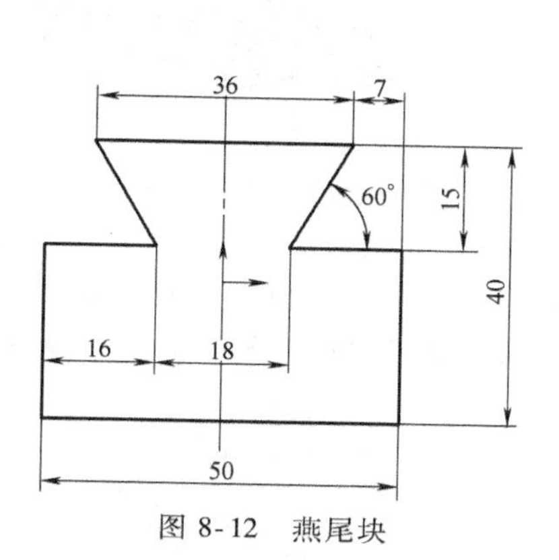

图8-12　燕尾块

2. 工艺分析

（1）加工要点分析　为保证斜面尺寸，应先刨削各平面，在此基础上刨削垂直面形成台阶，然后按零件所需加工的斜面角度扳转刀架转盘刨削斜面。

（2）加工工艺路线

1）刨削各平面。

2）刨台阶平面。

3）刨斜面。

（3）加工工艺卡　如图8-13所示。

序号	加工内容	刀具	加工参数		
			切削速度/（m/s）	进给量/（mm/dst）	背吃刀量/mm
1	装夹工件，刨削上面	弯头刨刀	0.3	1.5	1.5
2	刨削下面	弯头刨刀	0.3	1.5	1.5
3	刨削左侧面	弯头刨刀	0.3	1.5	1.5
4	刨削右侧面	弯头刨刀	0.3	1.5	1.5
5	刨左右台阶面	弯头刨刀	0.3	1.5	1.5
6	刨左右斜面	偏刀	0.3	1.5	1.5

图8-13　加工工艺卡

3. 备料单

毛坯为铸铁。

4. 刀具

弯头刨刀、偏刀。

5. 实训步骤

1）安装好工件与刨刀，如图8-14所示。将滑枕与刀架连接处的转盘上的刻度对准零线，保证刀架与被加工表面垂直。

2）移动工作台，使工件在刨刀正下方附近（不可与刨刀接触），如图 8-15 所示。

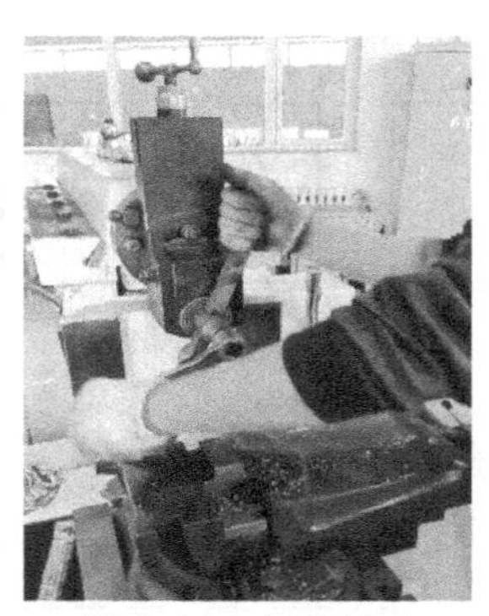

图 8-14 安装刨刀

图 8-15 工件接近刨刀

3）根据所需的进给速度，调整变速手柄，如图 8-16 所示。

4）转动横向进给手轮，如图 8-17 所示，使工件移动到刨刀的下方。起动机床，缓慢摇动刀架手柄，使刨刀与工件接触，在工件表面划出一条细线，如图 8-18 所示。用手掀起抬刀板，转动横向手轮，向进给的反方向退出工作台，使工件远离刀尖，停机。

图 8-16 变速手柄

图 8-17 横向进给手轮

5）转动刀架手柄，给定进给深度，如图 8-19 所示。开机，横向手动进给 0.5～1mm 试切，停机测量，根据测量结果确定下一个工步的进给深度，起动刨床自动刨削。如工件余量较大，分多次刨削，并测量尺寸。

图 8-18 使刨刀在工件表面划出一条细线

图 8-19 小刀架上的手柄

6）各表面刨削好后，在端面与上平面划出斜线轮廓线及校正工件用的平行线或中心线。

7）将刀座偏转15°，如图8-20所示。刨左右两垂直台阶面，如图8-21所示。

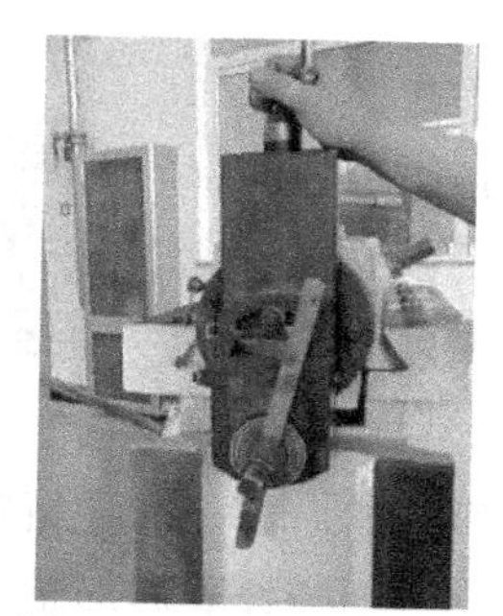
图8-20 刀座偏转角度

图8-21 刨垂直台阶面

8）刀架转盘按零件所需加工的斜面扳转60°，如图8-22所示。刨左右两斜面，如图8-23所示。

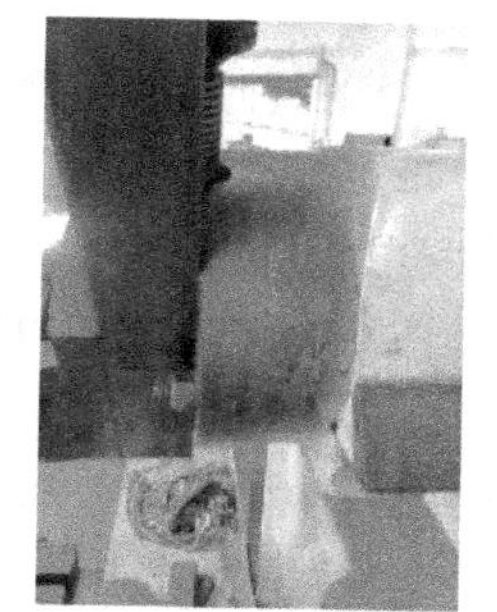
图8-22 刀架转盘扳转角度

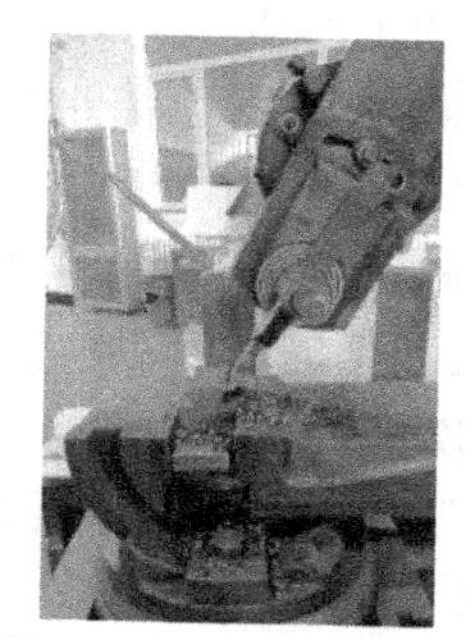
图8-23 刨左右两斜面

实训拓展训练

刨削内燕尾槽，零件图如图8-24所示。

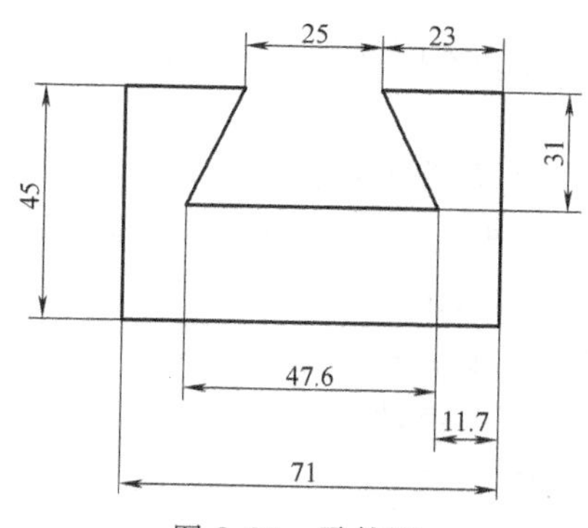

图8-24 零件图

第9章　磨削加工实训

9.1　磨削加工概述

在磨床上用砂轮对工件表面进行切削加工的方法称为磨削加工，它是零件精密加工的主要方法之一。磨削加工是机械制造中重要的加工工艺，已广泛用于各种表面的精密加工。特别是随着精密铸造、精密锻造等现代成形工艺的发展以及磨削技术自身的不断进步，越来越多的零件用铸坯、锻坯直接磨削就能达到精度要求。因此，磨削在机械制造中的应用日益广泛。

9.1.1　磨削加工范围

磨削加工主要应用于零件的内外圆柱面、内外圆锥面、平面及各种成形表面，还可以刃磨刀具，加工范围十分广泛。

1）磨削属于微刃切削，切削厚度极薄，每一磨粒切削厚度可小到数微米，故可获得很高的加工精度和低的表面粗糙度值。在一般加工条件下，尺寸公差等级为IT5～IT6，表面粗糙度值 Ra0.32～1.25μm。

2）磨削速度快，一般砂轮的圆周速度已达到33～50m/s，目前的高速磨削砂轮线速度已达到60～250m/s。

3）磨削时温度很高，磨削区的瞬时高温可达800～1000℃。因此，磨削时一般应使用切削液。

4）磨削可以加工其他机床不能或很难加工的高硬度材料，特别是淬硬零件的精加工。

9.1.2　磨床简介

磨床种类繁多，按加工对象分为外圆磨床、内圆磨床、平面磨床及成形磨床。

1. 外圆磨床

外圆磨床分为普通外圆磨床和万能外圆磨床，其中万能外圆磨床是应用最广的磨床。M1432A型万能外圆磨床的结构如图9-1所示。M1432A编号的意义是：“M”磨床类；“1”外圆磨床组；“4”万能外圆磨床的系别代号；“32”最大磨削直径的1/10，即最大磨削直径为320mm；“A”在性能和结构上做过一次重大改进。

1）头架和尾架用于夹持工件并带动工件旋转，工件可获得几种不同的转速（工件的圆周进给运动）。头架主轴由单独电动机带动，主轴端部可以安装顶尖、拨盘或卡盘。

2）安装在砂轮架上的砂轮由电动机通过带传动作高速旋转（主运动），砂轮架可沿着床身上的横导轨前后移动（横向进给运动）。

3）工作台由上下两层组成，上层对下层可旋转一微小的角度，用于磨削锥体。头架和尾架固定在工作台的上层，随工作台一起作纵向进给运动。磨削时，工作台可以自动纵向往复运动，其行程长度可借挡块位置调节。

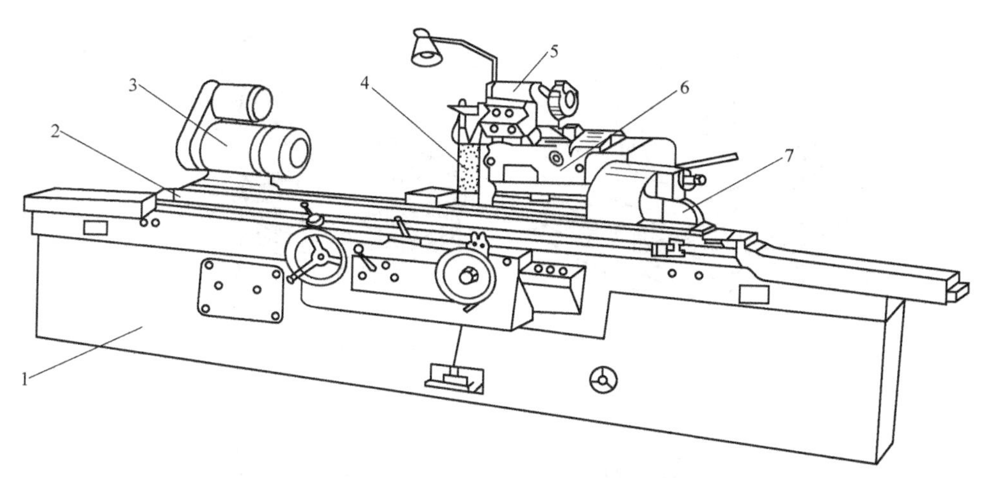

图 9-1　M1432A 型万能外圆磨床结构

1—床身　2—工作台　3—头架　4—砂轮　5—内圆磨头　6—砂轮架　7—尾架

万能外圆磨床的砂轮架上和头架上都装有转盘，能扳转一定角度，并增加了内圆磨具等附件，因此，万能外圆磨床还可以磨削内圆柱面和锥度较大的内、外圆锥面。

在外圆磨床上进行外圆磨削时，有以下几种运动：

1）砂轮的高速旋转运动是磨削外圆的主运动。

2）工件随工作台的纵向往复运动是磨削外圆的纵向进给运动。

3）工件由头架主轴带动旋转是磨削外圆的圆周进给运动。

4）砂轮作周期性的横向进给运动。

2. 平面磨床 M7132

平面磨床由于砂轮的工作表面不同，砂轮主轴有卧轴和立轴之分，安装工件的工作台有矩形工作台和圆形工作台两种。根据砂轮主轴位置和工作台形状的不同，普通平面磨床主要有卧轴矩台平面磨床、立轴矩台平面磨床、立轴圆台平面磨床、卧轴圆台平面磨床四种类型。如图 9-2 所示。

（1）卧轴矩台式平面磨床　在这种机床上，工件由矩形电磁工作台吸住。砂轮作旋转主运动 n，工作台作纵向往复运动 f_1，砂轮架作间歇的竖直切入运动 f_3 和横向进给运动 f_2。

（2）卧轴圆台式平面磨床　在这种机床上，砂轮作旋转主运动 n，圆工作台旋转作圆周进给运动 n_1，砂轮架作连续的径向进给运动 f_2 和间歇的竖直切入运动 f_3。此外，工作台的回转中心线可以调整至倾斜位置，以便磨削锥面。

（3）立轴矩台式平面磨床　在这种机床上，砂轮作旋转主运动 n，矩形工作台作纵向往复运动 f_1，砂轮架作间歇的竖直切入运动 f_3。

（4）立轴圆台式平面磨床　在这种机床上，砂轮作旋转主运动 n，圆工作台旋转作圆周进给运动 n_1，砂轮架作间歇的竖直切入运动 f_3。

上述四类平面磨床中，用砂轮端面磨削的平面磨床与用轮缘磨削的平面磨床相比，由于端面磨削的砂轮直径往往比较大，能同时磨出工件的全宽，磨削面积较大，所以，生产率较高。但是，端面磨削时，砂轮和工件表面是成弧形线或面接触，接触面积大，冷却困难，切屑也不易排除，所以，加工精度和表面粗糙度稍差。圆台式平面磨床与矩台式平面磨床相

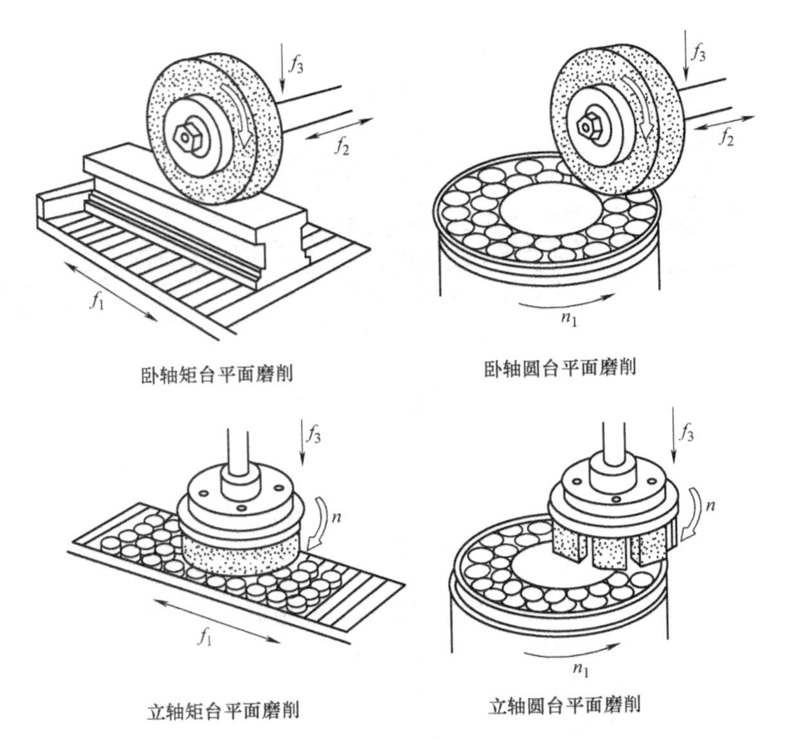

图 9-2 平面磨床类型

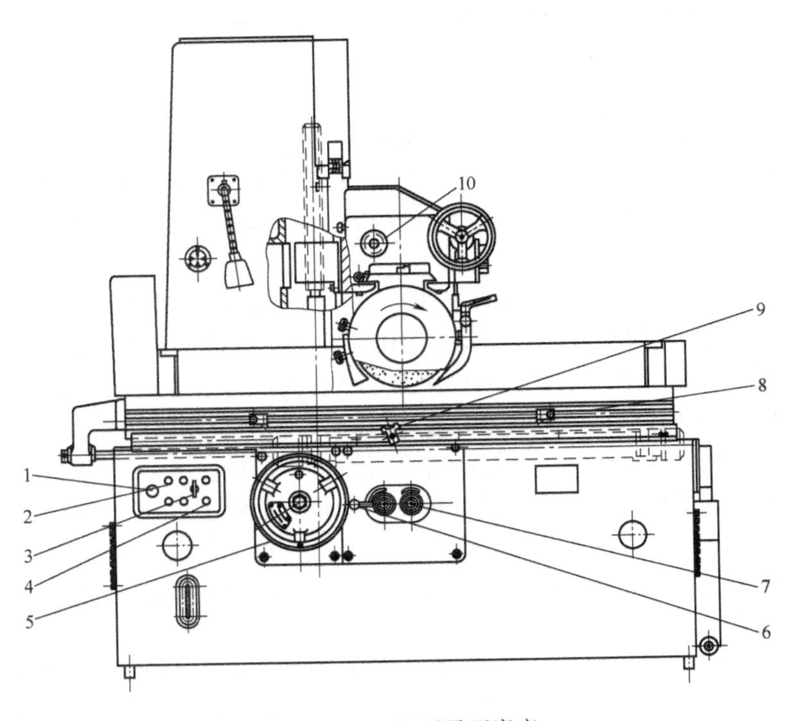

图 9-3 M7132 型平面磨床

1—总停开关 2—液压泵开关 3—电磁吸盘开关 4—磨头快速升降开关 5—工作台升降手轮 6—工作台纵向移动手柄 7—砂轮架横向移动手柄 8—工作台换向撞块 9—工作台往复移动换向手柄 10—磨头液压移动和手动移动控制手柄

比，圆台式的生产率稍高些，这是由于圆台式是连续进给，而矩台式有换向时间损失。但是，圆台式只适于磨削小零件和大直径的环形零件端面，不能磨削长零件。而矩台式可方便磨削各种常用零件，包括直径小于矩台宽度的环形零件。

目前，用得较多的是卧轴矩台式平面磨床和立轴圆台式平面磨床，如图 9-3 所示。M7132 型平面磨床的编号意义是："M" 表示磨床，"71" 表示卧轴矩台，"32" 表示最大磨削宽度为 320mm。

平面磨床由床身、工作台、立柱、磨头及砂轮修整器等部分组成。磨削时，砂轮作旋转的主运动，工件通过电磁吸盘或其他夹具装夹在工作台上，作往复纵向进给运动。工作台每往复一次，砂轮架沿溜板导轨作间歇的横向进给。砂轮架的溜板还可以沿立柱的垂直导轨作垂直移动，以调整砂轮的高低位置或完成垂直进给。所用的进给运动可以是液压驱动，也可以是手动。

9.2 砂轮及工件安装

砂轮是磨削的主要工具，它是由磨料和结合剂经过压制和烧结而制成的多孔物体，如图 9-4 所示。砂轮表面上杂乱地排列着许多磨粒，磨削时砂轮高速旋转，切下粉末状切屑。每一磨粒都有切削刃，磨削过程和铣削相似。

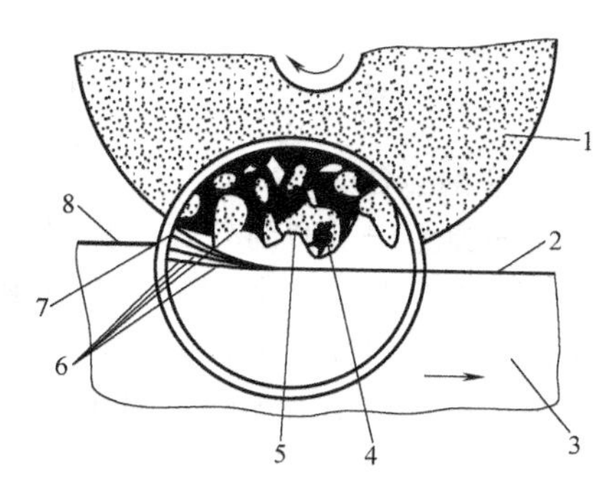

图 9-4 砂轮

1—砂轮 2—已加工表面 3—工件 4—磨料 5—结合剂 6—过渡表面 7—空隙 8—待加工表面

9.2.1 砂轮

1. 砂轮的形状及用途

砂轮的特性由磨料、粒度、硬度、结合剂、形状及尺寸等因素来决定。磨料直接参加磨削加工，必须硬度高，耐热性好，还必须具有锋利的棱边和一定的韧性。常见的磨料有两种：刚玉类（Al_2O_3）适用磨削钢料及一般刀具；碳化硅类适用磨削铸铁、青铜等脆性材料及硬质合金刀具。

由于更换砂轮很麻烦，因此，除了重要的工件和生产批量较大，一般只要机床上现有的砂轮大致符合磨削要求，就不必重新选择，而是通过适当地修整砂轮，选用合适的磨削用量来满足加工要求。

2. 砂轮的检查

砂轮工作时转速较快，安装前必须经过检查。首先要仔细检查砂轮是否有裂痕，有裂痕或用木锤轻敲时声音嘶哑的砂轮禁用，否则容易引起砂轮破裂飞出发生伤害。

9.2.2 工件安装

不同的磨削加工方法有不同的工件安装方式，详见各加工方法介绍。

9.3 磨削

9.3.1 外圆磨削

外圆磨削是一种基本的磨削方法。它适用于轴类及圆柱工件的外表面磨削，如机床主轴、活塞杆等。外圆磨削在外圆磨床和万能外圆磨床上进行。

1. 工件的安装

磨削外圆时，最常见的安装方法是用两个顶尖将工件支承起来，或者工件被装夹在卡盘上。磨床上使用的顶尖都是固定顶尖，以减少安装误差，提高加工精度。顶尖安装适用于有中心孔的轴类零件。无中心孔的圆柱形零件多采用自定心卡盘装夹，不对称的或形状不规则的工件则采用单动卡盘或花盘装夹。此外，空心工件常安装在心轴上磨削外圆。如图 9-5 所示。

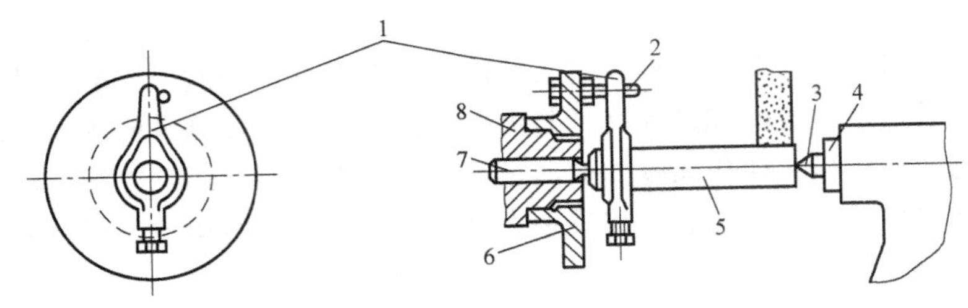

图 9-5　外圆磨削时用双顶尖装夹工件

1—卡箍　2—拨杆　3—后顶尖　4—尾架套筒　5—工件　6—拨盘　7—前顶尖　8—头架主轴

2. 磨削方法

在外圆磨床上磨削外圆，常用的方法有纵磨法和横磨法两种。

（1）纵磨法　磨削时砂轮高速旋转起切削作用，工件旋转并和工作台一起作纵向往复运动，每当一次往复行程终了时，砂轮作周期的横向进给。每次磨削深度很小，磨削余量是在多次往复行程中磨去的。因此，与横磨法相比，磨削力小、磨削热少、散热条件好，加之最后还要作几次无横向进给的光磨行程，直到火花消失，所以工件的精度及表面质量较高。纵磨法磨削外圆适合磨削较大的工件，是单件、小批量生产的常用方法。如图 9-6 所示。

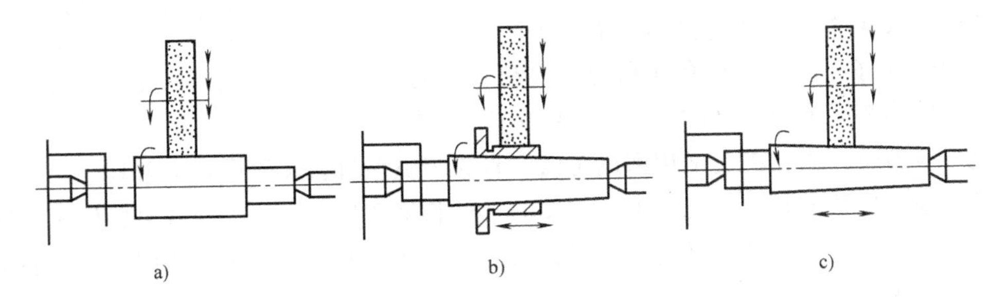

图 9-6　纵磨法磨外圆

a）磨轴零件外圆　b）磨盘套类零件外圆　c）磨轴类零件锥面

（2）横磨法　磨削时，砂轮宽度比工件的磨削宽度大，工件无需作纵向（工件轴向）往复进给运动，砂轮以缓慢的速度连续或断续地作横向进给运动，实现对工件的径向进给，直至磨削达到尺寸要求。磨削过程中充分发挥了砂轮的切削能力，磨削效率高，同时也适用于成形磨削。然而，在磨削过程中，砂轮与工件接触面积大，使得磨削力增大，工件易发生变形和烧伤。另外，砂轮形状误差直接影响工件形状精度，磨削精度较低，表面粗糙度值较大。因而必须使用功率大、刚度好的磨床，磨削的同时必须给予充分的切削液以达到降温的目的。使用横磨法，要求工艺系统刚度要好，工件宜短不宜长。短阶梯轴轴颈的精磨工序通常采用这种磨削方法，如图 9-7 所示。

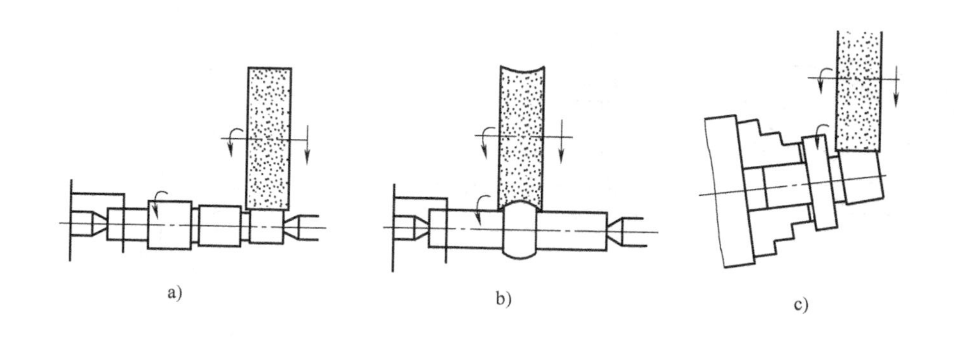

图 9-7　横磨法磨外圆

a）磨轴零件外圆　b）磨轴成形面　c）扳转头架磨短锥面

9.3.2　平面磨削

1. 工件的装夹

磨平面时，一般是以一个平面为基准磨削另一个平面。若两个平面都要磨削且要求平行时，则可互为基准，反复磨削。

磨削中小型工件的平面时，常采用电磁吸盘工作台吸住工件。磨削尺寸较小的薄壁零件时，因零件与吸盘接触面小、吸力弱，所以易被磨削力弹出造成事故。因此，装夹这类零件时，必须在工件的四周用挡铁围住。

平面磨削也可以用压板安装，磨削大型工件的平面时，可直接利用磨床工作台的 T 形槽和压板装置来安装工件，也可以用辅助夹具来安装工件。

2. 磨削方法

平面磨削在平面磨床上进行，常用的平面磨床有卧轴矩形工作台平面磨床和立轴圆形工作台。根据磨削时使用的砂轮工作表面不同，有周磨和端磨两种方法。

（1）周磨　卧轴矩形工作台平面磨床常用砂轮的周边进行磨削，称为周磨。这时磨削工作由砂轮的旋转运动（主运动）、沿砂轮径向的垂直运动、沿砂轮轴向的横向进给和工作台往复直线运动的纵向进给运动来完成。周磨时，砂轮与工件的接触面积小，排屑及冷却条件好，工件不易变形，砂轮磨损均匀，因此能得到较好的加工精度及表面质量，但磨削效率低，适用于精磨，如图 9-8a 所示。

（2）端磨　在立轴圆形工作台平面磨床上常用砂轮的端面进行磨削，称为端磨。这时，磨削工作由砂轮轴向的垂直进给运动和工作台的旋转运动等来完成。磨削时砂轮轴伸出较短，而且主要受轴向力，因此刚度好，能用较大的磨削用量。同时，砂轮与工件接触面积大，金属材料磨去较快，生产效率高，但是磨削热大，切削液又不容易注入磨削区，容易发生工件被烧伤现象，因此加工质量比周磨低，适用于粗磨。如图 9-8b 所示。

9.3.3　内孔磨削

内孔磨削时，砂轮和工件按相反方向旋转作主运动和圆周进给运动。砂轮由工作台带动作直线往复的纵向进给运动，工作台每往复一次，砂轮便在砂轮架上作一次横向切深进给。内圆磨削时，工件大多数是以外圆或内圆端面作为定位基准，装夹在自定心卡盘上进行磨削的。磨内圆锥面时，只需将主轴（床头）偏转一个圆锥角即可。如图 9-9 所示。

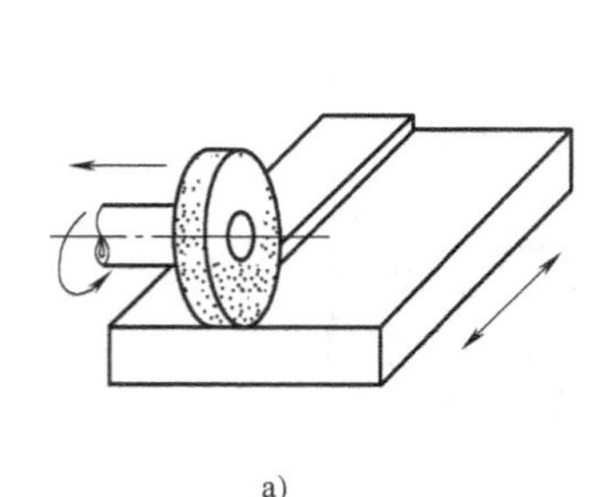

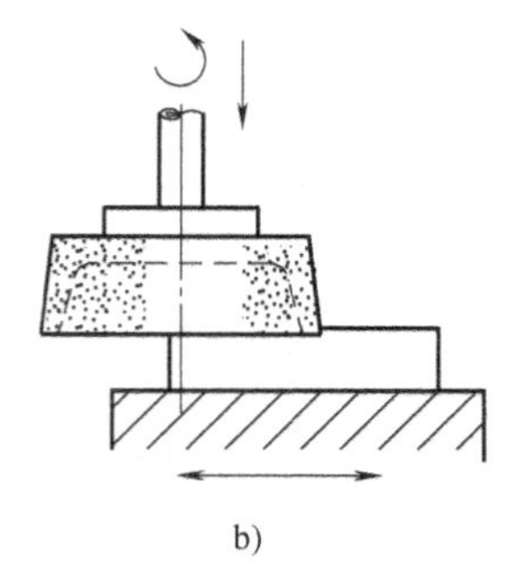

a)　　b)

图 9-8　磨平面

a）周磨法　b）端磨法

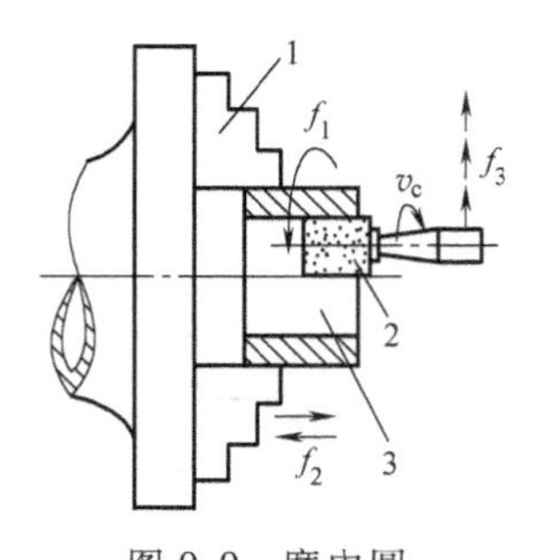

图 9-9　磨内圆

1—单动卡盘　2—砂轮　3—工件

9.4　平面磨削加工实训

1. 工程图样

垫圈零件图如图 9-10 所示。

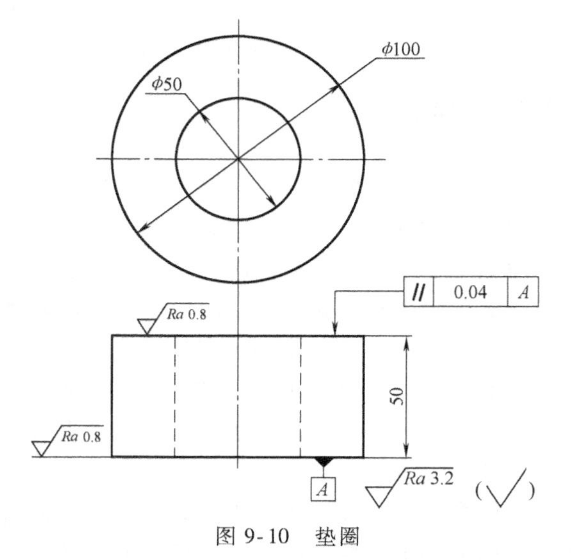

图 9-10　垫圈

2. 工艺分析

（1）加工要点分析

1）因待磨削零件一般已粗加工，因此要以各已加工表面中表面粗糙度值相对较低的表面为粗基准，磨削精基准，然后再以精基准为基准，磨削零件。

2）因磨削要求零件尺寸较为严格，一般使用千分尺测量工件。

（2）加工工艺路线　以一个平面为定位基准，磨削另一个平面，再互为基准反复磨削。确定其工艺路线为：磨上面→磨下面。

（3）加工工艺卡片　如图 9-11 所示。

序号	加工内容	刀具	加工参数		
			切削速度/（mm/s）	进给量/（mm/行程）	背吃刀量 mm
1	磨上面	砂轮	25	10	0.01
2	磨下面	砂轮	25	10	0.01

图 9-11　加工工艺卡片

3. 备料单

待加工工件

4. 刀具

砂轮，千分尺。

5. 实训步骤

1）首先用专用刮板将工作台面及工件清理干净，如图 9-12 所示；将工件置于工作台上，使工件处于与砂轮表面接近但不接触的位置。缓慢顺时针转动工作台升降手轮，如图

9-13所示，使砂轮接近工件，如图9-14所示，再逆时针转动1/3圈手轮，使砂轮移出工件。本步骤主要目的是确认工件与砂轮的位置关系，避免加工时，由于背吃刀量过大打碎砂轮或打飞零件。

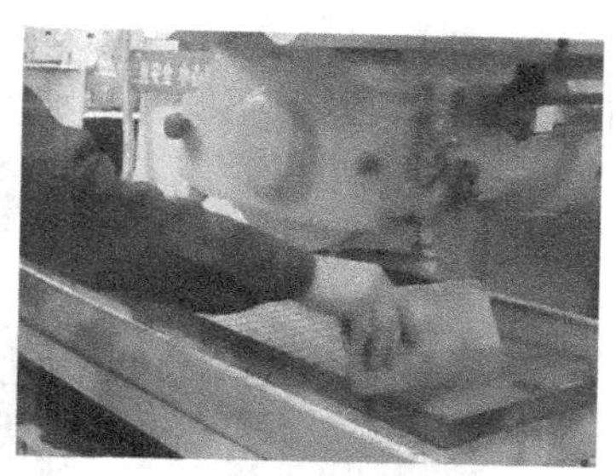

图9-12　清理工作台面图

2）装夹工件。将零件置于两个行程挡块中间的工作台上，如图9-15所示。前后位置应在砂轮中心与工作台外边缘的连线处，如图9-16所示；向右扳动电磁吸盘开关，开启电磁吸盘吸住工件，扳动工件，以确认工件被吸住。

3）开车对刀。开启液压系统，转动砂轮架横向移动手柄，如图9-17所示。待砂轮移动至工件表面时停止，如图9-18所示。向左扳动工作台纵向移动手柄，如图9-19所示，工作台开始纵向移动。匀速缓慢顺时针转动工作台升降手轮，如图9-20所示，使工件接近砂轮，当出现火花后停止转动手轮，如图9-21所示。

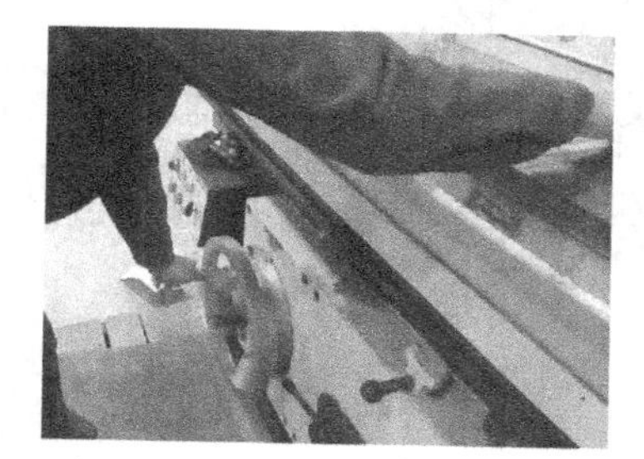

图9-13　工作台升降手轮

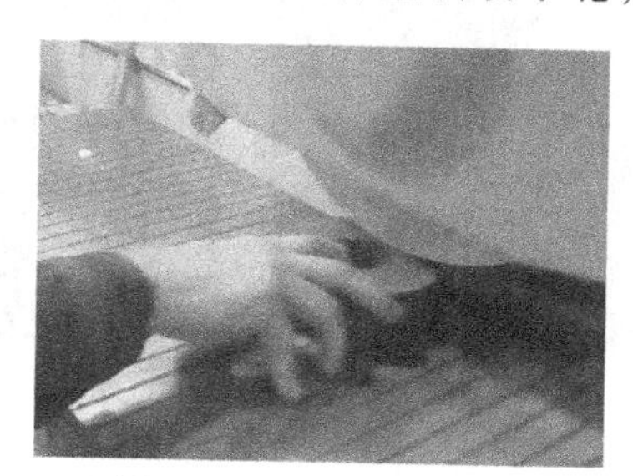

图9-14　砂轮接近工件

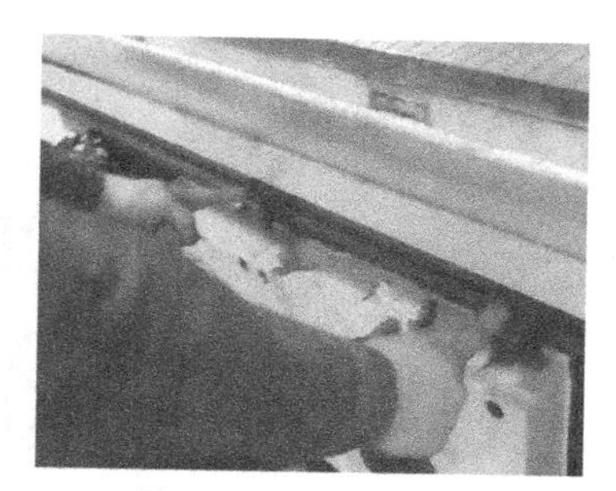

图9-15　两行程挡块

图9-16　零件装夹位置

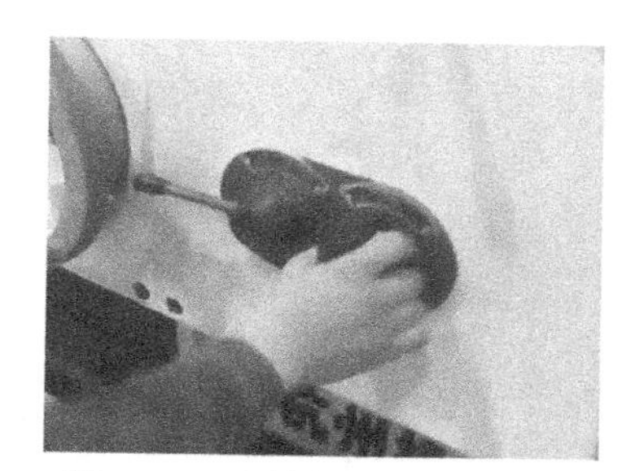

图9-17　砂轮架横向移动手柄

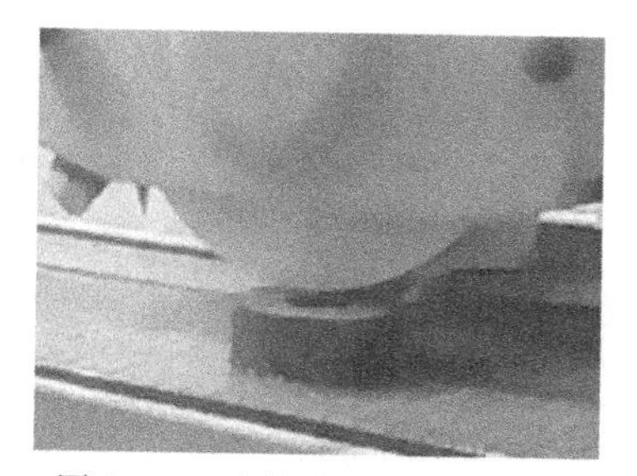

图9-18　砂轮移动至工件表面

4）向右转动砂轮架横向移动手轮开始磨削。待砂轮运行一个往复行程后，顺时针转动工作台升降手轮1小格，此时切削深度即背吃刀量为0.01mm，如图9-22所示

5）双面反复磨削工件，磨削完成后，当砂轮退离工件表面时，停止转动工作台纵向移动手柄，转动砂轮架横向移动手柄，将砂轮退回到工作台后边缘处，机床停止。

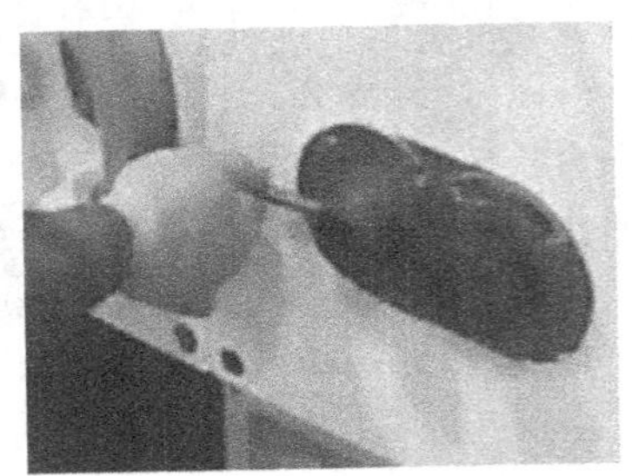

图 9-19　向左扳动工作台纵向移动手柄

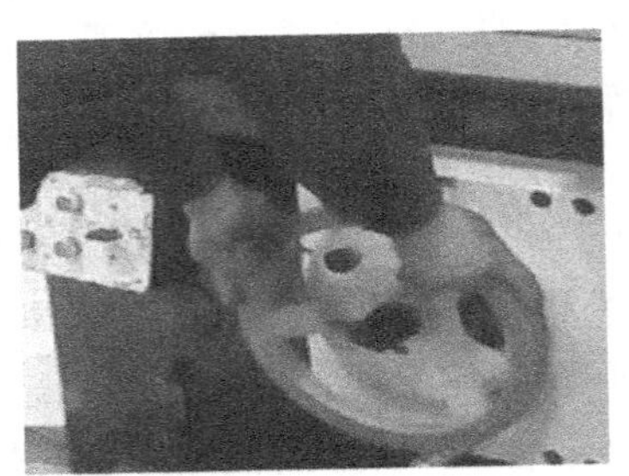

图 9-20　匀速缓慢顺时针转动工作台升降手轮

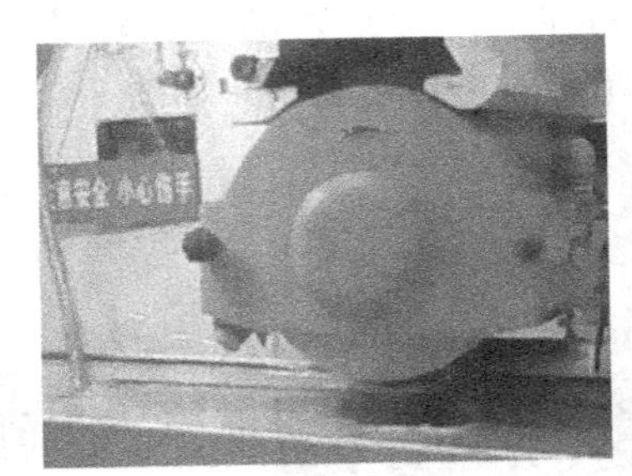

图 9-21　火花出现后停止转动手轮

图 9-22　磨削过程

第10章　钳工实训

10.1　钳工概述

钳工是最古老的机械加工方法，因其在工作台上使用平口钳夹持工件进行加工而得名。钳工以手工操作为主，使用各种工具来完成零件的加工、装配和修理等工作。钳工操作具有加工灵活、可加工形状复杂和高精度零件等优点，但其劳动强度大、生产效率低、加工质量不稳定，这些特点决定了钳工工作在各机械加工工种中，既不可取代，又不宜大量应用。

钳工的基本操作有清理毛坯、划线、锯削、錾削、锉削、刮削、研磨、钻孔、扩孔、锪孔、铰孔、攻螺纹、套螺纹以及矫正、弯曲等。这些操作可应用在机械零件加工过程中的毛坯划线，零件上的钻孔，攻内、外螺纹，零件表面的锉削、锯削，精密零件的刮研，模具的精加工，以及机械设备的装配、调整和维修等工作中。

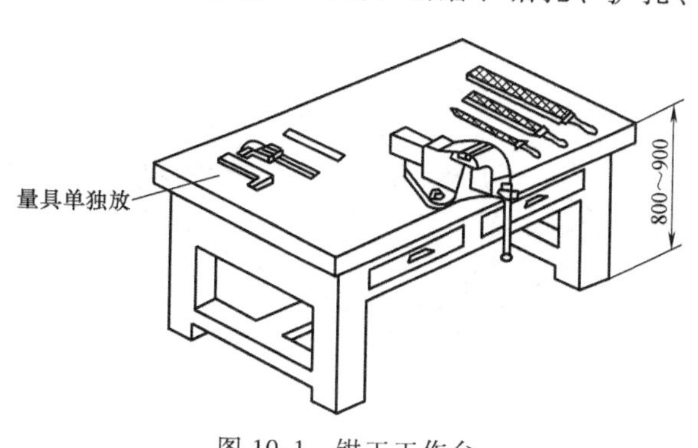

图 10-1　钳工工作台

钳工常用设备有钳工工作台、平口钳、砂轮机、台钻等。钳工工作台要求平稳牢固，台面高度 800~900mm，工作台上工具、量具与工件分类放置，便于取用，如图 10-1 所示。

平口钳是夹持工件的主要工具，如图 10-2 所示，其规格以钳口宽度区分，常用的有 100mm、127mm、150mm 三种规格。工件应尽量装夹在钳口中间，以使钳口受力均匀，夹持工件的已加工表面时，应垫铜皮或铝皮以保护工件已加工表面。

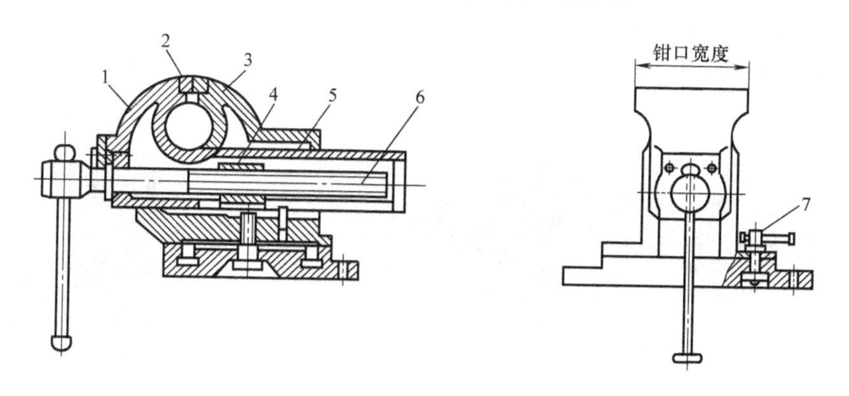

图 10-2　平口钳

1—活动钳口　2—钳口板　3—固定钳口　4—螺母　5—砧面　6—丝杠　7—固定螺钉

10.2 钳工基本操作

10.2.1 划线

1. 划线的作用及种类

（1）划线的作用　按照图样要求，在毛坯或半成品上划出加工界线的操作称为划线。划线的作用有下面几点：

1）标示出加工余量、加工位置或工件安装的找正线，为零件加工或装配提供参照。

2）利用划线工作检查毛坯的形状和尺寸是否合乎要求，避免不合格的毛坯投入加工而造成浪费。

3）通过划线合理分配加工余量。

（2）划线的种类

1）平面划线。在工件的某个平面上划线，如图 10-3a 所示。

2）立体划线。在工件长、宽、高三个方向上划线，如图 10-3b 所示。

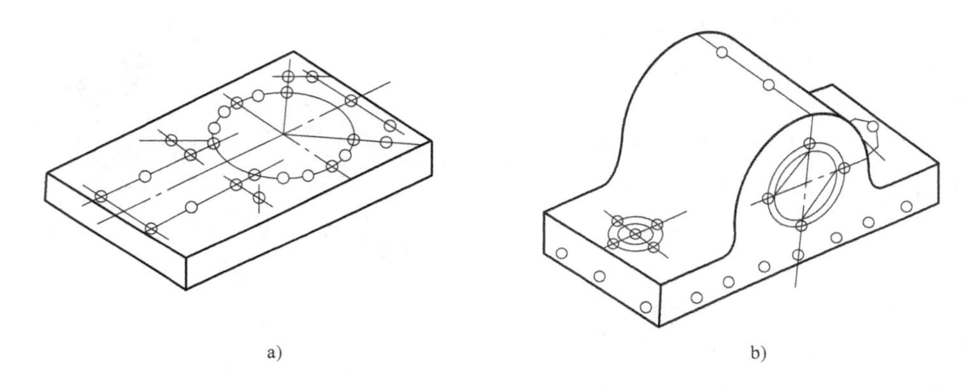

图 10-3　平面划线和立体划线

a）平面划线　b）立体划线

2. 划线工具

（1）划线平台　划线平台是划线的平面基准器具。平台由铸铁件制成，其基准平面要求平直、光滑。划线平台应平稳放置，保持水平，以保证稳定地支承工件，如图 10-4 所示。

（2）方箱　方箱各相邻平面相互垂直，用于划水平线和相互垂直的线，如图 10-5 所示。

图 10-4　划线平台

图 10-5　方箱

（3）高度尺　高度尺又被称为高度游标卡尺，如图 10-6 所示。它的主要用途是测量工件的高度、形状和位置公差尺寸，有时也用于划线。

（4）样冲　样冲是在工件表面需要钻孔的位置上，划出孔的圆心位置打样冲眼的工具。打样冲眼的目的是获得准确的钻孔位置，操作方法如图 10-7 所示。

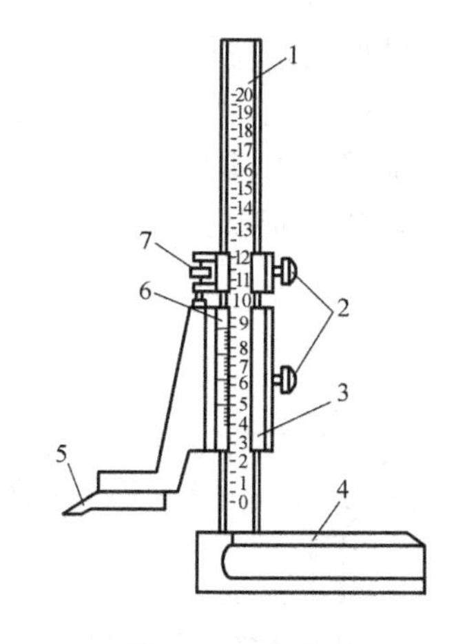

图 10-6　高度尺

1—尺身　2—紧定螺钉　3—游标　4—尺座　5—划线爪　6—尺框　7—微动装置

3. 划线基准

以工件上某一条线或某一个面为基准，并以此基准按图样划线，这种基准线或基准面称为划线基准。

在为孔加工划线时，通常以孔的中心线为划线基准，如图 10-8a 所示。若工件上有已加工表面，则以该已加工平面为划线基准，如图 10-8b 所示。

10. 2. 2　锯削

锯削是指利用手锯对材料进行锯断或锯沟槽的操作。手锯使用方便、简单、灵活，但锯削精度低，只适用于粗加工零件时使用。

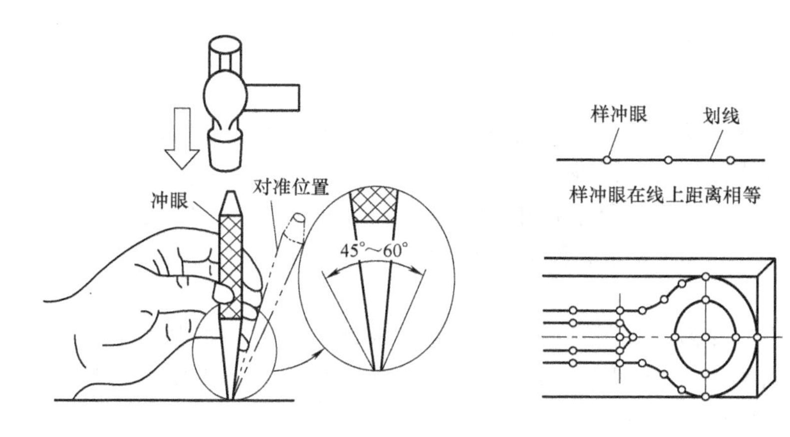

图 10-7　打样冲眼操作

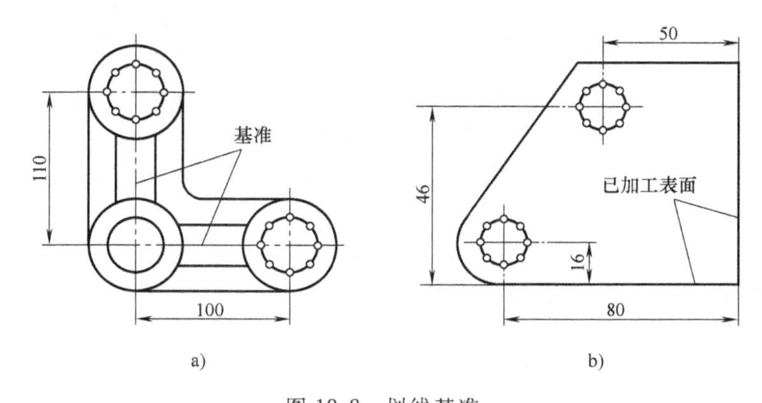

图 10-8　划线基准

a）以孔的中心线为划线基准　b）以已加工平面为划线基准

1. 手锯的结构

锯削操作通常使用手锯，手锯由锯弓和锯条两部分组成。为了适应不同长度的锯条，锯弓通常为可调节式，如图 10-9 所示。

锯条由碳素工具钢制成，常用的锯条长度有 200mm、250mm、300mm 三种，宽 12mm，厚 0.8mm。锯齿形状如图 10-10 所示，锯条锯齿的后角为 40°~45°，楔角为 45°~50°，前角约为 0°。

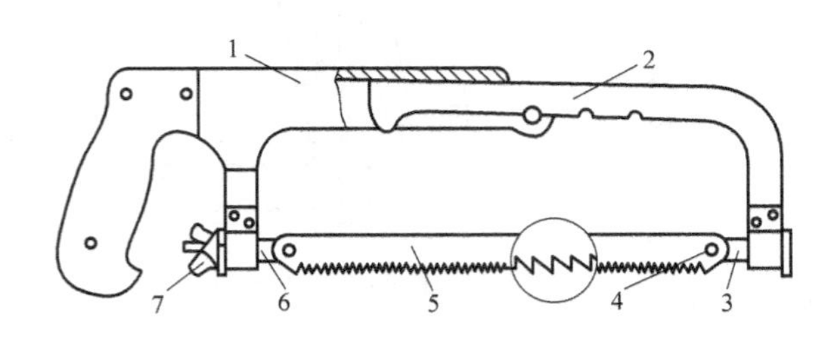

图 10-9 可调节式锯弓

1—固定部分 2—可调部分 3—固定拉杆 4—销子 5—锯条 6—活动拉杆 7—蝶形螺母

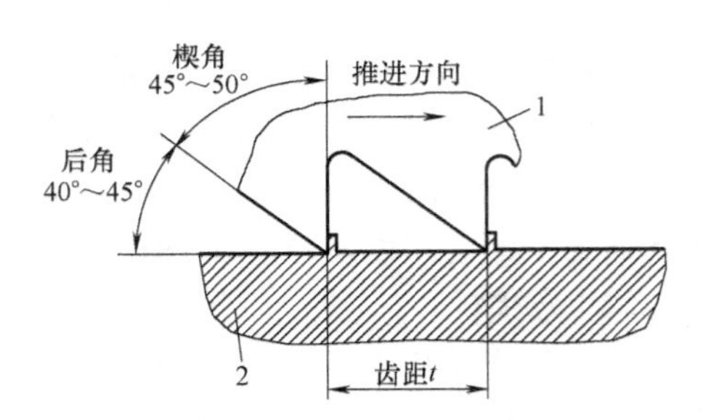

图 10-10 锯条齿形图

1—锯条 2—工件

2. 锯削步骤和方法

1）根据工件材料及厚度选择合适的锯条，使锯齿向前，松紧适当。锯条安装好后，不能歪斜或扭曲，否则加工时易折断。

2）安装工件时，工件应靠平口钳左侧装夹，且伸出钳口不宜过长。手锯应与钳口边缘平行，以便操作。工件应夹紧，防止锯削过程中钳口松动而导致工件变形和已加工表面磨损。

3）锯削姿势与握锯。锯削时应保持站立，身体正前方与锯削方向成大约 45°角。握锯时右手握柄，左手扶弓，如图 10-11 所示，推力和压力的大小主要由右手掌握，左手压力不要太大。推动手锯前后往复运动。

4）起锯的方式有两种。一种是从工件远离身体的一端起锯，称为远起锯，如图 10-12a 所示；另一种是从工件靠近身体的一端起锯，称为近起锯，如图 10-12b所示。起锯时要有一定的起锯角度，起锯角度一般不超过 15°。为使起锯的位置准确和平稳，起锯时可用左手大拇指引导锯条的切入位置，以保证锯削位置准确。

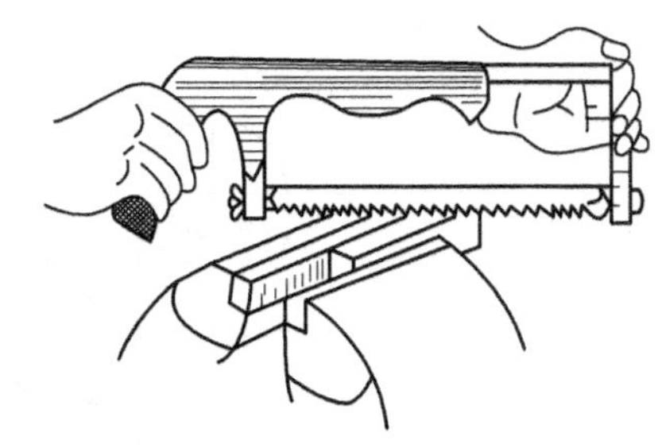

图 10-11 手锯的握法

5）锯削速度以每分钟往复 30~60 次为宜。速度不宜快，否则将导致锯条快速磨钝，降低切削效率。锯削时应用锯条的全部长度进行锯削，锯弓的往复长度不应小于锯条长度的 2/3，以免锯条中间部分快速磨钝。

10.2.3 锉削

锉削是指用锉刀在工件表面进行加工的操作。锉削多用于锯削之后的进一步加工，是钳

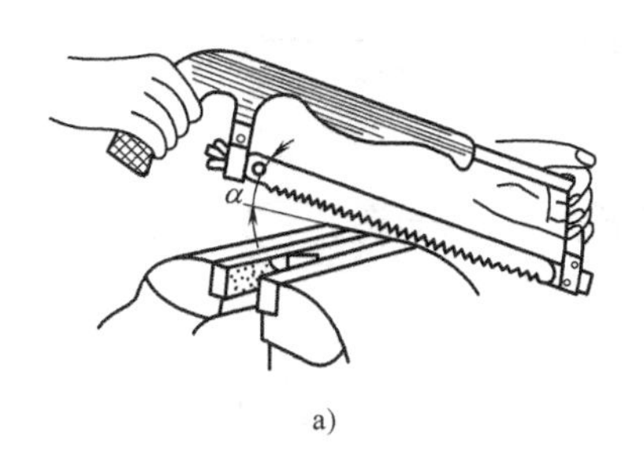

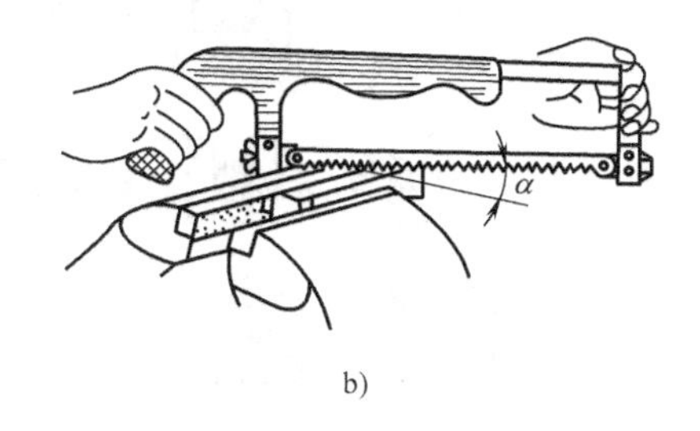

图 10-12 起锯方法
a）远起锯 b）近起锯

工最基本的操作之一。锉削加工简单，应用范围广，它可以加工平面、曲面、型孔、沟槽、内外倒角等，也可用于成形样板、模具、型腔及零部件、机器装配时的工件修整等。锉削加工尺寸公差等级可达 IT8 ~ IT7。其表面粗糙度值可达 $Ra1.6 \sim 0.8\mu m$，多用于锯削后的精加工。

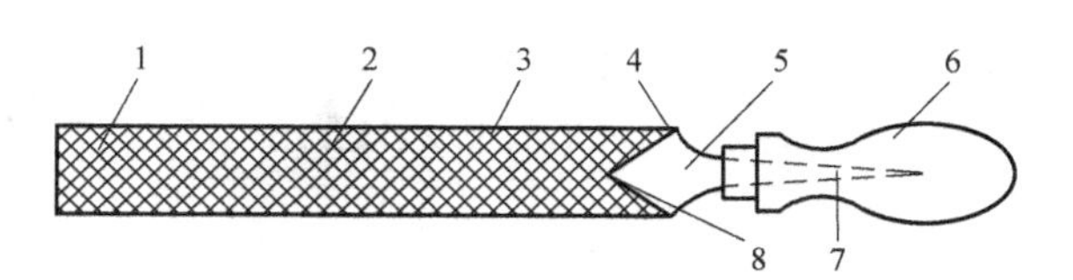

图 10-13 锉刀结构
1—锉齿 2—锉刀面 3—锉刀边 4—底齿 5—锉刀尾 6—木柄 7—锉刀舌 8—面齿

1. 锉刀的种类

锉刀由锉刀面、锉刀边和锉柄等部分组成，如图 10-13 所示。锉刀齿纹多制成交错排列的双纹，以便于断屑和排屑。也有单纹锉刀，一般用于锉铝等软材料。

锉刀按每 10mm 锉面上齿数的多少，分为粗齿锉（4 ~ 12 齿）、细齿锉（13 ~ 23 齿）和光齿锉（30 ~ 40 齿）。粗齿锉刀的齿间容屑槽较大，排屑好，适于粗加工或锉削铜和铝等软金属；细齿锉刀多用于锉削钢材和铸铁；光齿锉刀用于最后修光表面。

钳工锉刀按其截面形状不同可分为平锉、方锉、圆锉、半圆锉和三角锉等，如图 10-14 所示。其中平锉应用最为广泛。

2. 锉削步骤

（1）工件装夹 工件应牢固夹持在平口钳钳口中部，高度略高于钳口。夹持工件的已加工表面时，应在钳口和工件之间加垫铜片或铝片。易于变形和不便于直接装夹的工件，可以用其他辅助材料灵活装夹。

（2）选择锉刀 根据工件材料的硬度、加工余量的大小、工件的表面粗糙度要求等来选择锉刀。

（3）锉削方法

1）锉刀握法。锉刀的握法如图 10-15 所示。

使用平锉时，应右手握锉柄，左手压在锉刀端面上，使锉刀保持水平，如图 10-15a、b 所示。使用方锉时，因用力较小，左手的大拇指和食指握着锉端，引导锉刀水平移动，如图 10-15c 所示。小锉刀及整形锉的握法如图 10-15d 所示。

2）锉削方法。常用的锉削方法有顺锉法、交叉锉法、推锉法和滚锉法。

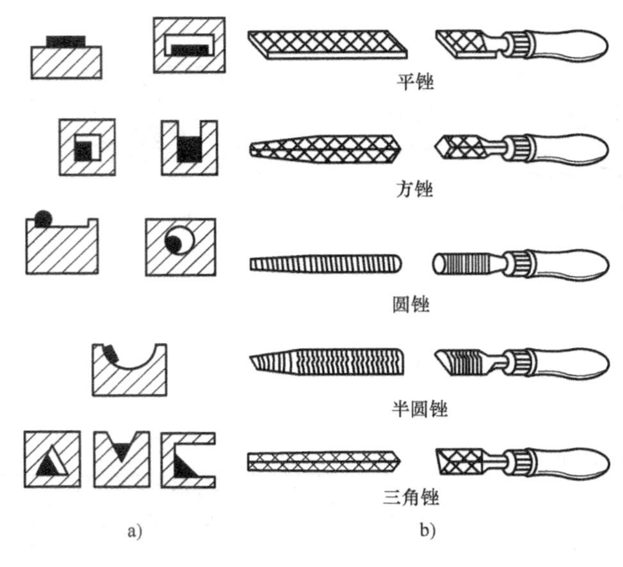

图 10-14　锉刀形状及用途
a）应用实例　b）形状

① 推锉法是用双手横握锉刀，推与拉均匀施力的锉削方法，如图 10-16a 所示。此法多用于窄长平面的修光，能获得平整光洁的加工表面。当工件表面有凸台不能用顺锉法锉削时，也可采用推锉法。

② 交叉锉法是锉削时锉刀呈交叉运动，适于较大平面粗锉，如图 10-16b 所示。由于锉刀与工件接触面积较大，锉刀易掌握平稳，易锉出较平整的平面，且去屑速度快。

③ 顺锉法是最基本的锉削方法，适于锉削较小的平面，如图 10-16c 所示。顺锉的锉纹正直，其表面整齐美观。

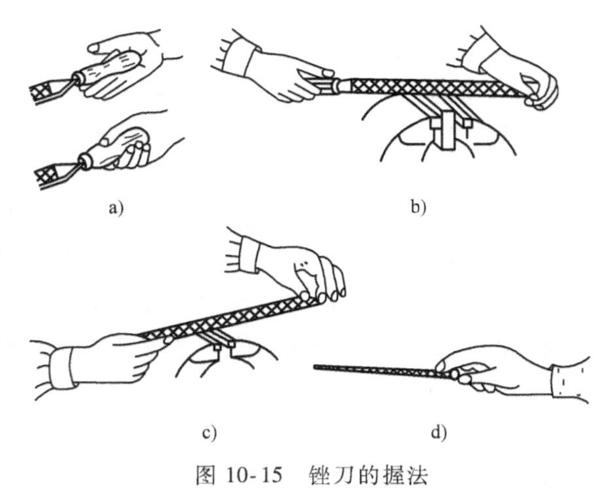

图 10-15　锉刀的握法
a）锉柄握法　b）平锉刀握法　c）方锉刀握法　d）小锉刀握法

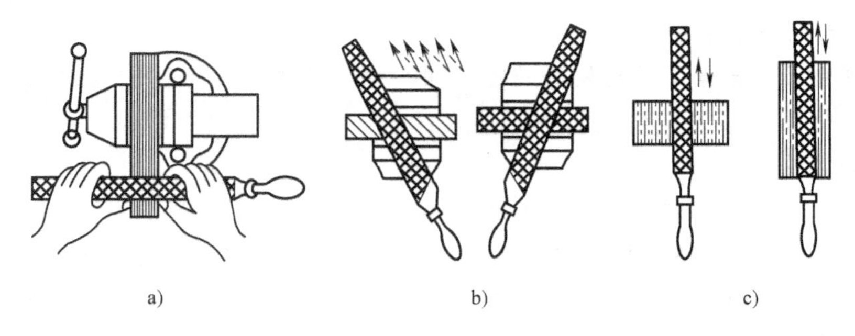

图 10-16　平面锉削方法
a）推锉法　b）交叉锉法　c）顺锉法

10.2.4 刮研

1. 刮削

用刮刀在工件表面上刮去一层很薄的金属称为刮削。刮削后的表面具有良好的平面度，表面粗糙度值小于 $Ra1.6$，是钳工中的一种精密加工方式。刮削是机械制造和修理中最终精加工各种型面（如机床导轨面、连接面、轴瓦、配合球面等）的一种重要方法。其作用是提高配合零件之间的配合精度和改善存油条件，提高零件使用寿命。刮削具有切削余量小、切削力小、产生的切削热量小、装夹变形小等优点，但同时其劳动强度大、生产效率低，在大批量机械设备生产中应用较少。

（1）刮刀及其使用方法

1）刮刀。平面刮刀是刮削的主要工具，如图10-17所示，一般采用T10A～T12A或轴承钢锻造而成。其工作部分需要在砂轮上刃磨出刃口，然后用油石磨光。

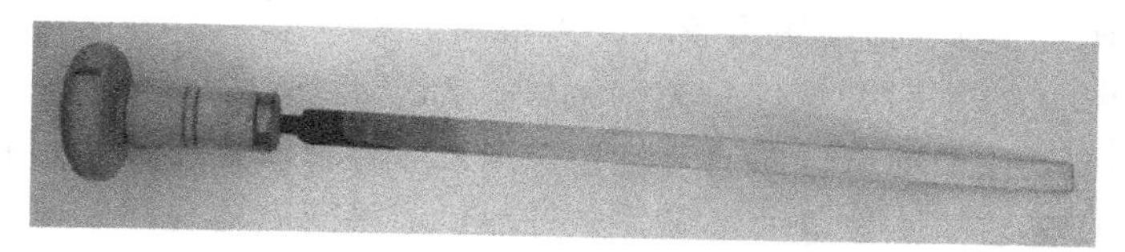

图10-17 平面刮刀

2）刮刀的使用。使用刮刀时，应右手握刀柄，推动刮刀运动。左手放在靠近刀刃的刀体上，引导刮刀沿刮削方向移动。刮削时，刮刀应与工件保持25°～30°的角度，如图10-18所示，同时拿稳刮刀均匀用力，避免刀刃两端的棱角将工件划伤。

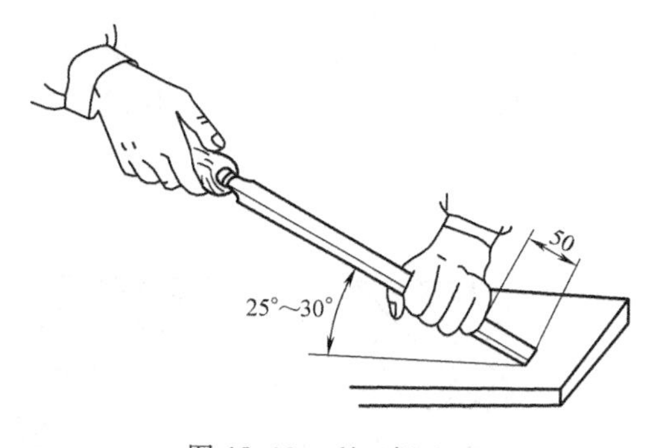

图10-18 刮刀握法

（2）刮削精度的检验 刮削表面的精度通常以研点法来检验，如图10-19所示。其方法是将工件刮削表面擦净，均匀涂上一层很薄的红丹油，然后与校准工具（如划线平台等）相配研。工件表面上的凸起点经配研后，被磨去红丹油而显出亮点（研点）。刮削表面的精度

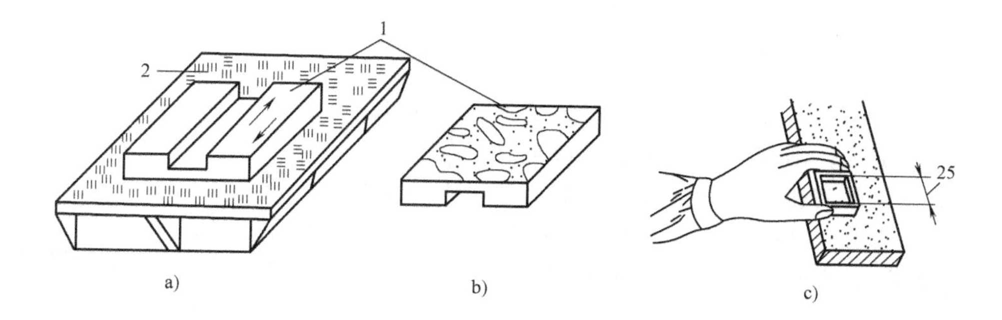

图10-19 研点法

a）配研 b）工件上的研点 c）精度检验

1—工件 2—检验平板

以在 25mm×25mm 面积内，研点的数量与分布稀疏程度来表示。普通机床导轨面为 8~10 点，精密机床导轨面为 12~15 点。

（3）平面刮削　平面刮削根据不同的加工要求，可分为粗刮、细刮、精刮和刮花四个步骤。

1）粗刮。刮削前工件表面上有较深的刀痕，严重的锈蚀或刮削余量较多时（0.05mm 以上），应先进行粗刮。粗刮时应使用长柄刮刀大力刮削，刮痕要连接成片，不可重复。粗刮方向要与机加工刀痕成大约 45°夹角，各次刮削方向要交叉，如图 10-20 所示。当粗刮到工件表面上研点增至每 25mm×25mm 面积内有 4~5 个时，可转入细刮。

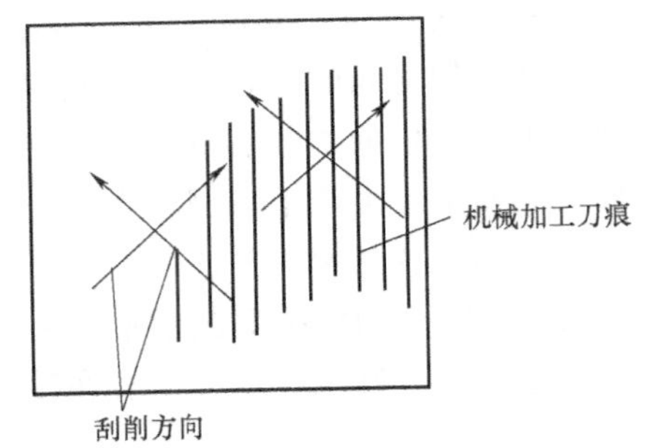

图 10-20　粗刮方向

2）细刮。细刮采用短刮刀，用力较小，刀痕短，将粗刮后的研点刮去。细刮时要按同一方向刮削，刮第二遍时要交叉刮削，以消除原方向的刀痕。否则刀刃容易沿上一次刀痕滑动，研点成条状且达不到精度要求。随着研点数量的增多，红丹油要涂得薄而均匀，以便研点清晰。在整个刮削面上达到每 25mm×25mm 面积内有 12~15 个研点时，细刮结束。

3）精刮。精刮时，采用精刮刀对准研点，落刀要轻，提刀要快，每刀一点，用力要轻。经反复配研、刮削，使刮削平面上每 25mm×25mm 面积内超过 25 个研点。

4）刮花。刮花是用刮刀在刮削平面上刮出装饰性花纹，使刮削平面美观，并保证良好的润滑性，如图 10-21 所示。

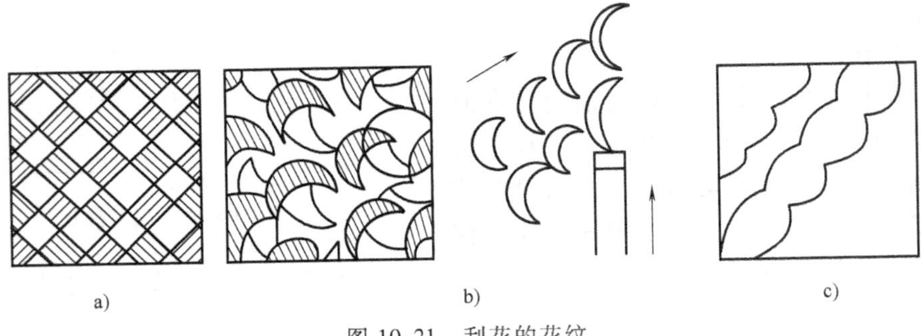

图 10-21　刮花的花纹

a）斜纹花　b）鱼鳞花　c）半月花

（4）曲面刮削　曲面刮削中最典型的实例是滑动轴承的刮削，刮削时常用标准轴或与其相配合的轴作内曲面研点显示的校准工具。曲面刮削时，用曲面刮刀在内曲面上作螺旋运动。刮削滑动轴承轴瓦用三角刮刀，如图 10-22 所示。

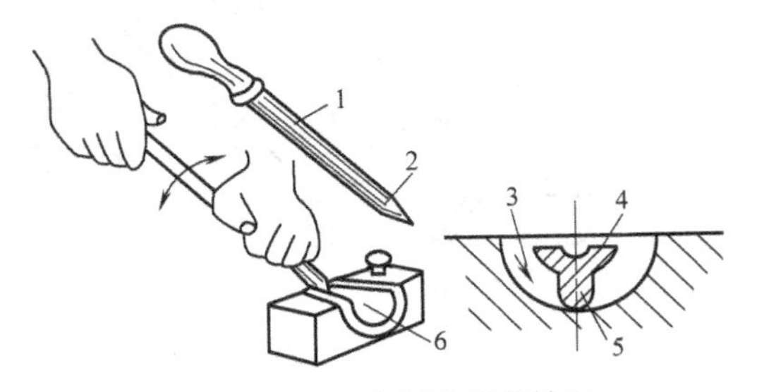

图 10-22　三角刮刀刮削轴瓦

1—三角刮刀　2—切削刃　3—刮削方向（顺时针）　4—刮削平面　5—工件　6—轴瓦

2. 研磨

用研磨工具和研磨剂从工件上磨去一层极薄的金属的加工方法称为研磨。研磨尺寸精度可达 0.005~0.01mm，表面粗糙度 Ra 值为 0.1~0.08μm。

（1）研磨剂　研磨剂由磨料（刚玉类或碳化硅类材料）和研磨液（机油、煤油等）混合而成。其中磨料起切削作用，研磨液用以调和磨料，并起冷却、润滑和加速研磨过程的化学作用。

（2）研磨方法　研磨平面是在研磨平板上进行的。研磨时，用手按住工件，在平板上按 8 字形轨迹移动或作直线往复运动，并不时地将工件调头或偏转位置，以免研磨平面倾斜，如图 10-23 所示。研磨外圆面时，将工件装在车床顶尖之间并涂上研磨剂，然后套上研磨套进行研磨。研磨时工件转动，用手握住研磨套作往复运动，使表面磨出 45°交叉的网纹。

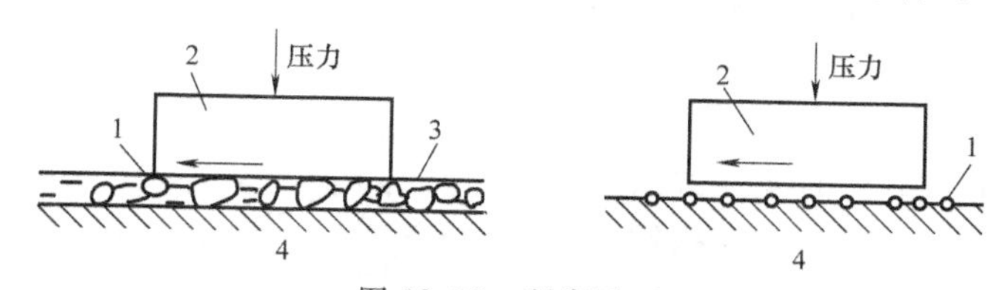

图 10-23　研磨平面

1—磨粒　2—工件　3—研磨液　4—研具

10.2.5　钻孔、扩孔和铰孔

钻削是指通过钻头的高速回转运动和 Z 轴轴向运动的结合，在零件上钻孔的工作。钻削是在钻床上钻孔，工件固定在台虎钳上，钻头装夹在钻床主轴上作回转运动（主运动），同时又沿 Z 轴线方向向下运动（进给运动），完成孔类表面的加工。

1. 钻床

（1）台式钻床　台式钻床简称台钻，如图 10-24 所示。台钻是一种小型机床，可固定于钳工台上使用。其钻孔直径一般小于 12mm，主要用于加工小型工件上的各种孔。

（2）摇臂钻床　摇臂钻床是一种能绕立柱旋转的摇臂机床，如图 10-25 所示。主轴箱可在摇臂上作横向移动，并可随摇臂沿支柱上下作调整运动，操作时可将主轴定位到需钻削的孔的中心。摇臂钻床加工范围广，可钻削大型工件上的各类孔。

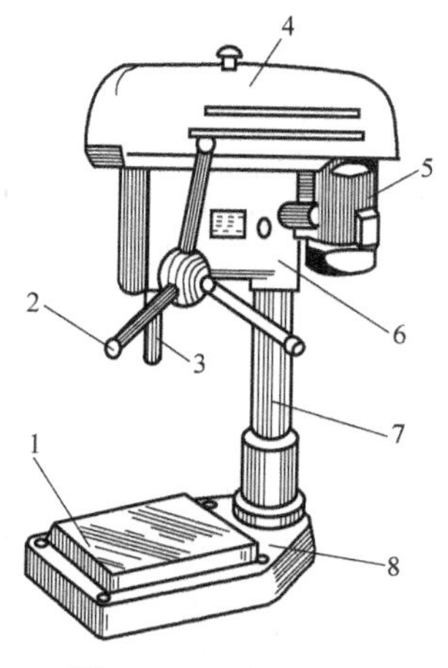

图 10-24　台式钻床

1—工作台　2—进给手柄　3—主轴　4—皮带罩　5—电动机　6—主轴座　7—立柱　8—底座

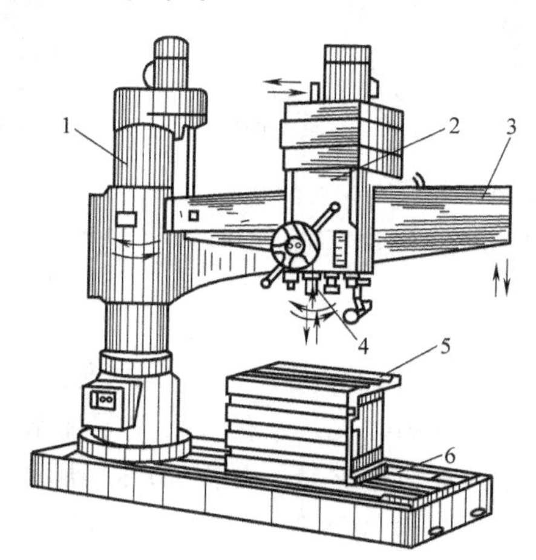

图 10-25　摇臂钻床

1—立柱　2—主轴箱　3—摇臂　4—主轴　5—工作台　6—底座

（3）钻头　麻花钻是最常用的一种钻孔刀具，其形状如图 10-26 所示。直径小于 12mm 时一般为直柄钻头，大于 12mm 时为锥柄钻头。

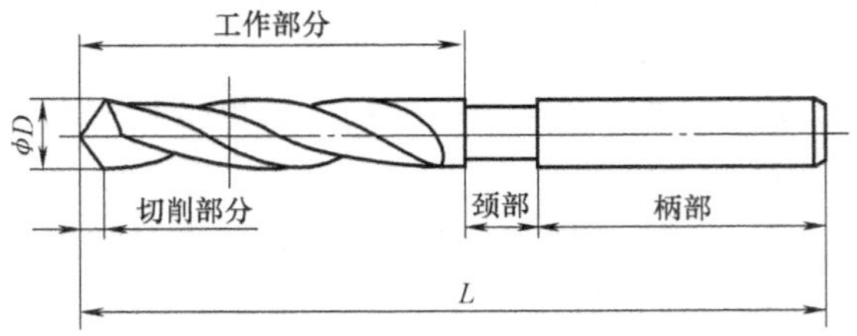

图 10-26　麻花钻的结构

麻花钻有两条对称的螺旋槽，如图 10-27所示，用来形成切削刃，也作输送切削液和排屑之用。导向部分上的两条刃带在切削时起导向作用，同时又能减小钻头与工件孔壁的摩擦。

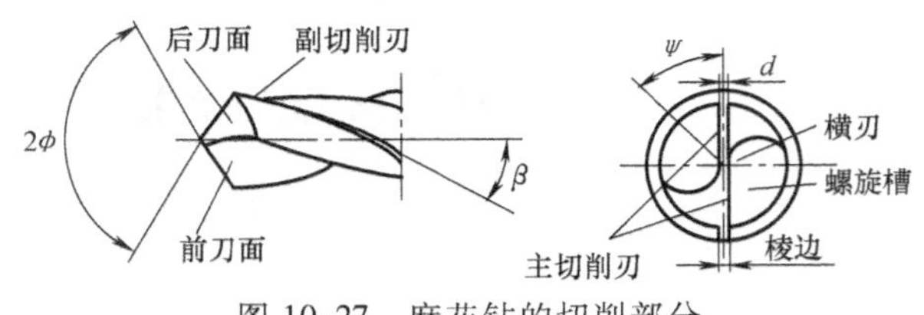

图 10-27　麻花钻的切削部分

2. 钻孔方法

（1）钻头的装夹　钻头的装夹方法需根据其柄部的形状进行区分。锥柄钻头可以直接装入钻床主轴孔内，较小的钻头可用过渡套筒安装，如图 10-28 所示。直柄钻头一般用钻夹头安装，如图 10-29 所示。钻夹头（或过渡套筒）的拆卸是将楔铁带圆弧的边向上插入钻床主轴侧边的长形孔内，左手握住钻夹头，右手用锤子敲击楔铁卸下钻夹头，如图 10-30 所示。

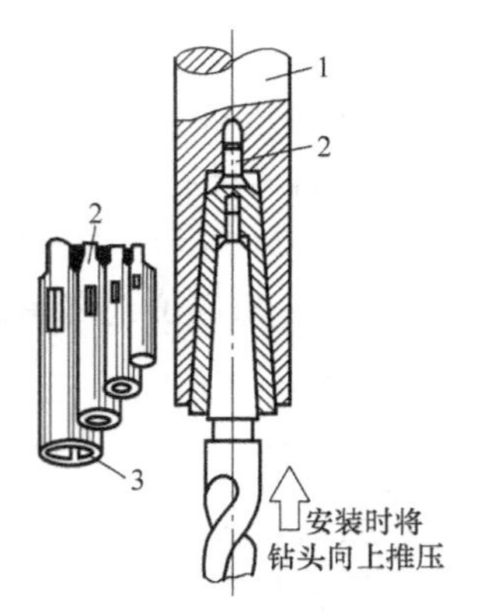

图 10-28　锥柄钻头的安装

1—钻床主轴　2—过渡套筒　3—锥孔

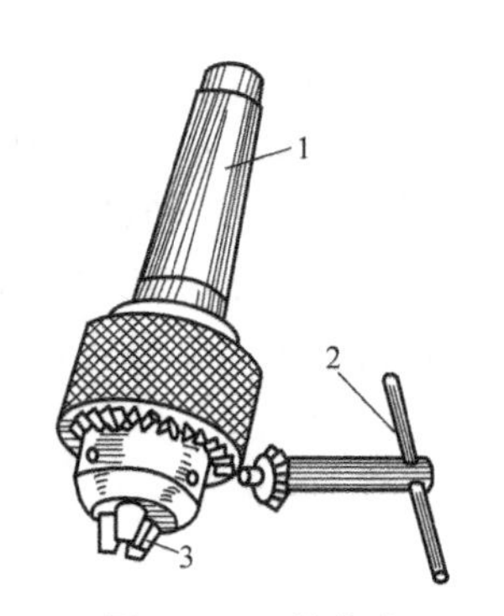

图 10-29　钻夹头

1—与钻床主轴轴孔配合　2—紧固扳手　3—自动定心夹爪

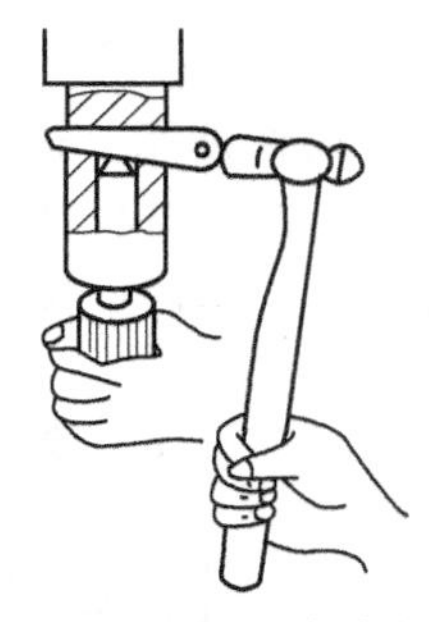

图 10-30　钻夹头的拆卸方法

（2）工件的装夹　钻孔中的安全事故大都是由于工件的装夹方法不对造成的，因此，应注意工件的装夹。小件和薄壁零件钻孔，可用专用夹具装夹工件，如图 10-31 所示。中等零件多用平口钳夹紧，如图 10-32 所示。

（3）按划线钻孔　按划线钻孔时，应先对准样冲眼试钻一浅坑，如有偏位，可用样冲重新冲孔纠正，也可用錾子錾出几条槽来纠正，如图 10-33 所示。钻孔时，进给速度要均匀，快钻通时进给量要减小。钻韧性材料要加切削液，钻深孔时，钻头必须经常退出排屑。钻削钢件时，为降低表面粗糙度值多使用机油作切削液，钻削铸铁时，用煤油作切削液。

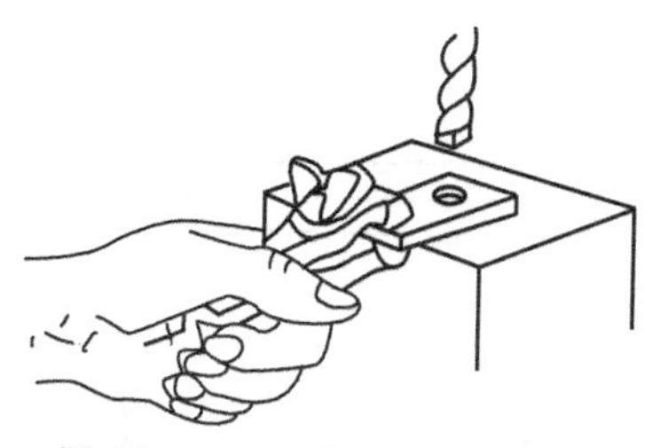

图 10-31 专用夹具装夹工件

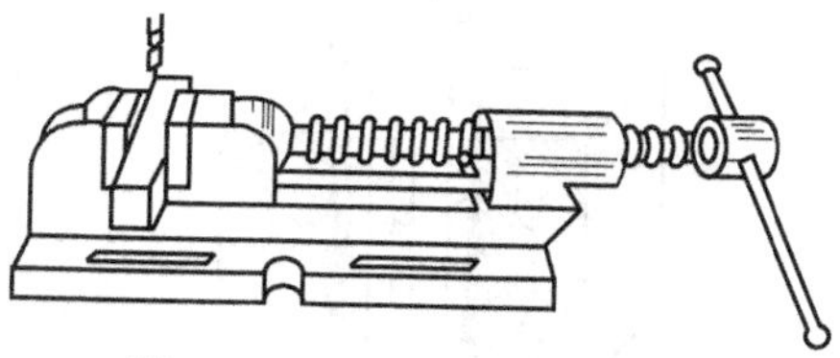

图 10-32 用平口钳装夹工件

3. 扩孔

用扩孔钻对已钻出的孔做扩大加工称为扩孔，如图 10-34a 所示。扩孔尺寸公差等级可达 IT9，表面粗糙度 $Ra3.2\mu m$。扩孔可作为精加工，也可作为铰孔前的粗加工。

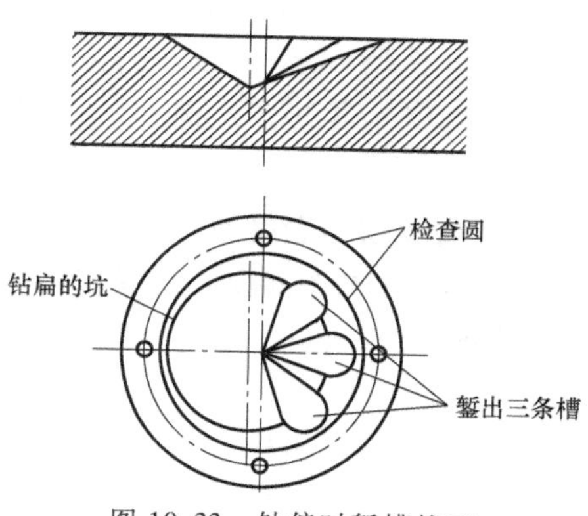

图 10-33 钻偏时錾槽校正

扩孔所用的刀具是扩孔钻，如图 10-34b 所示。扩孔钻与麻花钻的区别是：切削刃数量多（一般为 3~4 个），无横刃、钻芯较粗、螺旋槽浅，刚度和导向性较好，切削较平稳，加工余量较小，因而加工质量比钻孔高。在钻床上扩孔的切削运动与钻孔相同。

4. 铰孔

铰孔是用铰刀从工件孔壁上去除微量加工余量的操作，以提高其尺寸精度和降低表面粗糙度值，如图 10-35a 所示。其加工余量很小（粗铰 0.15~0.5mm，精铰 0.05~0.25mm），尺寸公差等级可达 IT8~IT7，表面粗糙度 Ra 值可达 $0.8\mu m$。铰孔前工件应有预钻孔，然后在预钻孔的基础上进行扩孔（或镗孔）等加工工序。

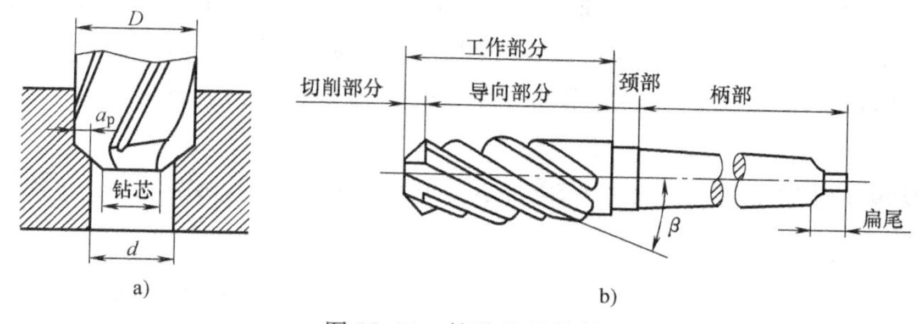

图 10-34 扩孔及扩孔钻

a）扩孔 b）扩孔钻

铰刀可分为机用铰刀和手用铰刀两种，如图 10-35b 所示。机用铰刀切削部分短，柄部多为锥柄。手用铰刀切削部分长，导向性更好。手工铰孔时，用铰杠手动进给（手工铰孔用铰杠方式与攻螺纹用铰杠方式相同）。铰刀与扩孔钻的区别是：切削刃更多（6~12 个），容屑槽更浅（刀芯截面大），刚度和导向性比扩孔钻更好。铰刀切削刃前角为 0°，铰刀本身精度高，有校准部分，可以校准和修光孔壁。铰削加工余量很小，切削速度很低，切削力小、切削热小。因此，铰削加工精度高，表面粗糙度值小。

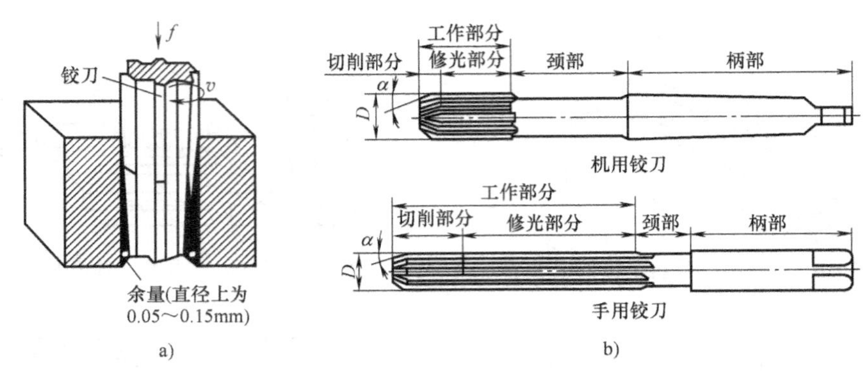

图 10-35　铰孔及铰刀

a）铰孔　b）铰刀

10.2.6　攻螺纹与套螺纹

攻螺纹是使用丝锥加工内螺纹，如图 10-36 所示。套螺纹是使用板牙加工外螺纹，如图 10-37 所示。

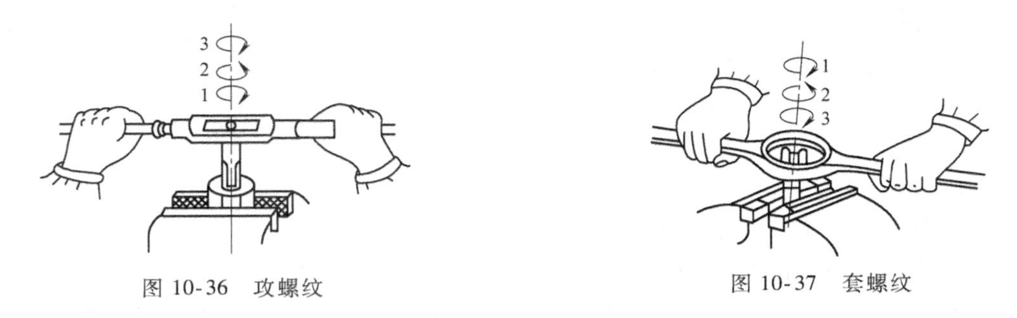

图 10-36　攻螺纹　　图 10-37　套螺纹

1. 攻螺纹的工具和操作

（1）丝锥和铰杠　丝锥是由高速钢或其他高强度材料，经滚牙、淬火、回火制成的。丝锥结构如图 10-38 所示，其工作部分是一段开槽的外螺纹，包括切削部分和校准部分。切削部分有一定斜度，呈圆锥形，至工作部分牙顶升高到公称直径。丝锥可分机用丝锥和手用丝锥两类。

铰杠是扳转丝锥的工具，如图 10-39 所示。常用的铰杠是可调节式的，以便夹持各种尺寸不同的丝锥。

图 10-38　丝锥　　图 10-39　铰杠

（2）攻螺纹方法

1）确定螺纹底孔直径和深度。攻螺纹前钻出的孔称为螺纹底孔。由于攻螺纹时丝锥的切削刃除切除螺纹牙间的金属外，还挤压底孔孔壁使之凸出。如果底孔直径过小，将使挤压力过大，导致丝锥崩刃、卡死甚至折断，因此底孔直径应略大于螺纹小径。

2）钻底孔与倒角。钻底孔后要对孔口进行倒角。倒角的作用是引入丝锥，便于丝锥切入，并可避免孔口处螺纹受损，通孔两端均要倒角。倒角尺寸一般为（1~1.5）$P\times45°$（P为螺距）。

3）攻螺纹。用铰杠将头锥轻压旋入1~2圈后，目测或用钢直尺在两个方向上检查丝锥与孔端面是否垂直，旋入3~4圈后只旋转不施压。其间每转1~2圈后反转1/4~1/2圈，以便断屑。如图10-36所示的数字2即表示反转。然后，依次用二锥及三锥攻螺纹。其方法是先用手将丝锥旋入孔内，旋不动时再加铰杠，此时不必施压。攻钢件和灰铸铁件的螺纹时，应分别施加机油和煤油进行冷却和润滑。

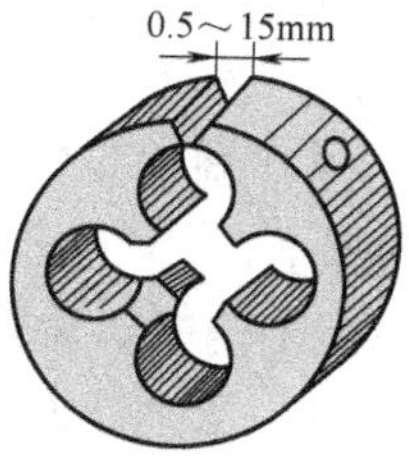

2. 套螺纹的工具和操作

（1）套螺纹工具　套螺纹用的工具是板牙和板牙架。板牙有固定式和开缝式（可调的）两种。图10-40所示为开缝式板牙，其螺纹孔的大小可作微量调节。套螺纹用的板牙架如图10-41所示。

图10-40　开缝式板牙

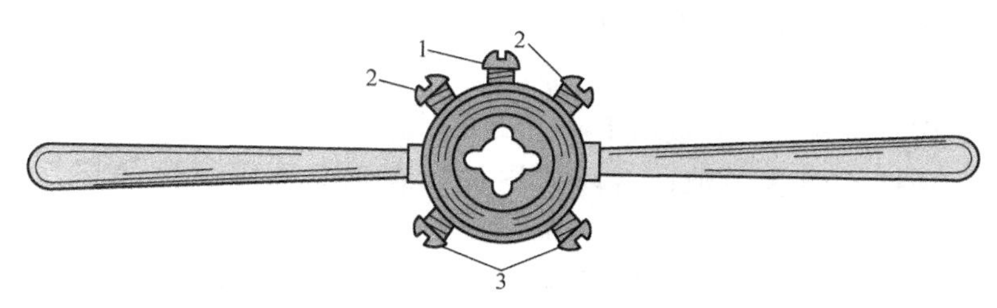

图10-41　板牙架

1—拧开板牙螺钉　2—调整板牙螺钉　3—紧固板牙螺钉

（2）套螺纹操作步骤

1）确定螺纹轴直径。螺纹轴直径应小于螺纹公称尺寸。可通过查有关表或下列经验公式来确定：

$$D=d-0.13P$$

式中，D是公称直径，单位为mm；d是螺纹大径，单位为mm；P是螺距，单位为mm。

2）将套螺纹的顶端倒角15°~20°。

3）将轴夹在钳口内紧固，并尽量靠近钳口。

4）开始套螺纹时要检查校正，使板牙与轴垂直，然后适当加压并顺时针扳动板牙架，同攻螺纹一样，要经常反转，以便断屑并及时排屑，如图10-37所示。

10.2.7　装配

装配是指将零件按图样及装配工艺安排组装成为机器，并调整、调试合格，它是机器制造过程中的最后环节。

1. 装配

（1）装配前的准备　熟悉产品装配图及技术要求，了解产品结构、零件作用和相互间的连接关系；确定装配顺序和所需的工具，领取零件并对零件进行清理、清洗（去掉零件上的毛刺、锈蚀、切屑、油污及其他脏物），涂防护润滑油；对个别零件进行某些预装配工作。

（2）装配分类　装配分为组件装配、部件装配和总装配。

1）组件装配。将若干零件及分组件安装在一个基础零件上而构成一个组件的装配称为组件装配。例如，由轴、齿轮等零件组成的一根传动轴的装配。

2）部件装配。将若干零件、组件安装在另一个基础零件上而构成一个部件的装配称为部件装配。部件是装配工作中相对独立的部分，如车床主轴箱、进给箱等的装配。

3）总装配。将若干零件、组件、部件安装在产品的基础零件上而构成产品的装配称为总装配。例如，货车各部件安装在底盘上构成货车的装配。

（3）调试及精度检验　产品装配完毕后，首先对零件或机构的相互位置、配合间隙、连接是否牢固进行调整，然后进行全面的精度检验，最后试运行。检验包括运转的灵活性、工作时的温升、密封性、转速、功率等各项性能指标。

（4）涂油、装箱　为机器表面涂防锈油，贴标签，装入说明书、合格证、清单等，最后装箱。

2. 装配工作要点

1）装配前应按零件图要求检查零件是否合格、有无变形损坏，并注意零件上的标记，防止错装。

2）装配的顺序应按从里到外或由下到上的原则。

3）零、部件连接不能有间隙；活动的零件能在正常间隙下灵活均匀地按规定方向运动。

4）装配高速旋转的零部件要进行平衡试验，以防止高速旋转后因离心作用而产生振动。旋转的机构外面不得有凸出的螺钉或销钉头等，以免发生事故。

5）各类运动部件的接触表面，必须保证有足够的润滑。各种管道和密封部件装配后不得有渗油、漏水、漏气现象。

6）试车前应检查各部件的可靠性和运动的灵活性。试车时应从低速到高速逐步进行，根据试车的情况逐步调整，使其达到正常的运动要求。

3. 装配工作

（1）螺纹联接的装配　螺钉、螺母与螺栓联接是装配中最常见的联接，如图 10-42 所示。在紧固成组螺钉、螺母时，为使紧固件的配合面上受力均匀，应按照一定顺序来拧紧，如图 10-43 所示。每个螺钉或螺母不能一次完全拧紧，应按照顺序分 2~3 次预紧，最后全部拧紧。为使每个螺钉或螺母的拧紧程度较为均匀一致，可使用指示式扭力扳手，如图 10-44 所示。零件与螺母的贴合面应平整光洁，否则螺纹易松动，为提高贴合面质量，可加垫圈。

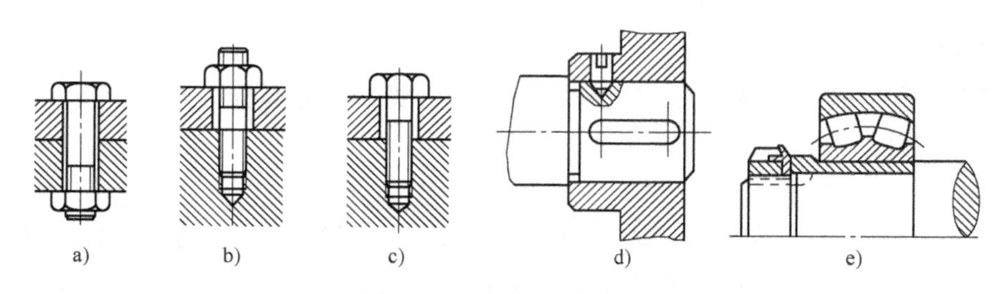

图 10-42　螺纹联接类型

a）螺栓联接　b）双头螺栓联接　c）螺钉联接　d）螺钉固定　e）圆螺母固定

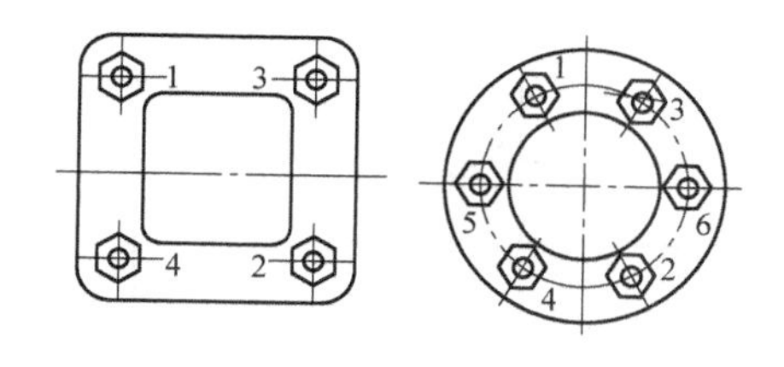

图 10-43 拧紧成组螺母顺序

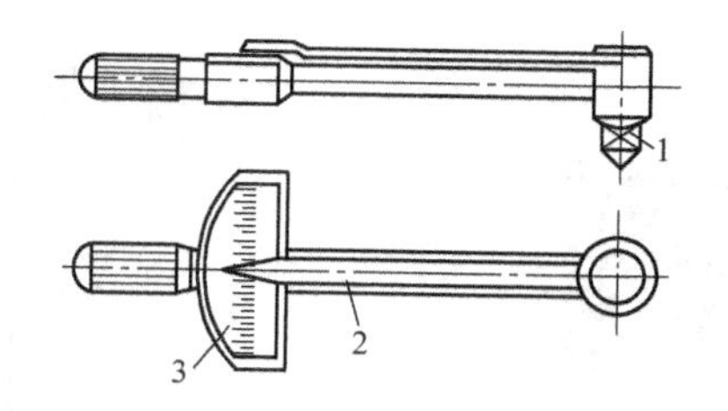

图 10-44 指示式扭力扳手

1—扳手头 2—指示针 3—读数板

(2) 轴、键、传动轮的装配 轴与转动部件（齿轮、带轮等）的传动通常采用键联接，其中又以普通平键联接应用最广，如图 10-45 所示。键的两个侧面是工作面，用来传递转矩。键与轮毂上的键槽、轴与轮毂上的孔多采用过渡配合，键与轮毂槽底则采用间隙配合。轴、键、轮毂的装配要点（单件小批生产）如下：

1) 清除键与键槽上的毛刺。

2) 先用键与键槽试配，使键能较紧地嵌入键槽。若装不进或过紧，则需要锉削键的两侧面，但须保证两侧面平行且与底面垂直，或将键的长度锉削短，以适应键槽。

3) 在键的配合面上涂机油，用铜棒将键轻轻敲入键槽中，并使键与槽底过渡配合联接。

4) 试配并安装轮毂。试配时除须保证键与轮毂槽底部留有 0.3～0.4mm 的间隙外，还应做接触精度和齿侧间隙检验。

(3) 滚动轴承的装配 滚动轴承工作时，是轴承内圈随轴转动，外圈在孔内固定不动。因此，轴承内圈与轴的配合要紧一些，通常采用微量的过盈配合。在装配过程中，需要使用铜棒敲击轴承外圈将轴承安装到轴承孔内。下面以深沟球轴承为例，简述其装配要点。

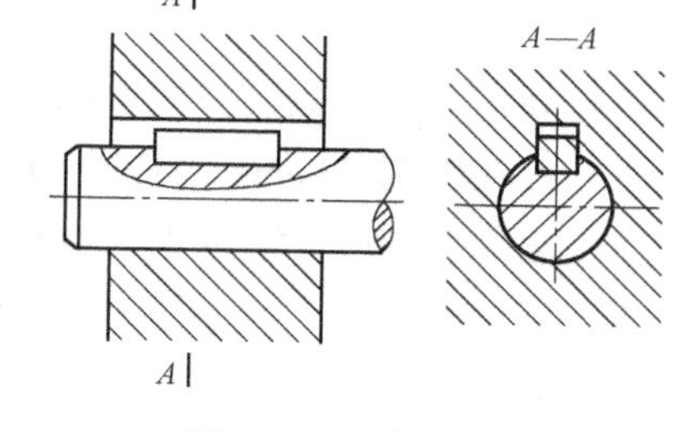

图 10-45 平键联接

1) 装配前，轴颈和轴承孔需涂抹机油，轴承标有规格牌号的端面朝外，以便更换时识别。

2) 为使轴承受力均匀，安装时需要沿轴承外圈顺时针或逆时针均匀敲击，并使用铜棒、垫套等辅助工具或采用压力机压装。

3) 若轴承内圈与轴的过盈量较大，可将轴承放在 80～90℃ 的机油中加热后，趁热压装。

10.3 钳工实训项目

10.3.1 直角尺制作实训

1. 工程图样

直角尺零件图如图 10-46 所示。技术要求：其余各邻边垂直度公差 0.1mm，各面直线度公差 0.1mm，与基准面 *A* 平行的平面平行度公差 0.1mm，各锐角倒钝。

2. 工艺分析

(1) 加工要点分析

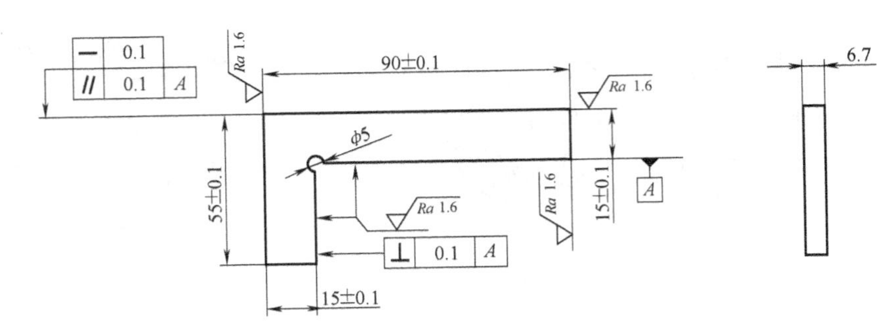

图 10-46 直角尺

1）零件装夹于平口钳时，锉削面不应高于钳口 10mm 以上。如果装夹过高，锉削过程中振动过大，会导致噪声过大，零件锉削表面达不到表面粗糙度要求。

2）划线时零件必须垂直放置，否则会出现因划线偏差导致的零件尺寸误差。

3）打样冲眼时，样冲眼应在交点正中。如果出现偏差，应向偏斜方向的相反方向修正样冲眼中心，直至样冲眼位于划线交点处，防止钻孔发生偏斜。

4）钻孔时，均匀用力，防止用力过大，挤坏钻头。即将钻透工件时，降低钻头进给速度，防止钻头折断在工件内部。

5）不可一次将零件划线成形，易导致零件尺寸超差。

（2）加工工艺路线

1）锉削较长边（100mm 长）并达到表面粗糙度要求。

2）以长边为基准，锉削短边并使短边与长边垂直。使用标准钢直尺利用透光法检查两边是否垂直。

3）利用方箱，以已锉削好的面为基准划线。先划短边 55mm，然后划长边 90mm。

4）按线锯削 90mm×55mm 长方形。

5）锉削 90mm×55mm 的长方形。

6）将直角尺的 75mm 和 40mm 两边划线。

7）在两线的交点打样冲眼。

8）钻孔，直径 5mm。

9）锯削成形。

10）锉削到表面粗糙度值 *Ra* 1.6μm。

（3）加工工艺卡　如图 10-47 所示。

工序号	工序名	工序内容	设备	工艺装备
1	锉削	锉削长 100mm、宽 60mm 两边		SATA70841
2	划线	划 55mm、90mm 两边线		方箱
3	锯削	锯削 55mm、90mm 两边		SATA70841
4	锉削	锉削 55mm、90mm 两边		SATA70841
5	划线	划 75mm、40mm 两边线		方箱
6	钻孔	钻孔，直径 5mm	Z512B	平口钳
7	锯削	锯削 75mm、40mm 两边		SATA70841
8	锉削	锉削 75mm、40mm 两边		SATA70841

图 10-47 加工工艺卡

3. 备料单

100mm×60mm×6.7mmQ235 钢板毛坯。

4. 工具准备

锉刀，标准钢直尺，ϕ5mm 钻头，高度划线尺，游标卡尺。

5. 实训步骤

1）装夹。将毛坯 100mm×6.7mm 平面向上装夹在 SATA70841 平口钳上（需锉削部分高于钳口 10mm 左右），并夹紧，如图 10-48 所示。

2）锉削粗基准平面。锉削 100mm×6.7mm 平面，如图 10-49 所示。待该平面锉好后，将 60mm×6.7mm 平面向上放置装夹。锉削该平面，表面毛刺去除后，卸下零件。使 100mm 加工平面与标准钢直尺靠齐，观察 60mm 加工平面与量具之间夹角，反复锉削 60mm 平面，至零件两边与钢直尺间无夹角，且锉削表面粗糙度值达到 Ra 1.6。

图 10-48　工件装夹

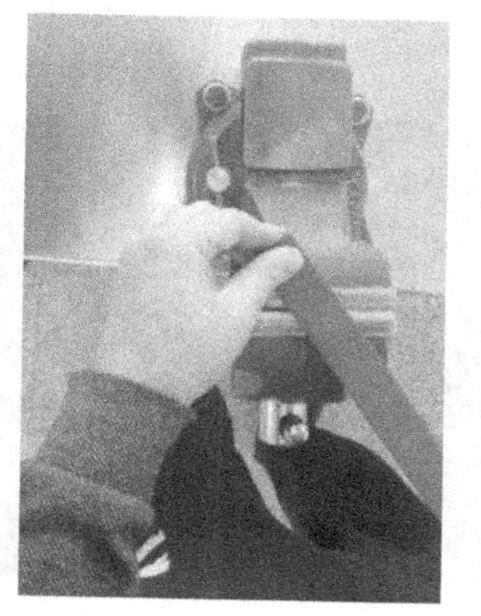

图 10-49　锉削平面

3）加工直角尺外形尺寸。首先划线，将高度尺设定于 55mm 处，如图 10-50 所示，以已锉削好的 100mm×6.7mm 平面为基准，左手将工件放置于划线平台，并靠在方箱上，右手持高度尺划 55mm 线，如图 10-51 所示。划好线后将高度尺设定于 90mm 处，以已锉削好的 60mm×6.7mm 平面为基准，划高度 90mm 线。

图 10-50　高度划线尺设置

图 10-51　划线

划好线后，沿线外侧锯削 55mm×6.7mm 和 90mm×6.7mm 两平面，注意不要在线上锯削。两平面锯削好后，使用锉刀锉削两平面，并用标准钢直尺测量各边之间是否垂直，如图 10-52所示。

4）划线并钻孔。在加工好外形的零件上划线，将高度划线尺划线爪设定为 15mm，将零件放于划线平台上并靠紧方箱，在零件长边和短边上各划一条线，并在两线焦点处打样冲眼，如图 10-53 所示。然后将工件装夹在平口钳上，如图 10-54 所示。移动钻头至工件上方不要与工件接触，调整平口钳位置，使钻头中心与样冲眼中心重合。起动台钻，如图 10-55 所示，均匀用力向下压操作手柄，如图 10-56 所示，即将钻透工件时，放慢钻头进给速度，缓慢进给，待工件钻透后，松开手柄。

图 10-52　外形尺寸加工

图 10-53　打样冲眼

图 10-54　装夹零件

图 10-55　起动台钻

图 10-56　钻孔

5）直角尺加工。接下来在零件上划线，将高度尺设定为 15mm，在长边和短边上各划一条线，然后沿线锯削，如图 10-57 所示。锯削完成后，锉削 40mm×6.7mm 和 75mm×6.7mm 两平面，使锉削表面粗糙度值达到 Ra 1.6μm，如图 10-58 所示。

图 10-57　锯削零件内侧

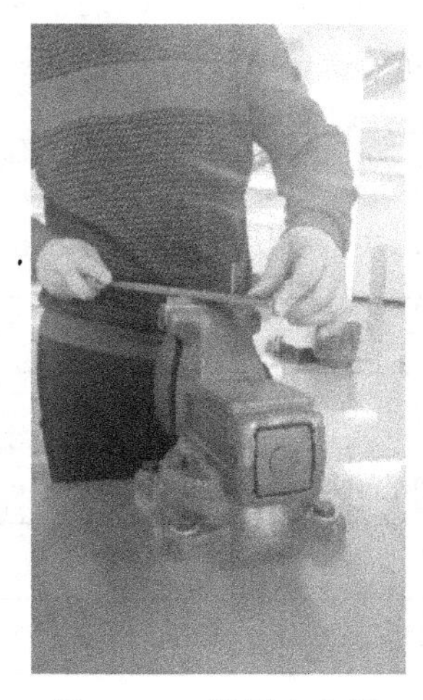

图 10-58　锉削直角尺

10.3.2　排孔攻螺纹钳工实训

1. 工程图样

排孔图样如图 10-59 所示。技术要求：各邻边垂直度公差 0.1mm，各面直线度公差 0.1mm，与基准面 *A* 平行的平面平行度公差 0.1mm，各锐角倒钝。

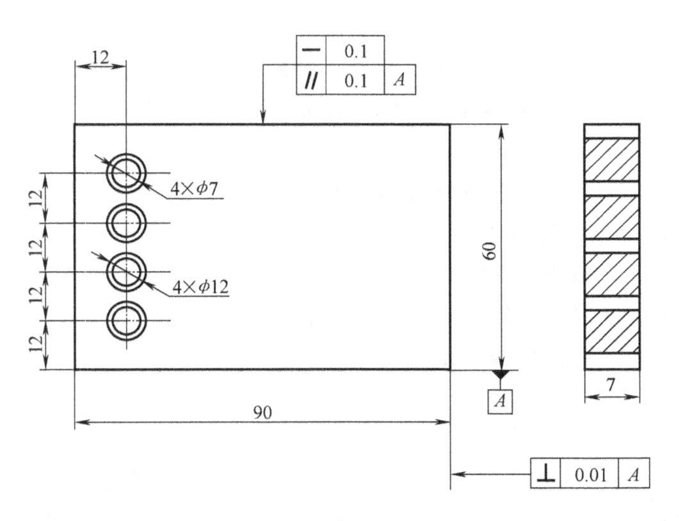

图 10-59　排孔

2. 工艺分析

（1）加工要点分析

1）打样冲眼时，样冲眼要打正，否则孔钻好后，孔中心线会超差。

2）钻孔时，均匀用力，即将钻透工件时要降低钻头进给速度，防止钻头损坏。

3）划线时要找好基准，工件要与方箱靠紧。

（2）加工工艺路线

1）以较短边为基准划 12mm 线。

2）以长边为基准划间距相等的四条线。

3）在四个交点上打样冲眼（校正样冲眼中心位置使钻孔不偏斜）。

4）钻 ϕ6. 8mm 孔。

5）ϕ12mm 钻头双面倒角。

6）四孔攻螺纹。

（3）加工工艺卡　如图 10-60 所示。

工序号	工序名	工序内容	设备	工艺装备
1	划线	划四个孔轴线		方箱
2	打样冲眼	打四个孔样冲眼		
3	钻孔	钻四个底孔	Z512B	平口钳
4	攻螺纹	四孔攻螺纹		平口钳

图 10-60　加工工艺卡

3. 备料单

90mm×60mm×6. 7mm Q235 钢板毛坯。

4. 工具准备

ϕ6. 8mm 钻头，ϕ12mm 钻头，高度划线尺，铰杠，M8 丝锥。

5. 实训步骤

1）划线。将高度尺设定于 12mm 处，以较短且平整的 6. 7mm 厚平面为基准，左手将工件放置于划线平台并靠紧方箱，右手持划线尺划 12mm 线。调转工件，以较长且平整的 6. 7mm 厚平面为基准，划 12mm、24mm、36mm 和 48mm 四条短线，如图 10-61 所示。

2）打样冲眼。在划线的四个交点上打样冲眼，样冲眼应在划线交点上，如果样冲眼有误差，用样冲向偏斜的相反方向修正样冲眼中心点。

3）钻孔。将划好线的工件放在平口钳上装夹好后，安装 ϕ6. 8mm 钻头，调整工件位置，使钻头中心与样冲眼中心重合。起动台钻，依次钻削螺纹底孔，如图 10-62 所示。螺纹底孔钻好后，换 ϕ12mm 钻头，给各孔两边倒角。

图 10-61　排孔划线

图 10-62　排孔钻削

4）攻螺纹。各孔钻成后，用 M8 丝锥攻内螺纹，攻螺纹时双手握持铰杠顺时针旋转，均匀用力，如图 10-63 所示。遇阻力过大时，逆时针旋转铰杠退出孔外，清理孔内螺纹中的铁屑。重复攻螺纹，清理铁屑，丝锥即将透过工件时，降低进给速度避免丝锥折断。

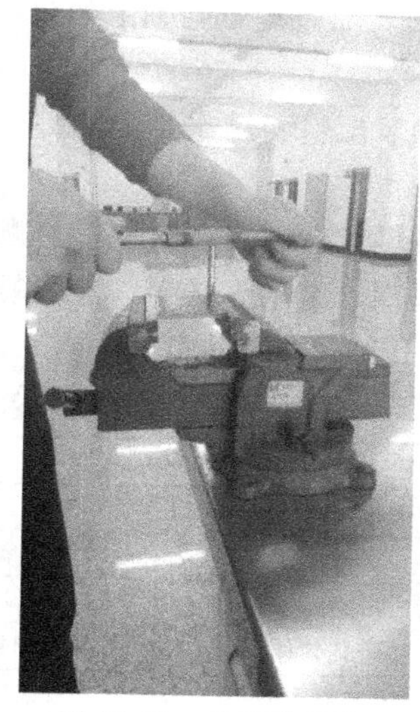

图 10-63 攻排孔螺纹

10.3.3 减速器拆装实训

1. 工程图样

减速器零件图如图 10-64 所示。

2. 工艺分析

（1）拆装要点分析

1）读懂装配图，理清拆卸装配减速器零件顺序。

2）拆卸、安装轴承时，均匀敲击轴承。

3）注意轴上零件安装顺序。

4）齿轮安装时，先与配合齿轮啮合再安装轴承固定。

（2）拆装工艺路线

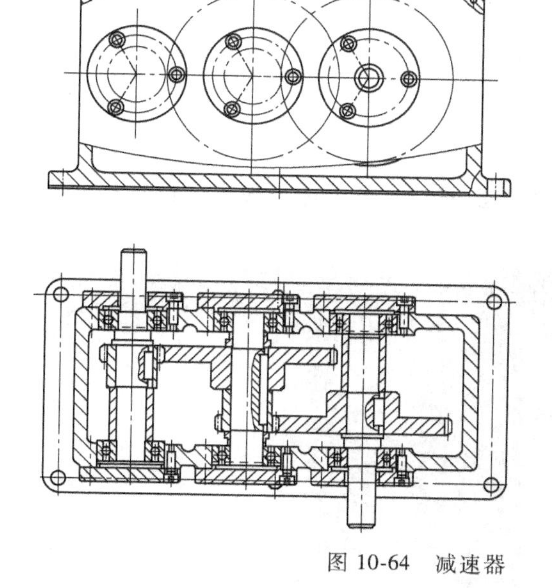

图 10-64 减速器

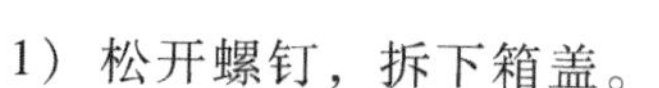

1）松开螺钉，拆下箱盖。

2）依次松开各轴螺钉，拆下端盖。

3）敲击轴端面拆下轴上零件和轴承。

4）清理箱体，污物清理干净。

5）输入轴装配。将输入轴上的键、输入轴、小齿轮、轴承和套筒，装配到箱体左侧的轴承孔内。

6）中间轴装配。将中间轴上的垫、轴承、键、大齿轮、隔套和小齿轮，装配到箱体中间的轴承孔内。

7）输出轴装配。将输出轴上的键、输出轴、大齿轮、轴承和套筒，装配到箱体右侧的轴承孔内。

8）调整各轴位置，使各齿轮啮合顺畅。

9）安装垫圈、端盖、透盖，拧紧螺钉。调试各轴传动情况。

10）安装上盖，拧紧螺钉。

（3）装配工艺卡　如图 10-65 所示。

工序号	工序名	工序内容	设备	工艺装备
1	拆卸箱盖	卸下螺钉，取下箱盖	内六角扳手	
2	拆卸端盖	卸下螺钉，取下各轴端盖	内六角扳手	
3	拆卸各轴	拆卸各轴及轴上零件	铜棒，锤子	
4	清理箱体	清理箱体内铁屑等杂物	毛刷	
5	安装输入轴	安装输入轴及轴上零件	铜棒，锤子	
6	安装中间轴	安装中间轴及轴上零件	铜棒，锤子	
7	安装输出轴	安装输出轴及轴上零件	铜棒，锤子	
8	安装箱盖	安装箱盖，拧紧螺钉	内六角扳手	

图 10-65　装配工艺卡

3. 备料单

减速器各零部件。

4. 工具准备

铜棒，锤子。

5. 实训步骤

1）打开工具箱，读懂二维、三维装配图，取出铜棒、扳手、锤子做好准备工作，工具箱如图 10-66 所示。

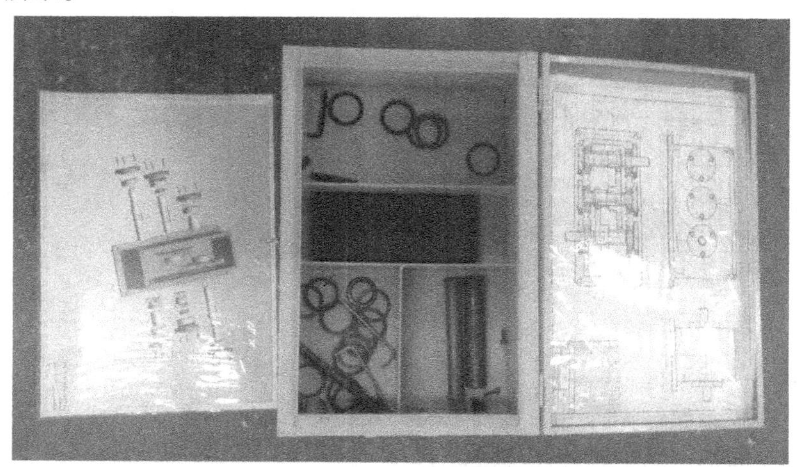

图 10-66　工具箱

2）拆卸箱盖，用内六角螺钉扳手卸下四个螺钉，取下箱盖，如图 10-67 所示。

3）拆卸各轴承端盖，如图 10-68 所示。

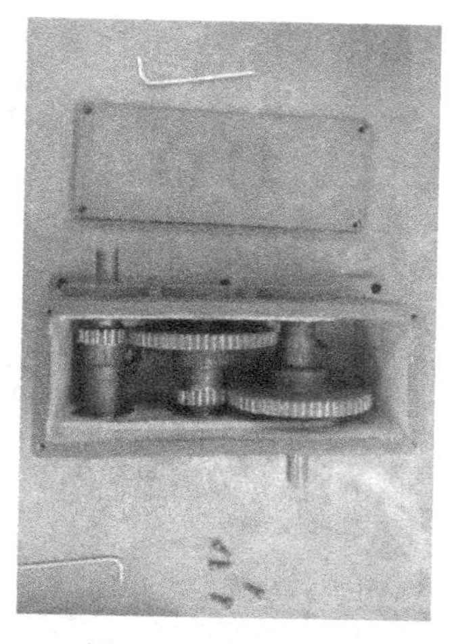

图 10-67 拆卸箱盖

图 10-68 拆卸轴承端盖

4）用铜棒抵住轴端面，然后用锤子敲击铜棒拆卸各轴及其上的零件，如图 10-69 所示。

5）用铜棒抵住轴承，然后用锤子敲击铜棒拆卸轴承，如图 10-70 所示。

图 10-69 拆卸各轴

图 10-70 拆卸轴承

6）拆卸轴上齿轮、键、套筒、垫圈等零件，并分类放置，如图 10-71 所示。

7）安装输入轴单侧轴承，将轴、键、小齿轮、套筒安装成部件，如图 10-72 所示。将输入轴装入轴承，并将另一侧轴承敲入轴承孔，并与轴配合好。

8）安装中间轴部件。中间轴上的大齿轮预先放入箱体内，与输入轴上的小齿轮配合好，然后轴部件穿过大齿轮并与轴承配合好，如图 10-73 所示。

继续安装中间轴小齿轮，如图 10-74 所示。在中间轴两齿轮外侧安装隔套，如图 10-75 所示。然后，在中间轴两端分别安装两端轴承，注意均匀敲击轴承端面各部位，使轴承固定于箱体轴承孔内，并靠近轴肩。安装垫圈和轴承端盖，用螺钉锁紧。

图 10-71 拆卸零件

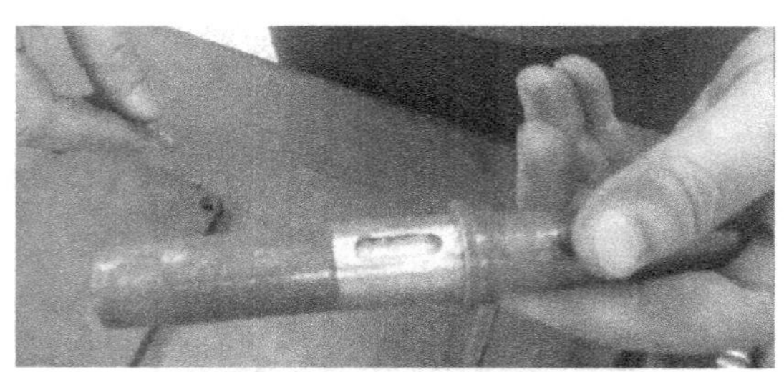

图 10-72 安装键

图 10-73 安装中间轴部件

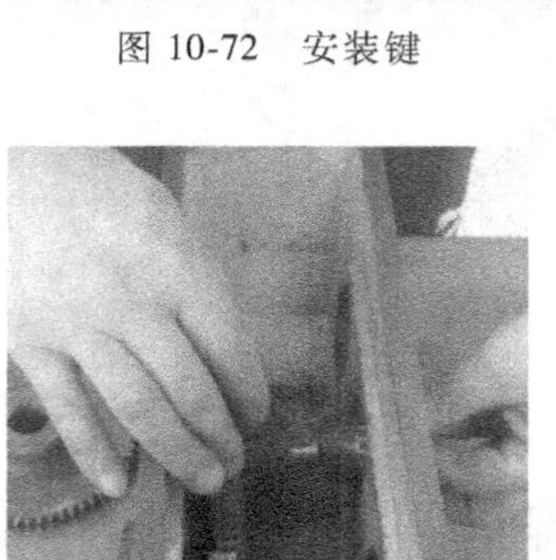

图 10-74 安装中间轴小齿轮

图 10-75 安装隔套

9）首先将输出轴上的键装入键槽，然后将输出轴大齿轮放入箱体与中间轴小齿轮啮合，插入输出轴，如图 10-76 所示。安装大齿轮一侧的轴承，在轴承外侧安装垫圈，并安装轴承端盖。随后安装大齿轮另一侧的套筒以及轴承，将轴上零件固定好后，在轴承外侧安装垫圈，最后安装轴承端盖，拧紧螺钉。

10）安装箱盖，并用螺钉拧紧，如图 10-77 所示。

图 10-76 安装输出轴

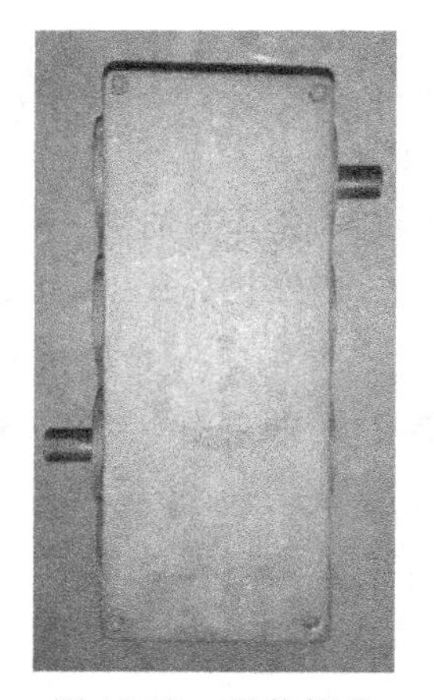

图 10-77 安装箱盖

6. 减速器调试

将减速器安装到试验台上，使用联轴器与电动机连接，找正，如图 10-78 所示。起动电动机使减速器工作，检查无明显噪声和温度过高等现象即为合格。

图 10-78　减速器调试

实训拓展训练

1. 凸、凹块如图 10-79、图 10-80 所示。技术要求：材料为 Q235，各邻边垂直度公差 0.1mm，各面直线度公差 0.1mm，与基准面 A 平行的各平面平行度公差 0.1mm，各锐角倒钝，两块配合间隙小于 0.1mm。

2. 锤头零件图如图 10-81 所示。技术要求：材料为 Q235，各加工面间垂直度公差不大于 0.1mm。

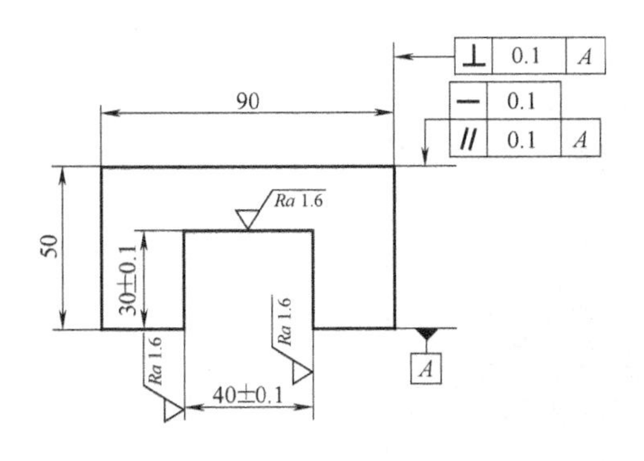

图 10-79　凹块

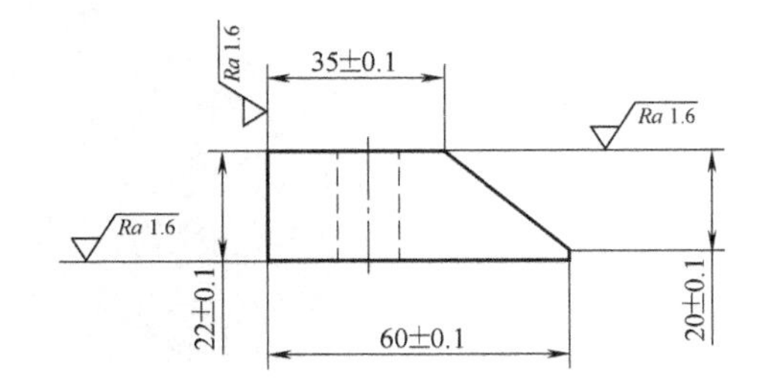

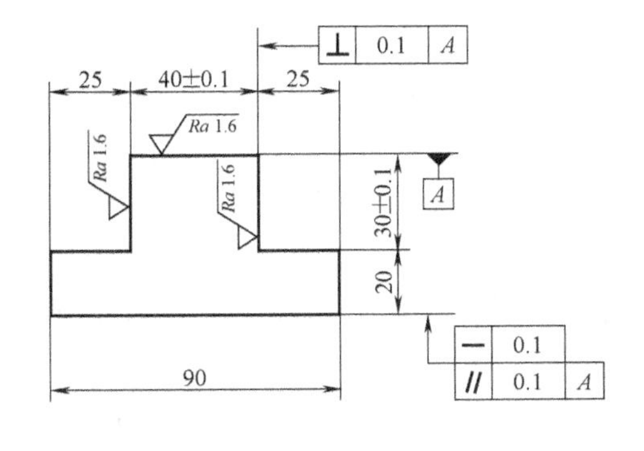

图 10-80　凸块

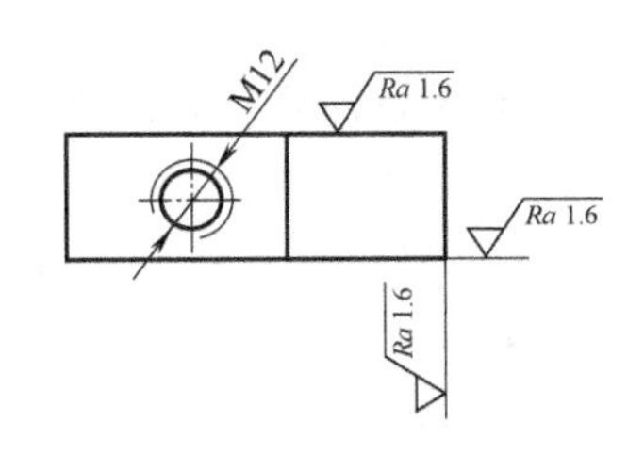

图 10-81　锤头零件图

第11章　数控车削加工实训

11.1　数控车削加工概述

11.1.1　数控车削的工艺范围

数控车削主要是对轴类、盘类零件自动地完成内外圆柱面、圆锥面、螺纹等表面的切削加工，也可对盘类零件进行钻孔、扩孔、铰孔和镗孔等加工，还可以完成车端面、切槽、倒角等工作。数控车削的设备主要是数控车床，数控车床具有加工精度高、稳定性好、加工灵活、通用性强等优点，能满足多品种、小批量生产自动化的要求，特别适合加工形状复杂的轴类或盘类零件。

11.1.2　数控车床的组成与分类

1. TDNC320数控车床的基本组成

数控车床主要由床身、数控装置、主轴系统、刀架进给系统、尾座系统等部分组成，其结构如图11-1所示。

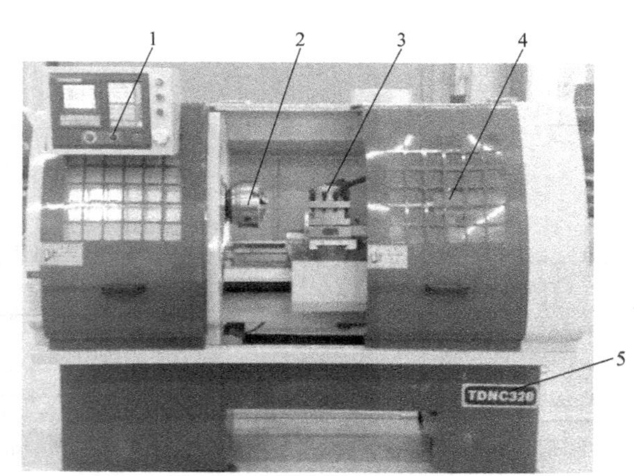

图11-1　TDNC320数控车床结构示意图

1—数控装置　2—主轴系统　3—刀架进给系统　4—尾座系统　5—床身

2. 数控车床的分类

数控车床品种繁多，规格不一，其分类方式也很多。

（1）按主轴位置分类

1）立式数控车床。其主轴垂直于水平面，并有一个直径很大的圆形工作台供装夹工件，这类数控车床主要用于加工径向尺寸较大、轴向尺寸较小的大型复杂零件。

2）卧式数控车床。车床主轴轴线处于水平位置，它的床身和导轨有多种布局形式。

（2）按加工零件的基本类型分类

1）卡盘式数控车床。这类数控车床未设置尾座，适于车削盘类（含短轴类）零件，其夹紧方式多为电动液压控制。

2）顶尖式数控车床。这类数控车床设置有普通尾座或数控尾座，适于车削较长的轴类零件及零件直径不大的盘、套类零件。

（3）按功能分类

按功能可分为经济型数控车床、普通型数控车和车削中心三类。

11.2　数控车削加工工艺

11.2.1　数控车削刀具

1. 通用车刀

数控车床主要用于回转表面的加工，如内外圆柱面、圆锥面、圆弧面、螺纹等切削加工，其刀具一般分为尖形车刀、圆弧形车刀及成形车刀三类。

（1）尖形车刀　尖形车刀是以直线形切削刃为特征的车刀。车刀的刀尖由直线形的主、副切削刃构成，如90°内外圆车刀、左右端面车刀、车槽（切断）车刀及刀尖倒棱很小的各种外圆和内孔车刀。

（2）圆弧形车刀　圆弧形车刀是较为特殊的数控加工用车刀。其特征如下：构成主切削刃的切削刃形状为圆弧，该圆弧上的每一点都是圆弧形车刀的刀尖。因此，刀位点不在圆弧上，而在该圆弧的圆心上，车刀圆弧半径理论上与被加工零件的形状无关，并可按需要灵活确定或经测定后确定。圆弧形车刀可以用于车削内外表面，特别适合于车削各种光滑连接（凹形）的成形件。

（3）成形车刀　成形车刀俗称样板车刀，其加工零件的轮廓形状完全由车刀切削刃的形状和尺寸决定。数控车削加工中，常见的成形车刀有小半径圆弧车刀、矩形车槽刀和螺纹车刀等。

2. 机夹式可转位车刀

目前数控车床用刀具的主流是可转位式的机夹式刀具。机夹可转位车刀是将可转位硬质合金刀片用机械的方法夹持在刀杆上形成的车刀，一般由刀片、刀垫、夹紧元件和刀体组成，如图11-2所示。机夹式可转位车刀优点：

1）刀具寿命长，切削性能稳定。

2）生产效率高，换刀时间短。

3）加工成本低，刀片、刀体通用性好。

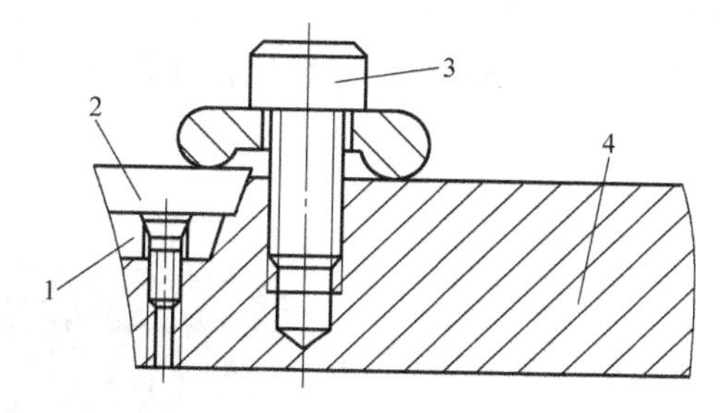

图11-2　可转位刀具组成

1—刀垫　2—刀片　3—夹紧元件　4—刀体

3. 实训常用数控刀具

常用数控车刀主要有以下几种，如图11-3所示。其中，95°外圆刀用于端面、外圆和成形表面的切削。切断刀用于切槽及切断。60°外螺纹刀用于普通外螺纹的切削。93°外圆刀用于外圆和成形表面的切削。

11.2.2　数控车削工艺

数控车削加工工艺是采用数控车床加工零件时所运用方法和技术手段的总和，其主要内容包括以下几个方面：

1）零件图分析，确定加工内容。

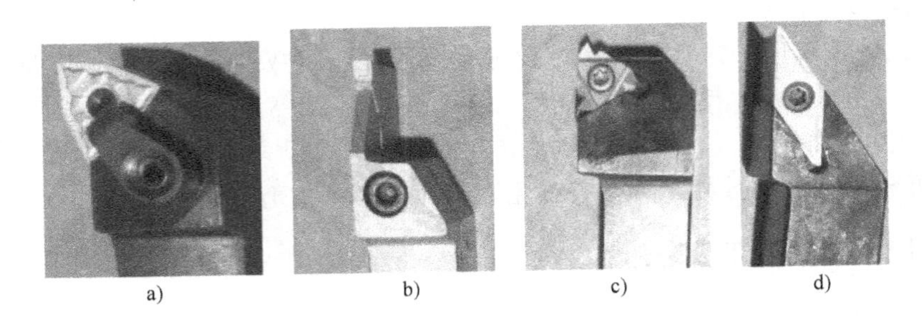

图 11-3 常用数控车刀

a）95°外圆刀 b）切断刀 c）60°外螺纹刀 d）93°外圆刀

2）合理划分工序，拟定加工顺序。

3）刀具和夹具的选择。

4）加工路线的确定。

5）切削用量的选择。

6）加工程序的编写、校验和修改。

7）首件试加工与现场问题的处理。

8）数控车削工艺技术文件编制。

11.3 数控车床操作

11.3.1 操作面板介绍

本节以 TDNC320 数控车床为例，介绍其控制面板及基本操作方法。机床采用 TD-L4-H31XT 数控系统，主轴孔径 ϕ44mm，主轴转速范围 50~1600r/min，最大车削直径 ϕ320mm，最大加工长度 750mm，系统操作面板如图 11-4 所示。

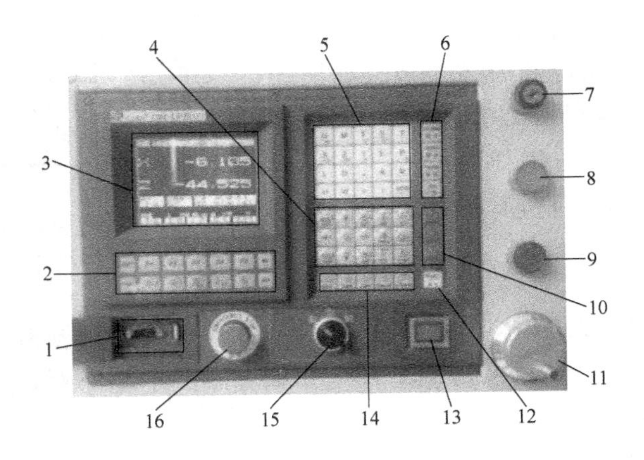

图 11-4 TD-L4-H31XT 系统操作面板

1—传输口 2—软功能键区 3—屏幕区 4—数字键/功能键 5—编辑字符键区 6—主功能键区 7—系统锁 8—系统开 9—系统关 10—循环键 11—手轮 12—复位键 13—起动键 14—手动键 15—三位开关 16—急停按钮

1. 各种开关、按钮的功能

功能键区有 PRGRM、OPERT、PARAM、USB 四个按键，其功能分别为：加工程序管理、机床操作、参数设置和 U 盘与系统间的程序交换。字符编辑键区主要用于输入数控代码及各种坐标参数值。软功能键区在屏幕下方，F1～F5 所代表的功能随当前用户选择主功能的不同而变化，主要用于在主功能下选择对应的子功能。操作面板上各按键的功能说明见表 11-1。

表 11-1　操作面板各按键的说明

图形符号	名称	用途
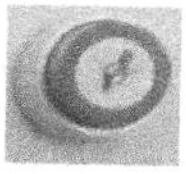	锁	系统锁开关
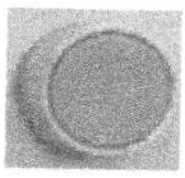	开关	系统电源开
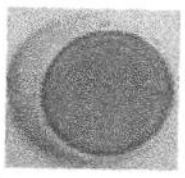	开关	系统电源关
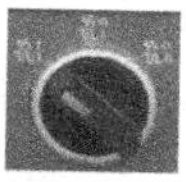	三位开关	进给及主轴暂停 左侧：正常；中间：进给暂停；右侧：主轴暂停
 EMERGENCY STOP	急停	按下按钮，机床全锁住，顺时针旋转后解除报警
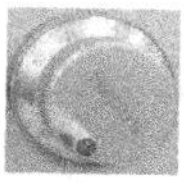	手轮	手摇脉冲发生器，按软键<F4>转换 X、Z 轴方向
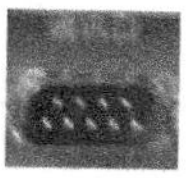	通信口	RS232C 串行接口，程序和数据传输
	USB	U 盘接口，程序和数据传输
  循环起动	循环起动	循环起动开关，用于执行加工程序
 循环暂停	循环暂停	自动循环加工暂停
 循环取消	循环取消	终止本次循环加工
 RESET 复位	复位	解除报警，CNC 系统复位，恢复到开机后的初始状态

（续）

图　形　符　号	名称	用　　途
PRGRM 程序	程序	与程序有关的各种管理，如程序编辑、输入、输出操作等
OPERA 操作	操作	机床操作，对机床的各种操作功能可在该功能下的子功能中实现
PARAM 参数	参数	参数设置，用于设置各种与机床或数控系统有关的参数
USB U盘	U 盘	进入 U 盘管理界面，用于管理 U 盘与系统之间的程序与参数的交换
G MDI	MDI	手动数据输入，按下后可键入一行程序，让系统执行该行程序
ENTER　/　=　P %　进给降　主轴降	符号键	1. 确认键 2. 斜杠键 3. 等号键 4. 百分号键 5. 小数点键 6. 负号键 7. 空格键
	亮度调节键	调节液晶显示屏的亮度
手动速度	手动速度	手动进给速度选择，分 100、600、1500 三档
刀补/密码	刀补/密码	1. 刀具补偿和修调 2. 密码输入
存储	存储键	将程序、系统参数、刀具参数、机床参数等存入系统
ALT	ALT	屏幕显示不下时，按<ALT>键在几屏之间切换
F1　F2　F3　F4　F5	软功能键	软定义功能键<F1>~<F5>
	切换键	功能切换软键

（续）

图　形　符　号	名称	用　　途
	回零点	返回当前零点坐标：相当于 G76
	偏置	坐标偏置
	取消	消除输入到键输入缓冲寄存器中的字符或符号
	换刀	手动单步换刀：每按一次，系统按顺序换下一把刀
	手轮或点动脉冲倍率	手轮或点动脉冲倍率设定：将手轮或点动的输出脉冲乘以设定的倍率数。有×1、×10、×100
	打开程序	文件调用
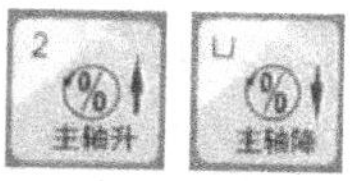	主轴升/降	主轴倍率升/降：在自动、手动下动态调节主轴转速 S
	进给升/降	进给倍率升/降：在自动、手动下动态调节进给速度 F
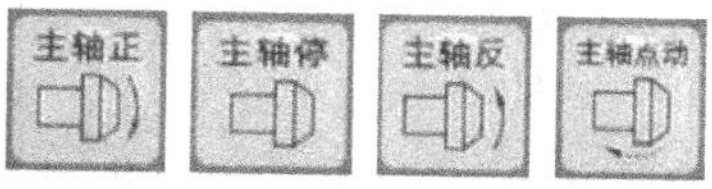	主轴正 主轴停 主轴反 主轴点动	手动主轴正转起动 手动主轴停 手动主轴反转起动 按住按键，主轴正转，松开停
	切削液开/关	切削液起动，按一次按键，切换一次
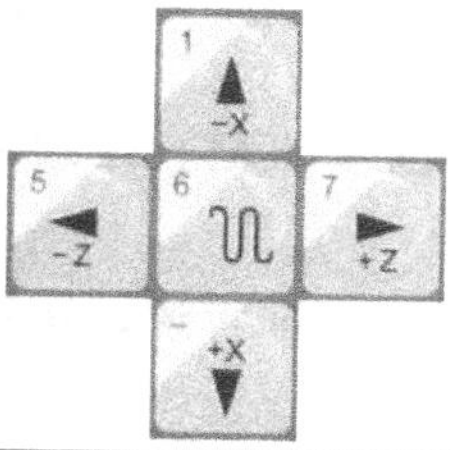	坐标方向选择键	手动进给：按住一个键<Z-><Z+><X-><X+>，刀具沿一个方向移动 手动快速进给：与<Z-><Z+><X-><X+>四键中任意一键同时按下，则刀架以参数设定的手动最高速度运行 
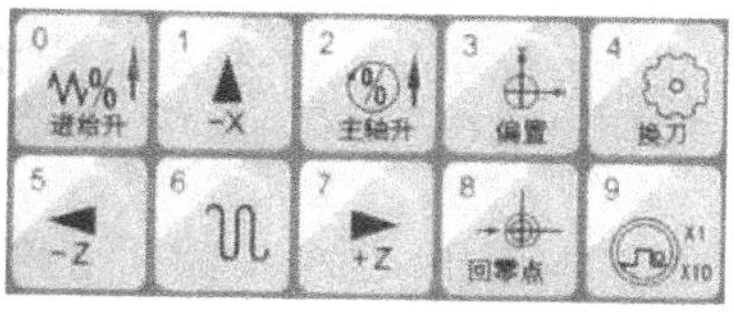	数字键	数字键：0～9。在编辑状态下，按其中一个键输入数字

（续）

图形符号	名称	用途
G MDI、M、F SET、S SET、T；X SAV、Z SAV、I SET、K、P %；L、D、J、N、R	字符键	编辑字符键：在编辑状态下，按其中一个键输入字符

2. PRGRM（程序）主功能

PRGRM（程序）为用户加工程序管理功能，系统提供了最多 30 个程序目录，用户在系统中最多可保存 30 个加工程序。本系统中，主程序以 P 开头，子程序以 N 开头。系统规定，主程序命名范围为 P00～P99，子程序为 N00～N99。

3. OPERT（加工）主功能

OPERT（加工）主功能是实现对系统或机床的各种操作和控制，如自动循环、手动连续进给、进给参数选择和 MDI 方式等。该主功能下的各种子功能由功能键<F1>～<F5>选择。

（1）自动循环加工　按<F3>键后，在操作方式界面内显示“自动”，再按<打开程序>键，用户可在此处输入准备运行的程序名，“程序名表”显示用户程序区中已有的程序名、程序大小和程序属性。最后，按<循环启动>键，该程序开始运行。

（2）手动操作方式　手动操作包括手动连续进给和步进进给两种方式，又称手动、点动操作方式。

1）手动方式。按<操作>键即进入手动方式，<◀Z-><Z+▶><X-▲><X+▼>键表示沿各个坐标方向的进给，其运动速度可按<F_{SET}>键手工设定，当以上四个进给键之一与同时按下时，按参数设定速度运行。

2）点动方式。与手动方式一样，按<F2>键即可进入点动操作方式，每按一次坐标进给键，其坐标便沿该键对应的方向移动一个给定的长度，该长度由<I_{SET}>键设定。

3）手动操作参数的设定，只在手动、点动方式时有效。

① 按<F_{SET}>键。设定手动或点动方式的坐标移动速度，该速度的范围为 1～200mm/min，若输入有误，系统自动设定为 50.00mm/min。

② 按<I_{SET}>键。设置点动步进给量，只在点动方式下有效，用于设置步进量，范围为 0.001～65.5 mm。

③ 按<S_{SET}>键。设置主轴转速，按<S_{SET}>键，在光标处输入数字表示主轴转速，转速范围为 50～1600r/min。

（3）手轮（手摇脉冲发生器）　手轮可以控制机床在 X 方向或 Z 方向的直线运动，共设置三个速度档（倍率），分别为×1、×10、×100，速度档之间可交替切换。手轮主要用于机床的快速直线移动、对刀等。手轮操作如下：

1）在主菜单下按<操作>键进入机床操作界面。

2）按<F1>键进入手轮操作方式。

3）按<F4>键选择运动坐标轴，同时在屏幕的“操作”提示符下显示已选择的坐标轴。

4）按 <倍率>键选择手轮倍率，同时在屏幕的“操作”提示符下显示已选择的倍率。

5）摇动手轮，则机床作相应运动。

6）要退出手轮状态，可按<F1>~<F5>其他任意一“F”功能键。

（4）MDI 操作方式　在 OPERT（加工）主功能的手动、自动、点动、手轮方式下，按<G_{MDI}>键，屏幕第二行出现光标，此时可键入一行程序，按<ENTER>键后系统执行该程序，该段程序不需输入段号。

4. 图形显示功能

在 OPERT（加工）主功能下，按<F3>（自动）键进入自动方式，此时按<F5>（轨迹显示）键进入图形显示方式（联机或模拟）。该功能用于显示刀具在某加工程序控制下，刀尖的运行轨迹，可以使用户直接观察编程轨迹的运行过程。模拟状态时，屏幕上显示刀具的中心轨迹，但机床的坐标轴不运动，它主要供用户调试程序，避免由于程序疏忽而引起故障和事故。屏幕显示的模拟仿真界面如图 11-5 所示。

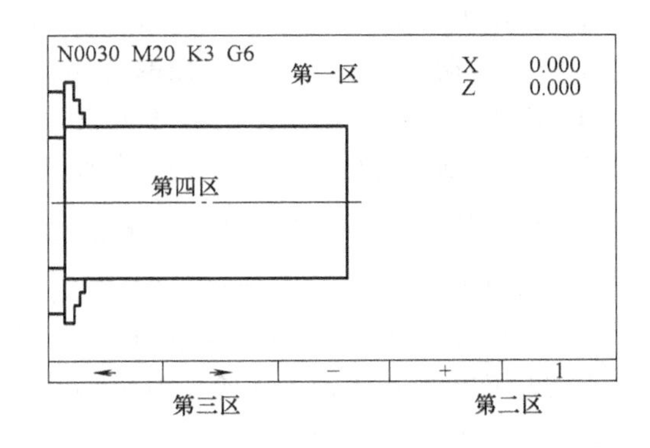

图 11-5　模拟仿真界面

第一区：用于显示当前加工程序段及工件坐标。

第二区：用于显示假设刀具每次移动的像素数。

第三区：F 键功能提示。

第四区：屏幕图形显示，加工轨迹只能在本区显示，越出部分不能被显示。

11.3.2　对刀操作

1. 刀具偏置补偿

编程时，假定刀架上各刀在工作位时，其刀尖位置是一致的。但由于刀具的几何形状和安装位置的不同，其刀尖位置是不一致的，其相对于原点的距离也是不同的。因此，需要将各刀具的位置值进行比较和设定，这称为刀具偏置补偿。刀具偏置补偿可使加工程序不随刀尖位置的不同而改变，刀具偏置补偿形式如图 11-6 所示。

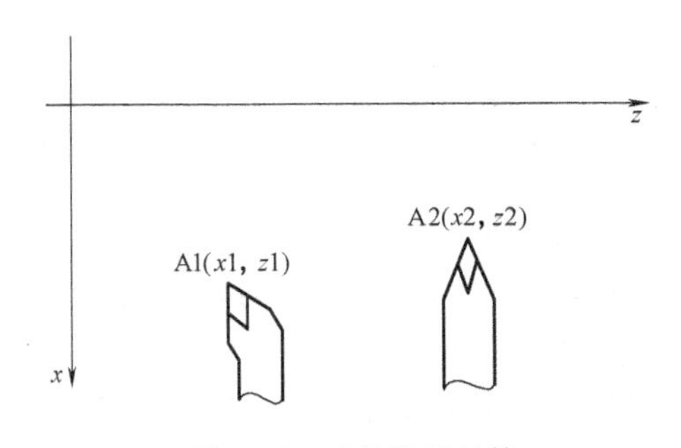

图 11-6　刀具偏置补偿

在对刀时，确定一把刀为标准刀具，假设为 T1，并以其刀尖位置 A1 为依据建立坐标系。换成 T2 后，T2 刀尖处于 A2 的位置，换刀后刀尖坐标由 A1（$x1$，$z1$）变为 A2（$x2$，$z2$）。刀补的作用就是将刀尖坐标值由原来的坐标（$x1$，$z1$）转换成（$x2$，$z2$），A1 和 A2 在 X，Z 方向的相对差值即为偏置值。在实际应用中，为了简化这一过程，数控系统无需测出各把刀的偏置值，而是采用记忆坐标值的方法来确定。

2. 对刀方法

所谓对刀，其实质就是测量程序原点与机床原点之间的偏移距离，并设置程序原点在以刀尖为参照的机床坐标系里的坐标。在一定条件下，对刀的精度可以决定零件的加工精度，同时，对刀效率还直接影响数控加工效率。对刀的方法有很多种，按对刀的精度可分为粗略对刀和精确对刀，按是否采用对刀仪可分为手动对刀和自动对刀等，但无论采用哪种对刀方式，都离不开试切对刀，试切对刀是最根本的对刀方法。

（1）外圆刀对刀（T1）

1）Z 向对刀方法：

① 在卡盘上装夹一毛坯件，换刀 T1，设定主轴 800r/min，选择合适的进给速度，起动主轴正转，移动刀尖到工件右端面的右侧，距离约 10mm 处。

② 按<F1>键选手轮操作，倍率更改为“10”，按<F4>键，转换进给方向为 Z，逆时针摇手轮，使切削刃轻轻接触右端面，如图 11-7a 所示。

③ 按键，屏幕右上角出现“Z 记忆”，按键，进入刀具补偿参数界面，屏幕下方“DZ”光标闪动，输入数字“1”，按键确认，按键存盘，按键返回。

④ 沿 X 向退出刀具，到工件外面。

⑤ 按<F4>换 Z 向，摇手轮使刀尖移动到 z 坐标为 0 处，换 X 向，摇手轮逆时针 8 圈，切削端面，如图 11-7b 所示；

⑥ 沿 X 向退出刀具，到工件外面，Z 向刀具补偿完成。

a)

b)

图 11-7 外圆刀 Z 向对刀

a）刀尖轻触毛坯右端面 b）$z0$ 处径向切削

2）X 向对刀方法：

① 起动主轴正转，移动刀具到工件外圆表面外，逆时针摇手轮（X 向走刀）轻轻接触外圆表面。

② 按<F4>键，转换手轮移动方向为 Z，顺时针摇手轮直到刀具退出到工件右端面的右侧。

③ 按<F4>键，转换手轮移动方向为 X，逆时针摇手轮 1 圈（X 向走刀）。

④ 按<F4>键，转换进给方向为 Z，逆时针摇手轮，工件切削长度约 5mm，如图 11-8 所示。

⑤ 按键，屏幕右上角出现“X 记忆”，移动刀具沿 Z+方向退出，停主轴。

⑥ 沿 X 向退出刀具，到工件外面。

⑦ 测量车削后外圆的直径尺寸，按键进入刀具补偿参数界面，屏幕下方“DX”光标闪动，直接键入测量的直径尺寸（可减小 0.05mm），按键确认，按键存盘，按键返回，X 向刀具补偿完成。

图 11-8 外圆刀 X 向对刀

（2）切断刀对刀（T2）

1）选择刀号“T2”，起动主轴正转，用手轮移动 T2 号切断刀，使左侧刀尖轻微接触 Z 向新端面，按<Z>键，屏幕显示“Z 记忆”，按<刀补/密码>键，进入刀具补偿参数界面，屏幕下方“DZ”光标闪动，输入“0”，按<Enter>键确认，按<存储>键存盘，按<操作>键返回，如图 11-9 所示。

2）退出刀尖到外圆表面外，Z 向移动刀尖轻触外圆表面，按<X>键，屏幕显示“X 记忆”，按<刀补/密码>键，进入刀具补偿参数界面，屏幕下方“DX”光标闪动，直接键入 T1 号刀车削后的外圆直径尺寸，按<Enter>键确认，按<存储>键存盘，按<操作>键返回，如图 11-10 所示。

图 11-9 切断刀 Z 向对刀

图 11-10 切断刀 X 向对刀

（3）外螺纹刀对刀（T3）

1）选择刀号“T3”，用手轮移动刀具沿 X 向接近工件外圆表面，使刀尖与工件右端 $z=0$ 处对齐，按<Z>键，屏幕显示“Z 记忆”，按<刀补/密码>键，进入刀具补偿参数界面，屏幕下方“DZ”光标闪动，直接按<0>键，按<回车>键确认，按<存储>键存盘，按<操作>键返回，如图 11-11 所示。

2）退出刀尖到外圆表面外，起动主轴正转，Z 向移动刀尖轻触外圆表面，按<X>键，屏幕显示“X 记忆”，按<刀补/密码>键，进入刀具补偿参数界面，屏幕下方“DX”光标闪动，直接键入 T1 号刀车削后外圆的直径尺寸，按<回车>键确认，按<存储>键存盘，按<操作>键返回，如图 11-12 所示。

图 11-11　螺纹刀 Z 向对刀

图 11-12　螺纹刀 X 向对刀

11.4　数控车床编程基础

11.4.1　数控车床坐标系统

1. 机床坐标系

机床坐标系是车床固有的坐标系，并设有固定的机床坐标原点。机床坐标系原点是机床上固有的点，不能随意更改。机床坐标系只有开机后，通过手动返回参考点的操作才能建立。手动返回参考点的操作是按各坐标轴分别进行的，当某一坐标轴返回参考点后，该坐标轴的车床坐标清零。

对于数控车床，其 Z 轴为主轴轴线方向，并规定从床头指向床尾为 Z 轴正方向；X 轴位于水平面内且垂直于 Z 轴方向，对于前刀架系统，规定机床指向操作者为正方向，如图 11-13 所示。

2. 工件坐标系

工件坐标系又称为编程坐标系，是以工件上某一个点为坐标原点建立起来的 X-Z 直角坐标系。为计算方便，通常把工件坐标系的原点选择在工件回转轴线上，具体位置可设置在左端面或右端面上，尽量使编程基准与设计、安装基准重合，如图 11-14 所示。

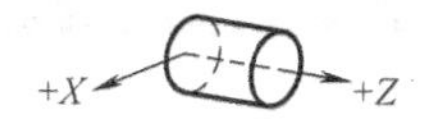

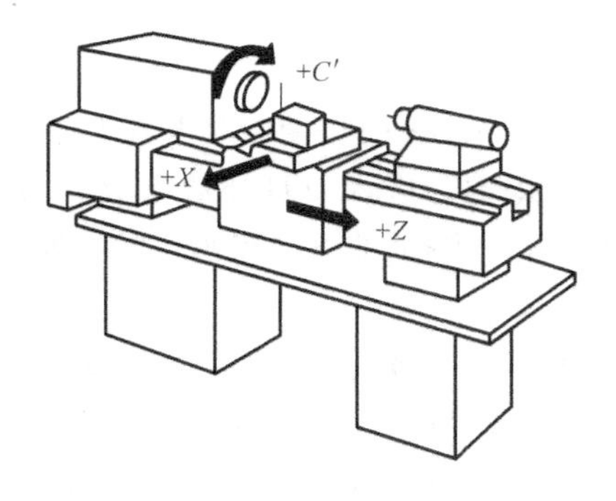

图 11-13　数控车床坐标系

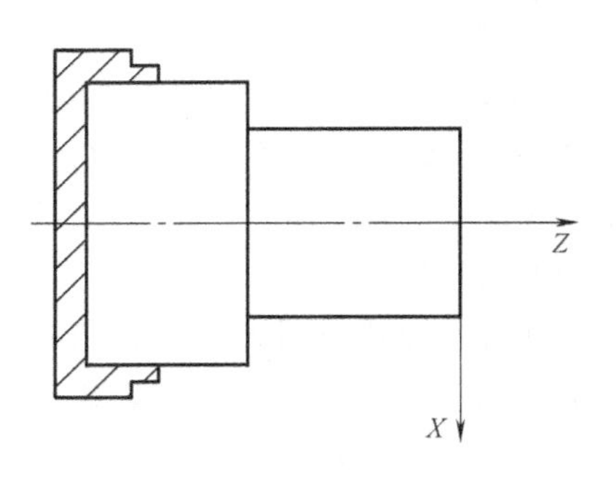

图 11-14　工件坐标系

3. 机床参考点

机床参考点又称机械原点，它是指 X、Z 两方向沿正向移动到接近极限的位置，感应到该方向参考点开关时所决定的位置。一台机床是否有回参考点功能，取决于机床制造商是否安装了参考点开关。

11.4.2　数控车床常用指令

（1）准备功能 G　常用准备功能 G 代码见表 11-2。

表 11-2　常用准备功能 G 代码

代码	格式	说明
G00	G00 X(U)__ Z(W)__	快速定位
G01	G01 X(U)__ Z(W)__ F__	直线插补
G02	G02 X(U)__ Z(W)__ R__(I__K__)F__	顺圆弧插补
G03	G03 X(U)__ Z(W)__ R__(I__K__)F__	逆圆弧插补
G40	G40 G01	取消刀尖圆弧半径补偿
G41	G41 G01	刀尖半径左补偿
G42	G42 G01	刀尖半径右补偿
G71	G71 I__K__N__X__Z__F__	内(外)径切削复合循环
G73	G73 I__K__N__L__X__Z__F__	仿形加工复合循环
G86	G86 X__Z__K__I/D__R__N__L__F__	公制螺纹加工循环
G90	G90	绝对值方式编程
G91	G91	增量值方式编程
G96	G96	恒线速切削 S__ m/min
G97	G97	恒转速控制 S__ r/min
G98	G98 G01、G02、G03(F__)	每分钟进给 F__ mm/min
G99	G99 G01、G02、G03(F__)	每转进给量 F__ μm/r

（2）辅助功能 M　辅助功能 M 代码见表 11-3。

表 11-3　辅助功能 M 代码

代码	说明	代码	说明
M00	程序停止	M07	2 号切削液开
M01	计划停止	M08	1 号切削液开
M02	程序结束	M09	切削液关
M03	主轴正转	M30	程序结束并返到程序头
M04	主轴反转	M98	调用子程序
M05	主轴停	M99	返回子程序
M06	换刀		

（3）主轴转速功能 S　数控机床的主轴转速可以编程在地址 S 下，用于指定主轴的转速。旋转方向和主轴运动的起点和终点通过 M 指令规定。在数控车床上加工时，只有在主轴起动之后，刀具才能进行切削加工。

（4）进给功能 F　进给功能指令 F 可以指定刀具相对工件的进给速度，一般在 F 后面直接写上进给速度值，进给量的单位用 G94 和 G95 来指定，也可采用 F00~F99 表示 100 种指定进给速度。

（5）刀具功能 T　刀具功能指令 T 后面接四位数字，主要用于选择刀具和刀具偏置。如 T0101，前两位“01”表示刀具号，后两位“01”表示刀具补偿号。

11.4.3 数控车床编程方法

一个完整的数控加工程序由程序号、若干程序段及程序结束指令构成。程序号置于程序开头，用作一个具体加工程序存储、调用的标记，一般由字母 P、N 后加 2~4 位数组成，如 P01 号程序。程序段是控制机床加工的语句，表示一个完整的运动或操作，由程序号、程序字及程序段结束符号组成。程序字通常是由地址字和地址字后的数字和符号组成，如 G01、Z-15.0、F150 等，表示一种功能指令，系统常用功能字见表 11-4。程序段格式是指程序中的字、字符、数据的安排规则，每个功能字在不同的程序段定义中可能有不同的定义，详见具体指令。

表 11-4　系统常用功能字

机能	代　码	范　围	意　义
程序号	P、N	01~99	指定程序号、子程序号
顺序号	N	0~99999	程序段号
准备功能	G	00~99	指令动作方式
程序字	X、Z、I、K、R、L、J、D	±0.001~±99999.999	运动指令坐标、圆心坐标、螺距、半径、循环次数
进给速度	F	1~15000	进给速度指令
主轴功能	S	0~5000	主轴转速指令
刀具功能	T	1~8	刀具指令
辅助功能	M	0~99	辅助指令

1. G00 快速定位

格式：G00 X（U）__ Z（W）__

说明：

1）刀具从当前位置以点控制方式快速移动到目标位置，其移动速度由机床设定，与程序段中的进给速度无关。

2）不运动的坐标无需编程。

3）目标点的坐标值可以用绝对值，也可以用增量值。

如图 11-15 所示，刀尖从 A 运动到 B，程序如下：

绝对值方式编程：G90 G00 X45 Z5

增量方式编程：G00 U-55 W-35

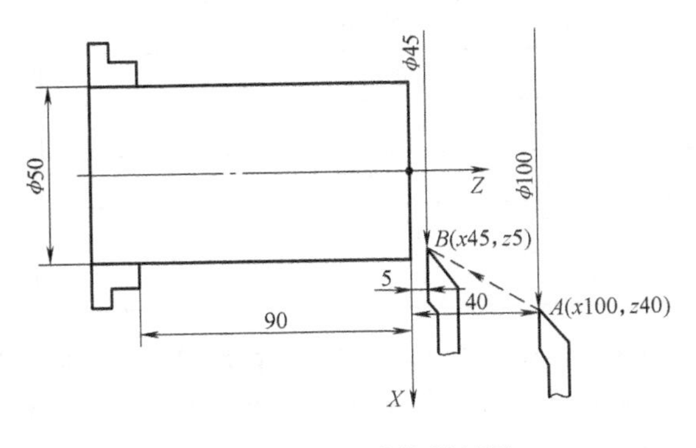

图 11-15　G00 功能举例图

2. G01 直线插补

格式：G01　X __　Z __　F __

G01　X __　W __　F __

G01　X __　F __　　　　G01　U __　W __　F __

G01　Z __　F __　　　　G01　U __　Z __　F __

说明：

1）每次开始起动加工循环时，自动处于 G01 状态，直到其他模态改变它。

2）不运动的坐标可以省略。

3）目标点的坐标可以用绝对值或增量值书写。

4）G01 加工时，进给速度按所给的 F 值运行，F 范围：1～1500mm/min。

如图 11-16 所示，刀尖从 *A*→*B*→*C* 点，程序如下：

绝对值方式编程：G01 Z-30 F150

X40

增量方式编程：G01 W-30 F150

U5

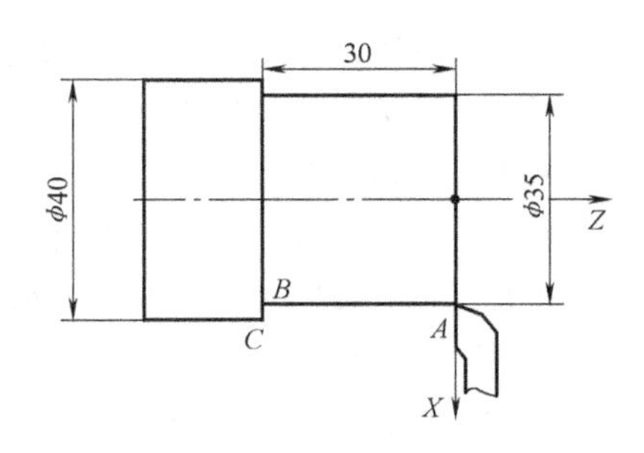

图 11-16　G01 功能举例图

3. G02 顺圆插补

格式：G02　X __ Z __ I __ K __ F __

G02　X __ Z __ R __ F __

说明：

1）"X""Z" 在 G90 时，圆弧终点坐标是相对编程零点的绝对坐标值。在 G91 时，是圆弧终点相对圆弧起点的增量值。"I" 和 "K" 均是圆心相对圆弧起点的 *X*、*Z* 向坐标值，"R" 为圆弧半径。

2）G02 指令编程时，可以直接编整圆，"R" 编程不能用于整圆。

如图 11-17 所示，刀尖从 *A* 运动到 *B*，程序如下：

G90　G02　X60　Z-30　R10　F150　　　（圆弧半径编程）

G90　G02　X60　Z-30　I20　K0　F150　（圆心坐标编程）

4. G03 逆圆插补

格式：G03 X __　Z __　R __　F __ 或 G03 X __　Z __　I __　K __　F __

说明：用 G03 指令编程时，除圆弧为逆圆方向外，其余跟 G02 指令相同。

如图 11-18 所示，刀尖从 *A* 运动到 *B*，程序如下：

G90　G03　X60　W-10　R10　F150　　　（圆弧半径编程）

G90　G03　X60　Z-30　I0　K-10　F150　（圆心坐标编程）

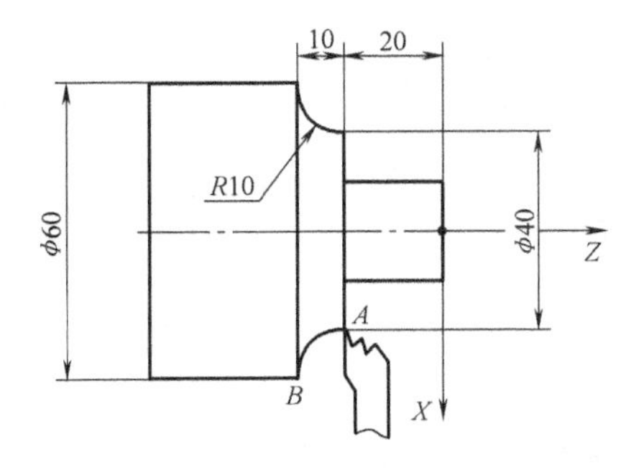

图 11-17　G02 功能举例图

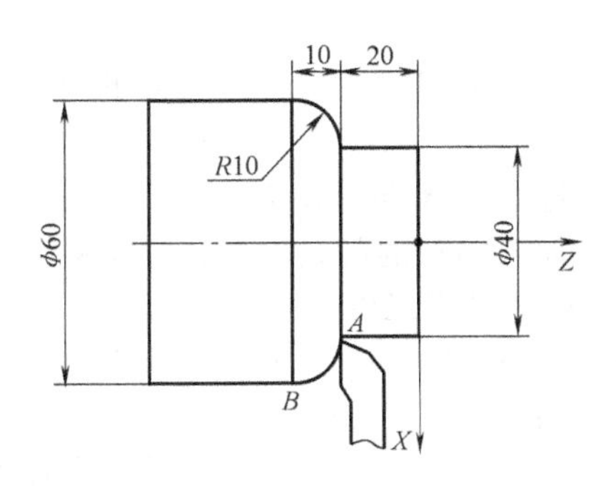

图 11-18　G03 功能举例图

5. G71 内（外）径切削复合循环

格式：G71 I__ K__ N__ X__ Z__ F__

说明：该指令执行如图 11-19 所示的粗加工和精加工，其精加工路径为 A→B→C→D。

其中“I”背吃刀量（每次切削量），指定时不加符号，方向由矢量 **AB** 决定；“K”：每次退刀量，指定时不加符号；“N”：精加工程序段数；“X”：X 方向精加工余量；“Z”：Z 方向精加工余量；“F”：粗加工时 G71 中的“F”有效，而精加工时精加工程序段内的“F”有效。

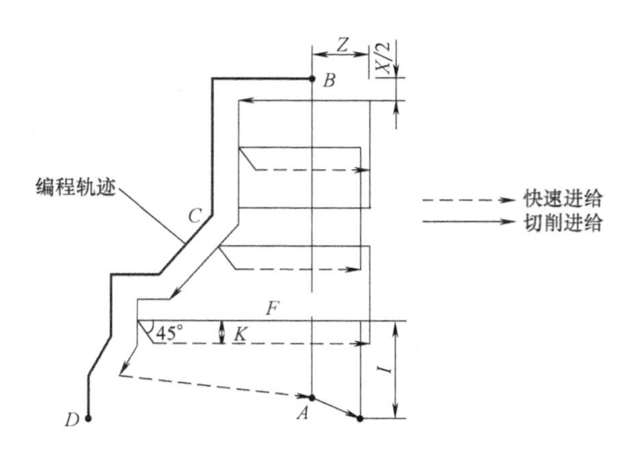

图 11-19 G71 功能运行轨迹图

6. G73 仿形加工复合循环

格式：G73 I__ K__ N__ L__ X__ Z__ F__

说明：该功能在切削时刀具轨迹为如图 11-20 所示的封闭回路，刀具逐渐进给，封闭切削回路逐渐向零件最终形状靠近，最终切削成工件的形状。其中“I”：X 轴方向的粗加工总余量；“K”：Z 轴方向的粗加工总余量；“N”：精加工程序段数；“L”：粗切削次数；“X”：X 方向精加工余量；“Z”：Z 方向精加工余量；“F”：粗加工时 G73 中编程的“F”有效，而精加工时精加工程序段内的“F”有效。注意：每次 X，Z 向的切削量为“I”/“L”，“K”/“L”。

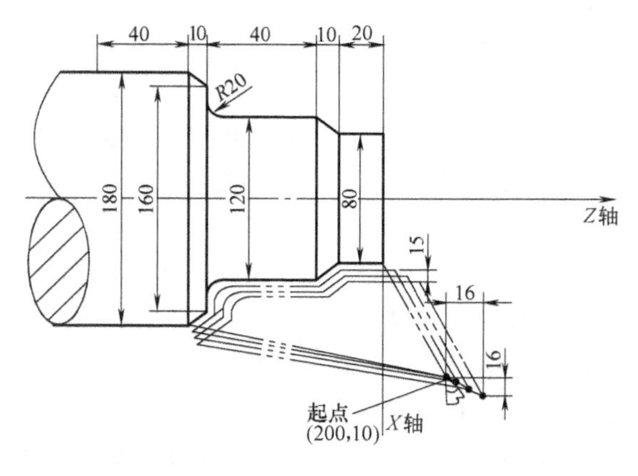

图 11-20 G73 功能运行轨迹图

7. G86 公制螺纹加工循环

格式：G86 X__ Z__ K__ I__ R__ N__ L__

说明：

“X”直径变化值，“Z”长度，“K”导程，“I”退尾，“R”总切深，“N”头数，“L”循环次数。

1）每次进刀方式由程序前面的 P10 和 P11 赋值语句决定，最后一刀 X 向单边进刀光整螺纹面。

2）螺纹在 X 向退尾方向由“I”值决定，“+”为外螺纹，“-”为内螺纹。

3）加工循环的起始位置，X 向将刀尖对准螺纹的顶径处。

8. G92 设定工件坐标系

格式：G92 X__ Z__

说明：

1）G92 只改变系统当前显示的坐标值，不移动坐标轴，达到设定坐标原点的目的。

2）G92 后面的“X”“Z”可分别编入，也可全编。

9. G98 取消每转进给

格式：G98　F×××

说明："F" 单位为 mm/min。

10. G99 设定每转进给

格式：G99　F ×××

说明："F" 单位为 μm/r，只能是整数。

11.5　数控车床加工实训

本节介绍三种零件的加工工艺与编程，采用 TD-L4-H31XT 数控系统，机床为 TDNC320 型数控车床。要求分析加工工艺、编写程序单、校验程序并完成车削加工。

11.5.1　台阶轴数控车削实训

1. 加工要求

用数控车床加工完成如图 11-21 所示的工件，材料 45 钢，未注倒角 $C1$。

2. 加工工艺路线

1）使用自定心卡盘装夹毛坯外圆，伸出卡爪的零件长度为 51±1mm。

2）车端面，选择转进给方式。

3）粗车台阶轴大径到 ϕ29，长度 40mm。

4）粗车台阶轴小径到 ϕ25，长度 25mm。

5）精车外轮廓到图样尺寸。

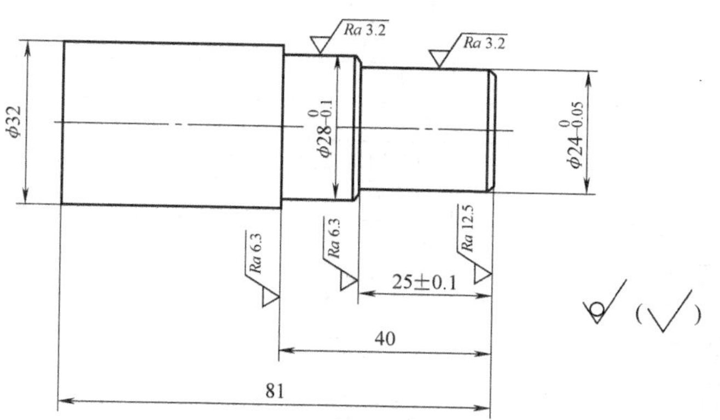

图 11-21　台阶轴

3. 加工工艺卡

加工工艺卡如图 11-22 所示。

序号	加工内容	刀具号	刀具名称	主轴转速/(r/min)	进给速度/(mm/r)	背吃刀量/mm
1	车端面	T0101	外圆车刀	900	0.1	1
2	粗车外径(大径)	T0101	外圆车刀	900	0.16	3
3	粗车外径(小径)	T0101	外圆车刀	900	0.16	4
4	精车外轮廓	T0101	外圆车刀	1200	0.12	1

图 11-22　加工工艺卡

4. 备料单

准备一尺寸为 ϕ32mm×82mm 的 45 钢钢料毛坯。

5. 刀具和量具

刀具：95°外圆车刀。量具：数显卡尺，如图 11-23 所示。

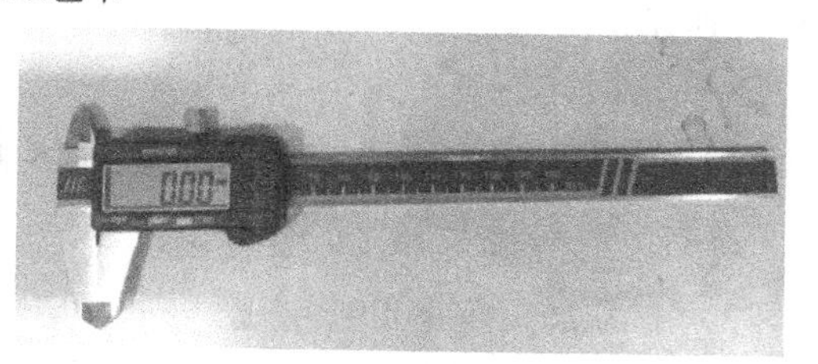

图 11-23　数显卡尺

6. 程序参考

加工程序见表 11-5。

表 11-5　加工程序

P01	零件加工程序注解
N0010 S900 M3 T1	主轴正转 900r/min，换 1 号刀，1 号刀补，确定其坐标系
N0020 G0 X100 Z100	快速定位到程序起点或换刀点位置
N0030 Z0	快速进刀到距端面零点位置
N0040 X36	快速进刀到外圆 ϕ36 位置
N0050 G99 G1 X-0.8 F100	车端面，转进给量 100μm/r
N0060 G0 X29 Z2	快速退刀
N0070 G1 Z-40 F160	粗车外圆，粗车进给量 160μm/r
N0080 X34	车台阶面
N0090 G0 Z2	快速退刀
N0100 X25	快速进刀
N0110 G1 Z-25	粗车外圆
N0120 X30	车台阶面
N0130 G0 Z2	快速退刀
N0140 X18	快速进刀到倒角位置点
N0150 G99 G1 X24 Z-1 F120 S1200 M3	精车倒角，进给量 120μm/r，主轴 1200r/min
N0160 Z-25	精车外圆
N0170 X26	精车台阶面
N0180 X28 Z-26	精车倒角
N0190 Z-40	精车外圆
N0200 X34	精车台阶面
N0210 G0 X100 Z100	快速退刀到程序起点或换刀点位置
N0220 M30	程序结束，并返回程序头

7. 零件模拟加工

在进行零件加工前，为了检验编程是否合理，需要进行模拟加工，操作步骤为：

<打开程序>→输入程序名称“P01”→<Enter>→自动→轨迹显示→模拟→置零→输入“51”<Enter>“32”<Enter>“0”→<Enter>→按住<F2>键将光标移动到工件右端面圆心处→<循环起动>。模拟结果如图 11-24 所示。

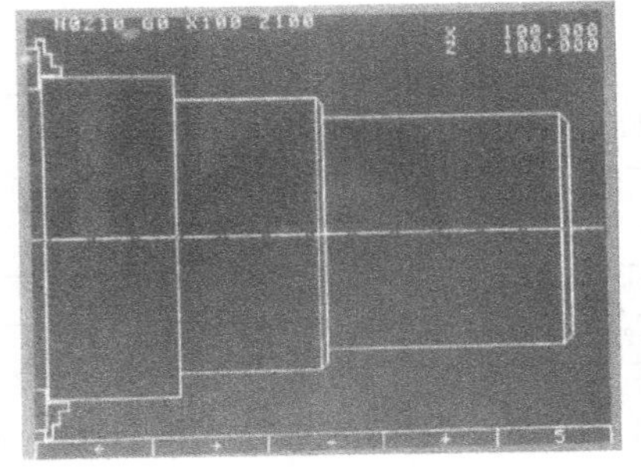

图 11-24　台阶轴图形模拟

8. 零件加工

1）开机。按机床床头侧面电源开关送电，并打开系统电源。

2）打开加工程序 P01。

3）装夹工件和刀具，如图 11-25 所示。

① 将 95°外圆刀装夹到刀架 1 号位，并用内六角扳手锁紧。

② 将毛坯料放入自定心卡盘内，伸出长度为 51mm ± 1mm，并用扳手和套管锁紧。

4）对刀。对刀参照 11.3.2 节对刀操作。

5）自动加工。单击“自动”→<循环起动>，直至加工结束。加工过程如图 11-26 所示。

图 11-25 工件和刀具装夹

a)

b)

c)

d)

图 11-26 台阶轴加工过程

a）车端面 b）粗车大径 c）粗车小径 d）精加工

9. 检验

按图样要求检查零件尺寸，确定是否合格，如图 11-27 所示。

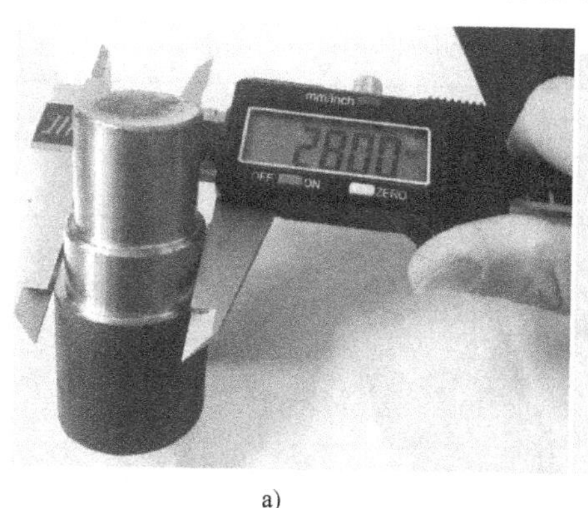

a)

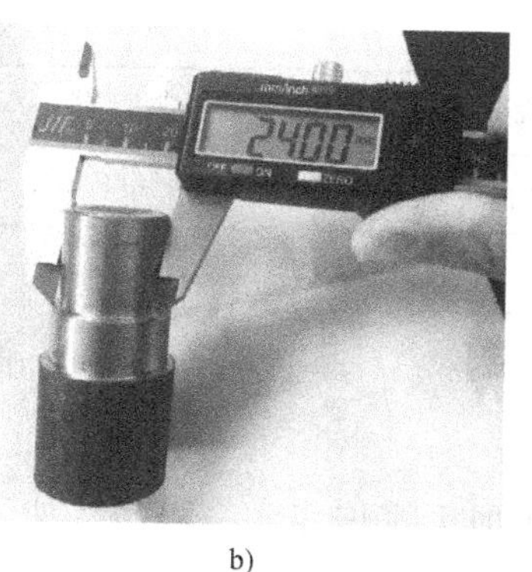

b)

图 11-27 零件直径尺寸测量

a）大径测量 b）小径测量

11.5.2 螺纹轴数控车削实训

1. 加工要求

用数控车床加工完成如图 11-28 所示工件，材料 45 钢，未注倒角 $C1$。

2. 加工工艺路线

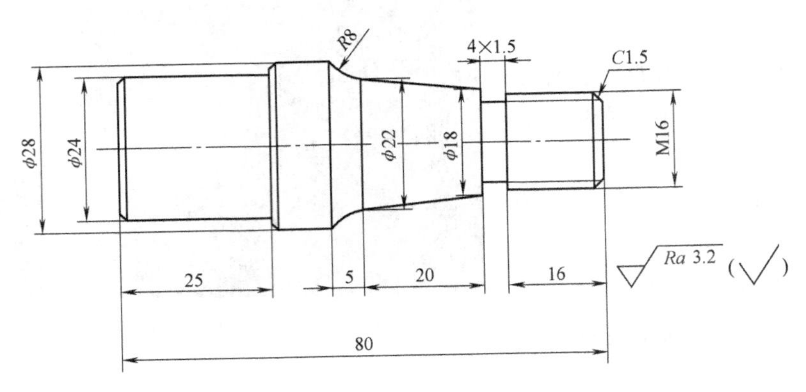

图 11-28　螺纹轴

1）使用自定心卡盘装夹零件，进入长度为 25mm，用台阶定位。

2）车端面，选择转进给方式。

3）粗车外轮廓，径向精车余量 1mm，轴向精车余量 0.1mm。

4）精车外轮廓。

5）车退刀槽。

6）车外螺纹。

3. 加工工艺卡

加工工艺卡如图 11-29 所示。

序号	加工内容	刀具号	刀具名称	主轴转速 /(r/min)	进给速度 /(mm/r)	背吃刀量 /mm
1	车端面	T0101	外圆车刀	900	0.1	1
2	粗车外轮廓	T0101	外圆车刀	900	0.16	3
3	精车外轮廓	T0101	外圆车刀	900	0.12	1
4	车退刀槽	T0202	切断刀	600	0.1	
5	车螺纹	T0303	螺纹刀	600		

图 11-29　加工工艺卡

4. 备料单

将 11.5.1 节所加工零件作为毛坯料，加工其一端的毛坯部分。

5. 刀具和量具

刀具：95°外圆车刀，4mm 宽切断刀，60°外螺纹刀。量具：游标卡尺、螺纹环规，如图 11-30 所示。

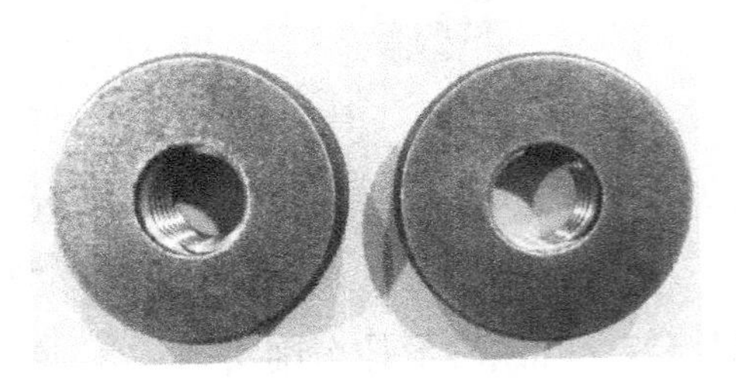

图 11-30　螺纹环规

6. 程序参考

加工程序见表 11-6。

表 11-6　加工程序

P02	零件加工程序注解
N0010 S900 M03 T1	主轴正转 900r/min，换 1 号刀，1 号刀补，确定其坐标系
N0020 G0 X100 Z100	快速进刀到程序起点或换刀点位置
N0030 Z0	快速进刀到距端面零点位置
N0040 X36	快速进刀到外圆 ϕ36 位置
N0050 G99 G1 X-0.8 F100	车端面，转进给 100μm/r
N0060 G0 X32 Z2	快速退刀到外径切削复合循环起点
N0070 G71 I3 K2 N7 X1 Z0.1 F160	"I"每次切深，"K"每次退刀量，"N"精车段数，"X"直径精车余量，"Z"长度精车余量，"F"粗车进给量 160μm/r
N0080 G0 X8.7	精车段，快速进刀到倒角位置点 ϕ8.7
N0090 G1 X15.7 Z-1.5 F120	车倒角，精车进给量 120μm/r
N0100 Z-20	车外圆
N0110 X18	车台阶面
N0120 X22 Z-40	车外圆锥面
N0130 G2 X28 Z-45 R8	车外圆弧
N0140 G1 X32	慢速退刀
N0150 G0 X100 Z100	快速退刀到换刀点位置
N0160 T2 S600 M03	换 2 号刀，2 号刀补，主轴变速 600r/min
N0170 X22	快速进刀
N0180 Z-20	快速进刀
N0190 G99 G1 X12.7 F100	切槽，进给量 100μm/r
N0200 G0 X22	快速退刀
N0210 X100 Z100	快速退刀到换刀点位置
N0220 T3 S600 M03	换 3 号螺纹刀，3 号刀补
N0230 G0 Z8	快速进刀到车螺纹 Z 向起点+8 位置
N0240 X15.7	快速进刀到车螺纹 X 向起点 ϕ15.7 位置
N0250 P10=1	螺纹切深方式选择（递减方式）
N0260 G86 Z-18 K2 I4 R2.7 L8	"Z"长度，"K"螺距，"I"退刀量，"R"切深，"L"次数
N0270 G0 X100 Z100	快速退刀到换刀点位置
N0280 T1	换 1 号刀，1 号刀补
N0290 X100 Z100	快速退刀到程序起点位置
N0300 M30	程序结束，并返回程序头

7. 零件模拟加工

操作步骤参照 11.5.1 节台阶轴的图形模拟过程。模拟结果如图 11-31 所示。

8. 零件加工

1）开机。按机床床头侧面电源开关，并打开系统电源。

2）打开加工程序 P02。

3）装夹工件和刀具：

① 将95°外圆刀装夹到刀架1号位，切断刀装夹到2号位，螺纹刀装夹到3号位，并用内六角扳手锁紧。

② 将毛坯料放入自定心卡盘内，进入长度为25mm，用台阶定位，并用扳手和套管锁紧。

4）对刀。对刀参照11.3.2节对刀操作。

5）自动加工。“自动”→“循环起动”，直至加工结束。加工过程如图11-32所示。

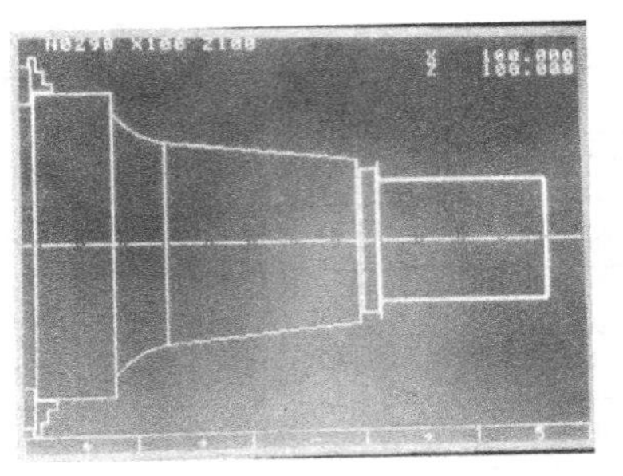

图11-31 螺纹轴图形模拟

a)

b)

c)

d)

e)

图11-32 螺纹轴加工过程

a）车端面 b）粗车外轮廓 c）精车外轮廓 d）车退刀槽 e）车螺纹

9. 检验

按图样要求检查零件尺寸，确定是否合格，如图11-33所示。

图11-33 螺纹尺寸检查

11.5.3 创意性零件数控车削实训

1. 加工要求

用数控车床加工完成如图 11-34 所示工件，材料 45 钢，未注倒角 $C1$。

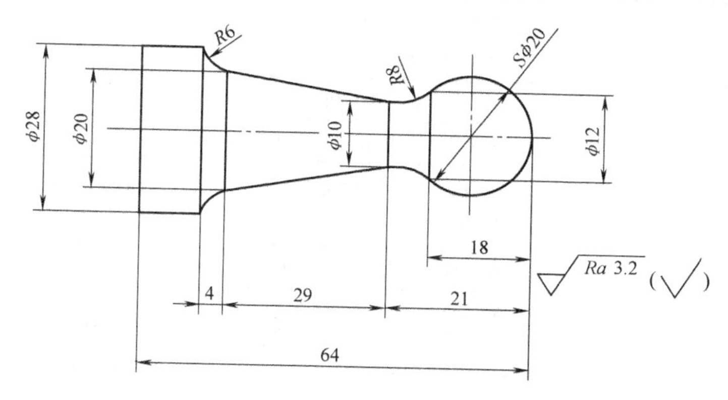

图 11-34　棋子

2. 加工工艺路线

1）使用自定心卡盘装夹零件，伸出长度为 78±1mm，用台阶定位。

2）车端面，选择转进给方式。

3）粗车外轮廓，径向精车余量 1mm。

4）精车外轮廓。

5）切断。

3. 加工工艺卡

加工工艺卡如图 11-35 所示。

序号	加工内容	刀具号	刀具名称	主轴转速/(r/min)	进给速度/(mm/r)	背吃刀量/mm
1	车端面	T0101	外圆车刀	1000	0.1	0.5
2	粗车外轮廓	T0101	外圆车刀	1000	0.16	2
3	精车外轮廓	T0101	外圆车刀	1000	0.12	1
4	切断	T0202	切断刀	900	0.09	

图 11-35　加工工艺卡

4. 备料单

准备一尺寸为 ϕ30mm×120mm 的 45 钢钢料毛坯。

5. 刀具和量具

刀具：93°外圆车刀，4mm 宽切断刀。量具：数显卡尺。

6. 程序参考

加工程序见表 11-7。

表 11-7　加工程序

P03	零件加工程序注解
N0010 S1000 M3 T1	主轴正转 1000r/min，换 1 号刀，1 号刀补，确定其坐标系
N0020 G0 X100 Z100	快速进刀到程序起点位置（换刀点）

（续）

N0030 Z0	快速进刀到距端面零点位置
N0040 X36	快速进刀到外圆 φ36 位置
N0050 G99 G1 X-0.8 F100	车端面，转进给 100μm/r
N0060 G0 X36 Z2	快速退刀到仿形加工循环起点
N0070 G73 I25 N8 L10 X1 F160	"I"粗车总量，"N"精车段数，"L"循环次数，"X"精车余量，"F"粗车进给量 160μm/r
N0080 G0 X0	精车段，快速进刀到 *X* 向零点位置
N0090 G1 Z0	慢速进刀到 *Z* 向零点位置
N0100 G3 X12 Z-18 R10 F120	车外圆弧，精车进给量 120μm/r
N0110 G2 X10 Z-21 R8	车外圆弧
N0120 G1 X20 Z-50	车外圆锥面
N0130 G2 X27.95 Z-54 R6	车外圆弧
N0140 G1 Z-69	车外圆
N0150 X34	车台阶面
N0160 G0 X100 Z100	快速退刀到换刀点位置
N0170 T2 S900	换 2 号刀，2 号刀补，主轴变速 900r/min
N0180 X36	快速进刀到外圆 φ36 位置
N0190 Z-68	快速进刀到距端面-68 位置
N0200 G1 X0 F90	切断，进给量 90μm/r
N0210 G0 X34	快速退刀
N0220 X100 Z100	快速退刀到换刀点位置
N0230 T1	换 1 号刀，1 号刀补
N0240 X100 Z100	快速进刀到程序起点位置
N0250 M30	程序结束，并返回程序头

7. 零件模拟加工

操作步骤参照 11.5.1 节台阶轴的图形模拟过程，其中 L（工件装夹伸出长度）、D_1（工件毛坯外径）、D_2（工件内孔直径）分别输入 78、30、0。模拟图如图 11-36 所示。

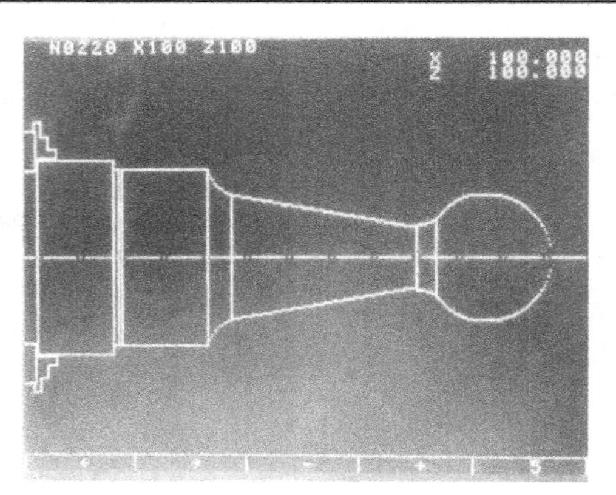

图 11-36　棋子图形模拟

8. 零件加工

1）开机。按机床床头侧面电源开关送电，并打开系统电源。

2）打开加工程序 P03。

3）装夹工件和刀具。

① 将 93°外圆刀装夹到刀架 1 号位，切断刀装夹到 2 号位，并用内六角扳手锁紧。

② 将毛坯料放入自定心卡盘内，伸出长度为 78mm±1mm，并用扳手和套管锁紧。

4）对刀（参照 11.3.2 节对刀操作）。

5）自动加工。“自动”→“循环起动”，直至加工结束。加工过程如图 11-37 所示。

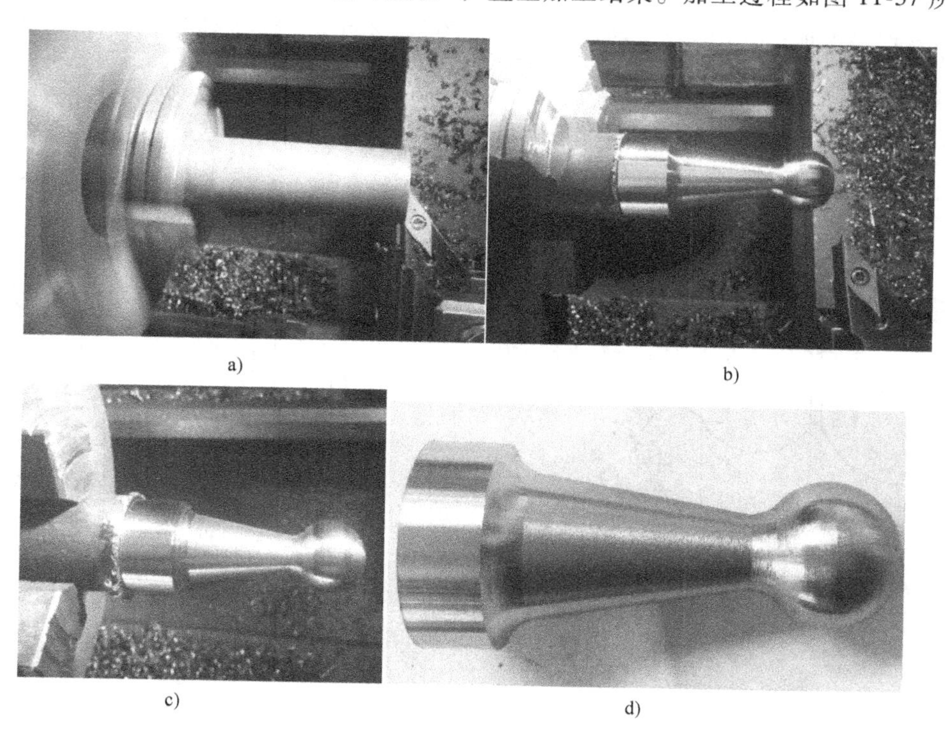

图 11-37　棋子加工过程
a）车端面　b）粗车外轮廓　c）精车外轮廓　d）切断

9. 检验

按图样要求检查零件尺寸，确定是否合格。

实训拓展训练

1. 用数控车床加工如图 11-38 所示工件。毛坯为 ϕ28mm×78mm 棒料，材料为 45 钢。选用刀具：93°外圆刀，4mm 宽切断刀。

2. 用数控车床加工如图 11-39 所示工件。毛坯为 ϕ28mm×78mm 棒料，材料为 45 钢。选用刀具：93°外圆刀，4mm 宽切断刀。

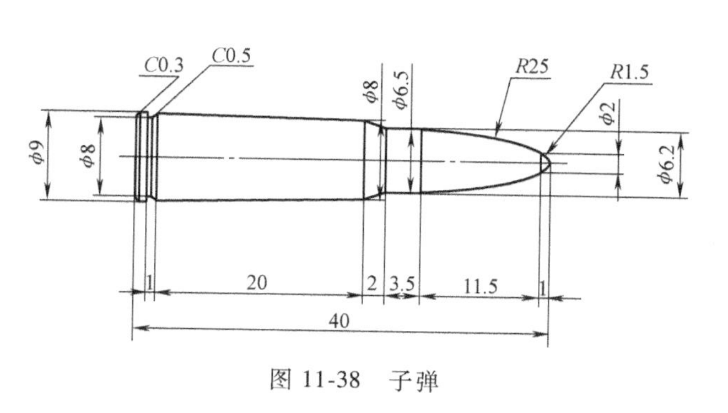

图 11-38　子弹

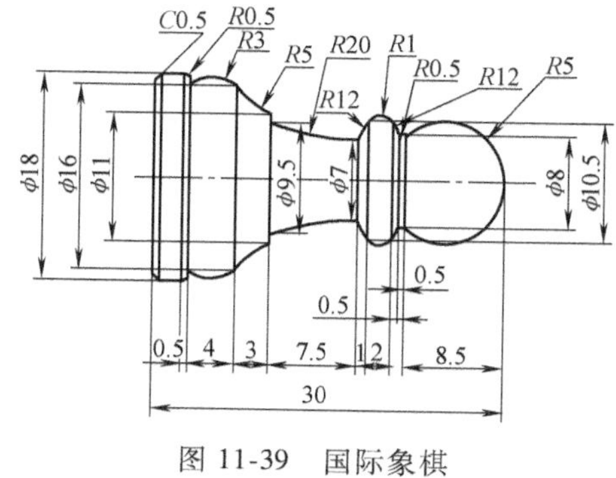

图 11-39　国际象棋

3. 用数控车床加工如图 11-40 所示工件。毛坯为 ϕ28mm×78mm 棒料，材料为 45 钢。选用刀具：93°外圆刀，4mm 宽切断刀。

4. 用数控车床加工如图 11-41 所示工件。毛坯为 ϕ28mm×78mm 棒料，材料为 45 钢。选用刀具：93°外圆刀，4mm 宽切断刀。

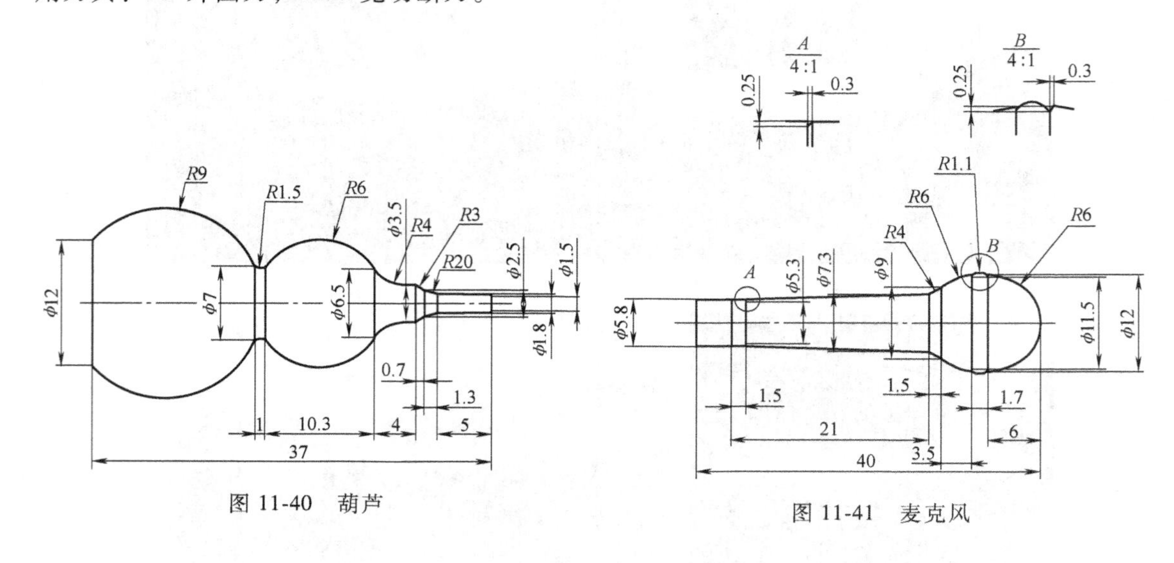

图 11-40　葫芦

图 11-41　麦克风

第 12 章　数控铣削加工实训

12.1　数控铣削加工概述

12.1.1　数控铣削工艺范围

数控铣削加工是数控加工中最为常见的加工方法之一，广泛应用于机械设备制造、模具加工等领域。数控铣削加工的主要设备有数控铣床和加工中心，数控铣削加工的零件非常多，主要有以下几类：

1）平面类零件。加工单元面为平面或可展开成平面，其数控铣削相对比较简单，一般用两坐标联动就能加工出来。

2）曲面类零件。加工面不能展开成平面，加工中铣刀与零件表面始终是点接触。

3）变斜角类零件。加工面不能展开成平面，加工中加工面与铣刀周围接触的瞬间为一条直线。

4）孔及螺纹类零件。

12.1.2　数控铣床的组成与分类

1. XK7125 数控铣床的基本组成

数控铣床一般由数控系统、主传动系统、进给伺服系统、冷却润滑系统等几大部分组成，其主要组成如图 12-1 所示。

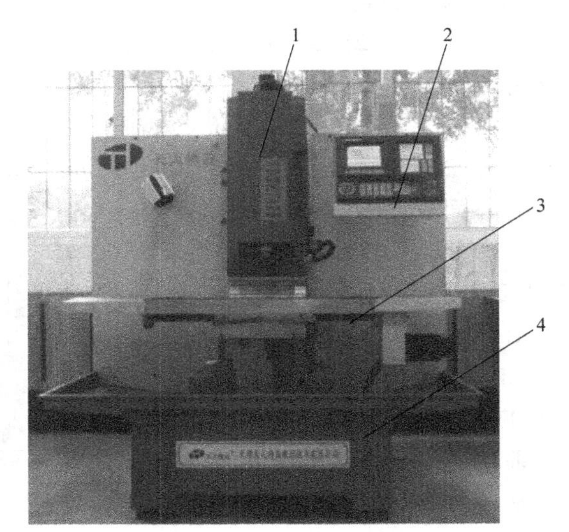

图 12-1　XK7125 型数控铣床
1—主传动系统　2—数控系统　3—进给伺服系统　4—冷却润滑系统

2. 数控铣床的分类

数控铣床是一种用途广泛的数控机床，有不同的分类方法：

1）按机床主轴的布局形式可分为立式数控铣床、卧式数控铣床和立卧两用数控铣床，其中立式数控铣床是数控铣床中数量最多的一种。

2）按采用的数控系统功能可分为经济型数控铣床、全功能数控铣床和高速铣削数控铣床。

12.2　数控铣削加工工艺

12.2.1　数控铣削刀具

在数控铣床上所能用到的刀具按切削工艺可分为三种：

（1）钻削刀具　钻削刀具分为小孔钻头、短孔钻头（深径比<5）、深孔钻头（深径比>6，可高达 100 以上）和枪钻、丝锥、铰刀等。

（2）镗削刀具　镗削刀具按功能可分为粗镗刀、精镗刀；按切削刃数量可分为单刃镗刀、双刃镗刀和多刃镗刀；按工件加工表面特征可分为通孔镗刀、不通孔镗刀、阶梯孔镗刀和端面镗刀；按刀具结构可分为整体式镗刀、模块式镗刀等。

（3）铣削刀具　铣削刀具分面铣刀、立铣刀和三面刃铣刀等。

12.2.2　数控铣削工艺

数控铣削加工工艺主要包括以下几个方面：

1）零件图分析，确定加工内容。

2）合理划分加工工序。

3）选择夹具与零件的装夹方法。

4）加工路线的确定。

5）选择刀具。

6）选择切削用量。

7）加工程序的编写、校验和修改。

8）首件试加工与现场问题的处理。

9）数控铣削工艺技术文件编制。

12.3　数控铣床操作

12.3.1　操作面板介绍

本节以 XK7125 型数控铣床为例，介绍其控制面板及基本操作方法。该机床采用 31DM 数控系统，工作台 840mm×250mm，工作行程 480mm×250mm×250mm，主轴锥度 BT30，主轴转速范围为 145～3000r/min，系统操作面板如图 12-2 所示。

图 12-2　31DM 数控系统操作面板

各种开关、按钮的功能，见表 12-1。

12.3.2　对刀操作

1. 刀具补偿

（1）刀具半径补偿　在铣床上进行轮廓加工时，因为铣刀具有一定的半径，所以刀具中心轨迹和工件轮廓不重合。若数控装置不具备刀具半径自动补偿功能，则只能按刀心轨迹进行编程，其数据计算有时相当复杂。当数控系统具备半径补偿功能时，编程只需按工件轮廓进行，数控系统会自动计算刀心轨迹坐标，使刀具偏离工件轮廓一个半径值，即进行半径补偿，如图 12-3 所示。

表 12-1　各开关、按钮使用说明

图形符号	名称	用途
/ ⊔ -	符号键	斜号键、空格键、负号键

（续）

图形符号	名称	用途
· = ENTER	符号键	小数点键、等号键、确认键
循环起动 循环暂停 循环取消	循环起动 循环暂停 循环取消	循环起动开关，用于执行一个加工程序 自动循环加工暂停 终止本次循环加工
	手动加速	手动快速进给，与方向键同时使用
坐标偏置	坐标偏置	坐标置零：按下该键后，再按<Enter>键，三坐标同时置零，如要其中一个坐标置零，按下该键后，再控<X>、<Y>、<Z>中的一个键即可
W%↑ 进给升 W%↓ 进给降	进给 升/降	进给倍率升/降：在自动、手动下动态调节进给速度 *F*
主轴升 主轴降	主轴 升/降	主轴倍率升/降：在自动、手动下动态调节主轴转速 *S*
	调节亮度	调节液晶显示屏的亮度
刀补/密码	密码键	密码输入
存储	存储键	将程序、系统参数、刀具参数、机床参数存入系统
打开程序	打开程序	文件调用键：输入程序名，打开要加工的程序
坐标原点	坐标原定	G92 快速键直接输入原点坐标
主轴正 主轴反 主轴停	主轴正 主轴反 主轴停	手动主轴正转起动，顺时针旋转 手动主轴反转起动，逆时针旋转 手动停止主轴转动
切削开/关	切削液 开/关	切削液起动，按一次按键，切换一次
回参考点 回零点	回参考点 回零点	快速执行 G74 功能 返回当前零点坐标，相当于 G76

（续）

图　形　符　号	名称	用　　途
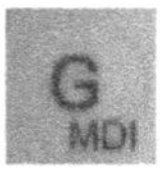G MDI	MDI	按<MDI>键，屏幕左上角光标闪动，此时可键入一行程序，按<Enetr>键后系统执行该程序，该段程序无需输入段号
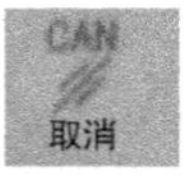CAN 取消	取消	消除输入到键输入缓冲寄存器中的字符或符号
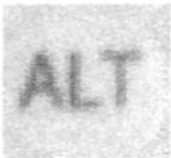ALT	ALT	当某项参数（如 P 参数、位参数、螺距补偿参数）一屏显示不下时，按<ALT>键在几屏之间切换
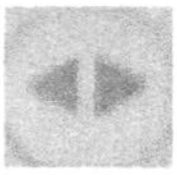	切换键	功能切换软键
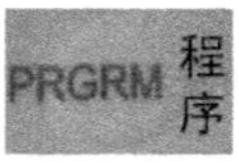PRGRM 程序	程序	与程序有关的各种管理，程序编辑、输入、输出操作等
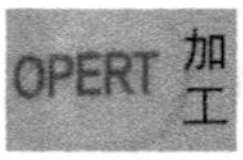OPERT 加工	加工	机床加工操作，对机床的各种操作功能，可在该功能下的子功能中实现
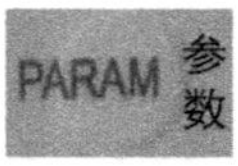PARAM 参数	参数	参数设置，用于设置各种与机床或数控系统有关的参数
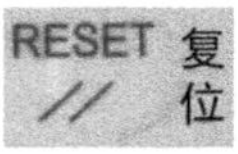RESET 复位	复位	解除报警，CNC 系统复位，进入开机后的初始状态
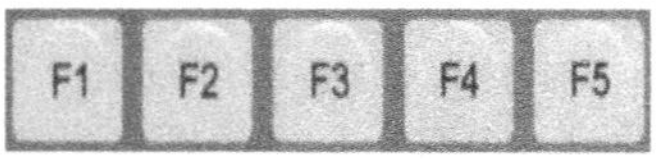F1 F2 F3 F4 F5	软功能键	软定义功能键<F1>～<F5>
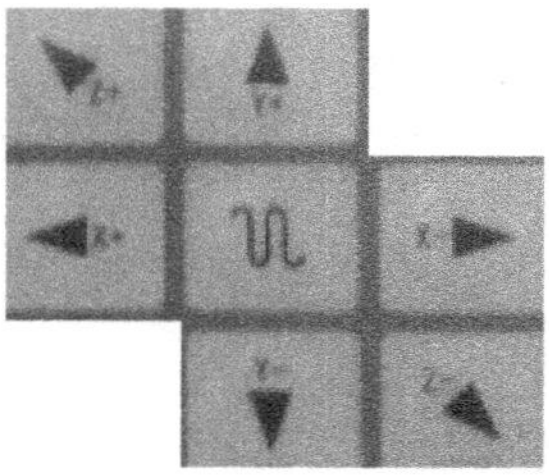	坐标方向选择键	在手动状态下 手动进给：按住一个键<Z－>、<Z＋>、<X－>、<X＋>、<Y－>、<Y＋>，一个方向移动 手动快速进给： 键与<Z－>、<Z＋>、<X－>、<X＋>、<Y－>、<Y＋>六个键中任意一个键同时按下，则机床以参数设定的手动最高速度运行
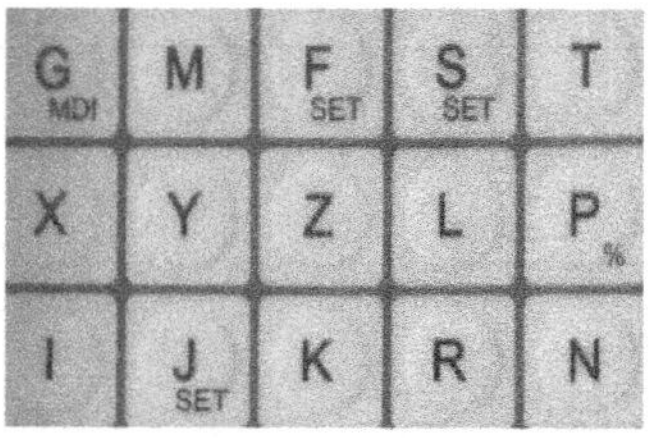G MDI M F SET S SET T X Y Z L P % I J SET K R N	字符键	编辑字符键：在编辑或手动状态下，按其中一个键输入字符

（续）

图形符号	名称	用途
1 4 7 0 2 5 8 3 6 9	数字键	数字键:0~9 在编辑状态下,按其中一个键输入数字

刀具半径补偿方法为：在面板输入被补偿刀具的直径（或半径）补偿值，使其存储在刀具参数库里；程序中采用半径补偿指令 G41、G42、G40。

（2）刀具长度补偿　刀具长度补偿功能用于 *Z* 轴方向的刀具补偿，它可使刀具在 *Z* 轴方向的实际位移量大于或小于程序给定值。有了刀具长度补偿功能，编程者可在不知道刀具长度的情况下，按假定的标准刀具长度编程，即编程不必考虑刀具的长短，实际用刀长度与标准刀长不同时，可用长度补偿功能进行补偿。当加工中刀具因磨损、换新刀而发生长度变化时，也不必修改程序中的坐标值，只需修改刀具参数库中的长度补偿即可。其次，若加工一个零件需要多把刀，各刀长度不一，编程时也不必考虑刀具长短对坐标值的影响，只要把其中一把刀设为标准刀，其余各刀相对标准刀设置长度补偿值即可。刀具补偿情况如图 12-4 所示。

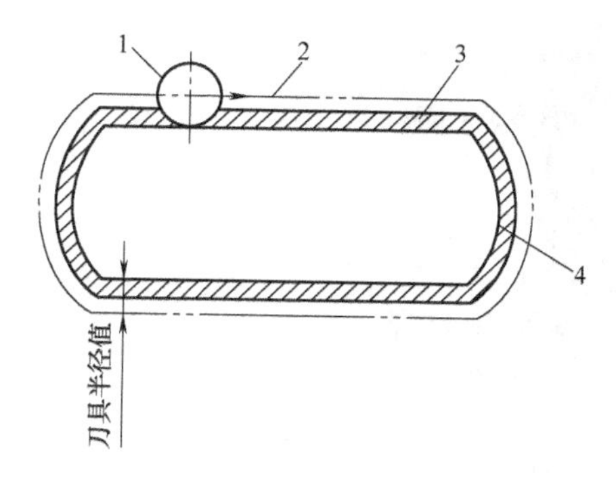

图 12-3　刀具半径补偿图
1—刀具　2—刀具中心轨迹
3—被切削部分　4—工件轮廓

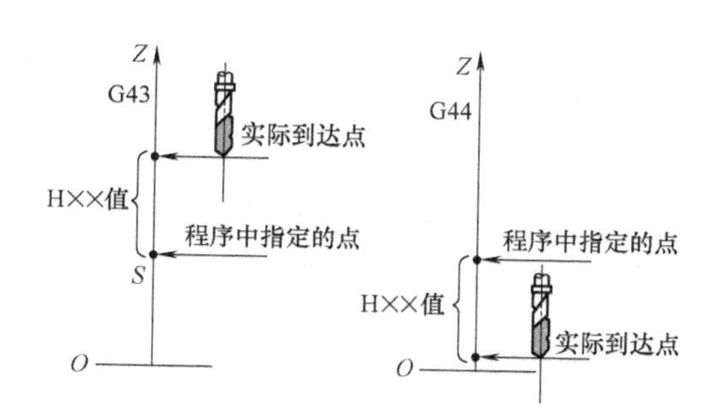

图 12-4　刀具长度补偿

刀具长度补偿方法为：在面板输入刀具长度补偿值，使其存储在刀具参数库里；程序中采用长度补偿指令 G43、G44、G49。

2. 常用的对刀方法

试切方式对刀、百分表（或千分表）对刀。如果对刀要求精度不高，为方便操作，可以采用碰刀（或试切）的方法确定刀具与工件的相对位置进行对刀，其操作步骤为：

1）将所用铣刀装到主轴上并使主轴中速旋转。

2）手动移动铣刀沿 *X* 方向左侧靠近被测边，端面高度保持在工件上表面以下 5~10mm，直到铣刀刃轻微接触到工件表面。

3）将 x 坐标置 0，将铣刀沿 Z 方向退离工件。

4）沿 X 轴向工件另一侧移动，直到铣刀刃轻微接触到工件表面，记下坐标值。

5）将记下的坐标值除 2，得到 X 向零点坐标值。

6）沿 Y 方向重复以上操作，可得 Y 向零点坐标值 。

7）将刀靠近工件上表面，得到 Z 向零点。

12.4 数控铣床编程基础

12.4.1 数控铣床坐标系统

在数控机床上加工零件时，刀具与零件的相对运动，必须在确定的坐标系中才能按规定的程序进行加工，坐标系命名原则如下：

（1）相对于静止的工件而运动的原则　这一原则是为了编程人员能够在不知道是刀具移近工件，还是工件移近刀具的情况下，就能够依据零件图样，确定机床的加工过程。

（2）标准坐标系的规定　标准坐标系是一个右手直角坐标系，如图 12-5 所示，这个坐标系的各个坐标轴与机床主要导轨相平行。

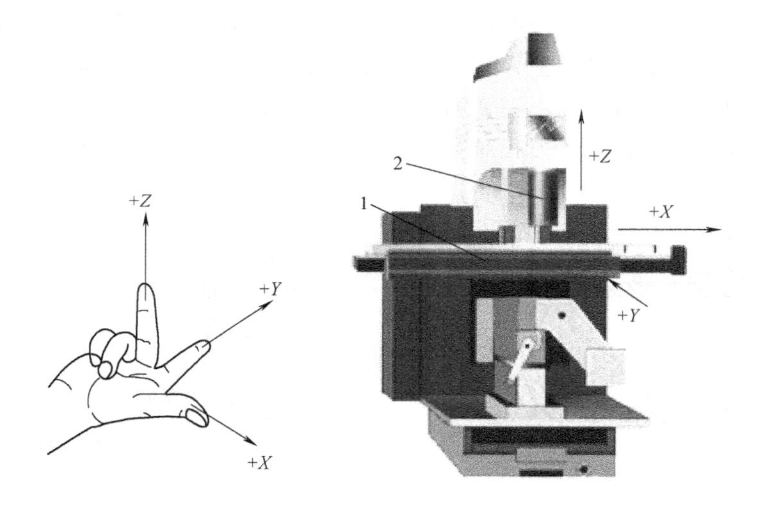

图 12-5　数控立式铣床坐标系

1—工作台　2—主轴

机床上坐标轴正方向根据笛卡儿右手定则可得：

1）Z 轴。标准坐标系中，平行于机床主要主轴的轴为 Z 轴。铣床上，主轴为带动刀具旋转的轴，Z 轴正向为刀具远离工件的方向。

2）X 轴。一般情况下，X 轴应为水平方向。从轴负方向看时，X 轴正向应指向右方。

3）Y 轴。由右手坐标系可知 Y 轴正向应指向工作台里面。

上述坐标轴的正方向是假定工件不动，刀具相对工件作进给运动的方向。机床上坐标轴旋转方向，根据右手螺旋定则，右手大拇指指向坐标轴正方向，四指并拢右螺旋方向为正转，反之为反转。

（3）机床零点（参考点）和编程零点　机床坐标系原点也称机械零点、参考点或机械原点。它在机床上的位置由机床制造商确定。工件坐标系原点（也称编程零点、程序原点）

位置是任意设定的，它在工件装夹完毕后，通过对刀确定，它是相对于机械零点的另一个坐标系。工件原点不同，即使刀尖在机床上处于同一绝对位置，其坐标值也不同。为了保证加工中刀尖坐标的唯一性，必须确定程序原点。

12.4.2 数控铣床常用指令

常用准备功能G代码见表12-2。

表12-2 常用准备功能G代码

代码	格式	说明
G00	G00 X__Y__Z__	快速定位
G01	G01 X__Y__Z__F__	直线插补
G02	G02 X__Y__R__(I__J__)F__	顺圆弧插补
G03	G03 X__Y__R__(I__J__)F__	逆圆弧插补
G04	G04 K____.____	延时
G17	G17	选择 *XY* 平面
G18	G18	选择 *XZ* 平面
G19	G19	选择 *YZ* 平面
G40	G40	取消刀尖圆弧半径补偿
G41	G41 G01 X__Y__	刀尖半径左补偿
G42	G42 G01 X__Y__	刀尖半径右补偿
G43	G43	建立刀具长度补偿
G44	G44	撤销刀具长度补偿
G73	G73 X__Y__Z__I__J__K__R__F__	高速深孔加工循环
G74	G74 X__Y__Z__	返回参考点
G76	G76 X__Y__Z__	从当前位置返回程序零点
G81	G81 X__Y__Z__I__F__	钻孔加工循环
G90	G90	绝对值方式编程
G91	G91	增量值方式编程
G92	G92	设定工件坐标系

辅助功能M代码见表12-3。

表12-3 辅助功能M代码

代码	说明	代码	说明
M00	程序停止	M08	切削液开
M01	L××条件停止	M09	切削液关
M02	程序结束	M30	程序结束并返回到程序头
M03	主轴正转	M98	调用子程序
M04	主轴反转	M99	返回子程序
M05	主轴停		

12.4.3 数控铣床编程方法

1. G17、G18、G19 插补平面选择

如图 12-6 所示。

基本格式：G17（选择 *XOY* 平面插补）、G18（选择 *XOZ* 平面插补）、G19（选择 *YOZ* 平面插补）。

定义刀具半径补偿平面。

说明：

1）当在 G41、G42、G43、G44 刀补时，不得变换定义平面。

2）系统上电时，自动处于 G17 状态。

图 12-6 插补平面选择

2. G40 取消刀具半径补偿

基本格式：G40

说明：

1）G40 必须与 G41 或 G42 成对使用。

2）编入 G40 的程序段为撤销刀具半径补偿的程序段，必须编入撤刀补的轨迹，用直线插补 G01 指令和数值。

3. G41 左边刀具半径补偿

如图 12-7 所示。

基本格式：G41 G01 X__ Y__

刀具半径补偿：因为刀具总有一定的刀具半径或刀尖的圆弧半径，所以在零件轮廓加工过程中刀位点运动轨迹并不是零件的实际轮廓，它们之间相差一个刀具半径，为了使刀位点的运动轨迹与实际轮廓重合，就必须偏移一个刀具半径。

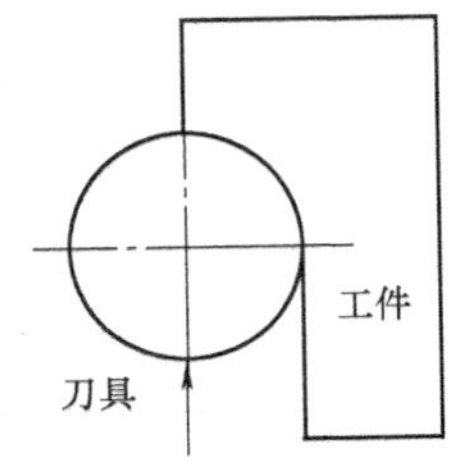

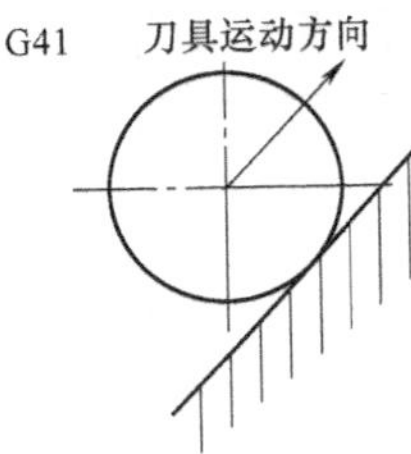

图 12-7 左边刀具半径补偿

说明：

1）G41 发生前，刀具参数必须在主功能 PARAM 中刀具参数内设置完成。

2）G41 段程序，必须有 G01 功能及对应的坐标参数才有效，以建立刀补。

4. G42 右边刀具半径补偿

如图 12-8 所示。

基本格式：G42 G01 X__ Y__

说明：

1）建立刀补，为保证刀具从无刀具半径补偿运动到所希望的刀具半径补偿开始点，应提前用 G01 直线功能建立刀具半径补偿。

2）建立刀补段必须是 G01 直线，是刀具从当前点直线运动到刀补后第一段轨迹的刀具中心偏移点处。

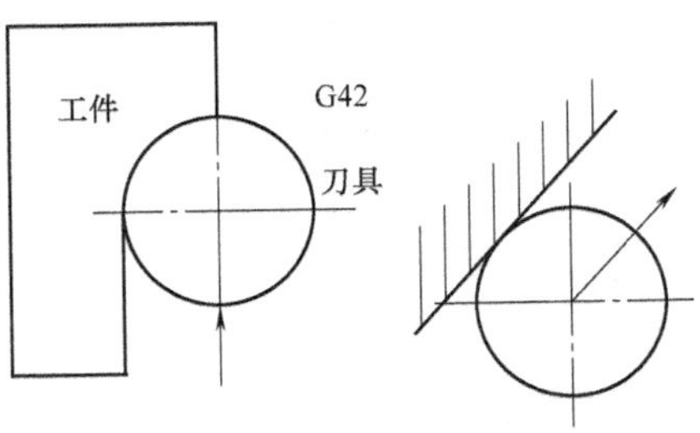

图 12-8 右边刀具半径补偿

5. G43 建立刀具长度补偿

基本格式：G43

说明：

1）刀具长度补偿。用来补偿刀具长度差值，是为了使刀具顶端到达编程位置而进行的刀具位置补

偿。当实际刀具长度与编程刀具长度不一致时，可以通过刀具长度补偿功能实现对刀具长度差值的补偿。

2）刀具长度补偿通常只要把实际刀具长度与编程刀具长度差作为偏置值，存入刀具偏置参数表即可。

3）必须在程序里成对出现。

6. G44 撤销刀具长度补偿

基本格式：G44

说明：

G44 功能是将刀具长度补偿撤销，使刀具偏置存储器里的轴长度偏置值起作用。

7. G73 高速深孔加工循环

用于 Z 轴的间歇进给，使深孔加工容易排屑，减少退刀量，可以进行高效率加工。

基本格式：G73 X__ Y__ Z__ I__ J__ K__ R__ F__

"Z" 孔顶坐标，"I" 孔底坐标，"J" 每次进给深度，"K" 每次退刀量，"R" 延时时间，"F" 进给速度。G73 指令动作图如图 12-9 所示，程序如下：

```
G92 X60 Z120
M03
G90 G73 X100 Z80 I20 J20 K10 R1 F600
M05
M02
```

8. G81 钻孔加工循环

基本格式：G81 X__ Y__ Z__ I__ F__

"Z" 孔顶坐标，"I" 孔底坐标，"F" 进给速度。G81 指令动作图如图 12-10 所示，程序如下：

```
G92 Y50 Z45
M03
G90 G81 Y80 Z20 I-5 F300
```

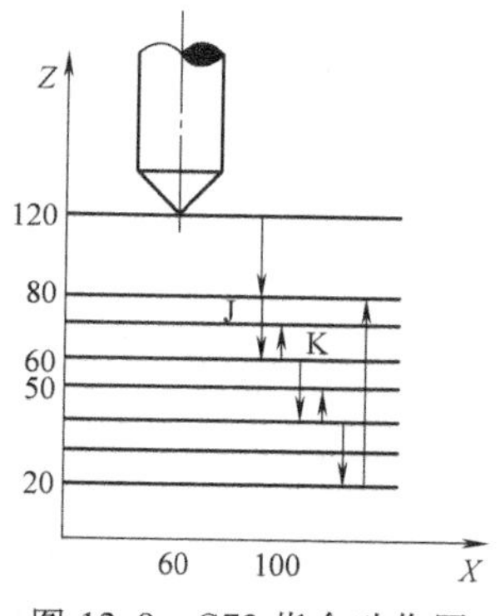

图 12-9　G73 指令动作图

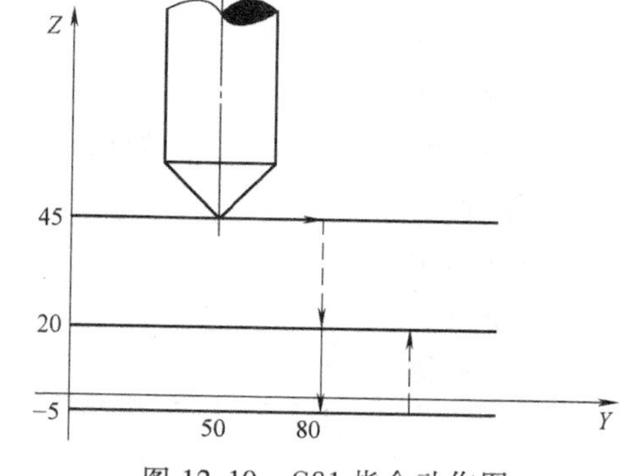

图 12-10　G81 指令动作图

9. G90 绝对值方式编程

基本格式：G90

说明：

1）G90 编入程序后，所有坐标值均以编程零点为基准。

2）系统上电后，机床在 G90 状态。

10. G91 增量方式编程

基本格式：G91

说明：G91 编入程序后，所有坐标值均以前一个坐标位置作为起始点来计算运动的编程值。

11. G92 设定工件坐标系

基本格式：G92 X_ Y_ Z_

说明：

1）G92 只改变系统当前显示的大坐标值，不移动坐标轴，达到设定坐标原点的目的。

2）G92 的效果是将显示的刀尖大坐标改成设定值。

3）G92 后面的"X""Y""Z"可分别编入，也可全编。

12.5 数控铣床加工实训

12.5.1 盖板零件数控铣削实训

1. 加工要求

用数控铣床加工完成如图 12-11 所示的工件，材料为硬质塑料，尺寸"90"和"55"处无需加工，外形轮廓深 15mm，孔深 10mm。

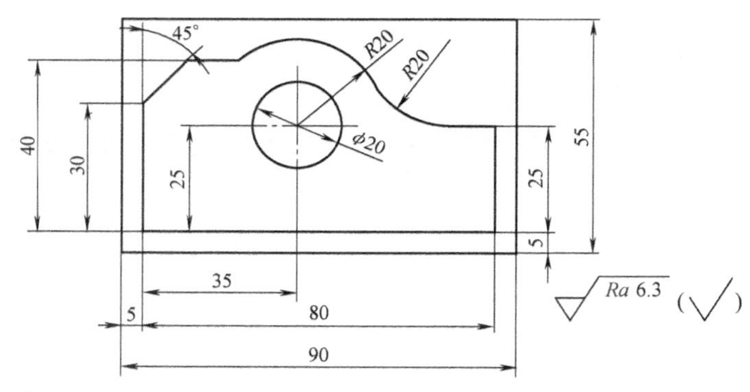

图 12-11 盖板零件

2. 加工工艺路线

1）使用平口钳装夹零件，零件伸出平口钳 20~22mm。

2）铣外轮廓。

3）铣 ϕ20mm 孔。

3. 加工工艺卡

加工工艺卡如图 12-12 所示。

序号	加工内容	刀具号	刀具名称	主轴转速 /(r/min)	进给速度 /(mm/min)
1	加工外轮廓	D1	立铣刀	500	400
2	加工 ϕ20mm 孔	D1	立铣刀	500	200

图 12-12 加工工艺卡

4. 备料单

准备一块尺寸为 90mm×55mm×28mm 的方形硬质塑料。

5. 刀具、夹具和量具

刀具：ϕ11 立铣刀，夹具：平口钳，量具：数显卡尺。

6. 程序参考

程序见表 12-4。

表 12-4　程序

P01	程序名称
N0010 G00X0Y0Z50	快速定位到 $x0y0$ 高度 50
N0020 S500M03T1	主轴 500 转，正转，1 号刀具
N0030 X-10Y-10	快速移动到起刀点
N0040 Z20	快速下降缓冲
N0050 Z5	快速到达起刀高度
N0060 G01Z-15F150	直线运动到切深
N0070 G41G01X4.5F400	加左刀补，直线移动到 $x4.5$
N0080 G01Y50	直线切削到 $y50$
N0090 X55	直线切削到 $x55$
N0100 X65Y45	直线切削到 $x65y45$
N0110 X85.5	直线切削到 $x85.5$
N0120 Y5	直线切削到 $y5$
N0130 X5	直线切削到 $x5$
N0140 Y35	直线切削到 $y35$
N0150 X15Y45	切削 45°直线
N0160 X26.8	直线切削到 $x26.8$
N0170 G02X53Y45R20	顺圆切削 $R20$
N0180 G03X72Y35R20	逆圆切削 $R20$
N0190 X85	直线切削到 $x85$
N0200 Y5	直线切削到 $y5$
N0210 X-10	直线切削到 $x-10$
N0220 G40G01X-10	取消刀补
N0230 Z5	移动到起刀 $z5$ 高度
N0240 G0X40Y35	快速移动到下刀点上方
N0250 G01Z-10F100	直线切削到深度
N0260 G41X50F200	加左刀补，直线切削到 $x50$
N0270 G03 I-10J0	逆圆切削整圆
N0280 G01G40X0	取消刀补
N0290 G01Z5	移动到起刀 $z5$ 高度
N0300 G00X0Y0Z50	快速移动到 $x0y0$ 高度 50
N0310 M30	程序结束回程序头

7. 零件模拟加工

在进行零件加工前，为了检验编程是否合理，需要进行模拟加工，操作步骤为：

<打开程序>→输入程序名称<P01>→<Enter>→<自动>→<轨迹显示>→<模拟>→<置零>→输入<90><55>→<Enter>→用<F>键移动小十字线到加工起点→<Enter>→循环起动。

8. 零件加工

1）开机。按机床床头侧面电源开关送电，并打开系统电源。

2）打开加工程序 P01。

3）装夹工件和刀具。

① 将铣刀装夹到位，并用扳手锁紧。

② 将毛坯料用平口钳夹紧。

4）对刀（参照 12.3.2 节对刀操作）。

5）自动加工：“自动” →<循环起动>,直至加工结束，加工过程如图 12-13a、b、c 所示。

a)

b)

c)

图 12-13　盖板零件加工过程

a）零件及刀具装夹　b）铣外轮廓　c）铣 ϕ20mm 孔

9. 检验

按图样要求检查零件尺寸，确定是否合格。

12.5.2　方形多层零件数控铣削实训

1. 加工要求

用数控铣床加工完成如图 12-14 所示工件，材料为硬质塑料，孔深 6mm。

2. 加工工艺路线

1）使用平口钳装夹零件，零件伸出平口钳 20~22mm。

2）铣 30mm×30mm×6mm 的正方形。

3）铣直径 40mm 高 6mm 的外圆柱。

4）铣 50mm×50mm×6mm 的正方形。

5）钻孔。

3. 加工工艺卡

加工工艺卡如图 12-15 所示。

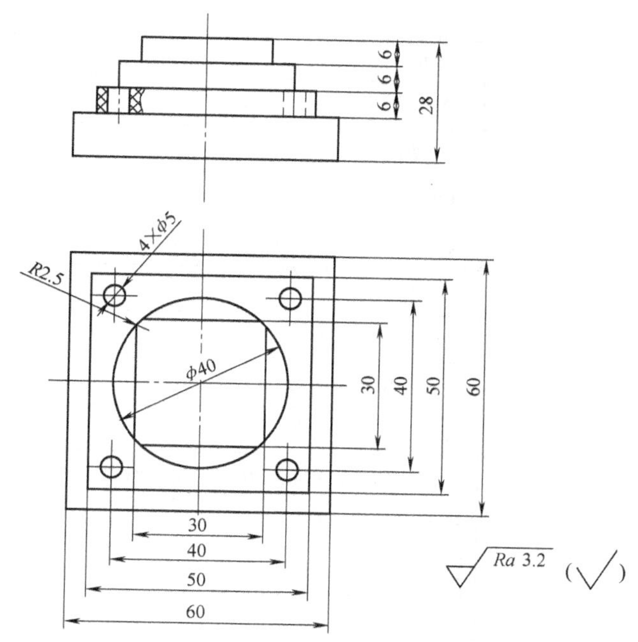

图 12-14 方形多层零件

序号	加工内容	刀具号	刀具名称	主轴转速 /(r/min)	进给速度 /(mm/min)
1	加工 30mm×30mm×6mm 凸正方形	D1	立铣刀	700	100
2	加工 φ40mm 外圆柱	D1	立铣刀	700	100
3	加工 50mm×50mm×6mm 凸正方形	D1	立铣刀	700	100
4	加工 φ5 孔		钻头	500	30

图 12-15 加工工艺卡

4. 备料单

准备一块尺寸为 60mm×60mm×28mm 的方形硬质塑料。

5. 刀具、夹具和量具

刀具：φ14 立铣刀、φ5 钻头，夹具：平口钳，量具：数显卡尺。

6. 程序参考

程序参考见表 12-5。

表 12-5 加工程序

P10	程序名
N0010 G90 G0 X0 Y0 Z50 T1	绝对编程，快速定位到零点位置，高度 50mm，1 号刀
N0020 S700 M03	主轴正转，转速 700r/min
N0030 X40Y40	快速移动刀具至起刀点
N0040 Z5	快速至 5mm
N0050 G01Z-6F100	下刀，直线移动至 z-6mm 进给量 100mm/min
N0060 G01G41X15	建立刀具半径左补偿，直线切入

（续）

N0070 Y-15	铣 30mm×30mm 方形
N0080 X-15	直线切削到 x-15
N0090 Y15	直线切削到 y15
N0100 X30	直线切出
N0110 G40X40Y15	取消刀具半径补偿，刀具远离工件
N0120 G0Z5	快速抬刀离开工件
N0130 X0Y0	刀具回到起始点
N0140 Y-40	快速进刀到 y-40 处
N0150 Z-12	快速进刀到 z-12 处
N0160 G01G41Y-20F100	建立刀具半径左补偿，刀具移到外圆柱起刀点
N0170 G02I0J20	铣 40mm 的整圆
N0180 G01G40Y-40	取消刀具半径补偿，刀具远离工件
N0190 G0Z5	快速抬刀
N0200 X40Y40	快速移动刀具至起刀点
N0210 Z-18	快速进刀到 z-18mm
N0220 G01G41X25F100	铣 50mm×50mm 方形
N0230 Y-25	直线切削到 y-25
N0240 X-25	直线切削到 x-25
N0250 Y25	直线切削到 y25
N0260 X25	直线切出
N0270 G40X40	取消刀具半径补偿，刀具远离工件
N0280 G0Z50	快速抬刀，刀具停止位置 z50
N0290 M30	程序结束并返到程序头
P11	程序名
N0010 G90 G0 X0 Y0 Z50 T3	绝对编程，快速定位到零点位置，高度 50mm，2 号刀
N0020 S500 M03	主轴正转，转速 500r/min
N0030 Z5	快速定位至 5mm 高度
N0040 G90G82X20Y20Z0I-6R1.6F30	钻孔循环，孔位置（x20 y-20），"Z"孔顶坐标，"I"孔底坐标，"R"延时时间，"F"进给速度
N0050 G0Z10	快速抬刀离开工件
N0060 G82Y-20Z0I-6R1.6F30	钻孔循环，孔的位置（x20 y-20）
N0070 G0Z10	快速抬刀离开工件
N0080 G82X-20Z0I-6R1.6F30	钻孔循环 孔的位置（x-20 y-20）
N0090 G0Z10	快速抬刀离开工件

（续）

N0100 G82Y20Z0I-6R1.6F30	钻孔循环，孔的位置（x-20 y20）
N0110 G0Z50	快速抬刀，刀具停止位置 z50
N0120 M30	程序结束并返到程序头

7. 零件模拟加工

在进行零件加工前，为了检验编程是否合理，需要进行模拟加工，操作步骤为：

<打开程序>→输入程序名称<P10>→<Enter>→<自动>→<轨迹显示>→<模拟>→<置零>→输入“60”　“60”→<Enter>→用<F>键移动小十字线到加工起点→<Enter>→<循环起动>。

8. 零件加工

1）开机。按机床床头侧面电源开关送电，并打开系统电源。

2）打开加工程序 P10。

3）装夹工件和刀具。

① 将铣刀装夹到位，并用扳手锁紧。

② 将毛坯料用平口钳夹紧。

4）对刀（参照 12.3.2 节对刀操作）。

5）自动加工。“自动”→<循环起动>，直至加工结束，加工过程如图 12-16a、b、c 所示。

6）打开加工程序 P11。

7）将钻头装夹到位，并用扳手锁紧。

8）对刀。

9）自动加工。“自动”→<循环起动>，直至加工结束，如图 12-16d 所示。

a)

b)

c)

d)

图 12-16　方形多层零件加工过程

a）铣 30mm×30mm×6mm 方　b）铣外圆柱　c）铣 50×50×6mm 方　d）钻孔

9. 检验

按图样要求检查零件尺寸，确定是否合格。

实训拓展训练

1. 用数控铣床加工如图 12-17 所示工件。毛坯为 140mm×120mm×25mm 的矩形硬质塑料，外形已加工到尺寸，请完成深 10mm 槽及深 15mm 外形轮廓的加工。

2. 用数控铣床加工如图 12-18 所示工件。毛坯为 55mm×55mm×30mm 的方形硬质塑料，外形已加工到尺寸，请完成外形轮廓和孔的加工。

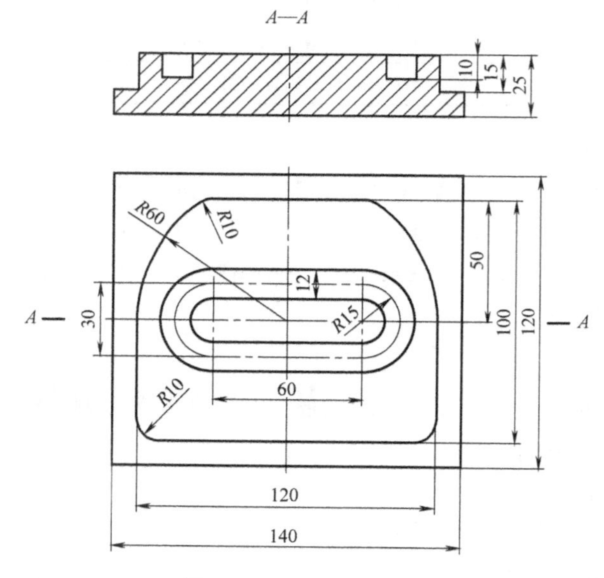

图 12-17 拓展训练题 1

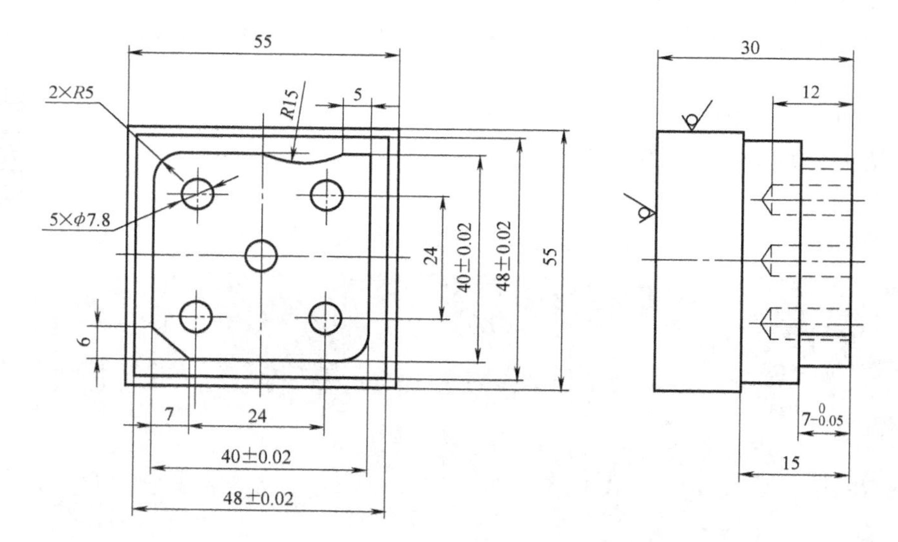

图 12-18 拓展训练题 2

第13章　加工中心实训

13.1　加工中心概述

13.1.1　加工中心的分类与工艺范围

加工中心自1959年问世至今，已发展成多种类型。根据其布局形式常见的加工中心主要可分为立式加工中心、卧式加工中心和龙门式加工中心。

立式加工中心是指主轴为垂直状态的加工中心，其结构形式多为固定立柱，工作台为长方形，无分度回转功能，适合加工盘、套、板类零件。它一般具有三个直线运动坐标轴，并可在工作台上安装一个沿水平轴旋转的回转台，用以加工螺旋线类零件，图13-1所示为BM850立式加工中心。立式加工中心装卡方便，便于操作，易于观察加工情况，调试程序容易，应用广泛。但受立柱高度及换刀装置的限制，不能加工太高的零件，在加工型腔或下凹的型面时，切屑不易排出，严重时会损坏刀具，破坏已加工表面，影响加工的顺利进行。

图13-1　BM850立式加工中心

卧式加工中心指主轴为水平状态的加工中心，通常都带有自动分度的回转工作台，它一般具有3~5个运动坐标，常见的是三个直线运动坐标加一个回转运动坐标，工件在一次装卡后，完成除安装面和顶面以外的其余四个表面的加工，它最适合加工箱体类零件。图13-2所示为HMC63e卧式加工中心。与立式加工中心相比较，卧式加工中心加工时排屑容易，对加工有利，但结构复杂，价格较高。

龙门加工中心是指主轴轴线与工作台垂直设置的加工中心，主要适用于加工各种基础大件、板件、盘类件、壳体件、模具等多品种精密大型零件。图13-3所示为GMB1620龙门式铣镗加工中心。

图13-2　HMC63e卧式加工中心

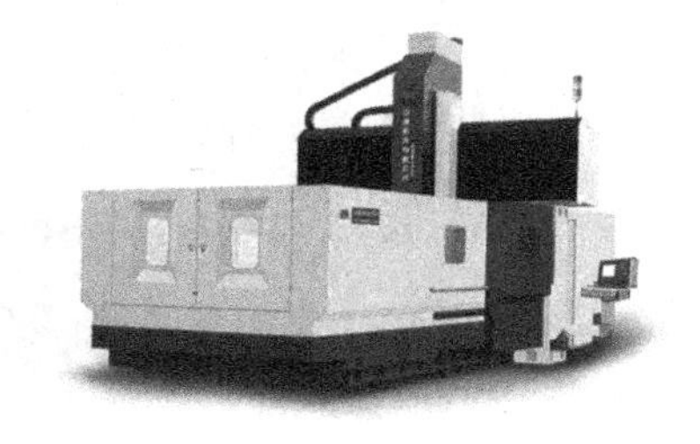

图13-3　GMB1620龙门式铣镗加工中心

13.1.2 立式加工中心的组成

BM850 立式加工中心为立式框架布局的三轴联动数控机床，立柱固定在床身上，主轴箱沿立柱上下移动为 Z 轴，滑座沿床身纵向移动为 Y 轴，工作台沿滑座横向移动为 X 轴。BM850 立式加工中心外形如图 13-1 所示，其基本结构组成如图 13-4 所示。BM850 立式加工中心的工作台尺寸为 1000mm×500mm；X 轴最大行程为 850mm，Y 轴最大行程为 500mm，Z 轴最大行程为 540mm；主轴采用 BT40 刀柄，转速范围为 50~6000r/min；斗笠式刀库容量为 16 把。

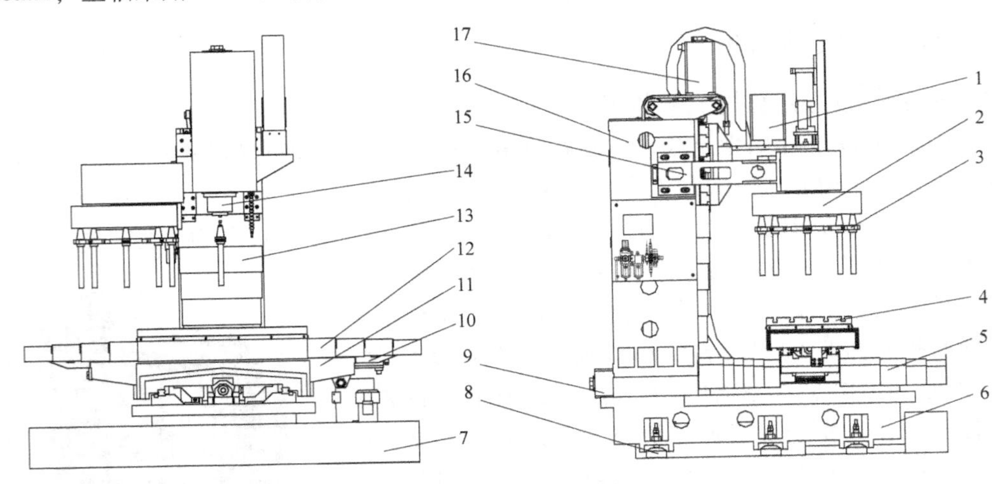

图 13-4 BM850 立式加工中心组成

1—主轴电动机 2—刀库 3—刀具组件 4—工作台 5—Y 轴防护拉板 6—床身 7—排屑水箱 8—地脚垫铁 9—Y 轴伺服电动机 10—X 轴伺服电动机 11—滑座 12—X 轴防护拉板 13—Z 轴防护拉板 14—主轴头 15—刀库支架 16—立柱 17—Z 轴伺服电动机

13.2 立式加工中心操作

13.2.1 操作面板

本节以 BM850 立式加工中心为例，介绍其操作面板、控制面板及基本操作方法。BM850 立式加工中心的数控系统采用 SINUMERIK 808D ADVANCED，其操作面板如图 13-5

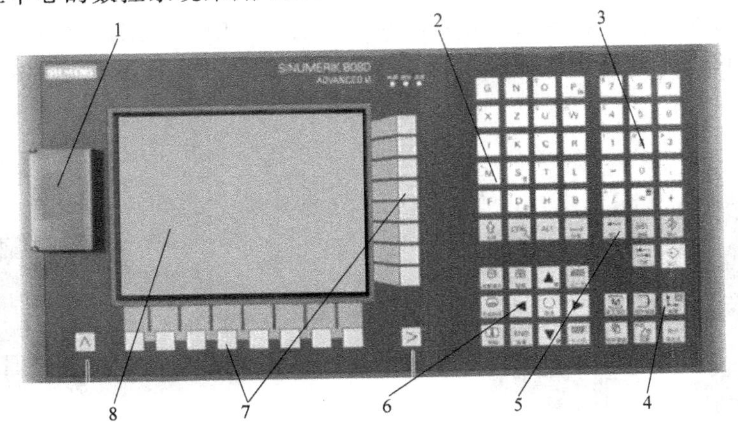

图 13-5 SINUMERIK 808D ADVANCED 操作面板

1—USB 接口区 2—字母键区 3—数字键区 4—操作区域键 5—控制键区 6—光标键区 7—软键区 8—屏幕区

所示。主要由屏幕区、软键区、光标键区、控制键区、操作键区、数字键区、字母键区及USB 接口区组成。操作面板上各键的基本功能见表 13-1。

表 13-1 操作面板上各键基本功能

字母键和数字键	上档	按住此键,可以输入相应字母/数字键的上档字符
	P	同时按住<CTRL>和该键作为截屏的快捷键
	S	同时按住<CTRL>和该键作为保存启动文档的快捷键
	D	同时按住<CTRL>和该键作为在屏幕上显示预定义幻灯片的快捷键
	=	按下该键调用计算器功能
光标键	选择	在输入区之间切换 在数控系统启动时进入"Set-up menu"对话框
	▲	同时按住<CTRL>和该键来调节屏幕背光灯的亮度
	▼	
控制键	CTRL FN	该键可与其他键作为组合键一起使用
操作区域键	系统 诊断	按以下组合键打开系统数据管理操作区 上档 + 系统 诊断
	用户 自定义	支持用户自定义的扩展应用。例如,使用 EasyXLanguage 功能创建用户对话框
LED 状态	电源 就绪 温度	LED"电源" 绿色灯亮:数控系统处于上电状态
		LED"就绪" 绿色灯亮:数控系统准备就绪且 PLC 处于运行模式 橙色灯亮:PLC 处于停止模式 橙色灯闪烁:PLC 处于上电模式 红色灯亮:数控系统处于停止模式
		LED"温度" 灯未亮:数控系统温度在特定范围内 橙色灯亮:数控系统温度超出范围
USB 接口		连接至 USB 设备。例如:外部 USB 存储器,在 USB 存储器和数控系统之间传输数据;外部 USB 键盘,作为外部数控系统键盘使用

13.2.2 控制面板

机床控制面板如图 13-6 所示。主要由急停按钮、手轮按键、刀具号显示、轴运行键、主轴倍率开关、进给倍率开关、操作模式键、程序控制键、加工辅助功能键、主轴状态键、程序启动/停止和复位按键组成。加工辅助功能各键基本功能介绍见表 13-2。

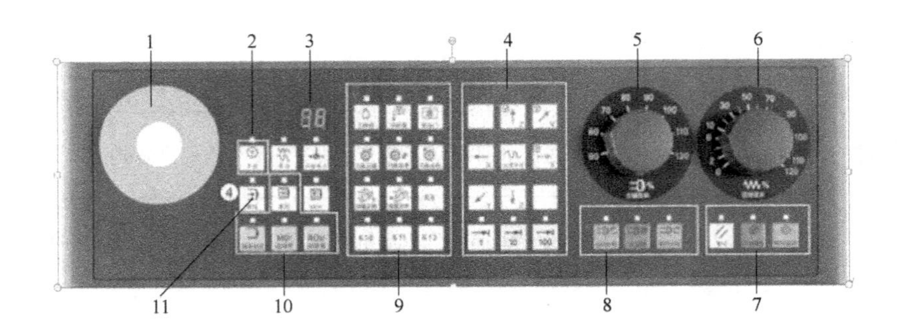

图 13-6 SINUMERIK 808D ADVANCED 控制面板

1—急停按钮 2—手轮按键 3—刀具号显示 4—轴运行键 5—主轴倍率开关 6—进给倍率开关 7—程序启动/停止和复位键 8—主轴状态键 9—加工辅助功能键 10—程序控制键 11—操作模式键

表 13-2 加工辅助功能各键基本功能

工作灯	在任何操作模式下按该键可以开关灯光 LED 亮:灯光开 LED 灭:灯光关
切削液	在任何操作模式下按该键可以开关切削液供应 LED 亮:切削液供应开 LED 灭:切削液供应关
安全门	当进给轴和主轴全部停止工作时,按下此键可以解锁安全门 LED 亮:安全门解锁 LED 灭:安全门锁定
刀库正转	按下此键使刀库顺时针转动(仅在 JOG 模式下有效) LED 亮:刀库顺时针转动 LED 灭:刀库停止顺时针转动
刀库回零	按下此键使刀库回参考点(仅在 JOG 模式下有效) LED 亮:刀库回到参考点 LED 灭:刀库还未回到参考点
刀库反转	按下此键使刀库逆时针转动(仅在 JOG 模式下有效) LED 亮:刀库逆时针转动 LED 灭:刀库停止逆时针转动

（续）

	在任意操作模式下按下此键使排屑器开始向前转动 LED 亮：排屑器开始向前转动 LED 灭：排屑器停止转动
	在任意操作模式下按住此按键可以使排屑器反转 LED 亮：排屑器开始反转 LED 灭：排屑器停止反转

13.2.3　开机和回参考点操作

1. 首先接通数控系统和机床的电源，松开机床急停开关，并复位。数控系统启动后默认显示如图 13-7 所示的“REF POINT”窗口。

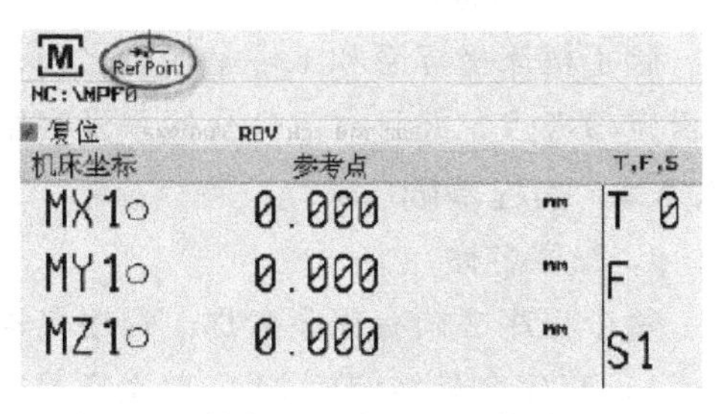

图 13-7　数控系统启动后屏幕默认显示

如图 13-7 所示屏幕中显示的○符号表示轴未返回参考点。如果轴未返回参考点，则该符号始终在当前（加工）操作区中显示。

2. 按下如图 13-8 所示相应返回参考点轴方向键，使各轴运行至参考点。各轴返回参考点后，如图 13-9 所示屏幕上轴标识符旁显示⧗符号，该符号仅在“REF POINT”窗口中可见。

图 13-8　返回参考点轴方向键

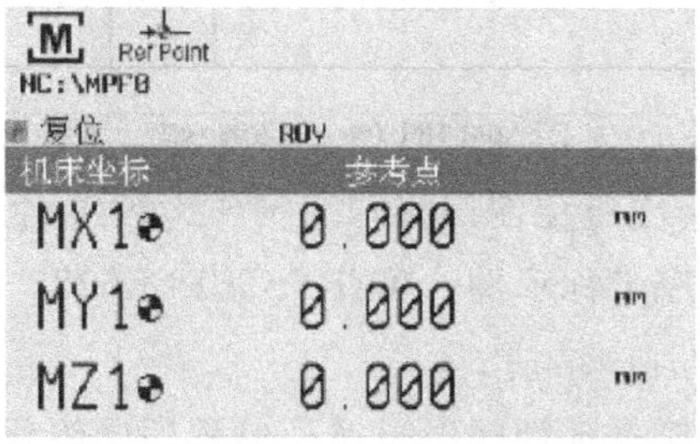

图 13-9　各轴返回参考点后屏幕显示

13.3　立式加工中心编程

13.3.1　立式加工中心坐标系统

1. 机床坐标系（MCS）

机床坐标系（Machine Coordinate System）是以机床原点 O 为坐标系原点并遵循右手笛卡儿直角坐标系建立的由 X、Y、Z 轴组成的直角坐标系。站在机床面前，伸出右手，中指与主轴进刀的方向相反。立式加工中心的机床坐标系如图 13-10 所示，坐标系的原点是机床零点，该点仅作为参考点，由机床制造商确定。

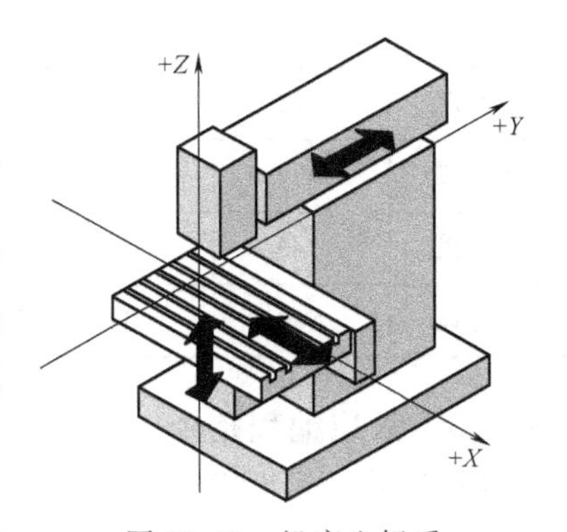

图 13-10　机床坐标系

2. 工件坐标系（WCS）

工件坐标系是编程人员在编程时使用的坐标系，也称编程坐标系或加工坐标系，它是编程人员根据零件图样及加工工艺等建立的坐标系。为了方便编程，首先在零件图上适当选定一个编程原点，该点应尽量设置在零件的工艺基准与设计基准上，并以该点作为坐标系的原点，再建立一个新的坐标系，称为工件坐标系。工件坐标系如图 13-11 所示，*W* 点为工件坐标系原点。

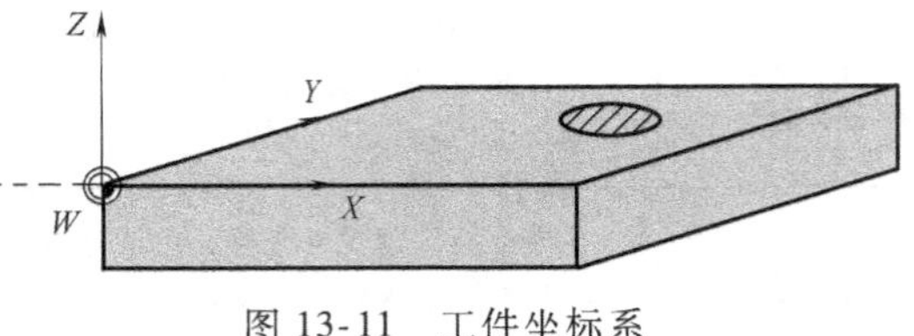

图 13-11 工件坐标系

3. 相对坐标系（REL）

除了机床坐标系和工件坐标系之外，该系统还可设定相对坐标系。使用此坐标系可以自由设定参考点，并且对工件坐标系没有影响。

13.3.2 编程基础

1. 程序名称

每个程序必须有程序名称。程序名称必须遵守以下规定：

1）程序名最多使用 24 个英文字母或 12 个中文字符（字符长度不包括文件扩展名）。

2）仅使用小数点来隔开文件扩展名。

3）如需创建子程序而当前默认程序类型为 MPF（主程序），必须输入文件扩展名 .SPF。

4）如需创建主程序而当前默认程序类型为 SPF（子程序），必须输入文件扩展名 .MPF。

5）如采用当前默认程序类型，则无需输入文件扩展名。

6）应避免使用特殊字符作为程序名。

程序名称示例：WERKSTUECK527。

2. 程序结构

数控系统程序由一系列的程序段组成，见表 13-3。每个程序段代表一个加工步骤。以字的形式将指令写入程序段。

表 13-3 程序段组成

程序段	字	字	字	...	;注释
程序段	N10	G0	X20	...	;第一个程序段
程序段	N20	G2	Z37	...	;第二个程序段
程序段	N30	G91	...	...	; ...
程序段	N40	...	...	...	
程序段	N50	M2	;		

13.3.3 常用编程指令

SINUMERIK 808D ADVANCED 数控系统的常用编程指令见表 13-4。在实际编程时，应根据实际编程需求，按照机床编程手册中要求的格式正确使用指令。

表13-4 常用指令表

代 码	编 程	说 明
G0	G0 X__ Y__ Z__ ;直角坐标 G0 AP=__ RP=__ ;极坐标	快速进给
G1	G1 X__ Y__ Z__ F__ ;直角坐标 G1 AP=__ RP=__ F__;极坐标	直线插补
G2/G3	G2/G3 X__ Y__ I__ J__ ;圆弧终点和起点到中心的增量 G2/G3 CR=__ X__ Y__ ;圆弧半径和终点 G2/G3 AP=__ RP=__ ;极坐标,以极点为圆心的圆弧	顺/逆圆弧插补
G4	G4 F__ ;	开启暂停时间
G17		平面选择:工作平面 *X/Y*,进给轴 *Z*
G18		平面选择:工作平面 *Z/X*,进给轴 *Y*
G19		平面选择:工作平面 *Y/Z*,进给轴 *X*
G40		取消刀尖圆弧半径补偿
G41		刀尖半径左补偿
G42		刀尖半径右补偿
G53		取消当前可设定零点偏移和可编程零点偏移
G54到G59		可设定的零点偏移
G70		英制尺寸数据输入
G71		公制尺寸数据输入
G90	G90;绝对尺寸数据 X=AC(__);某些轴的绝对尺寸(此处:*X*轴)	绝对值方式编程
G91	G91;增量尺寸数据 X=IC(__);某些轴的增量尺寸(此处:*X*轴)	增量值方式编程
G94		进给率 *F* 以 mm/min 为单位
G95		主轴旋转进给率 *F*,单位:mm/r
CHF/CHR/RND	CHF=__ ;插入倒角,值:倒角底长 CHR=__ ;插入倒角,值:倒角腰长 RND=__ ;插入倒圆,值:倒圆半径	倒角/倒圆
TRANS/ATRANS	TRANS X__ Y__ Z__ ;可编程的偏移,清除之前的偏移、旋转、比例缩放、镜像指令 ATRANS X__ Y__ Z__ ;可编程的偏移,补充当前指令 TRANS ;不赋值:清除之前的偏移、旋转、比例缩放、镜像指令	可编程的零点偏移 TRANS/ATRANS必须在单独程序段中编程
ROT/AROT	ROT RPL=__ ;可编程旋转,清除之前的偏移、旋转、比例缩放、镜像指令 AROT RPL=__ ;可编程旋转,补充当前指令 ROT:不赋值:清除之前的偏移、旋转、比例缩放、镜像指令	可编程旋转 ROT/AROT指令需要编写在单独的程序段中

（续）

代　码	编　程	说　明
SCALE/ ASCALE	SCALE X__ Y__ Z__ ；可编程的比例缩放系数，清除之前的偏移、旋转、比例缩放、镜像指令 ASCALE X__ Y__ Z__ ；可编程的比例缩放系数，补充当前指令 SCALE：不赋值：清除之前的偏移、旋转、比例缩放、镜像指令	可编程的比例系数 SCALE/ASCALE 必须在单独程序段中编程
MIRROR/ AMIRROR	MIRROR X0/Y0/Z0 ；可编程的镜像，清除之前偏移、旋转、比例缩放、镜像指令 AMIRROR X0/Y0/Z0 ；可编程的镜像，补充当前指令 MIRROR：不赋值：清除之前的偏移、旋转、比例缩放、镜像指令	可编程镜像 MIRROR/AMIRROR 指令需要编写在单独的程序段中，坐标轴的数值没有影响，但必须要定义一个数值
M0		编程停止
M1		可选停止
M2		返回到程序开始处时结束主程序
M30		程序结束（与 M2 相同）
M17		结束子程序
M3		主轴顺时针旋转
M4		主轴逆时针旋转
M5		主轴停止
M6		换刀
M8		切削液开
M9		切削液关

SINUMERIK 808D ADVANCED 数控系统除上述常用编程指令外，还有部分指令为该系统特有循环指令，本节重点介绍西门子数控系统常用的特有循环指令。

1. 钻中心孔循环 CYCLE81

（1）编程格式　CYCLE81（RTP，RFP，SDIS，DP，DPR）。

（2）功能　刀具以编程的主轴转速和进给速度钻削，直至输入的最终钻削深度。

（3）主要参数说明　CYCLE81 的各参数描述如图 13-12 所示。

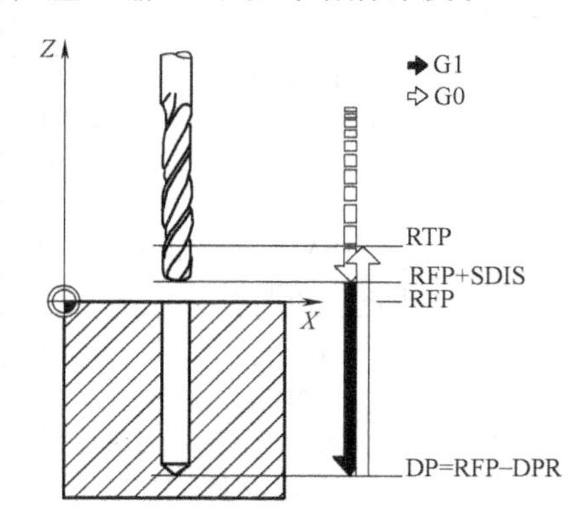

图 13-12　中心孔钻削的几何参数说明图

1）RTP（返回平面，绝对坐标）和 RFP（参考平面，绝对坐标）。通常，参考平面和返回平面有不同的值。在循环中通常假设返回平面位于参考平面之前。返回平面到钻孔底部的距离也大于参考平面到钻孔底部的距离。

2）SDIS（安全距离）。安全距离通过参考平面的设定使其生效。安全距离生效的方向由循环自动确定。

3）DP（最终钻深，绝对坐标）和 DPR（最终钻深，相对于参考平面）。钻削深度可以通过到参考平面的绝对尺寸（DP）设定，也可以通过相对尺寸（DPR）设定。

4）编程示例　钻中心孔循环：CYCLE81（50，-3，2，-5，0）。如图13-13所示。

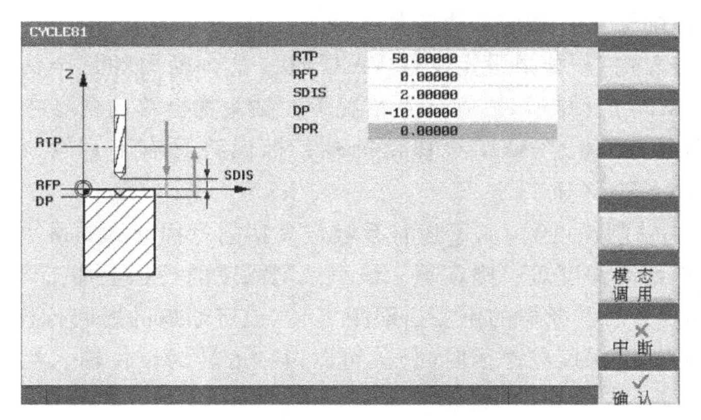

图13-13　钻中心孔循环参数设置

示例参数说明见表13-5。

表13-5　钻中心孔循环参数说明

参数	含　义
RTP=50	返回位置的坐标值为50(绝对值)
RFP=0	孔的起始位置在 $z=0$ 处
SDIS=2(常用值2~5)	安全间隙,距RFP面2mm处进刀由快进转为工进
DP=-10	最终钻孔深度-10mm(绝对值)

2. 深孔钻削循环CYCLE83

（1）编程格式　CYCLE83（RTP，RFP，SDIS，DP，DPR，FDEP，FDPR，DAM，DTB，DTS，FRF，VARI，AXN，MDEP，VRT，DTD，DIS1）。

（2）功能　刀具以编程的主轴转速和进给速度钻削，直至输入的钻削深度。对于深孔钻削也可以多次进刀，其最大进刀量可以规定，直至加工到钻削深度。钻头可以在每次达到进刀深度（用于退刀排屑）之后退回到“参考平面+安全距离”，或者也可以用于断屑退回到“可变返回距离”。

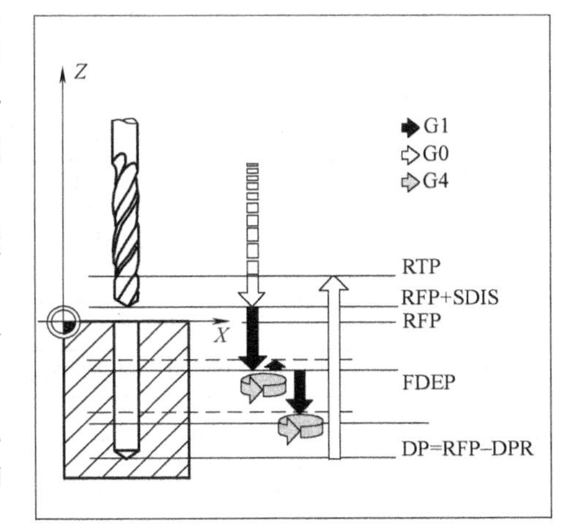

图13-14　深孔钻削的几何参数说明图

（3）主要参数说明　CYCLE83的各参数描述如图13-14所示。

1）RTP，RFP，SDIS，DP，DPR。上述五个参数与CYCLE81参数说明相同，此处不再赘述。

2）FDEP（首次钻削深度，绝对坐标）、FDPR（首次钻削深度，相对于参考平面）和DAM（递减量）。

3）DTB（最终钻深处的暂停时间）。在DTB

下编程，在最终钻削深度（断屑）的停留时间，单位秒。

4）DTS（起点处的暂停时间）。只有在 VARI=1（排屑）时才执行起始点的停留时间。

5）FRF（首次钻深的进给率系数）。使用该参数，可以为有效进给率（只应用于接近到循环中的第一个钻削深度）指定一个降低系数。

6）VARI（加工方式）。如果设定参数 VARI=0，达到断屑的每个钻削深度后，钻头将退回 1mm。如果 VARI=1（排屑），在各种情况下，钻头都会移动到参考平面。

7）AXN（刀具轴）。通过 AXN 编程钻削轴，标识符具有下列含义：AXN=1：*X* 轴，AXN=2：*Y* 轴，AXN=3：*Z* 轴。

8）MDEP（最小钻削深度）。基于递减系数定义钻削行程计算的最小钻削深度。如果计算的钻削行程比最小钻削深度短，则在等于最小钻削深度的行程上加工剩余深度。

9）VRT（VARI=0 时，断屑的可变返回距离）。设定断屑的退回行程。

10）DTD（最终钻削深度的停留时间）。可以以秒或转为单位输入在最终钻削深度的停留时间。

（4）编程示例　钻中心孔循环：CYCLE83（50，-3，1，9.24，5，90，0.7，0.5，1，0，3，5，1.4，0.6，1.6）。如图 13-15 所示。

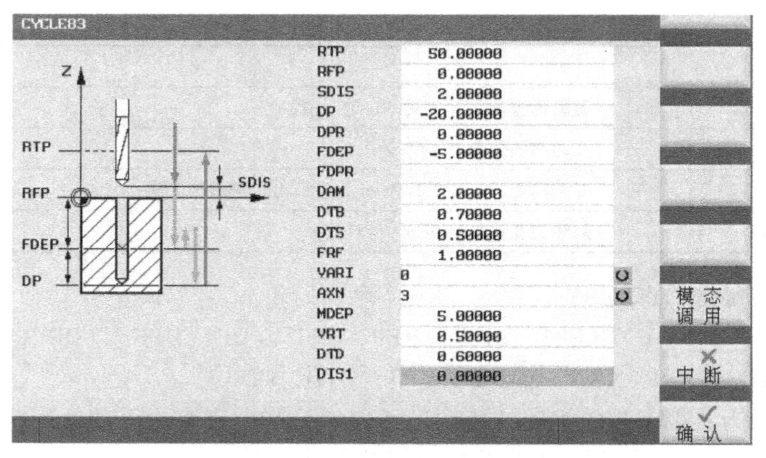

图 13-15　深孔钻削循环参数设置

示例参数说明见表 13-6。

表 13-6　深孔钻削循环参数说明

参数	含　义	备　注
FDEP=-5	到达首次钻孔深度 *Z* 轴坐标为-5(绝对坐标值)	
DAM=2	递减量为 2	
DTB=0.7	在切削深度停留(断削)0.7s	DTB<0:单位为转
FRF=1(范围:0.001~1)	原有效进给率保持不变	进给率系数(为第一个钻削深度的有效进给率指定一个降低系数)
VARI=0	断屑生效	VARI=1 时排屑生效,钻头每次回到参考面

（续）

参数	含 义	备 注
AXN=3	AXN 为刀具轴，指定 G17 下使用 Z 轴	AXN 的数值决定使用当前平面的第几轴
MDEP=5	最小钻削深度 5mm	此参数仅当 DAM<0 时生效
VRT=0.5	断屑时钻头的退回值为 0.5mm	VRT=0，退回值为 1mm，VRT>0，退回值为指定值
DTD=0.6	在最终钻削深度处停顿 0.6s	DTD<0：单位为转 DTD=0：与 DTB 相同
RTP，RFP，SDIS，DP 的相关含义见 CYCLE81 编程示例		

3. 刚性攻螺纹循环 CYCLE84

（1）编程格式　CYCLE84（RTP，RFP，SDIS，DP，DPR，DTB，SDAC，MPIT，PIT，POSS，SST，SST1，AXN，0，0，VARI，DAM，VRT）。

（2）功能　刀具以编程的主轴转速和进给速度钻削，直至输入的螺纹深度。CYCLE84 用于刚性攻螺纹。柔性攻螺纹可以使用单独的循环 CYCLE840。

（3）主要参数说明　CYCLE84 的各参数描述如图 13-16 所示。

1）RTP，RFP，SDIS，DP，DPR。上述五个参数与 CYCLE81 参数说明相同，此处不再赘述。

2）DTB（最终钻深处的停留时间）。必须以秒为单位设置停留时间。在攻不通孔螺纹时，建议省去停留时间。

3）SDAC（循环结束后的主轴旋转方向）。在 SDAC 下，在循环结束时设置旋转方向。对于攻螺纹来说，这个方向会随着循环自动改变。

4）MPIT（公制螺纹尺寸）和 PIT（螺距）。螺距的值可以定义为螺纹尺寸（仅 M3 和 M48 之间的公制螺纹）或定义为值（从一个螺纹线到下一个螺纹线的距离）。

5）POSS（主轴停止角度）。在 POSS 下设定主轴停止的位置。

6）SST（攻螺纹时的主轴转速）和 SST1（返回时的主轴转速）。从攻螺纹孔返回的速度是在 SST1 下设定的。如果这个参数被设为零，则会以在 SST 下设定的速度返回。

7）深孔攻螺纹。VARI（加工方式）、DAM（钻削深度）和 VRT（可变返回距离）。与 CYCLE83 参数说明相同，此处不再赘述。

（4）编程示例：刚性攻螺纹　CYCLE84（50，-3，2，6，0.7，5，2，5，5，5，3，0，0，0，5，1.4）。如图 13-17 所示。

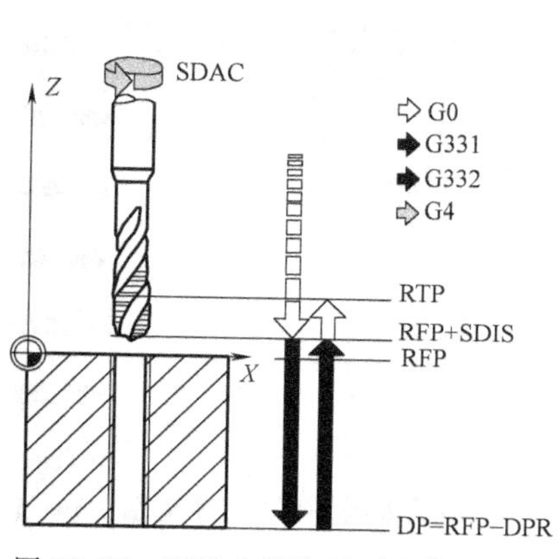

图 13-16　刚性攻螺纹循环参数说明图

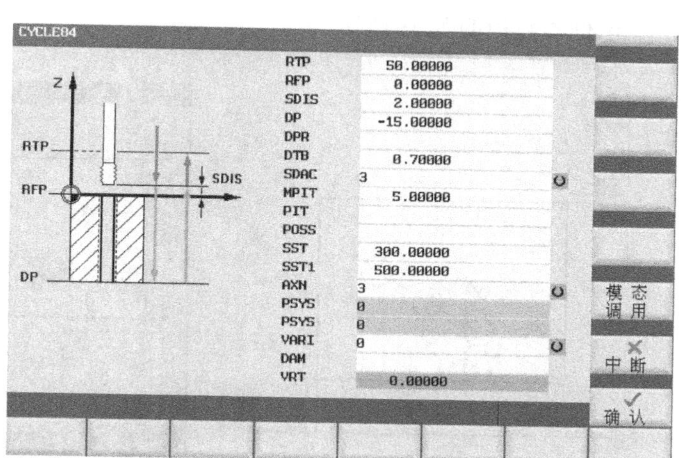

图 13-17　刚性攻螺纹循环参数设置

参数说明见表13-7，其中，SST和SST1中的数值是对主轴转速和Z轴进给位置进行同步控制的，在CYCLE84循环执行中，机床上的进给倍率、循环停止（进给保持）开关暂时无效。

RTP，RFP，SDIS，DP，DTB的相关含义见CYCLE81编程示例

表13-7 刚性攻螺纹循环参数说明

参数	含义	备注
DTB=0.7	最后到达攻螺纹深度时停顿0.7s	
SDAC=3	循环结束后主轴状态为M3	赋值为3/4→M3/M4
MPIT	加工M5右旋螺纹	
SST=300	攻螺纹主轴转速300r/min	
SST1=500	退回时主轴速度500r/min	旋转方向与SST相反SST1=0，速度同SST

4. 成排孔钻削循环HOLES1

（1）编程格式 HOLES1（SPCA，SPCO，STA1，FDIS，DBH，NUM）。

（2）功能 使用该循环可加工成排孔，即排列于一条直线上的多个钻孔，或者孔格网。

（3）主要参数说明 HOLES1的各参数描述如图13-18所示。

1）SPCA（参考点x坐标）和SPCO（参考点y坐标）。在成排孔直线上设定一个点，作为参考点。设定该点与第一个孔之间的距离为FDIS。

2）STA1（和X轴之间的夹角）。直线可处于平面中的任意位置。除了由SPCA和SPCO定义的点外，还可以通过角度确定直线的位置，该角度为直线与X轴的夹角。在STA1下以度为单位输入角度。

3）FDIS（从参考点到第一孔的距离）和DBH（孔间距）。在FDIS下设定第一个钻孔到SPCA/SPCO下定义的参考点的距离。通过参数DBH设置每两个钻孔之间的间距。

4）NUM（孔数）。通过参数NUM定义孔的数量。

（4）编程示例 成排孔钻削循环：HOLES1（10，10，30，20，25，4），如图13-19所示。

示例参数说明见表13-8。

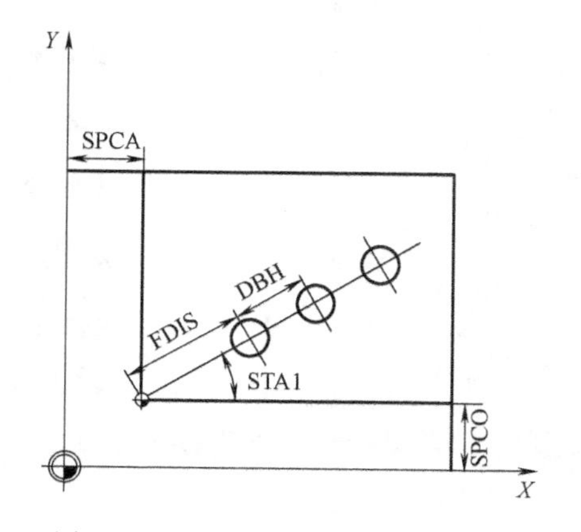

图13-18 成排孔钻削的参数说明图

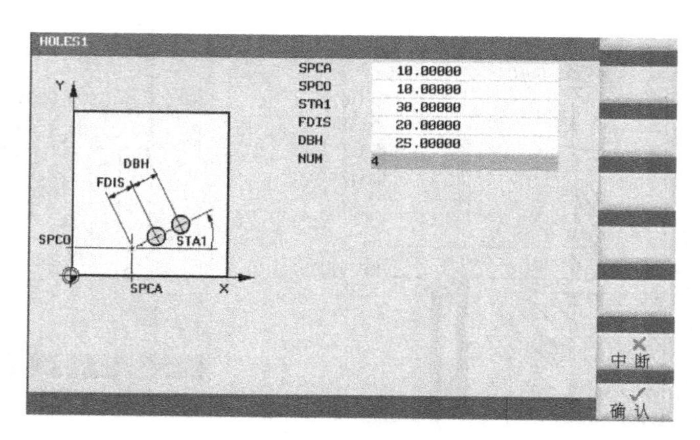

图13-19 成排孔钻削循环参数设置

表 13-8 成排孔钻削循环参数说明

参数	含 义
SPCA = 10	参考点横坐标为 10(绝对值)
SPCO = 10	参考点纵坐标为 10(绝对值)
STA1 = 30	排孔中心连线与 X 轴夹角为 30°
FDIS = 20	从参考点到第一孔的距离为 20mm
DBH = 25	相邻两孔距离为 25mm
NUM = 4	排孔数量为 4 个
该循环与钻孔固定循环联合使用,从而获得成排分布的孔系	

5. 圆周孔钻削循环 HOLES2

(1) 编程格式 HOLES2 (CPA, CPO, RAD, STA1, INDA, NUM)。

(2) 功能 使用此循环可加工圆周孔。

(3) 主要参数说明 HOLES2 的各参数描述如图 13-20 所示。

1) CPA (圆心 x 轴坐标), CPO (圆心 y 轴坐标) 和 RAD (圆周孔半径)。通过圆心和半径定义加工平面中的圆周孔位置。半径仅允许为正值。

2) STA1 (起始角度) 和 INDA (分度角)。通过这两个参数可以确定圆周孔上的钻孔排列。通过参数 STA1 设定工件坐标系的 X 轴正方向与第一个钻孔之间的旋转角。通过参数 INDA 设定两个钻孔之间的旋转角度。如果参数 INDA 的值为零，则在循环内部通过均匀分布在圆弧上钻孔的数量计算增量角。

3) NUM (数量)。通过参数 NUM 设定钻孔的数量。

(4) 编程示例：排孔钻削循环。HOLES1 (10, 10, 30, 20, 25, 4)。如图 13-21 所示。

示例参数说明见表 13-9。

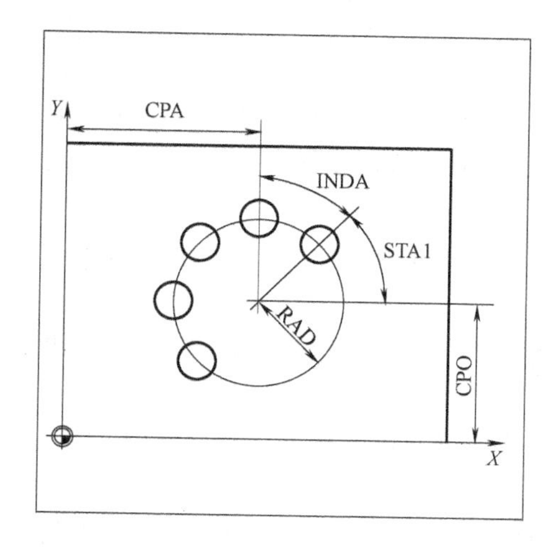

图 13-20 圆周孔钻削参数说明图

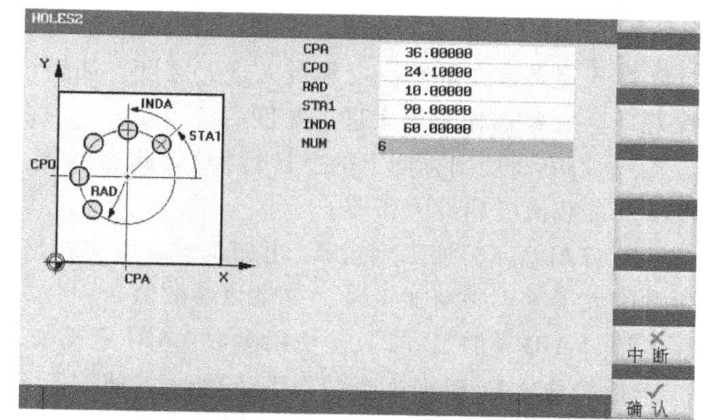

图 13-21 圆周孔钻削循环参数设置

表 13-9 圆周孔钻削循环参数说明

参数	含　义
CPA = 36	圆周孔中心横坐标为 36(绝对值)
CPO = 24.1	圆周孔中心纵坐标为 24.1(绝对值)
RAD = 10	打孔的圆周半径为 10mm
STA1 = 90	圆周圆心周上第一个孔连线同 X 轴夹角为 90°
INDA = 60	圆周上相邻两圆夹角为 60°
NUM = 6	圆周上打 6 个孔
该循环与钻孔固定循环联合使用,从而获得沿圆周分布的孔系	

6. 平面铣削循环 CYCLE71

(1) 编程格式　CYCLE71 (_ RTP, _ RFP, _ SDIS, _ DP, _ PA, _ PO, _ LENG, _ WID, _ STA, _ MID, _ MIDA, _ FDP, _ FALD, _ FFP1, _ VARI, _ FDP1)。

(2) 功能　通过 CYCLE71 对任意矩形表面进行铣削。循环对粗加工（对表面分几步进行加工，直至达到精加工余量）和精加工（对端面进行一步式加工）加以了区分。可以规定最大进刀宽度和深度。

(3) 主要参数说明　CYCLE71 的各参数描述如图 13-22 所示。

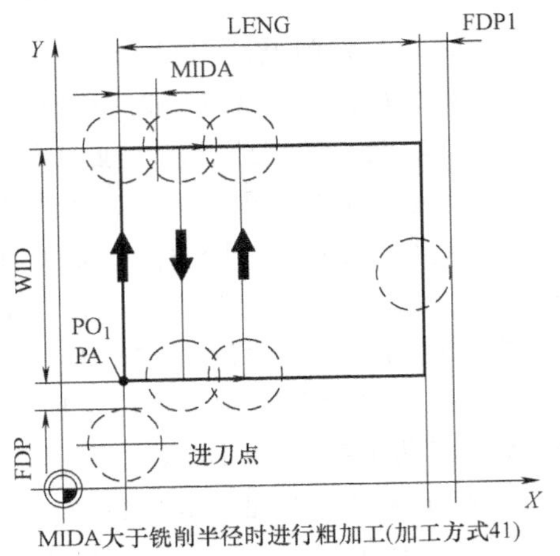

图 13-22　平面铣削循环参数说明图

1) DP（深度）。深度可以通过到参考平面的绝对值设定。

2) PA（矩形起始点 X 轴坐标）和 PO（矩形起始点 Y 轴坐标）。使用参数 PA 和 PO 在平面坐标轴区域中定义起始点。

3) LENG（矩形 X 轴长度）和 WID（矩形 Y 轴长度）。使用参数 LENG、WID 在平面中定义矩形的长度和宽度。相对于 PA 和 PO 的矩形位置由符号决定。

4) MID（每次进给的最大深度）和 MIDA（最大进刀宽度）。在平面中进行加工时，通过此参数定义最大进给深度和最大进刀宽度。如果该参数未编程或者值为 0，内部循环使用铣刀直径的 80% 作为最大进刀宽度。

5) FDP（切削方向上的空转行程）。此参数定义平面中的最大空转行程量。根据相应情况该参数值应始终大于零。

6) FALD（精加工余量）。粗加工时，考虑在该参数下设定深度上的精加工余量。如果参数值大于零，则精加工时，忽略该参数值。

7) VARI（加工方式）。使用参数 VARI 定义加工方式。可使用的值：

① 个位。1 = 粗加工至精加工余量；2 = 精加工。

② 十位。1 = 与平面中 X 轴平行，单向；2 = 与平面中 Y 轴平行，单向；3 = 与平面中的 X 轴平行，交替方向；4 = 与平面中的 Y 轴平行，交替方向。

如果参数 VARI 被设为其他值，则输出报警“61002”，加工方式定义错误，并且循环中断。

（4）编程示例　平面铣削循环：CYCLE71（50，0，2，－5，0，0，100，100，0，2.5，8，2，500，11，）。如图 13-23 所示。

图 13-23　平面铣削循环参数设置

7. 矩形凸台铣削循环 CYCLE76

（1）编程格式　CYCLE76（RTP，RFP，SDIS，DP，DPR，LENG，WID，CRAD，PA，PO，STA，MID，FAL，FALD，FFP1，FFD，CDIR，VARI，AP1，AP2）。

（2）功能　使用该循环在加工平面中加工矩形凸台。在精加工时需使用端铣刀。深度进刀总是在以圆弧切入前的位置上执行。

（3）主要参数说明　CYCLE76 的各参数描述如图 13-24 所示。

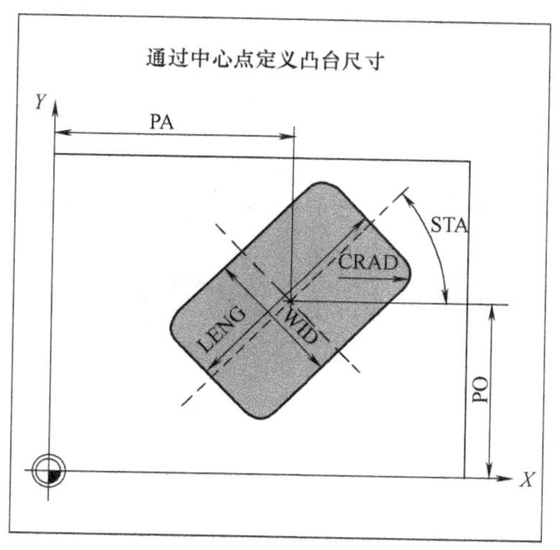

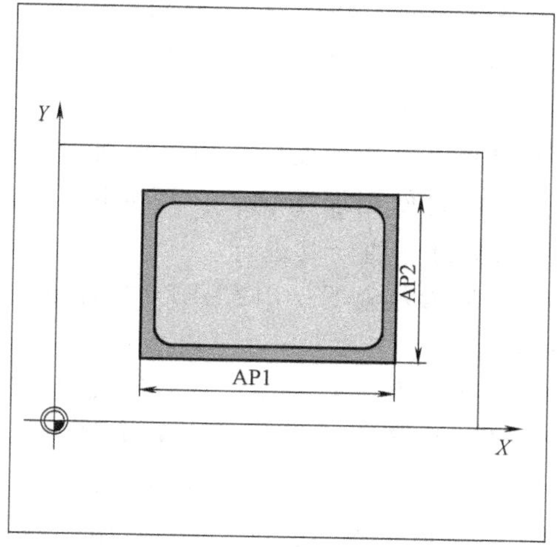

图 13-24　矩形凸台铣削循环参数说明图

1）有关参数 RTP、RFP、SDIS、DP 和 DPR 的说明，参见 CYCLE81 参数说明。

2）LENG（凸台长度）、WID（凸台宽度）和 CRAD（转角半径）。使用参数 LENG、WID 和 CRAD 在平面中定义凸台的形状。凸台尺寸从中心处定义。长度的大小（LENG）始终以横坐标为基准（水平角度为零度）。

3）PA（参考点 *X* 轴坐标）和 PO（参考点 *Y* 轴坐标）。使用参数 PA 和 PO 定义凸台参考点的横坐标和纵坐标。该点为凸台中心点。

4）STA（纵轴和 *X* 轴的夹角）。在 STA 下设定平面中 *X* 轴和凸台纵向轴之间的夹角。

5）CDIR（铣削方向）。在此参数下设定凸台的加工方向。在使用 CDIR 参数的情况下，可以直接利用“G2 的 2”和“G3 的 3”对铣削方向进行编程。

6）VARI（加工方式）。使用参数 VARI 定义加工方式。可使用的值：1=粗加工；2=精加工。

7）AP1，AP2（毛坯尺寸）。在加工凸台时可使用毛坯尺寸。毛坯尺寸的长度和宽度（AP1 和 AP2）在编程时无需输入符号，循环会进行计算使之相对凸台中心点对称。

（4）编程示例：矩形凸台铣削循环 CYCLE76（50，0，2，－5，，60，30，3，0，0，30，2.5，，，500，，100，2，2，62，32）。矩形凸台铣削循环参数设置如图 13-25 所示。

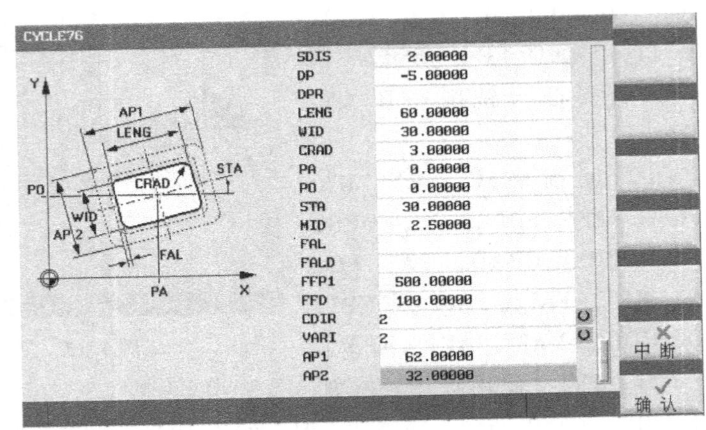

图 13-25 矩形凸台铣削循环参数设置

8. 圆形腔铣削循环 POCKET4

（1）编程格式 POCKET4（_RTP，_RFP，_SDIS，_DP，_PRAD，_PA，_PO，_MID，_FAL，_FALD，_FFP1，_FFD，_CDIR，_VARI，_MIDA，_AP1，_AD，_RAD1，_DP1）。

（2）功能 使用此循环在加工平面中加工圆形腔。在精加工时需要使用端面铣刀。深度进刀总是从圆形腔中心点开始或垂直于其进行。

（3）主要参数说明 POCKET4 的各参数描述如图 13-26 所示。

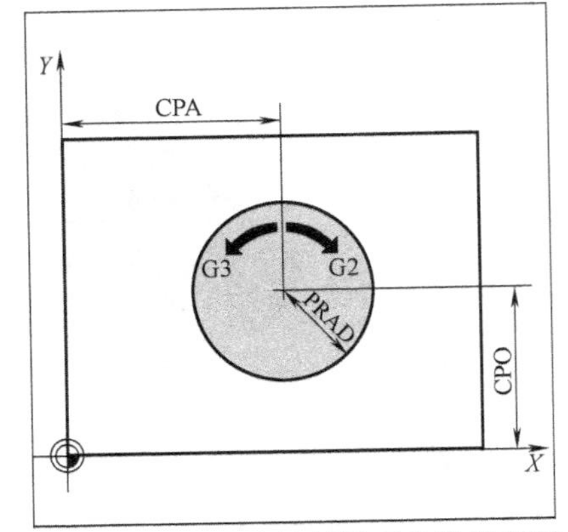

图 13-26 圆形腔铣削循环参数说明图

1）PRAD（圆形腔半径）。圆形腔的形状仅取决于半径。如果其半径小于当前刀具的半径，则输出报警“61105”，铣刀半径过大，并且循环中止。

2）PA，PO（圆形腔圆心）。使用参数 PA 和 PO 定义圆形腔的圆心。

3）VARI（加工方式）。使用参数 VARI 定义加工方式。

① 个位。1=粗加工；2=精加工。

② 十位（进给）。0=使用 G0 垂直于圆形腔中心点；1=使用 G1 垂直于圆形腔中心点。

4）有关其他参数，参见上述循环参数说明。

13.4 立式加工中心加工实训

13.4.1 多层多型面组合零件加工实训

1. 加工要求

按照图 13-27 所示工程图样，完成零件加工。零件材料：铝合金。

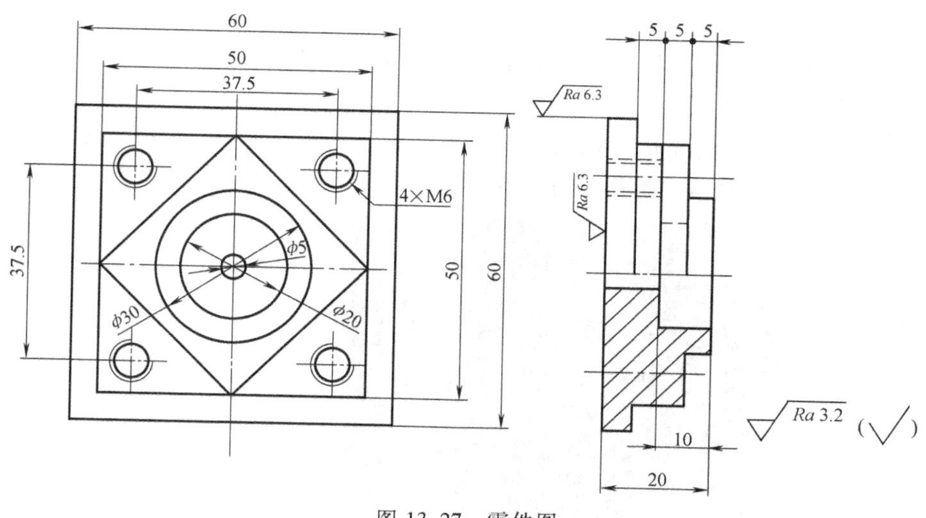

图 13-27　零件图

2. 工艺分析

此零件为典型的多层、多型面组合零件。可在其他铣削设备上完成 60mm×60mm×20mm 的方料加工，表面粗糙度值达到 *Ra* 6.3。其余待加工面均可在加工中心上一次装夹，完成全部加工。表面粗糙度值要求为 *Ra* 3.2，半精加工即可达到精度要求。加工中心上各型面加工工艺顺序采用先面后孔、先粗后精、先外后里、先上后下，按照尽量减少刀具数量和换刀次数的原则安排。先粗加工各平面，再精加工各平面，最后完成各孔的钻削、攻螺纹。此外，由于加工过程为学生实训过程，为保证安全，整个加工过程中的背吃刀量、进给量、主轴转速等参数明显低于实际工业生产过程。

3. 加工工艺卡

加工工艺卡如图 13-28 所示。

工步	工步内容	刀具	走刀次数/次	背吃刀量/mm	进给量/(mm/min)	主轴转速/(r/min)
1	端面铣削	ϕ14 立铣刀	1	1	300	1000
2	粗铣 50×50 外轮廓	ϕ14 立铣刀	5	3	200	1000
3	粗铣斜方外轮廓	ϕ14 立铣刀	4	3	200	1000
4	粗铣 ϕ30 深 5 外圆轮廓	ϕ14 立铣刀	2	2. 5	200	1000
5	粗铣 ϕ20 深 10 内孔	ϕ14 立铣刀	4	3	200	1000
6	半精铣 50×50 外轮廓	ϕ10 立铣刀	1	1	150	1500
7	半精铣斜方外轮廓	ϕ10 立铣刀	1	1	150	1500
8	半精铣 ϕ30 深 5 外圆轮廓	ϕ10 立铣刀	1	1	150	1500
9	半精铣 ϕ20 深 10 内孔	ϕ10 立铣刀	1	1	150	1500
10	ϕ5 中心孔及 M6 螺纹底孔	ϕ5 机用钻头	5	2. 5	100	800
11	攻 M6 螺纹	M6 机用丝锥	4		300	300

图 13-28　加工工艺卡

4. 备料单

准备尺寸为 60mm×60mm×20mm、所有表面粗糙度值为 *Ra* 6.3 的铝合金方料。

5. 刀具、工具和量具

如图 13-29 所示。刀具：ϕ14 高速钢立铣刀，ϕ10 高速钢立铣刀，ϕ5 高速钢钻头，M6 机用丝锥各 1 把。工具：垫铁，手锤。量具：游标卡尺。

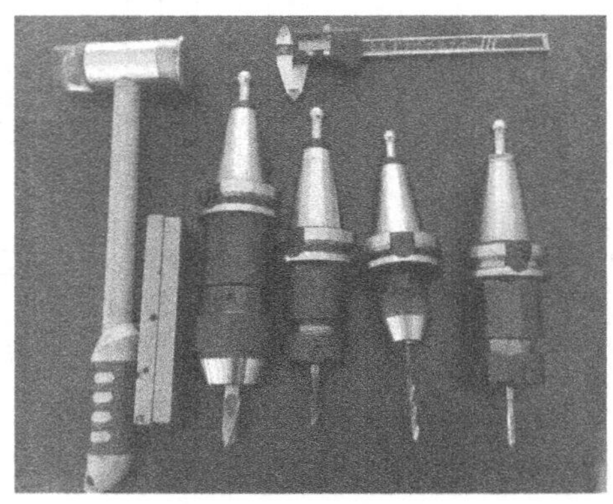

图 13-29　加工中所用刀具、工具和量具

6. 程序编辑

参考程序见表 13-10。

表 13-10　参考程序

XMZ05	零件加工程序注解
T2M06D1	执行换刀程序，换 2 号刀（ϕ14）建立 1 号刀具补偿
G90G54G0X0Y0S1000M03	建立坐标系以绝对坐标运行，快速运动到工件上方 $x0y0$ 位置，主轴正转 1000r/min（安全提示：刀具应高于工件）
Z100	快速运动到工件上方 100mm 位置
Z50M08	快速运动到工件上方 50mm，打开切削液
CYCLE71（ 50.00000，1.0000，2.00000，0.00000，-30.00000，-30.00000，60.00000，60.00000，，3.0000，12.00000，，，300.00000，11，）	端面铣削，建立 60mm×60mm 毛坯，铣削端面，进给速度为 300mm/min，单向铣削
CYCLE76（ 50.00000，0.00000，1.00000，-15.00000，，50.00000，50.00000，，0.00000，0.00000，0.00000，3.0000，0.10000，1.00000，200.00000，300.00000，2，1，65.00000，65.00000）	凸台铣，粗铣 50×50 外轮廓，深度 15mm，背吃刀量 3mm，平面进给 200mm/min，深度进给 300mm/min
CYCLE76（ 50.00000，0.00000，1.00000，-10.00000，，45.00000，45.00000，0.00000，0.00000，0.00000，45.00000，3.00000，0.10000，1.0000，200.00000，300.00000，2，1，65.00000，65.00000）	凸台铣，粗铣斜方外轮廓，深度 10mm，最大背吃刀量 3mm，平面进给 200mm/min，深度进给 300mm/min。（去余量程序）
CYCLE76（ 50.00000，0.00000，1.00000，-10.00000，，35.35500，35.35500，0.00000，0.00000，0.00000，45.00000，3.00000，0.10000，1.0000，200.00000，300.00000，2，1，65.00000，65.00000）	凸台铣，粗铣斜方外轮廓，深度 10mm，最大背吃刀量 3mm，平面进给 200mm/min，深度进给 300mm/min
CYCLE77（ 50.00000，0.00000，1.00000，-5.00000，，30.00000，0.00000，0.00000，2.50000，0.10000，1.00000，200.00000，300.00000，0，1，75.00000）	凸台铣，粗铣 ϕ30 深 5 外圆轮廓，最大背吃刀量 2.5mm，平面进给 200mm/min，深度进给 300mm/min

（续）

XMZ05	零件加工程序注解
POCKET4（50.00000，0.00000，1.00000，-10.00000，10.00000， 0.00000， 0.00000， 3.00000， 0.10000，1.0000，200.00000，100.00000，0，11，5.00000， ，，，）	圆形腔铣，粗铣 ϕ20 深 10 外圆轮廓，最大背吃刀量 3mm，平面进给 200mm/min，深度进给 100mm/min
G00Z100M09M05	快速退刀，关闭切削液，主轴停止
T3M06D1	执行换刀程序，换 3 号刀（ϕ10）建立 1 号刀具补偿
G90G54G0X0Y0S1500M03	建立坐标系以绝对坐标运行，快速运动到工件上方 $x0y0$ 位置，主轴正转 1500r/min
Z100	快速运动到工件上方 100mm 位置
Z50M08	快速运动到工件上方 50mm 位置，打开切削液
CYCLE76（50.00000，0.00000，1.00000，-15.00000， ，50.00000， 50.00000， ，0.00000，0.00000，0.00000，16.0000，0，0.00000，150.00000，300.00000，2，2，65.00000，65.00000）/	凸台铣，精铣 50×50 外轮廓，深度 15mm，最大背吃刀量 1mm，平面进给 150mm/min，深度进给 300mm/min
CYCLE76（50.00000，0.00000，1.00000，-10.00000， ，45.00000， 45.00000， 0.00000， 0.00000， 0.00000，45.00000， 11.00000， 0.0000， 0.0000， 150.00000，300.00000，2，2，60.00000，60.00000）	凸台铣，精铣斜方外轮廓，深度 10mm，最大背吃刀量 1mm，平面进给 150mm/min，深度进给 300mm/min。（去余量程序）
CYCLE76（50.00000，0.00000，1.00000，-10.00000， ，35.3550， 35.35500， 0.00000， 0.00000， 0.00000，45.00000， 11.00000， 0， 0.00000， 150.00000，300.00000，2，2，60.00000，60.00000）	凸台铣，精铣斜方外轮廓，深度 10mm，最大背吃刀量 1mm，平面进给 150mm/min，深度进给 300mm/min
CYCLE77（50.00000，0.00000，1.00000，-5.00000， ，30.00000， 0.00000， 0.00000， 6.00000， 0.00000，0.00000，150.00000，300.00000，0，2，75.00000）	凸台铣，半精铣 ϕ30 深 5 外圆轮廓，最大背吃刀量 1mm，平面进给 150mm/min，深度进给 300mm/min
POCKET4（50.00000，0.00000，1.00000，-10.00000，10.00000， 0.00000， 0.00000， 11.00000， 0.00000，0.00000，150.00000，100.00000，0，12，5.00000， ，，）	圆形腔铣，半精铣 ϕ20 深 10 内孔，最大背吃刀量 1mm，平面进给 150mm/min，深度进给 100mm/min
G00Z100M09M05	快速退刀，关闭切削液，主轴停止
T4M06D1	执行换刀程序，换 4 号刀（ϕ5）建立 1 号刀具补偿
G90G54G00X0Y0S800M03	建立坐标系以绝对坐标运行，快速运动到工件上方 $x0y0$ 位置，主轴正转 800r/min
Z100	快速运动到工件上方 100mm 位置
Z20 M08	快速运动到工件上方 20mm 位置，打开切削液
G1 Z20 F100 M08	以进给量 100mm/min 的速度到达工件上表面 20mm 高度，并打开切削液
MCALL CYCLE81（20.00000 0.00000 5.00000 -22.00000 0.00000 ）	模态调用中心孔循环，孔深 20mm
G0X0Y0	快速到达指定打孔位置进行中心孔循环加工孔 1

（续）

XMZ05	零件加工程序注解
X18.75Y18.75	孔 2
X-18.75	孔 3
Y-18.75	孔 4
X18.75	孔 5
MCALL	中心孔循环结束
G00Z100M09M05	快速移动到 z100 高度，关闭切削液，主轴停
T5M06D1	执行换刀程序，换 5 号刀（M6）建立 1 刀具补偿
G90G54G00X0Y0S300M3	建立坐标系以绝对坐标运行，快速运动到工件上方 x0y0 位置，主轴正转 300r/min
Z100	快速运动到工件上方 100mm 位置
Z50M08	快速运动到工件上方 50mm 位置，打开切削液
MCALL CYCLE84（ 50.00000，0.00000，5.00000，-25.00000，0.00000，，3，6.00000，，0.00000，300.00000，300.00000，3，0，0，0，，0.00000）	模态调用攻螺纹循环，M6 攻螺纹深度 20mm，主轴正转 300r/min，退刀转速 300r/min
G0X18.75Y18.75	螺纹 1
X-18.75	螺纹 2
Y-18.75	螺纹 3
X18.75	螺纹 4
MCALL	攻螺纹循环结束
G0Z200M09	快速退刀，关闭切削液
M30	程序结束

7. 程序模拟

在自动加工前，需要模拟来检查程序编写是否正确及刀具是否正确移动。模拟结果如图 13-30 所示。

8. 零件加工

1）开机，打开系统电源。

2）装夹工件。如图 13-31 所示，将垫铁置于零件毛坯料下，并将零件装夹到机床工作台的精密台虎钳上，用锤子敲击零件表面，使其底面与垫铁和台虎钳贴实，并夹紧。

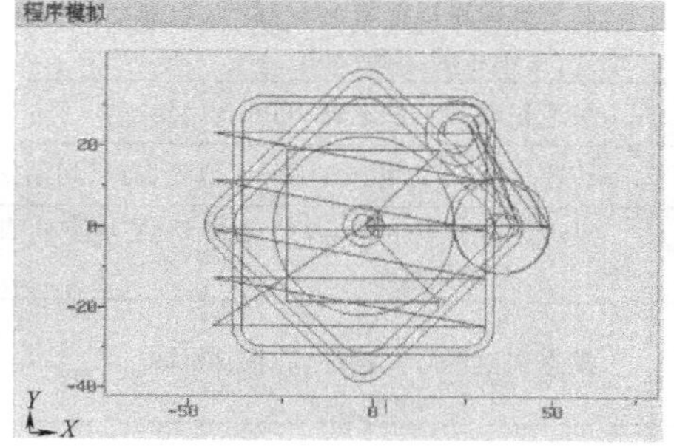

图 13-30 程序模拟结果

图 13-31 装夹工件

3）安装刀具。如图 13-32 所示，利用装刀按钮和机床换刀功能，将已装入刀柄的 ϕ14 高速钢立铣刀，ϕ10 高速钢立铣刀，ϕ5 高速钢钻头，M6 机用丝锥依次装入指定刀位。

4）对刀。利用手轮（图 13-33），采用试切对刀法（图 13-34）完成 X、Y、Z 三个方向对刀。

图 13-32　安装刀具

图 13-33　手轮选择

5）输入刀具参数。在如图 13-35 所示刀具列表界面输入所有刀具的直径和长度参数。

图 13-34　试切对刀

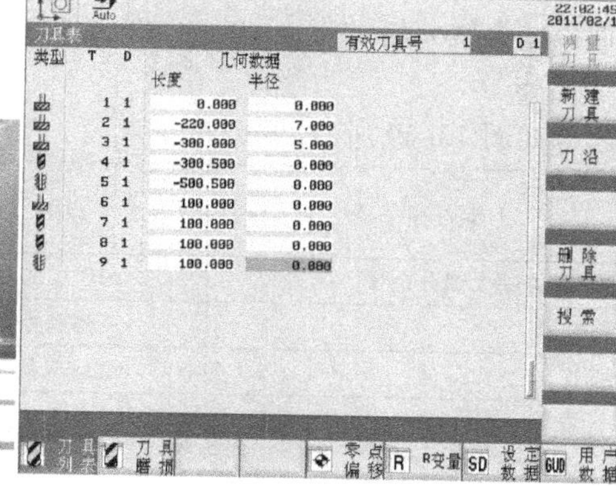

图 13-35　输入刀具参数

6）调用指定文件名的加工程序。检查程序中的刀号与实际刀库中的刀号是否相同，核实每把刀具的参数。

7）自动加工。单击“自动”—<循环起动>，直至加工结束。加工过程如图 13-36 所示。

8）加工后零件如图 13-37 所示。

图 13-36　加工过程

13.4.2　创意类零件的加工实训

1. 加工要求

根据图 13-38 所示五骏图模型，在大小为 235mm×135mm×15mm 的铝合金板料上完成零件加工。

图 13-37　加工后零件

图 13-38　五骏图模型

2. 工艺分析

该模型属于复杂曲面的凸模雕铣，无法手工编程，须利用 CAM 软件进行后处理，自动生成数控程序。在进行加工后处理过程中，需考虑加工效率与加工质量。在加工中，有大量的材料去除部分，需采用大直径刀具以提高加工效率；有细节的纹理刻画，需采用小直径刀具进行精雕细琢。因此在工艺安排上，需要安排大直径立铣刀的粗加工、中直径球头铣刀半精加工、小直径球头铣刀精加工。

3. 加工工艺卡

加工工艺卡如图 13-39 所示。

工步	工步内容	刀具	走刀次数/次	背吃刀量/mm	进给量/(mm/min)	主轴转速/(r/min)
1	粗铣轮廓，去除大部分余量	ϕ10 立铣刀	10	1	300	2000
2	半精铣轮廓	ϕ4 球头铣刀	1	0.08	1200	4000
3	精铣细节	ϕ2 球头铣刀	1	0.05	800	4000

图 13-39　加工工艺卡

4. 备料单

准备尺寸 240mm×140mm×15mm 的铝合金板料，完成 235mm×135mm 归方预加工。

5. 刀具、工具和量具

刀具：ϕ10 高速钢立铣刀，ϕ4 球头铣刀，ϕ2 球头铣刀各 1 把。工具：垫铁，锤子。如图 13-40 所示。

6. 采用 UG 软件进行 CAM 后置处理，基本步骤如下，详细操作过程请参考相关教程。

1）打开 UG 软件，调入指定模型。

2）进入加工界面，建立工件坐标系。

3）进入“工件”对话框，指定毛坯。

4）进入“创建刀具”对话框，设定全部拟用刀具参数。

5）进入“创建工序”对话框，建立第 1 把立铣刀粗铣外轮廓子程序。

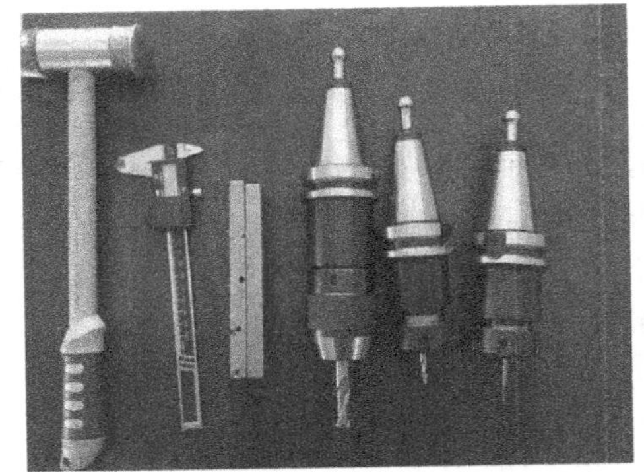

图 13-40　加工中所用刀具、工具和量具

6）设定粗铣加工参数和走刀轨迹。

7）创建第2把球头刀半精铣轮廓子程序。

8）设定半精铣加工参数和走刀轨迹。

9）创建第3把球头刀精铣轮廓子程序。

10）设定精铣加工参数和走刀轨迹。

11）进入“刀轨可视化”对话框，模拟加工过程，进行干涉检查。

12）输入文件名，生成加工程序。

7. 零件加工

1）重复13.4.1节中零件加工中的1~7步，进行加工，加工过程如图13-41所示。

2）加工完成零件如图13-42所示。

图13-41 加工过程

图13-42 加工后零件

实训拓展训练

1. 根据图13-43所示零件图相关要求，完成零件加工。毛坯料为100mm×100mm×45mm铝合金。

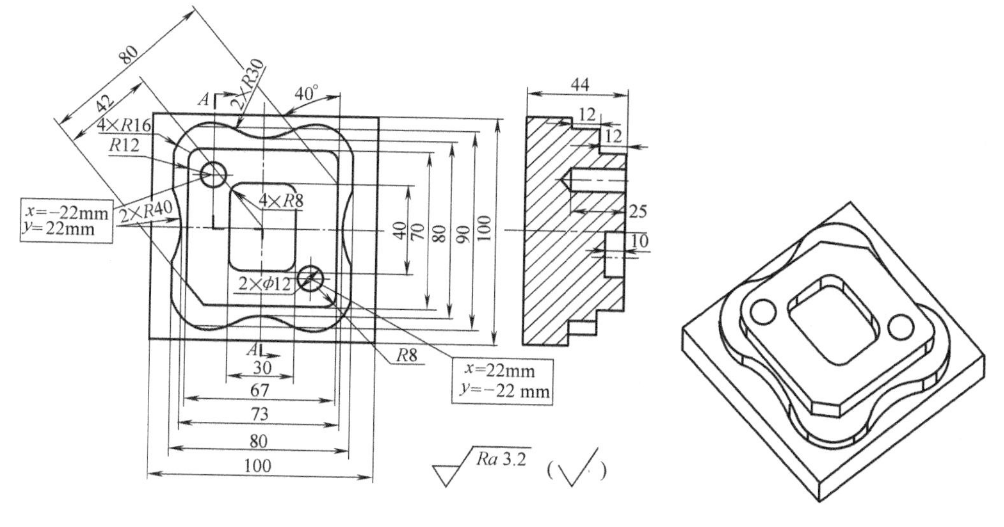

图13-43 零件图

2. 根据图 13-44 所示秦始皇脸部模型，完成零件加工。毛坯料为 318mm×228mm×100mm 铝合金。

图 13-44 秦始皇脸部模型

第14章　快速成形技术实训

14.1　快速成形技术概述

快速成形技术（Rapid Prototyping，RP）又称快速原型制造技术，是20世纪80年代发展起来的一种先进制造技术，是制造技术领域的一次重大突破。快速成形技术综合了机械工程、CAD、数控技术、激光技术及材料科学技术，可以自动、直接、快速、精确地将设计思路转变为具有一定功能的原型或直接制造，从而可以对产品设计进行快速评估、修改和功能实验，缩短了产品研发周期。RP依据CAD构造的产品三维模型，对其进行分层切片，得到各层截面的轮廓。按照这些轮廓，激光束选择性地喷射，固化一层层液态树脂（或切割一层层的纸，或烧结一层层的粉末材料），或喷射源选择性地喷射一层层的粘结剂或热熔材料等，形成各截面，逐步叠加成三维产品。以RP技术为基础的快速工装模具制造、快速精铸技术可实现零件的快速制造。

14.1.1　熔融沉积成形技术

熔融沉积也称为熔丝堆积（Fused Deposition Modeling，FDM），是将丝状热熔性材料，从微细喷嘴的加热喷头挤喷出来。喷头在计算机的控制下，可根据成形件的截面信息作X-Y平面运动和高度Z方向的运动。如果热熔性材料的温度始终稍高于固化温度，而成形部分的温度稍低于固化温度，就能保证热熔性材料挤喷出喷嘴后与前一层熔结在一起。一个层面沉积完成后，工作台按预定的增量下降一个层的厚度，再继续熔喷沉积，直到完成整个实体造型，如图14-1所示。

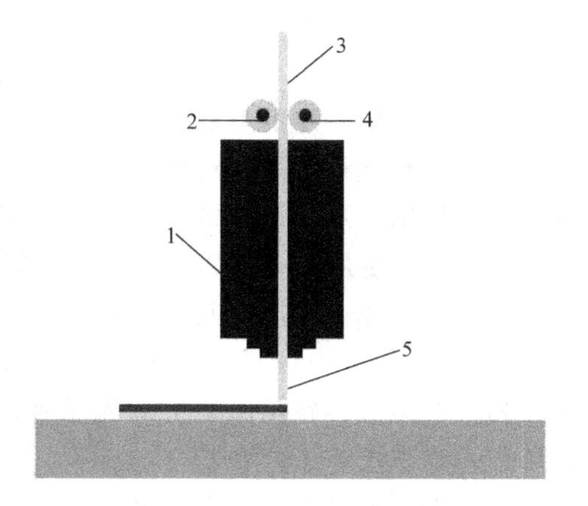

图14-1　熔融沉积成形工艺原理
1—加热组件　2—从动辊　3—材料丝
4—主动辊　5—喷头

14.1.2　光敏树脂液相固化成形技术

光敏树脂液相固化成形（Stereo Lithography Apparatus，SLA）又称光固化立体造型或立体光刻，是最早发展起来的一种RP技术。SLA工艺是基于液态光敏树脂的光聚合原理，这种液态材料在一定的波长（325μm）和功率（30mW）的紫外线照射下迅速发生光聚合反应，相对分子质量急剧增大，材料也从液态转变为固态。

图14-2所示为光敏树脂液相固化成形原理图。在液槽中盛满了光敏树脂，氦-镉激光器或氩离子激光器发出紫外激光束，通过激光偏转镜，按零件的各分层截面信息在光敏树脂表面进行逐层扫描，使被扫描区域的树脂薄层产生光聚合反应而固化，形成零件的一个薄层。一层固化完毕后，升降的工作台下降一个层厚距离（约0.1mm），以使原先固化好的树脂表面再覆上一层新的液态树脂，刮板将黏度较大的树脂液面刮平，然后进行下一层的扫描，新

固化的一层液态树脂牢固地粘接在前一层上，如此重复直至整个零件制造完毕，得到一个三维实体原型。

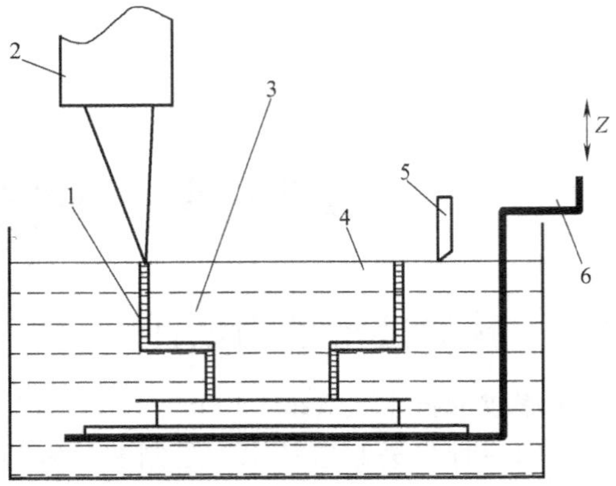

图 14-2 光敏树脂液相固化成形原理图
1—成形零件 2—紫外激光 3—光敏树脂
4—液面 5—刮平器 6—升降台

14.1.3 选择性激光烧结成形技术

1. 选择性激光烧结成形原理

选择性激光烧结成形（Selective Laser Sintering，SLS）快速原型制造技术又称选区激光烧结技术。SLS 工艺是利用粉末材料（金属或非金属粉末）在激光照射下烧结的原理，在计算机的控制下层层堆积成形。SLS 与 SLA 十分相似，主要区别在于使用的材料及其形态不同。SLA 所用的材料是液态光敏树脂，而 SLS 用的是金属或非金属粉末。

选择性激光烧结成形是采用铺粉辊将一层粉末材料平铺在已成形零件的表面，并加热至恰好低于该粉末烧结点的某一温度，控制系统控制激光束按照该层的截面轮廓在粉末上扫描，使粉末的温度升到熔化点进行烧结，并与下面已成形的部分实现粘接。当一层烧结完后，工作台下降一个层厚，铺辊又在上面铺上一层均匀密实的粉末，进行新一层的烧结，直至完成。在成形过程中，未经烧结的粉末对模型的空腔和悬臂部分起支撑作用，不必像 SLA 工艺另行生成支撑工艺结构。SLS 使用的是 CO_2 激光器，原料为蜡、聚碳酸酯、尼龙、金属及其他物料。

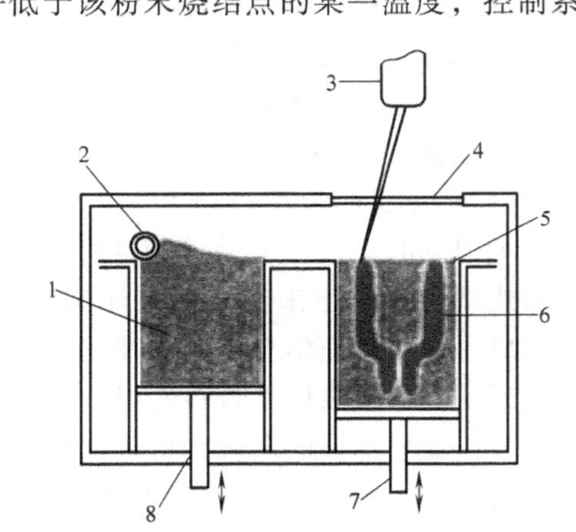

图 14-3 选择性激光烧结成形的工艺原理和基本组成
1—原料粉末 2—铺粉辊筒 3—激光二维扫描头
4—激光器 5—加工平面 6—生成的零件
7—成形活塞 8—供粉活塞

图 14-3 所示为选择性激光烧结成形的工艺原理和基本组成，包括激光器和光学系统、粉料输送和回收系统、工作台等。

2. 选择性激光烧结成形基本工艺

选择性激光烧结成形工艺采用的材料主要是金属粉末，在成形过程中，激光能源对金属粉末直接烧结，使其熔化，实现叠层堆积。其工艺流程一般可分为获得模型数据、模型分层处理、激光烧结、后处理四步。

3. 选择性激光烧结成形工艺特点

选择性激光烧结成形工艺和其他快速成形工艺相比，其最大的独特性是能够直接制作金属制品，同时该工艺还具有如下特点：

1）可采用多种材料。从原理上说，这种方法可采用加热时黏度降低的任何粉末材料，通过材料或各类含粘接剂的涂层颗粒制造出任何造型，适应不同需要。

2）高精度。依赖于使用的材料种类和粒径，产品的几何形状和复杂程度，该工艺一般能够达到工件整体范围内 $\pm(0.05\sim2.5)$mm 的偏差。当粉末粒径为 0.1mm 以下时，成形精度可达±1%。

3）无需支撑结构。叠层累积过程中出现的悬空层面可直接由未烧结的粉末来实现支撑。

4）材料利用率高。因为工艺过程中不需要支撑结构，也不需要制作基底支撑，因此在常见的几种快速成形工艺中，材料利用率是最高的。

选择性激光烧结成形零件如图 14-4 所示。

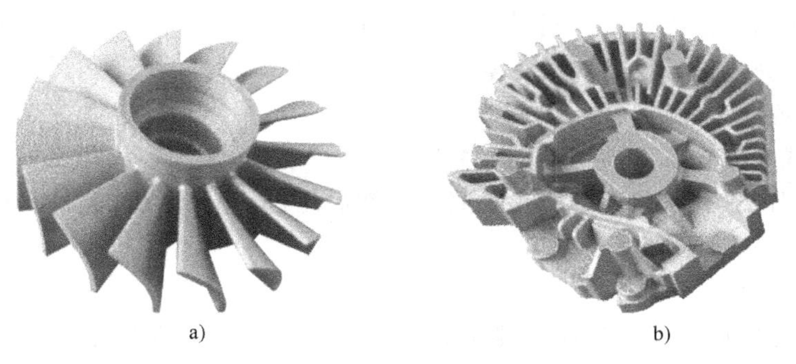

a)　　b)

图 14-4　选择性激光烧结成形零件

a）叶轮　b）发动机外壳

14.2　熔融沉积成形设备与工艺

14.2.1　熔融沉积成形设备

以 3D 打印机为例，其基本结构包括基座、打印平台、喷嘴、喷头、材料挂轴、丝材和自动对高块等，如图 14-5 所示。

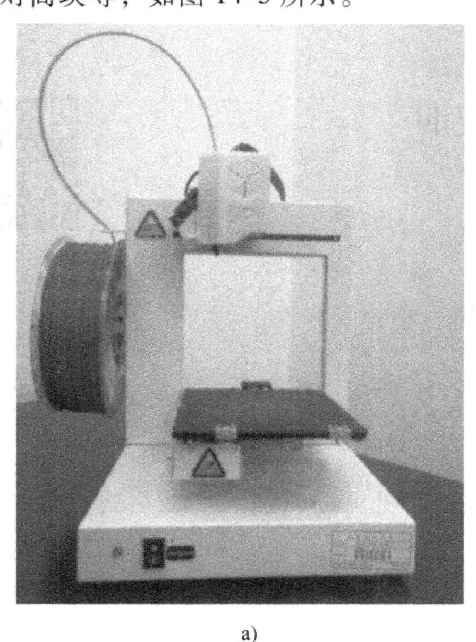

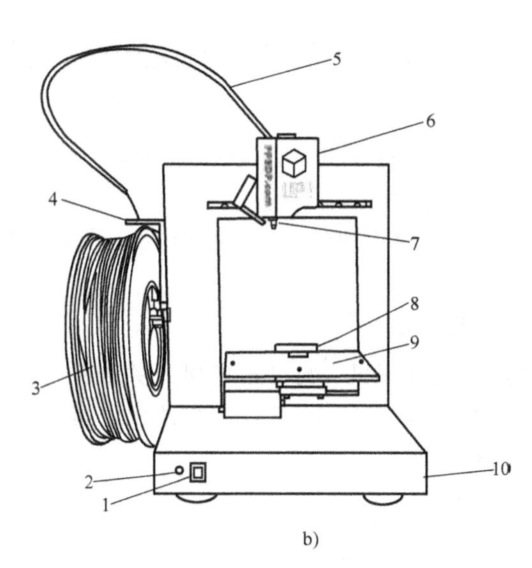

a)　　b)

图 14-5　3D 打印机

a）设备图片　b）结构组成

1—初始化按钮　2—信号灯　3—丝材　4—材料挂轴　5—丝管　6—喷头　7—喷嘴　8—自动对高块　9—打印平台　10—基座

14.2.2 熔融沉积成形基本工艺

熔融沉积成形是利用设计产品的3D数据，采用分层、叠加成形的原理进行打印，其工艺流程一般可分为获得模型数据、模型分层处理、打印和后处理四步。

1. 获得模型数据

获得模型数据的方式分为三种：

1）通过三维软件建模获得。建模过程可使用3DS MAX、AutoCAD、UG、Pro/e、Solidworks等主流软件完成，需注意的是在整个建模过程中产品尺寸要准确无误，打印机是严格根据这些数据来控制产品最终外形的。

2）通过扫描仪扫描实物获得其模型数据。

3）通过拍照的方式拍取实物多角度照片，然后通过计算机相关软件将照片数据转化成模型数据。

2. 模型分层处理

在三维建模完成后，打印机将三维数据分割为二维数据，即把整个三维模型沿水平面“切割”成一定数量的二维薄片，对应每一个薄片生成其平面尺寸数据。此过程是在打印机内部完成的，切成薄片的厚度是由打印机自身决定的，理论上讲，分割的层数越多（薄片数量越多），打印出的产品尺寸也就越接近于原始设计数据。

3. 打印

打印机根据每一层的二维数据进行打印，打印完一层后工作台下降一个层厚的距离，继续打印下一层，直至模型打印完毕。

4. 后处理

打印好的三维产品要经过后处理才能使用，后处理工艺一般包括剥离、固化、修整、上色等。

14.3 无碳小车保护罩熔融沉积成形实训

1. 设备

选用的3D打印机，如图14-5所示。

2. 工具准备

本实训中使用的量具为游标卡尺，辅具为尖口钳、小铲子和夹子。

3. 操作步骤

（1）打印前操作

1）启动计算机，打开打印机开关。

2）使用SolidWorks软件进行建模，将其保存成打印机可以识别的STL格式文件。建模如图14-6所示。

3）打开“UP!”软件。

4）打开模型。在工具栏里单击“打开”按钮，打开文件名为“保护罩”的文件。

5）自动布局。单击工具栏上“自动布局”按钮，将模型布置在工作台正中间，如图14-7所示。

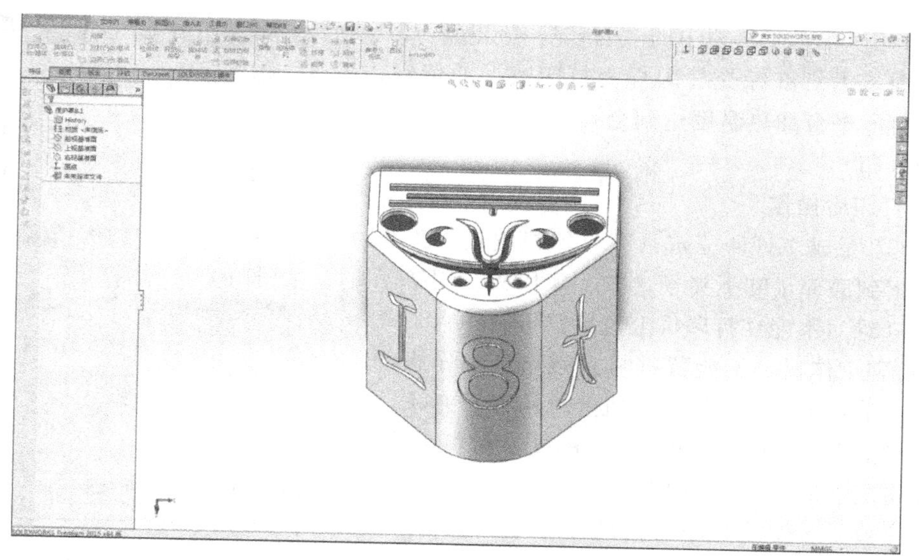

图 14-6 SolidWorks 软件建模

图 14-7 自动布局图

6）模型旋转。如果想选择打印方向，则需旋转模型，单击“旋转”按钮和“坐标轴”图标，执行旋转。

7）对模型进行分层。单击“三维打印”中“设置”，对层厚等参数进行设置，如图 14-8所示。

8）打印预览。单击菜单栏中“三维打印”中“打印预览”，对“选项”内的参数进行设置，如图 14-9a 所示。单击“确定”后，会出现本次打印所使用的材料、打印时间及完成时间，如图 14-9b 所示。

（2）打印操作

1）初始化。打印机回坐标原点，单击菜单栏“三维打印”中的“初始化”，初始化前、后均会长鸣一声。

2）打印。单击工具栏中的“打印”按钮。3D打印机前面指示灯红绿交替闪烁为打印数据的传输，当喷嘴与打印平台加热温度达到合理温度后，打印机开始自动打印。

（3）打印后操作

1）打印完成。打印完成后，打印机鸣笛，工作台自动降落到底部。卸下夹子，取下工作板，用铲子铲下制件（绝对不能在打印机上直接铲下制件）。

2）清理工作板。不能留有材料残余，工作板两面要光滑。清理干净后放回打印机上，用夹子夹好。

3）去除支撑。用尖口钳将多余的支撑材料去除，注意不要将制件的细小结构弄断。

打印完成后，安装在小车上的保护罩如图 14-10 所示。

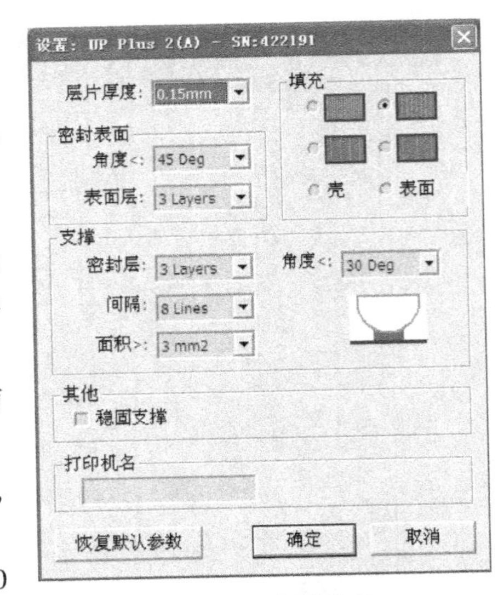

图 14-8 分层处理

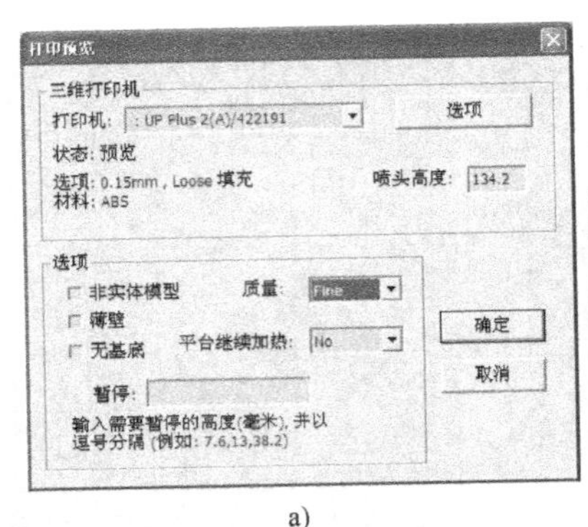

a)

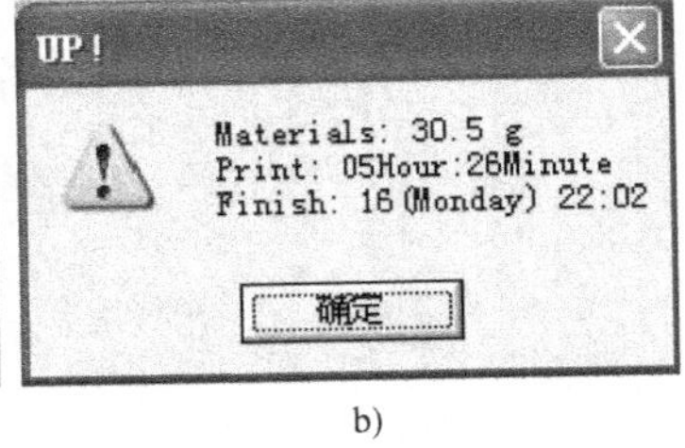

b)

图 14-9 打印预览

a）打印预览设置 b）打印预览完成

图 14-10 安装后的保护罩

实训拓展训练

利用建模软件（CAXA、SolidWorks 或 UG 等）进行建模，模型如图 14-11 或图 14-12 所示，转化为 STL 文件格式。以 ABS 为打印材料，自行完成创意作品设计，并进行熔融沉积快速成形打印。

图 14-11　招财猫

图 14-12　机器猫

第 15 章　现代测量技术实训

15.1　现代测量技术概述

随着测量技术的发展，现代测量技术已经突破了传统测量技术依赖测量平台的限制，开始向专业化、多样化、复合化、精密化和智能化的方向发展。为了适应现代化的检测要求，出现了坐标测量技术，伴随着控制技术和计算机软件技术的迅猛发展，测量机已从早期的手动型、机动型迅速转化为数控型，测量速度更快，测量精度更高，大大降低了测量操作人员的工作强度。

现代化的测量机多用于产品测绘，复杂型面检测，工夹具测量，研制过程中间测量，CNC 机床或柔性生产线在线测量等方面。它不仅在精密检测和产品质量控制上扮演着重要的角色，同时在产品设计、生产过程控制和模具制造方面发挥着越来越重要的作用，并在汽车工业、航空航天、机床工具、国防军工、电子和模具等领域得到了广泛的应用。

坐标测量技术与传统测量技术在测量方式和便利性上的比较见表 15-1。

表 15-1　坐标测量技术与传统测量技术的比较

传统测量技术	坐标测量技术
对工件要进行人工的、精确及时的调整	无需对工件进行特殊的调整
专用测量仪和多工位测量仪很难适应测量任务的改变	简单调用对应的软件模块完成测量任务
与实体标准或运动标准进行比较	与数学（或数字）模型进行测量比较
尺寸、形状和位置测量在不同的仪器上进行不相干的测量数据	尺寸、形状和位置的评定在一次安装中即可完成
手动记录测量数据	产生完整的数字信息，完成报告输出、统计和分析 CAD 设计

15.2　三坐标测量技术

15.2.1　三坐标测量机简介

三坐标测量机（Coordinate Measuring Machining，CMM）是一种新型高效的精密测量仪器。它的出现，一方面是由于自动机床、数控机床高效率加工，以及越来越多复杂形状零件加工需要有快速可靠的测量设备与之配套；另一方面是由于电子技术、计算机技术、数字控制技术以及精密加工技术的发展，为三坐标测量机的产生提供了技术基础。现代 CMM 不仅能在计算机控制下完成各种复杂测量，而且可以通过与数控机床交换信息，实现对加工的控制，并且还可以根据测量数据实现逆向工程。目前，CMM 已广泛用于机械制造业、汽车工业、电子工业、航空航天工业和国防工业等各部门，成为现代工业检测和质量控制不可缺少的万能测量设备。

1. 三坐标测量机的类型

按坐标测量机的结构形式来分，有直角坐标测量机（固定式测量系统）和非正交系坐标测量机（便携式测量机），常用的直角坐标测量机结构有移动桥架式、固定桥式、悬臂式及龙门式等结构。

2. Explorer06. 10. 06 三坐标测量机结构

Explorer06. 10. 06 三坐标测量机为移动桥架式三坐标测量机，主要由主机、控制系统、软件系统和探测系统组成，如图 15-1 所示。

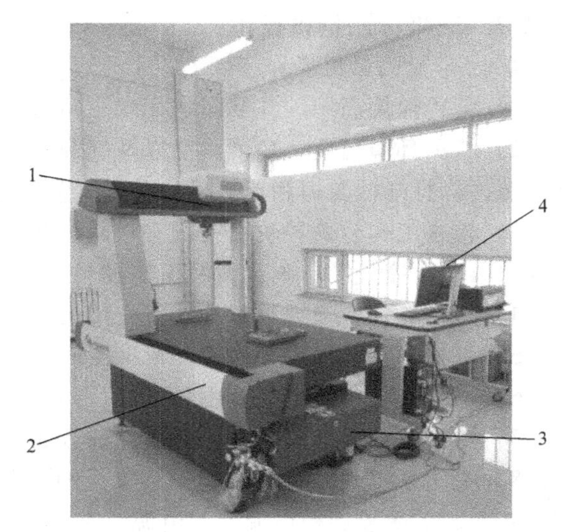

图 15-1　三坐标测量机结构

1—探测系统　2—主机　3—控制系统　4—软件系统

（1）探测系统　探测系统是由测头及其附件组成的系统，测头是测量机探测时发出信号的装置。一套完整的探测系统包括测座、转接（CONVERT）、测头（PROBE）、测针（TIP）和加长杆（EXTENSION）。

（2）主机（包括光栅尺）　该部分主要由工作台、桥架、滑架和 Z 轴组成。桥架在工作台上沿着导轨作前后向平移，滑架可沿桥架上的导轨沿水平方向移动，Z 轴可在滑架上沿上下方向移动，测头则安装在 Z 轴下端，随着 XYZ 的三个方向平移接近安装在工作台上的工件表面，完成采点测量。

（3）控制系统　控制系统在测量过程中主要体现在：读取空间坐标值，对测头信号实时响应和处理，控制机械系统实现测量所必需的运动，实时监测测量机的状态以确保系统的安全性和可靠性。

（4）软件系统　软件系统包括安装有 PC-DIMS 软件的计算机及辅助完成测量任务所需的打印机等外接电子设备。PC-DIMS 的作用在于指挥测量机完成测量动作，对测量数据进行计算和分析，最终给出测量报告。

3. Explorer 06. 10. 06 设备基本参数

见表 15-2。

表 15-2　Explorer06. 10. 06 设备基本参数

检测精度	±0. 3μm
机械结构	Z 轴、X 向横梁、Y 向导轨均采用花岗岩材料
导轨	每轴均采用气浮轴承
Z 轴平衡	气动平衡并配以安全制动系统
机器支撑	Explorer 专用支撑结构
工作平台	花岗岩
工件固定	螺纹镶嵌件 M8×1. 25
平面度	依据 DIN 876/Ⅲ标准

15. 2. 2　三坐标测量原理

三坐标测量机是将被测零件放入其允许的测量空间，精确地测出被测零件表面的点在空间三个坐标位置的数值，将这些点的坐标数值经过计算机数据处理，拟合形成测量元素，如圆、球、圆柱、圆锥、曲面等，再经过数学计算的方法得出其形状、位置公差及其他几何量数据。

15.2.3 三坐标测量机操作

1. 三坐标测量机操作步骤

1）开机前用高织纱纯棉布沾无水酒精清洁三轴导轨面，待导轨面干后才能运行机器。

2）检测环境温度、环境湿度以及气源、电压是否达到设备使用要求，一切正常后，打开电源，再打开控制柜和计算机，进入测量软件后，再按操纵盒上的伺服加电键。

3）检查工作台及导轨面是否有阻碍机器运行的测量件，以免机器回零及操作过程中检测件与导轨碰撞，影响测量值及损伤机器。

4）运行软件，根据软件提示首先使机器正确回零点。

5）根据测量需求定义测头，校准测头。

6）操作过程中测量速度不易过快，测头运行要稳。

7）测量完成后，需清理台面，保证台面干净整洁。

8）关闭系统时，将 Z 轴运动到安全的位置和高度，避免造成意外碰撞；退出软件，给伺服断电，关闭控制柜电源及总电源，关闭气源开关，以保证安全。

2. 测量机的外部环境要求

1）电源。电源为 220V±10%，要求有稳压装置或 UPS 电源；独立专用接地线，接地电阻≤4Ω。

2）气源。要求无水、无油、无杂质，供气压力大于 0.5MPa。

3）使用环境温度。20℃±2℃。

4）振动。10Hz<振动频率≤30Hz 时，振幅≤0.5μm；振动频率>30Hz 时，振幅≤3μm。

5）空气相对湿度。40%~60%。

6）工件要保持清洁和恒温。

3. 测量机的开机操作

1）打开气源（气压高于 0.5MPa）。

2）开启控制柜电源，系统进入自检状态（操纵盒所有指示灯全亮），开启计算机。

3）系统自检完毕（操纵盒部分指示灯灭），按加电键加电（急停键必须松开）。

4）加电后，启动 PC-DMIS 软件，测量机进行回机器零点过程。

5）回机器零点完成后，PC-DMIS 进入正常工作界面，测量机进入正常工作状态。

4. 测量机的关机操作

1）将测头移动到安全的位置和高度（避免造成意外碰撞）。

2）退出 PC-DMIS 软件，关闭控制系统电源。

3）关闭计算机，关闭气源开关。

5. 操纵盒的使用

操纵盒操作界面，如图 15-2 所示。

1）操纵杆。手动控制 X、Y、Z 轴运动。

2）ENABLE 键。手动测量时，需同时按住此键，操纵杆生效，测量机作轴向运动。

3）探针键。按键灯灭时，测头保护的功能有效，但不记录测点，需要正常测点时，将按键灯按亮。

4）慢速键。按键灯亮时，慢速触测状态，按键灯亮灭时，快速运动状态。

5）删除点键。删除测量完成之前的测点。

6）完成键。测量每个特征结束后按完成键。

7）移动点键。为了避免撞针，可在测量过程中加移动点。

8）X、Y、Z 轴锁定键。按键灯亮时，X、Y、Z 轴锁定。

9）加电键。按加电按键，灯亮时，测量机才能运动。

10）速度旋钮。控制运行速度百分比。

11）操纵杆工作模式键。

① PROBE。此按键灯亮时，测量机按测头方向移动。

② PART。此按键灯亮时，测量机按工件坐标系移动。

③ MACH。此按键灯亮时，测量机按机器坐标系移动。

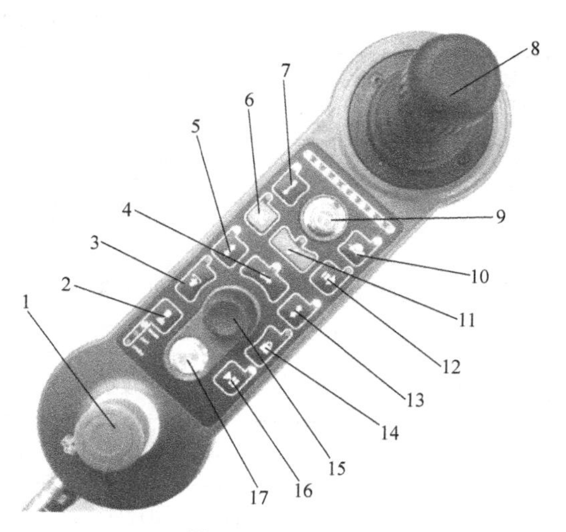

图 15-2　操纵盒

1—急停键　2—工作模式键　3—SHIFT 键　4—X 轴锁定键　5—Y 轴锁定键　6—删除点键　7—探针键　8—操纵杆　9—ENABLE 键　10—慢速键　11—完成键　12—移动点键　13—Z 轴锁定键　14—锁定、解锁键　15—速度旋钮　16—执行、暂停键　17—加电键

15.2.4　典型零件三坐标测量实训

1. 零件图样分析

零件图如图 15-3 所示。通过图样分析，运用 PC-DIMS 软件，评价测量零件几何特征的尺寸。需要测量的尺寸见表 15-3。

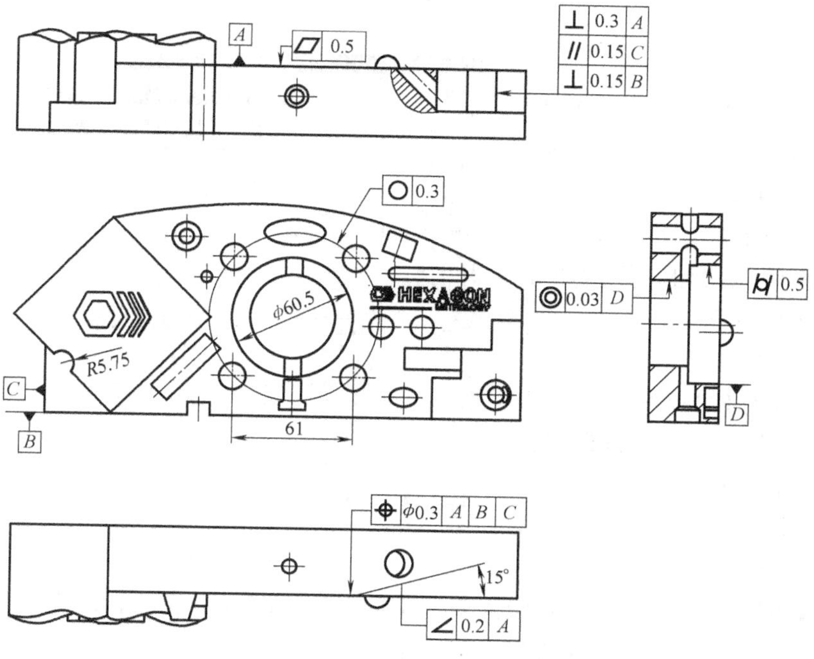

图 15-3　典型零件图

表 15-3 测量项目记录表

序号	项　　目	尺　　寸
1	ϕ60.5 的直径	60.5
2	斜面与上表面的夹角	15°
3	相邻两个 ϕ15 圆之间的距离	61
4	小侧面相对于 *A*、*B* 的垂直度，相对于 *C* 的平行度	⊥ 0.3 *A* ⊥ 0.15 *B* // 0.15 *C*
5	ϕ86.3 的圆度	○ 0.3
6	上表面的平面度	▱ 0.5
7	ϕ60.5 的圆柱度	⌭ 0.5
8	斜面相对于基准 *A* 的倾斜度	∠ 0.2 *A*
9	中间小圆柱相对于基准 *D* 的同心度	◎ ϕ0.3 *D*
10	ϕ15 的位置度	⌖ ϕ0.3 *A* *B* *C*

2. 新建测量文件

单击测量软件图标“PC-DMIS”，加载当前的测头文件“未连接测头”→“确定”，选择“文件”→“新建”，新建一个零件名为“三坐标样件检测”的文件。

3. 导入数模

从“文件”→“导入”→“IGES”，选择“HEXBLOCK_WIREFRAME_SURFACE.igs”CAD 模型，单击“导入”。在“IGES 文件”对话框里，单击“处理”按钮，然后单击“确定”，如图 15-4 所示。

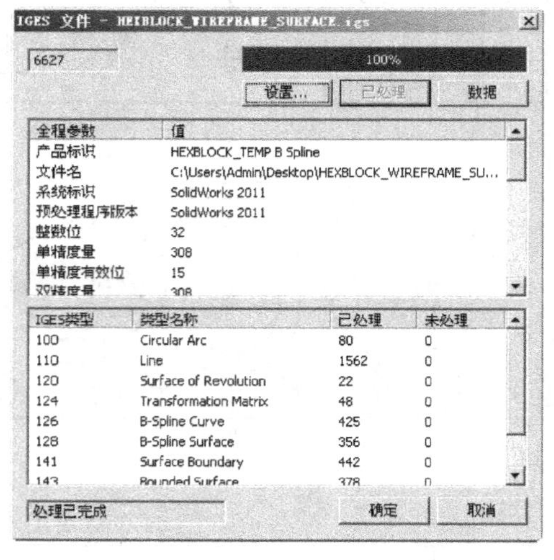

图 15-4 IGES 文件导入

4. 建立安全空间

安全空间为工件提供了一个 3D 的保护区域，类似一个盒子包裹着整个检测零件，程序在执行测量任意一元素时会先运行到相应的安全面上，再进行测量，避免撞针。

单击“编辑”→“参数设置”→“设置安全空间”。有 CAD 数模时，定义各个面的安全距离，x、y 最小值为 20，最大值为 20，z 最小值为 0，最大值为 20。勾选“显示安全空间”复选框，在图形显示窗口可以看到安全空间大小，最后勾选“激活安全空间运动”复选框，单击“确定”即完成了“安全空间”的定义，如图 15-5 所示。

在“安全空间”的“状态”窗口中可以看到每个特征的状态，如图 15-6 所示。其中：
“活动”：该特征是否使用了安全空间；
“开始”：测量时测头从哪个方向的安全平面开始移动；
“结束”：测量结束后测头退回到哪个方向的安全平面。

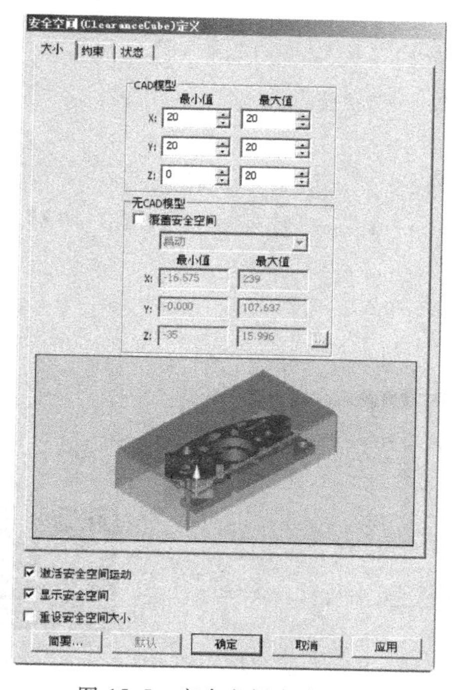

图 15-5 安全空间大小设置

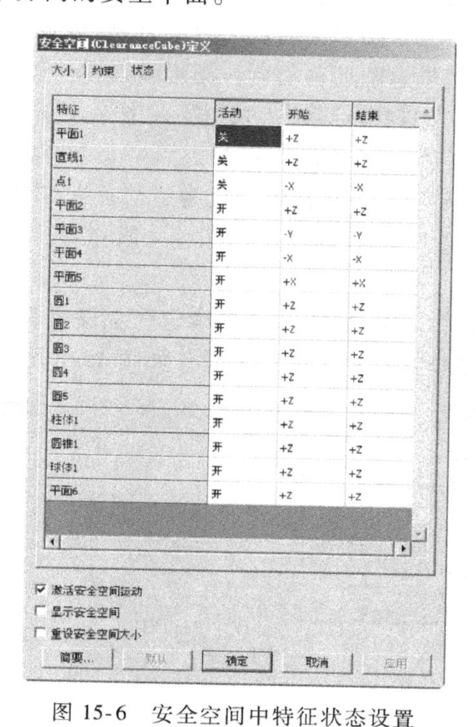

特征	活动	开始	结束
平面1	关	+Z	+Z
直线1	关	+Z	+Z
点1	关	-X	-X
平面2	开	+Z	+Z
平面3	开	-Y	-Y
平面4	开	-X	-X
平面5	开	+X	+X
圆1	开	+Z	+Z
圆2	开	+Z	+Z
圆3	开	+Z	+Z
圆4	开	+Z	+Z
圆5	开	+Z	+Z
柱体1	开	+Z	+Z
圆锥1	开	+Z	+Z
球体1	开	+Z	+Z
平面6	开	+Z	+Z

图 15-6 安全空间中特征状态设置

5. 粗建坐标系

粗建坐标系的目的是确定零件的位置，为后面程序自动运行做准备，测量最少的点数，又称初建坐标系。在建立零件坐标系时，必须使用零件的基准特征来建立零件坐标系。

使用“面线点法”建立零件坐标系。新建测量程序，程序名称为“面线点坐标系”，单位为 mm。

1）根据图样的标注，首先测量 *A* 基准（工件上表面），测量平面为平面 1。

2）沿着 *B* 基准（工件前表面）方向，测量直线为直线 1。

3）按照图样标注，在 *C* 基准（工件侧面）处取一点，测量点为点 1。

4）打开“创建坐标系”对话框：“插入”→“坐标系”→“新建”。

5）选择平面 1，“Z 正”→“找正”。

6）选择直线 1，“旋转到”设为“X 正”，“围绕”设为“Z 正”→“旋转”。

7）分别选择：点 1→“X”→“原点”，直线 1→“Y”→“原点”，平面 1→“Z”→“原点”。

8）单击“CAD=工件”→“确定”创建坐标系“A1”。

9）检查坐标系建立是否正确，如图 15-7 所示。

6. 精建坐标系

自动坐标系的作用是准确测量相关基准元素，作为后续尺寸评价的基准，测量较多的点数，又称为精建坐标系。

使用“面面面法”建立零件坐标系。新建测量程序，程序名称为“面面面坐标系”，单位为 mm。

1）在“面-线-点”手动坐标系中，按<ALT+Z>键，切换到自动模式。

2）将测头移动到上表面点，测量 *A* 基准平面：平面 2。

3）在适当位置添加移动点，测量 *B* 基准平面：平面 3。

4）在适当位置添加移动点，测量 *C* 基准平面：平面 4。

5）打开“创建坐标系”对话框：“插入”→“坐标系”→“新建”。

6）选择平面 2，“Z 正”→“找正”。

7）选择平面 3，“旋转到”设为“Y 负”，“围绕”设为“Z 正”→“旋转”。

8）分别选择：平面 4→“X”→“原点”，平面 3→“Y”→“原点”，平面 2→“Z”→“原点”。

9）单击“CAD=工件”→“确定”创建坐标系“A2”。

10）检查坐标系建立是否正确，如图 15-8 所示。

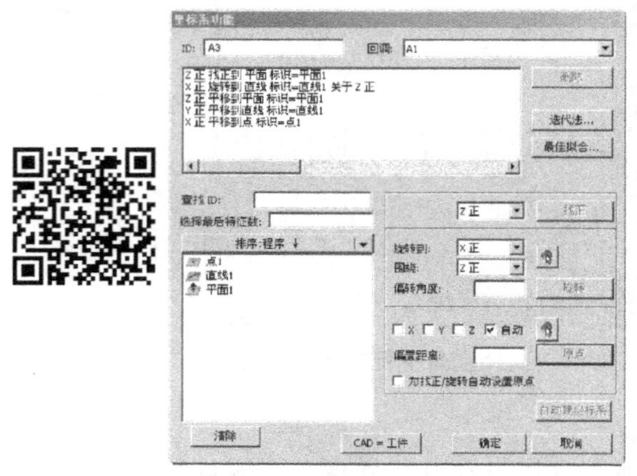

图 15-7 “面线点法”粗建坐标系

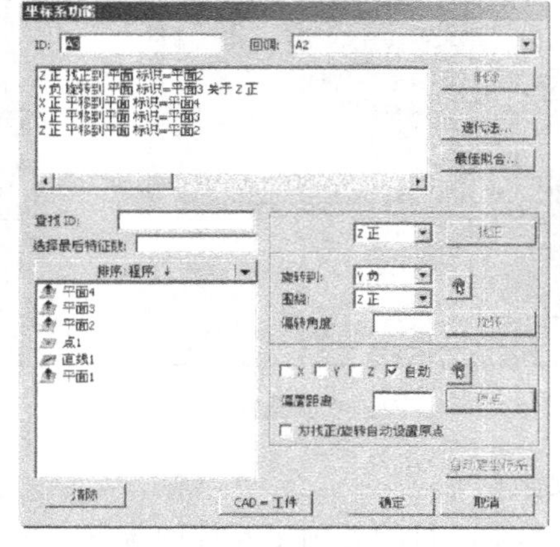

图 15-8 “面面面法”精建坐标系

11）将测头抬高到上表面的安全位置，鼠标的光标放到“编辑窗口”中“自动模式”的后面，用<Ctrl+U>命令执行光标以下的程序。

7. 自动测量几何特征

（1）自动测量平面　光标放在数模平面 4 上，<SHIFT>键+鼠标左键选择该特征，此时它的固有理论属性被 PC-DIMS 读取记录。

设置每行测点为 3，行数为 2，间隙为 5，避让移动为两者及距离为 40 等信息。检查各参数和路径信息是否正确，单击“确定”，此时机器会自动创建平面 4，可根据实际需要调整被测点数及避让距离。

按上述步骤，测量平面 6。

（2）自动测量圆　光标放在数模圆 1 上，<SHIFT>键+鼠标左键选择该特征，此时它的固有理论属性被 PC-DIMS 读取记录，包括中心坐标、曲面矢量、直径等信息。

设置每行测点为 6，深度为 3，螺距为 0，采样例点为 0，间隙为 0，避让距离为两者及距离为 50 等信息。检查各参数和路径信息是否正确，单击“确定”，此时机器会自动创建圆 1，可根据实际需要调整被测点数及其他参数。

按上述步骤，测量圆 2、圆 3、圆 4、圆 5。

(3) 自动测量圆柱、圆锥　光标放在数模圆柱 1 上，<SHIFT>键+鼠标左键选择该特征，此时它的固有理论属性被 PC-DIMS 读取记录。可将圆弧移动开关打开，使其轨迹线以圆弧行走。

设置每行测点为 5，深度为 8，结束深度为 2，层数为 2，螺距为 0，采样例点为 0，间隙为 0，避让距离为两者及距离为 30 等信息。检查各参数和路径信息是否正确，单击“确定”，此时机器会自动创建圆柱 1，可根据实际需要调整被测点数及其他参数。

圆锥测量过程与圆柱类似，按上述步骤，自动测量圆锥。

几何特征全部创建结束后，鼠标的光标放到“编辑窗口”中的平面 5 处，用<Ctrl+U>命令执行光标以下的全部程序，如图 15-9 所示。

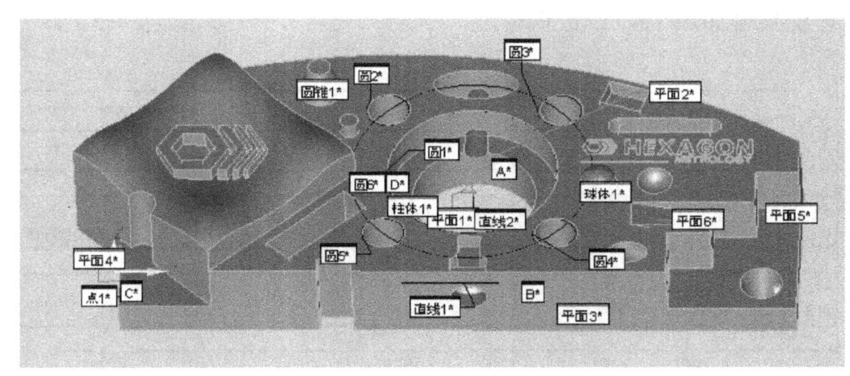

图 15-9　全部特征创建

8. 构造特征

利用拟合法构造通过 4 个小圆圆心的大圆。

1）打开“构造圆”对话框。

2）选中圆 2、圆 3、圆 4、圆 5，利用“最佳拟合”构造得到圆 6。

3）单击“创建”，如图 15-10 所示。

9. 尺寸评价

1）位置尺寸评价。“插入”→“尺寸”→“位置”，评价柱体 1 的直径和位置。

特征栏里选择“柱体 1”，坐标轴栏里选择“X、Y、直径”，公差栏里“轴”选择“全部”，“上公差”输入“0.5”，“下公差”输入“-0.5”，其他设置默认，单击“创建”→“关闭”。单击“视图”→“报告窗口”，查看柱体 1 的直径和位置评价结果。

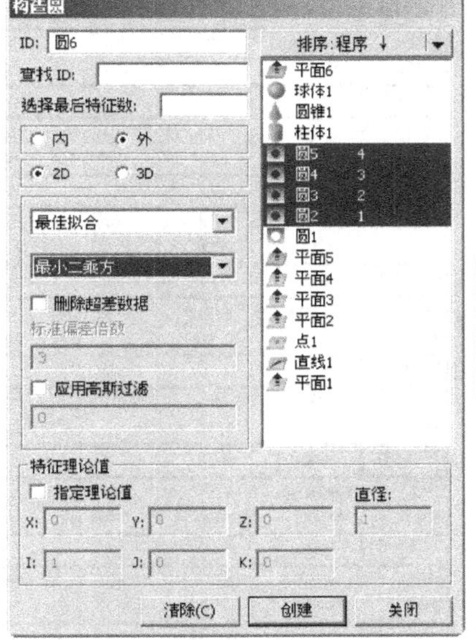

图 15-10　构造圆特征设置

角度及距离评价过程与位置度类似，此处不再赘述。

2）圆度评价。“插入”→“尺寸”→“圆度”，评价圆 6 的圆度。

特征栏里选择“圆 6”，在“特征控制框编辑器”中输入公差值“0.3”，“GD&T”标准选择“ISO”，其他设置默认，查看“预览”是否正确，单击“确定”。

平面度及圆柱度评价过程与位置度类似，此处不再赘述。

3）垂直度评价。“插入”→“尺寸”→“垂直度”，评价平面 5 与平面 2、平面 3 的垂直度。

单击“定义基准”，在“基准定义”→“特征列表”中选择平面 2，“基准”输入“*A*”，单击“创建”→“关闭”。在“特征控制框编辑器”中输入公差值“0.3”，“<dat>”选择“*A*”，“GD&T”标准选择“ISO”，单击“确定”。

平行度、倾斜度、同心度评价过程与位置度类似，此处不再赘述。

4）最终评价报告如图 15-11 所示。

pc•dmis	零件名: 三坐标样件检测		January 06, 2017	21:35
	修订号:	序列号:	统计计数:	1

⌖ 毫米	位置1 - 柱体1					
AX	NOMINAL	+TOL	-TOL	MEAS	DEV	OUTTOL
D	60.500	0.300	-0.300	60.825	0.325	0.025
∠ 度	角度3 - 平面2 至 平面6					
AX	NOMINAL	+TOL	-TOL	MEAS	DEV	OUTTOL
角度	15.000	0.300	-0.300	14.908	-0.092	0.392
↔ 毫米	距离1 - 圆3 至 圆4					
AX	NOMINAL	+TOL	-TOL	MEAS	DEV	OUTTOL
M	61.000	0.300	-0.300	60.855	-0.145	0.445

FCF垂直度2 毫米	⊥ 0.3 A						
特征	NOMINAL	+TOL	-TOL	MEAS	DEV	OUTTOL	BONUS
平面5	0.000	0.300	0.000	0.076	0.076	0.000	0.000
FCF垂直度1 毫米	⊥ 0.15 B						
特征	NOMINAL	+TOL	-TOL	MEAS	DEV	OUTTOL	BONUS
平面5	0.000	0.150	0.000	0.034	0.034	0.000	0.000
FCF平行度1 毫米	// 0.15 C						
特征	NOMINAL	+TOL	-TOL	MEAS	DEV	OUTTOL	BONUS
平面5	0.000	0.150	0.000	0.230	0.230	0.080	0.000
FCF圆度1 毫米	○ 0.3						
特征	NOMINAL	+TOL	-TOL	MEAS	DEV	OUTTOL	BONUS
圆6	0.000	0.300		0.103	0.103	0.000	
FCF平面度1 毫米	▱ 0.5						
特征	NOMINAL	+TOL	-TOL	MEAS	DEV	OUTTOL	BONUS
平面2	0.000	0.500		0.096	0.096	0.000	
FCF圆柱度1 毫米	⌭ 0.5						
特征	NOMINAL	+TOL	-TOL	MEAS	DEV	OUTTOL	BONUS
柱体1	0.000	0.500		0.072	0.072	0.000	
FCF倾斜度1 毫米	∠ 0.2 A						
特征	NOMINAL	+TOL	-TOL	MEAS	DEV	OUTTOL	BONUS
平面6	0.000	0.200	0.000	0.038	0.038	0.000	0.000
FCF同心度1 毫米	◎ Ø0.3 D						
特征	NOMINAL	+TOL	-TOL	MEAS	DEV	OUTTOL	BONUS
圆6	0.000	0.300		0.619	0.619	0.319	
FCF位置1 尺寸 毫米	Ø15 0.01/0.01						
特征	NOMINAL	+TOL	-TOL	MEAS	DEV	OUTTOL	BONUS
圆4	15.000	0.010	0.010	15.072	0.072	0.062	0.000

图 15-11 评价报告

15.3　三维激光扫描技术

15.3.1　三维激光扫描仪简介

三维激光扫描仪是采用非接触式高速激光测量方式，来获取复杂零件的几何特征数据，最终通过处理软件对采集点云数据进行处理分析，转换为三维空间位置或三维模型。最后以不同数据格式输出，用以满足不同应用需要。

1. Handyscan300 三维激光扫描仪

这是三维激光测量中具有代表性的扫描仪，与其他激光扫描设备相比，具有的特点包括：

（1）自定位技术　不需要额外跟踪或定位设备，创新的定位目标点技术可以使用户根据其需要以任何方式、角度移动被测物体。

（2）便携　由于采用真正的便携式设计，因此不受扫描方向及狭窄空间的局限，可扫描各种尺寸、形状及颜色的物体。

（3）高精度　运用激光扫描技术，采集高质量数据。

（4）真正自动多分辨率　新型批量三角化处理装置，可在需要时保持更高分辨率，同时在平面上保持更大三角形网格，从而生成更小的 STL 文件格式。

手持式扫描仪极大地缩短了大型零部件的测量速度，加快了设备在零部件上的定位速度，提升了测量精度，最终降低了生产成本，提升了效率。该技术在汽车制造、航空航天、模具制造、新能源行业、文物古迹保护、虚拟现实、影视动漫等领域已有了很多的尝试、应用和探索。

2. Handyscan300 三维激光扫描仪组件和构造

1）Handyscan300 三维激光扫描仪组件，如图 15-12 所示。

2）Handyscan300 三维激光扫描仪结构，如图 15-13 所示。

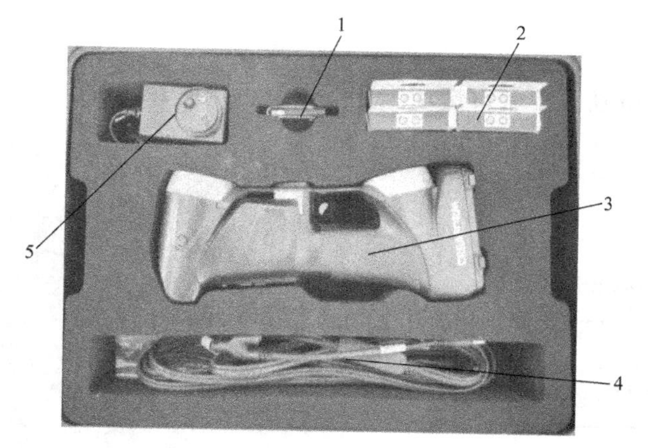

图 15-12　Handyscan300 三维激光扫描仪组件

1—VXelements 软件安装程序　2—定位目标点　3—Handyscan300　4—USB 3.0 电缆　5—电源

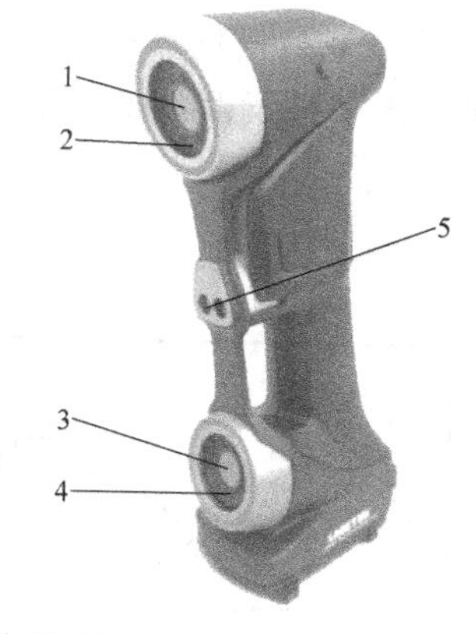

图 15-13　Handyscan300 三维激光扫描仪结构

1、3—CCD 摄像机　2、4—红色 LED　5—激光发射器

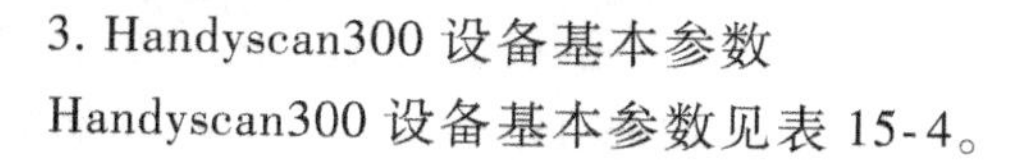

3. Handyscan300 设备基本参数

Handyscan300 设备基本参数见表 15-4。

表 15-4 Handyscan300 设备基本参数

精　　度	可达 0.040mm
扫描区域	225mm×250mm
分辨率	0.100mm
测量速度	约 205000 次测量/s
光源	三束交叉激光线
激光类别	II(人眼安全)
软件	VXelements
输出文件格式	.dae,.fxb,.ma,.obj,.ply,.stl,.txt,.wrl,.x3d,.x3dz,.zpr

15.3.2 三维激光扫描技术原理

扫描测量主要是对三维曲面轮廓进行检测，利用激光三角测距法测曲面轮廓，以其非接触、快速、高精度等优点得到广泛应用。它具有数据采集速度快、能对松软材料的表面进行数据采集、能很好测量复杂轮廓等特点。

如图 15-14 所示，在激光三角测距法中，由光源发出的一束激光照射在待测物体平面上，通过反射后在检测器（CCD）上成像。当物体表面位置发生改变时，所成的像在检测器上也发生相应的位移。通过像移和实际位移之间的关系，真实的物体位移可以由对像移的检测和计算得到。

15.3.3 三维激光扫描仪操作

1. 扫描仪扫描步骤

1）打开 VXelemens 软件设定标点类型及所需解析度。

2）记录（米字型发散记点）、整理定位标点，保存定位标点。

3）根据扫描物体的颜色调整快门时间（一般颜色默认为缺省参数，深色、黑需调整）。

4）通过定位标点开始扫描物体表面。

5）拼接、整理、输出扫描结果。

2. 三维激光扫描仪操作

三维激光扫描仪设备按键如图 15-15 所示，各按键功能及操作说明见表 15-5。

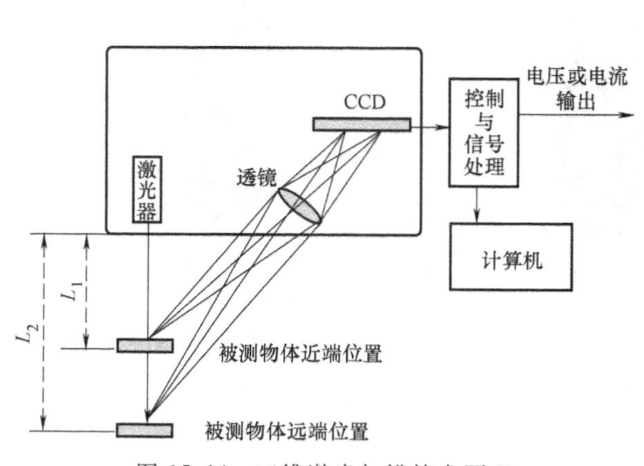

图 15-14 三维激光扫描技术原理

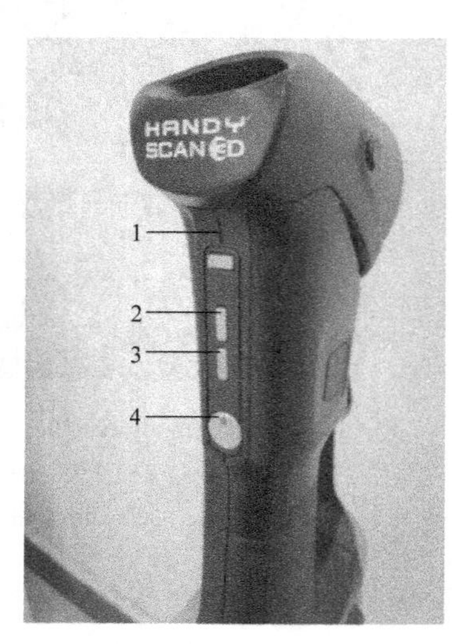

图 15-15 三维激光扫描仪设备按键

表 15-5　三维激光扫描仪的多功能按键

按键	功能	长按	单击	双击
1	菜单	—	模式更改(缩放/快门时间)	—
2	缩放模式	连续放大	放大	适合屏幕
	快门时间模式	连续增加快门时间	增加快门时间	—
3	缩放模式	连续缩小	缩小	锁定/解锁视角
	快门时间模式	连续减少快门时间	减少快门时间	—
4	触发器	开始/停止扫描模式	开始/暂停扫描采集	—

15.3.4　测量数据后处理

1. 基本概念

1）参考模型。用户根据自己需要设计三维模型。

2）测试模型。通过扫描得到的实际产品模型，与参考模型之间有些微差别。

3）对齐方式。将参考模型与测试模型放置到相同坐标系下相同位置的方式。

4）3D 比较。将测试模型与参考模型进行三维比较，通过彩色的结果图形显示出测试模型与参考模型之间的偏差。

5）2D 比较。将测试模型与参考模型的横截面进行比较，通过形状图显示出测试模型与参考模型横截面之间的偏差。

6）自动生成报告。从对齐到分析以及报告生成的过程完全自动化。在有多个测试模型要与同一参考模型进行比较的情况下非常有用。

2. 后处理操作基本步骤

1）打开文件。

2）将参考模型与测试模型进行对齐。包括基准/特征对齐，最佳拟合对齐和 3-2-1 对齐等。如果是基准/特征对齐，先在参考模型上创建基准/特征，然后再在测试模型上创建基准/特征。

3）在参考模型和测试模型之间进行误差分析，如 3D、2D 比较，特征比较，边界比较，3D 尺寸生成，几何公差评价等。

4）创建报告。

5）后续零件批量检测与趋势分析。

15.3.5　典型零件激光扫描与数据后处理实训

1. 典型零件激光扫描与处理要求

使用三维激光扫描仪对如图 15-16 所示零件进行三维扫描，并根据图 15-17 所示的零件三维数模，进行误差检测与分析。

2. 系统安装/启动

1）将数据通信电缆带 USB 接口一端插入到计算机的 USB 3.0 接口处。

2）将电源适配器连接至电源。

3）将电源适配器的圆形插头插入到数据通信电缆带圆形电源接口中。

4）将数据通信电缆另一侧的凸形数据接口和圆形电源接口插入对应的扫描头接口中。

3. 三维激光扫描仪扫描对象准备

1）对于任何有光泽、黑色、透明或反射（类似于反射面或金属表面）的物体表面都需要使用显像剂覆盖，以获得更好的扫描效果。

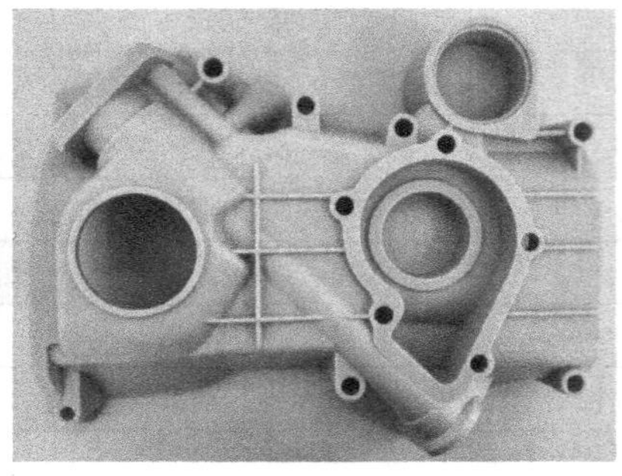

图 15-16 典型零件

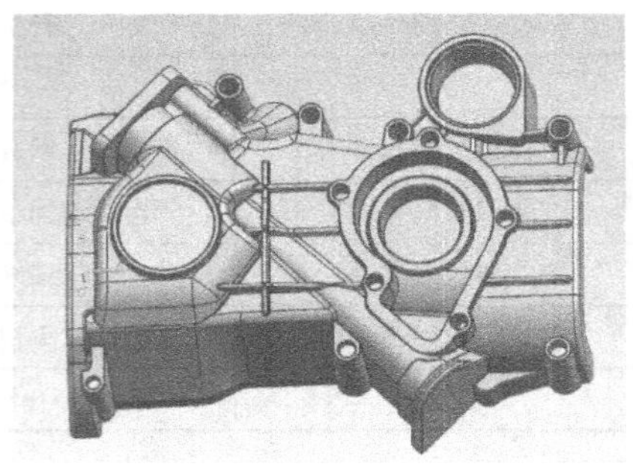

图 15-17 典型零件三维数模

2）粘贴标记点。粘贴标记点是在扫描之前所要做的一项至关重要的工作。反光点必须以不小于 20mm 的距离随机地粘贴于工件表面 。通常情况下，在曲率变化不大的曲面上，点间距为 100~150mm，这是合适的距离。这些反光点使得系统可以在空间完成自定位 。定位点粘贴时必须离开边缘 12mm 以上。

标记点粘贴需要注意：粘贴前应将待粘贴表面灰尘擦净；粘贴位置应在无遮挡、易见、平整、连续，且无灰尘、无水渍、无油渍的零件表面；扫描仪的扫描范围内应当始终设置至少 4 个目标点；避免近似直线。

4. 扫描仪标定校准

单击计算机桌面上的“VXelemens”图标，以快捷方式启动 VXelemens 应用程序。在菜单中单击“配置”→“扫描仪”→“校准”，对扫描仪进行标定校准，如图 15-18 所示。

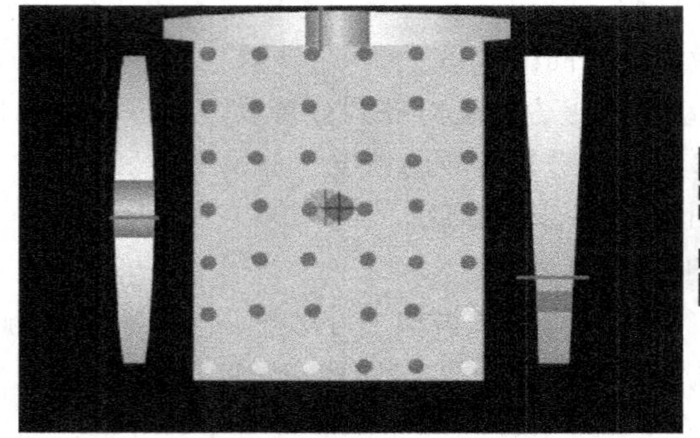

图 15-18 扫描仪校准

优化扫描仪校准步骤如下：

1）将校准板放在稳定且平坦的操作台上，确保校准板附近没有反射物。距校准板高约 15cm 的位置手持扫描仪（CCD 摄像机面向校准板）。

2）单击“扫描仪校准”。

3）通过扫描仪上的按钮开始采集。

4）慢慢将扫描仪从校准板上移动，使之与查看器中描述的位置相符。对校准板进行十次垂直测量后，再对其进行四次倾斜测量。

5）完成后，按下“确定”按钮进行优化。

5. 启动扫描软件 VXelemens 并设置参数。

（1）标点类型设置　在“导航”中单击“定位标点”，“定位标点参数”中的“标点类型”选择“黑色周圈”→“执行”→“优化定位模式”，以优化定位点，减小偏差，如图 15-19 所示。

(2) 设置解析度 解析度即为扫描仪扫描采点间距，根据被扫物体的体积大小及其表面特征的细致程度来设定。

在菜单中单击“配置”→“扫描仪”→“配置”，对扫描仪传感器进行配置，如图15-20所示。

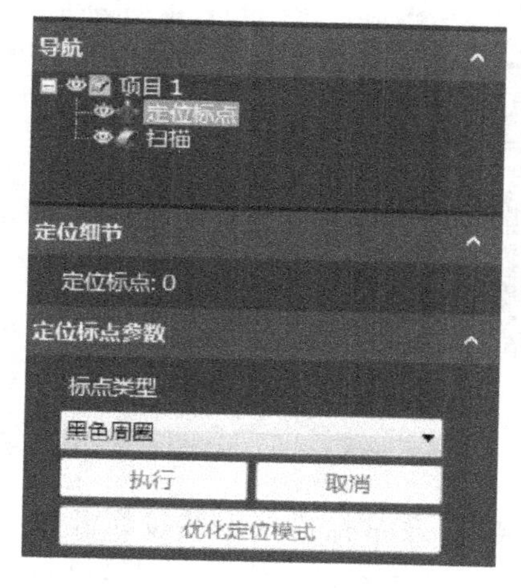

图15-19 定位标点参数设置

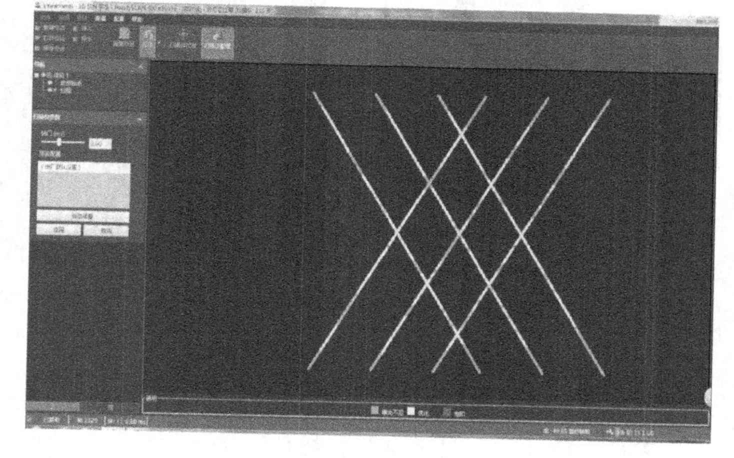

图15-20 扫描仪配置

由于每个表面都有不同的反射属性，因此需要调节参数，以获得激光线的最佳探测。因此，需要根据待扫描对象的扫描表面类型来配置激光功率和摄像头快门时间。

单击“自动调整”按钮，触发器对准被扫描面以调整激光强度和快门速度，以颜色变化来描述曝光状态。要配置扫描仪，将其置于距对象大约30cm的标称距离处，然后按下触发器。可能发生三种情况：

1) 曝光不足（灰色）。摄像头无法或微弱地察觉到激光的反射。软件未收集到用以计算和构建网格的足够信息。

2) 饱和（红色）。激光的反射过强使摄像头感光过于炫目。激光线并不清晰明确，可能会导致表面重构错误或数据中的噪点数量异常。

3) 可靠（黄色）。将激光反射为一条清晰明确的线。在理想情况下进行表面计算。

参数可通过移动“扫描仪参数”下的“快门（ms）”滑块调节，以获得尽可能多的黄色。单击“应用”确认设定。

(3) 面片设置 如图15-21所示。默认设置，单击“执行”→“优化扫描表面”。

1) “优化扫描网格”。用于过滤钉状物。

2) “简化扫描网格”。用于开启智能点云密度功能。

3) “边界优化”。用于细化光顺开放边界。

4) “自动填充孔”。用于填补漏扫产生的破洞。

5) “移除孤立面片”。用于扫出扫描中产生的离散杂点。

6. 扫描定位目标点

单击“扫描”右侧倒三角号，选择“扫描定位标点”→“扫描”，通过扫描仪上的按钮开始采集。当所有定位标点扫描结束后，单击“扫描”结束定位标点扫描，如图15-22所示。

图 15-21　面片设置

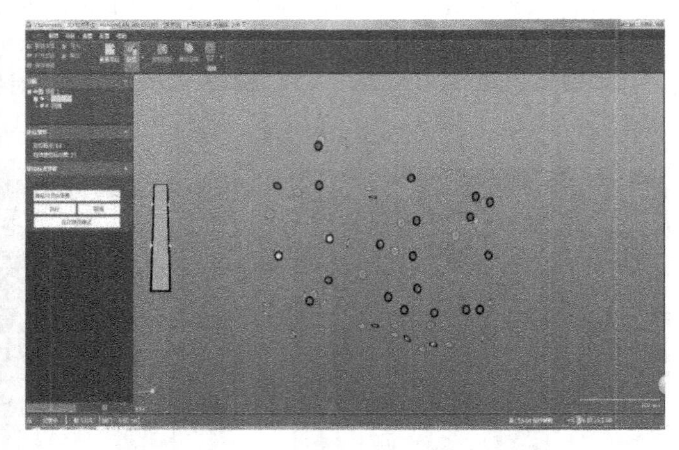

图 15-22　定位目标点扫描结果

7. 获取扫描数据

单击“扫描”右侧倒三角号，选择“扫描表面”→“扫描”，通过扫描仪上的按钮开始扫描零件表面。用一只手拿起扫描仪，按下扫描仪上的触发器，开始扫描，让激光网慢慢扫遍整个工件表面。数据点扫描结果如图 15-23 所示。

进行扫描时，屏幕左侧会显示一个仪表，用于指示扫描仪与对象之间的距离。此测距仪也可由扫描仪顶部的 3 个 LED 表示。红色/黄色 LED 表示扫描仪与扫描对象距离太近，应向后移动；绿色 LED 表示扫描仪与扫描对象之间为最佳距离；深蓝色/浅蓝色 LED 表示扫描仪与对象距离太远，应向前移动。在扫描时，扫描仪必须尽量与表面垂直。

扫描过程中可以进行预览，预览模式可以降低计算时间以及在无需完全停止扫描的情况下快速查看最终结果。

图 15-23　数据点扫描结果

单击菜单中“项目”→“停止扫描”或工具栏中“停止扫描”，单击菜单中“查看”→“实体面片”或树状图中“实体面片”，预览扫描的最终结果。

8. 输出扫描数据

随着软件技术的发展，Creaform 配套的测量软件能自动生成三角网格面，最后可输出三角网格面数据，如图 15-24 所示，保存文件名称为“Demo part 1”，保存文件类型为 .stl。

图 15-24　扫描文件输出

9. 输入扫描数据，对零件进行检测

打开点云模型“Demo part 1”，在“模型管理器”中鼠标右键选择“Demo part 1”→“设置 Test”，导入参考模型，“文件”→“导入”→零件 CAD 模型，即 Demo part 1_CAD. igs，文件自动设置成参考模型，如图 15-25 所示。系统将把测试模型与参考模型进行比较，从而得出它们之间的误差。

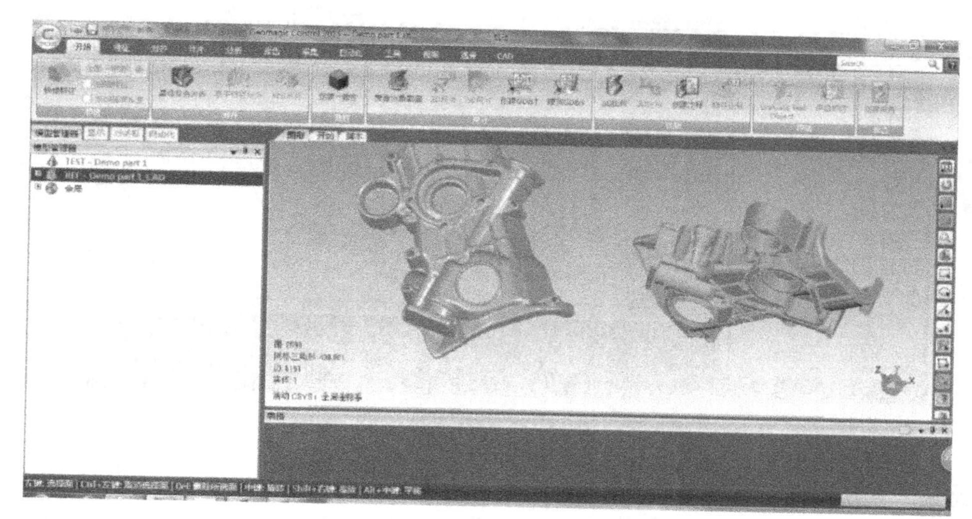

图 15-25　数模与扫描数据输入

10. 特征对齐

选择“对齐”→“最佳拟合对齐”命令，默认系统参数，单击“应用”→“确定”按钮。至此，参考模型和测试模型已被放置到相同的位置，如图 15-26 所示。

11. 3D 比较

选择“分析”→“3D 比较”命令，保留默认的设置，单击“应用”按钮，该命令将生成一个显示测试模型与参考模型之间误差的彩色 3D 模型。这个彩色 3D 模型同样会在“模型管理器”中出现。也可以通过对“色谱”各项的编辑来改变色彩显示，如下图 15-27 所示。

在该命令对话框的下方，有一组统计数据显示出了测试模型与参考模型之间的“最大偏差”“平均偏差”及“标准偏差”。

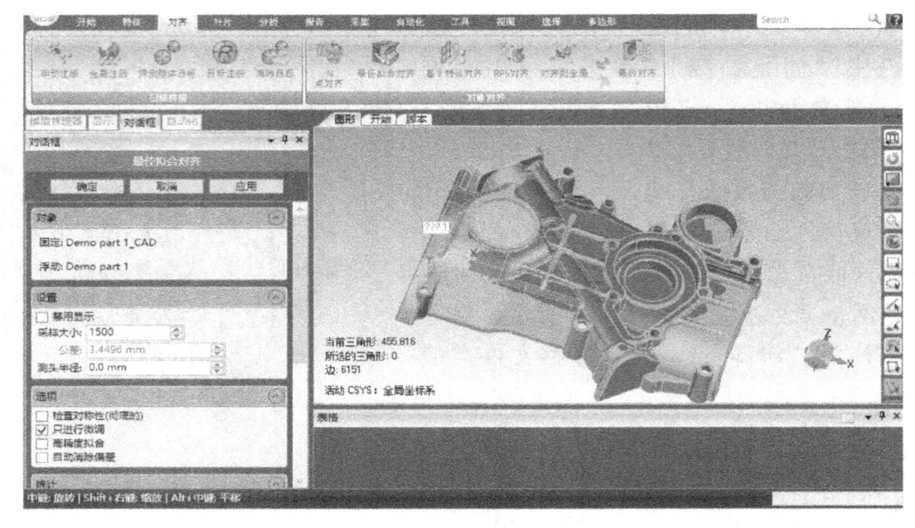

图 15-26 最佳拟合对齐

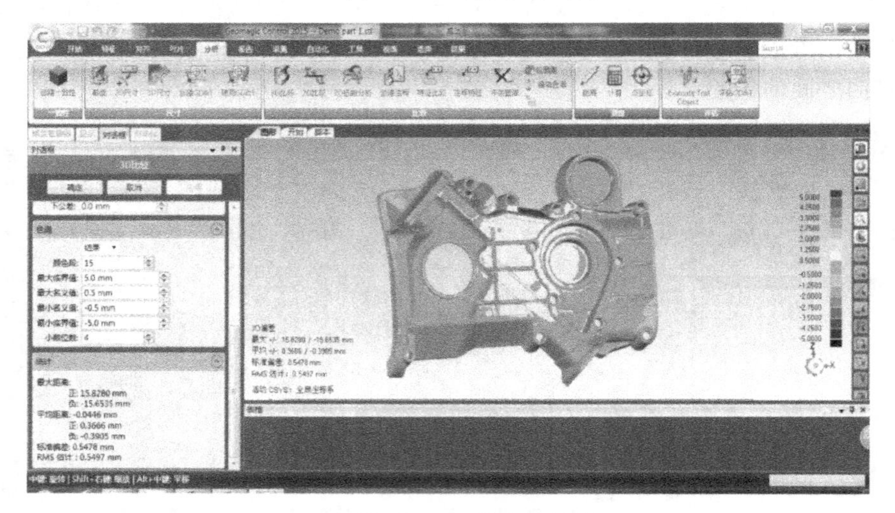

图 15-27 3D 比较结果

12. 2D 比较

利用截面对测试模型和参考模型进行比较。选择“分析”菜单下的“2D 比较”命令，在“截面位置”→“对齐平面”中选择“系统平面-YZ 平面”，“位置度”输入截取面的位置值，或<shift>键+鼠标左键任意拖动 *YZ* 平面，如图 15-28 所示。单击“计算”，视窗中将出现一个由 *XY* 平面截出的截面图，一系列的误差曲线显示出了测试模型与参考模型之间的截面误差，如图 15-29 所示。单击“显示”→“缩放”选项调大数值，可以将较小的偏差的显示效果放大，也可以改变对齐平面的位置来获得不同的截面，从而对测试模型和参考模型进行多方位的比较。

13. 创建注释

（1）3D 比较注释创建　在“模型管理器”中单击“RESULT-Demo part 1”，“分析”→“创建注释”，将模型旋转到合适的视图角度，单击“注释类型”→“偏差”，在“偏差”的“上公差”中输入“0.5”，“下公差”中输入“0.5”，可以在相应的位置上单击左键拖动鼠

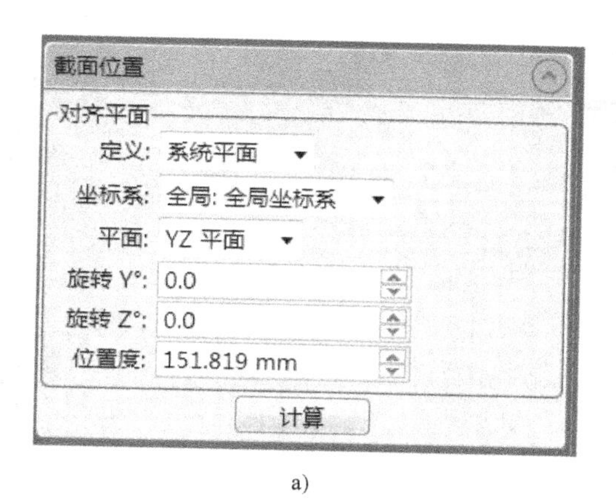

a)

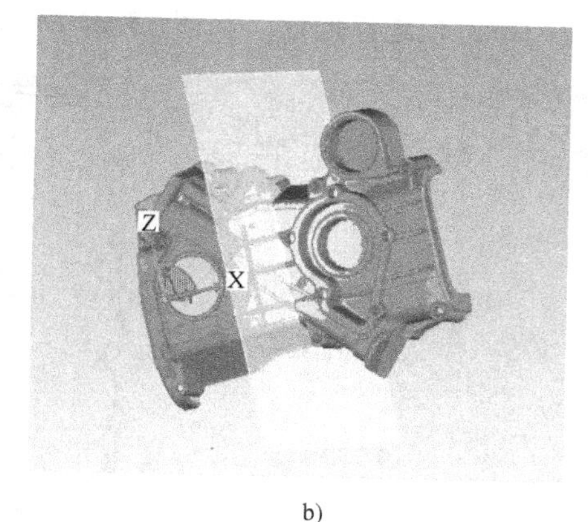

b)

图 15-28 截面选择

a）参数设置 b）图形显示

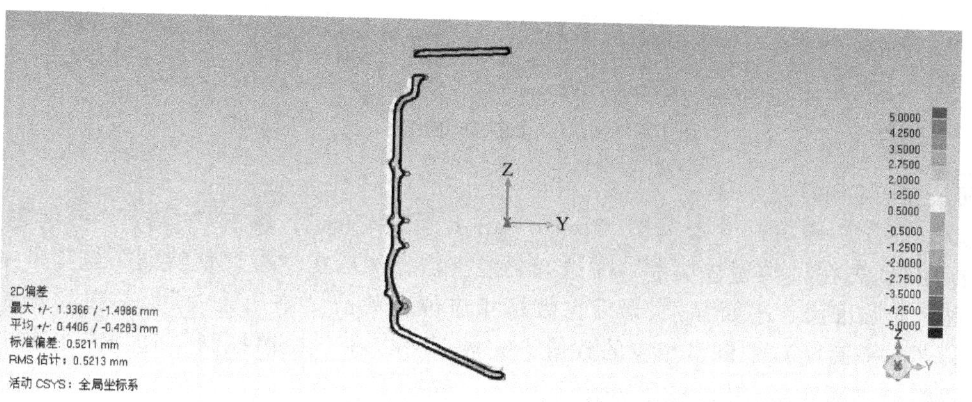

图 15-29 2D 比较结果

标，拉出相应位置处的偏差数据，如图 15-30 所示，完成操作后，单击“确定”。

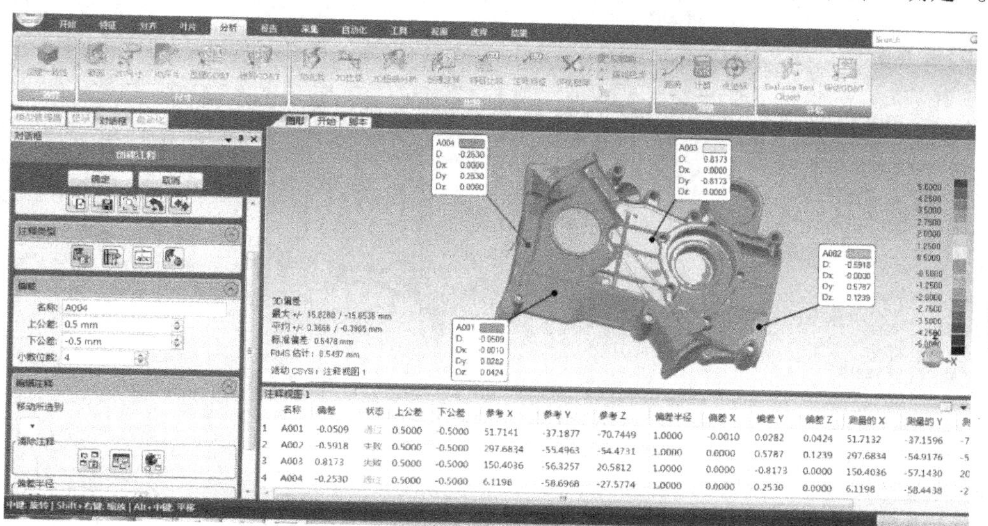

图 15-30 3D 比较注释创建结果

(2) 2D 比较注释创建　如图 15-31 所示。

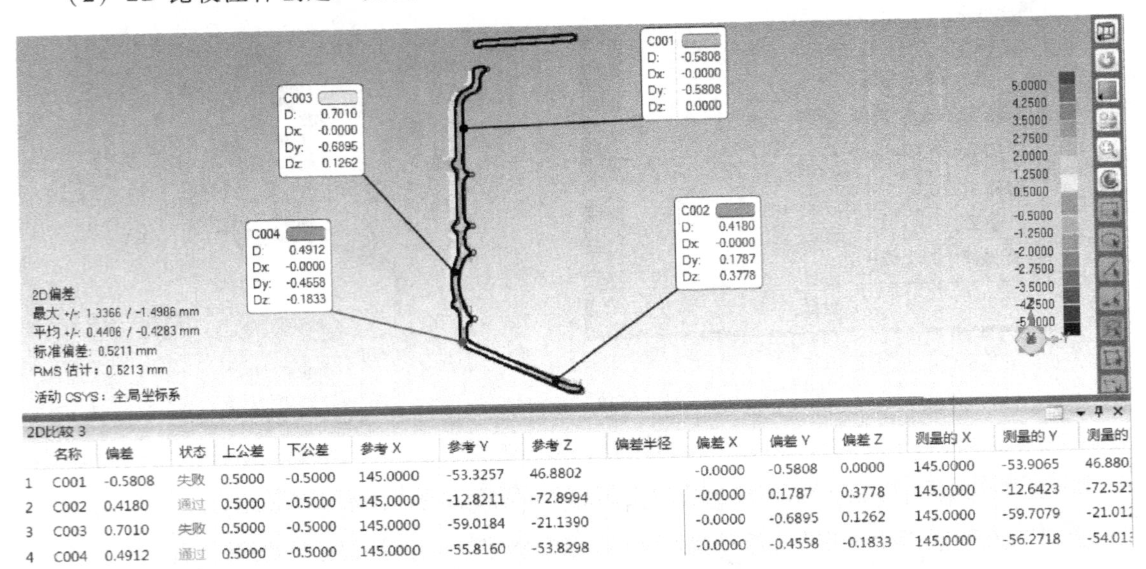

	名称	偏差	状态	上公差	下公差	参考 X	参考 Y	参考 Z	偏差半径	偏差 X	偏差 Y	偏差 Z	测量的 X	测量的 Y	测量的
1	C001	-0.5808	失败	0.5000	-0.5000	145.0000	-53.3257	46.8802		-0.0000	-0.5808	0.0000	145.0000	-53.9065	46.880
2	C002	0.4180	通过	0.5000	-0.5000	145.0000	-12.8211	-72.8994		-0.0000	0.1787	0.3778	145.0000	-12.6423	-72.52
3	C003	0.7010	失败	0.5000	-0.5000	145.0000	-59.0184	-21.1390		-0.0000	-0.6895	0.1262	145.0000	-59.7079	-21.01
4	C004	0.4912	通过	0.5000	-0.5000	145.0000	-55.8160	-53.8298		-0.0000	-0.4558	-0.1833	145.0000	-56.2718	-54.01

图 15-31　2D 比较注释创建

14. 几何公差（GD&T）创建

在“模型管理器”中单击参考模型“Demo part 1_ CAD. igs”，单击“分析”→“创建/编辑 GD&T 标注”，先在“类型选项卡”中选择公差类型，然后在“被评估特征”选项卡中选择特征类型（如圆锥面、平面等），最后在数模相应位置单击“拖出公差”，并在“形位公差”选项卡（如平面度）中调整相应的数值，完成后可以在“视窗控制”选项卡中单击“保存”，然后单击“新建/复制”→“下一个”按钮，进行下一个几何公差的标注，完成后单击“确认”按钮，如图 15-32 所示。

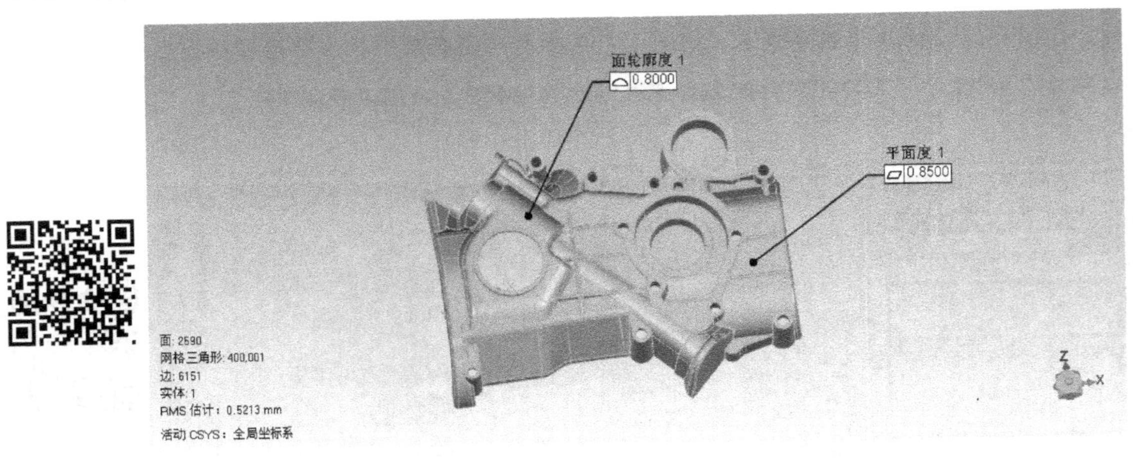

图 15-32　几何公差创建

15. 几何公差评价

单击“分析”→“创建/编辑 GD&T 标注”→“应用”→“确定”，进行几何公差评价。

如图 15-33 所示显示了自动评估点云数据与数模设定的公差的差异。如果小于设定公差，则显示为对勾，并标示出实际的偏差。如果不符合设定的公差范围，则显示为红叉，并标示出实际的偏差，单击“显示模式选型卡”→“颜色细节”按钮，可以用颜色显示出具体的偏差状态及位置。

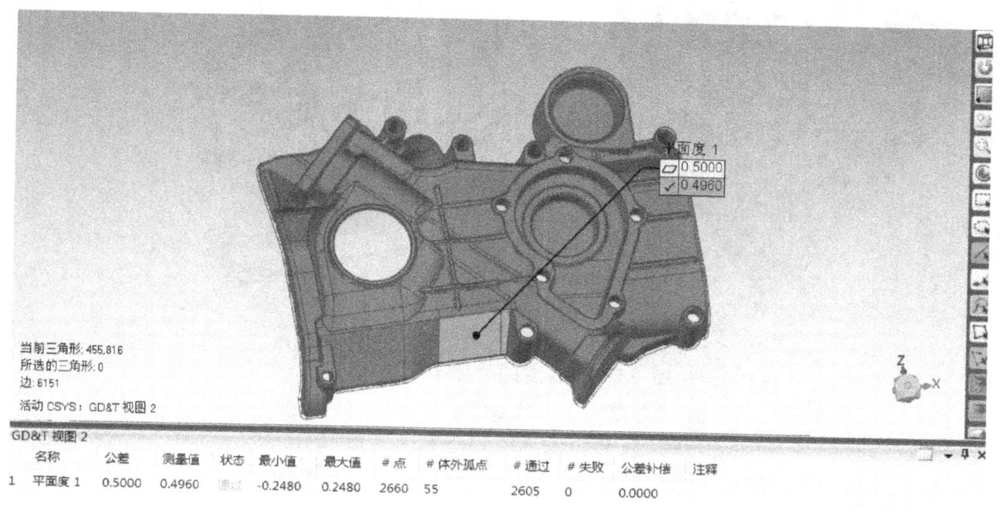

图 15-33　几何公差评价

16. 自动生成报告

最后自动生成测试模型与参考模型之间的误差分析报告。选择“结果”→“创建报告”命令，单击“模板选项”，设置报告定义、样式模版，对报告的一些具体属性进行设置。设置完成后，单击“创建报告”启动报告生成。在此期间，请不要进行其他的操作，因为系统需要对屏幕进行快照。

实训拓展训练

1. 如图 15-34 所示，根据图样要求，完成几何公差的检测。

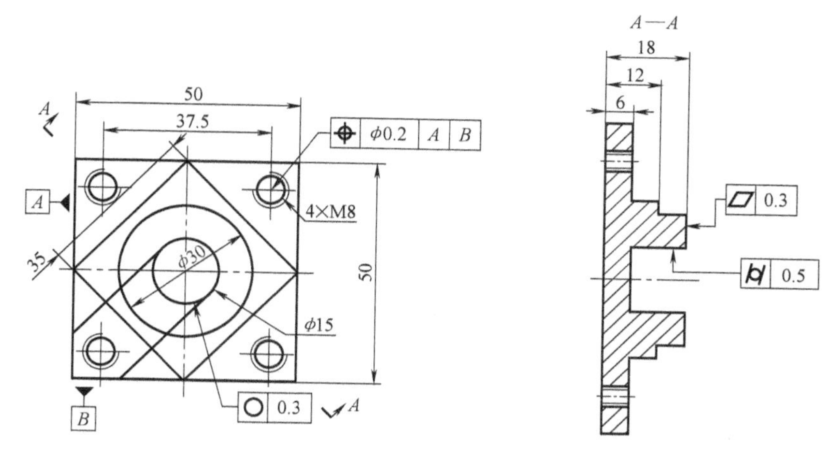

图 15-34　多层多型面组合零件图

2. 使用三维激光扫描仪对如图 15-35 所示零件进行三维扫描，并根据零件三维数模，进行误差检测与分析。

a)

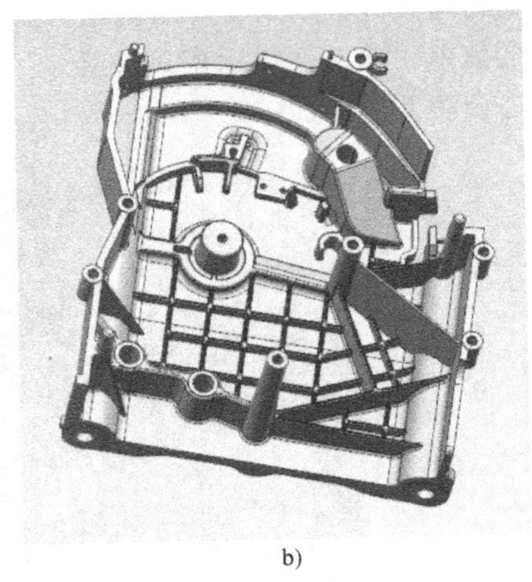

b)

图 15-35 SQB 左侧壳体

a）零件图 b）三维数模图

第16章 电火花加工实训

16.1 电火花加工概述

16.1.1 电火花加工原理

电火花加工的原理是基于工件电极和工具电极之间产生脉冲性的火花放电，放电时产生电蚀现象来去除多余的金属，达到尺寸加工的目的。电火花加工原理图如图16-1所示。

16.1.2 电火花加工方法与应用

按工具电极、工件相对运动的方式和用途的不同，电火花加工大致可分为电火花成形加工、电火花高速小孔加工、电火花线切割加工、电火花磨削和镗磨、电火花同步共轭回转加工、电火花表面强化与刻字六大类加工方法。其中以电火花成形加工、电火花高速小孔加工和电火花线切割加工应用最为广泛。

电火花加工主要用于模具生产中的型孔、型腔加工，已成为模具制造业的主流加工方法。

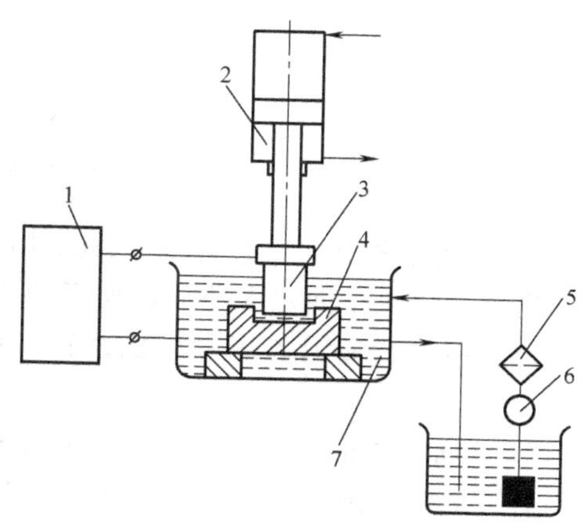

图16-1 电火花加工原理图

1—脉冲电源 2—自动进给装置 3—工具电极 4—工件 5—过滤器 6—工作液压泵 7—工作液

16.2 电火花成形加工

16.2.1 电火花成形加工机床

1. 电火花模具成形加工机床

电火花模具成形加工机床是一种精密型腔放电加工机床，可利用导电材料（如铜、石墨、钢）为工具电极，对工件（一般为导电材料）进行放电加工。主要适用于精密冲模、型腔模、小孔窄槽、异型孔等的加工。

以SPZ450电火花成形加工机床为例，其主要由机床主体、脉冲电源、伺服进给控制系统、工作液循环过滤系统等部分组成。机床的整体结构和布局如图16-2所示。

（1）机床主体 机床主体主要由床身、立柱、主轴头、工作台及工作液槽组成。

1）床身和立柱。床身和立柱是一个基础结构，由它确保电动机与工作台、工件之间的相互位置，其精度的高低对加工质量有直接的影响。

2）主轴头。主轴头是电火花加工机床的一个关键部件，它的结构由伺服进给机构、导向和防扭机构、辅助机构三部分组成，主要控制工件和电极之间的放电间隙。

3）工作台及工作液槽。工作台主要用来支撑和装卡工件，它分上、下两层（上溜板和下溜板）。在实际加工中，通过转动上、下溜板之间的丝杠调整电极与工件的相对位置。工作台上装有工作液槽，使电极和工件浸在工作液里，起到冷却和排屑的作用。

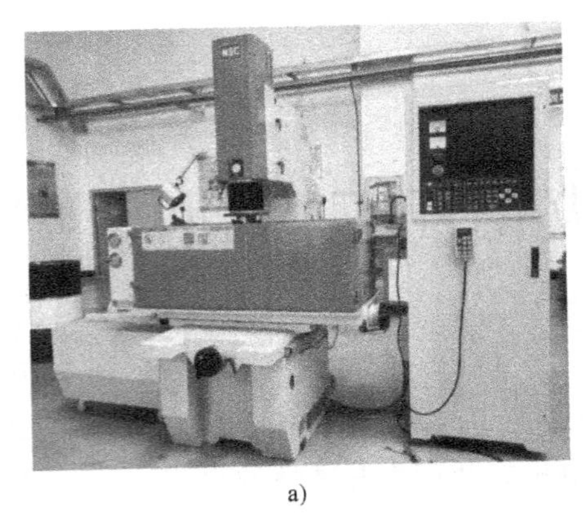
a)

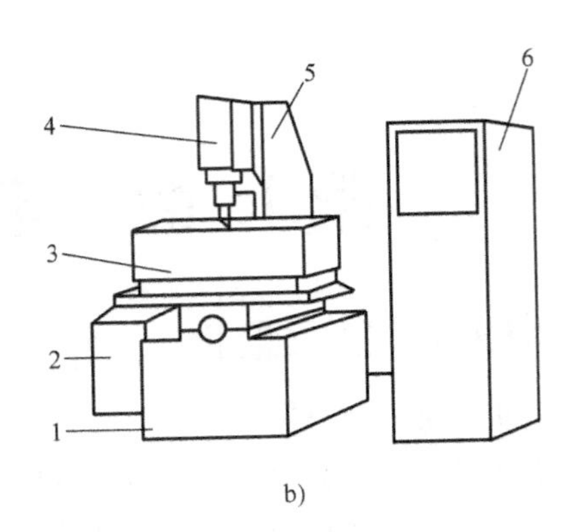

b)

图 16-2 机床整体结构图

a）设备图片 b）结构组成

1—床身 2—工作液循环过滤系统 3—工作台及工作液槽 4—主轴头

5—立柱 6—脉冲电源及伺服进给控制系统

（2）脉冲电源 电火花加工的脉冲电源的作用是把工频交流电转换成一定频率的单向脉冲电流，以供给间隙火花放电所需要的能量来蚀除金属。脉冲电源对电火花加工的生产率、表面质量、加工速度、加工过程的稳定性和工具电极损耗等技术经济指标有很大的影响。

（3）伺服进给控制系统 电火花加工是非接触式加工。正常电火花加工时，工具和工件间有一放电间隙 S，如图 16-3 所示。S 过大时，脉冲电压不能击穿间隙中的绝缘工作液，不会产生火花放电。当 S 过小时，工具、工件会因接触而短路（$S=0$）。伺服进给控制系统的作用就是通过改变、调节进给速度，使进给速度接近并等于蚀除速度，以维持一定的“平均”放电间隙 S，保证电火花加工正常而平稳地进行，获得较好的加工效果。

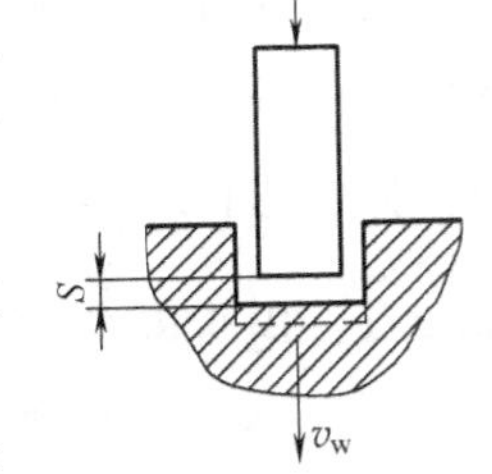

图 16-3 放电间隙

（4）工作液循环过滤系统 电火花加工的工作液循环过滤系统主要由工作油槽和工作液油箱组成，其作用是使工作液得到循环和过滤。

2. 电火花小孔加工机床

以 D703 电火花小孔加工机床为例，其主要由床身、电气柜、操作面板、坐标工作台、立柱、主轴头、旋转头、工作液系统、光栅尺等部分组成。机床的整体结构和布局如图16-4所示。

16.2.2 电火花成形加工基本工艺

电火花成形加工的工艺可以大致分为如下四个步骤：

1）对工件图样进行审核及分析。

2）工艺准备，包括机床调整，电极的准备、装卡与校正，工件的准备、装卡与校正。

3）加工参数选择，包括电参数和非电参数的设置。

4）加工。

电火花成形加工完成之后，需根据加工要求进行检验。

a)

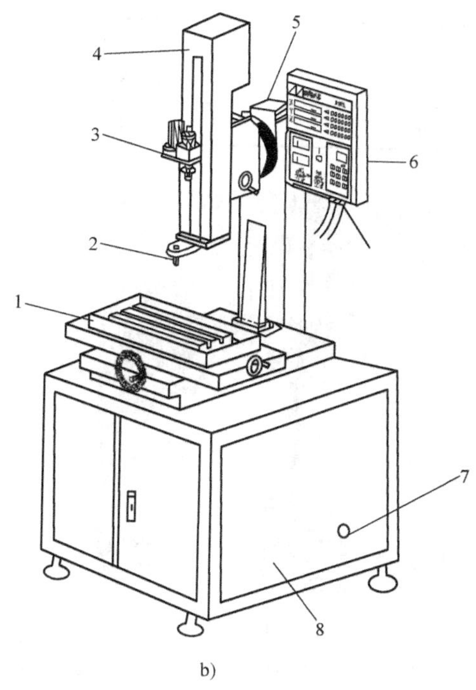

b)

图16-4　D703电火花小孔加工机床

a）设备图片　b）结构组成

1—工作台　2—导向器　3—旋转头　4—主轴头　5—立柱　6—操作面板

7—工作液系统　8—床身及电气柜

16.2.3　异型沉孔电火花模具成形加工实训

1. 加工要求

材料为45钢，用石墨电极加工一个异型沉孔，如图16-5所示。图中未标注的圆心坐标如下：ϕ13.5（0，0），R7.5（5.5，−7），R28（18.5，−18.5），R5（32.5，−16.5）。

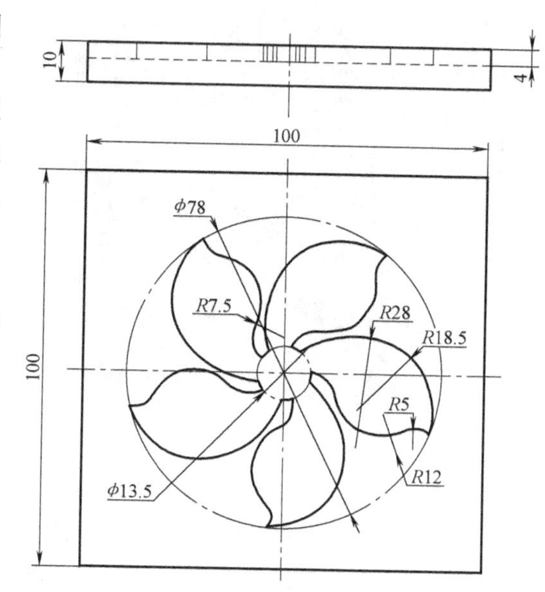

图16-5　电火花加工零件图

2. 机床

选用SPZ450型电火花成形机，如图16-2所示。

3. 工具准备

（1）量具　本实训中使用的量具见表16-1。

（2）加工工具　本实训中使用的加工工具见表16-2。

4. 操作步骤

1）打开机床电源开关，松开急停按钮。

2）安装电极，如图16-6所示。

表 16-1 量具

名称	规格/mm	精度/mm	数量
游标卡尺	0~150	0.02	1
百分表	0~25	0.01	1

图 16-6 电极安装

表 16-2 加工工具

名　称	规　格
石墨电极	ϕ78mm
工作液	煤油

3）电极找正：使用百分表找正电极轴线与机床 Z 轴平行，如图 16-7 所示。

4）工件找正：使用百分表找正工件基准面与机床 X 轴平行，如图 16-8 所示。

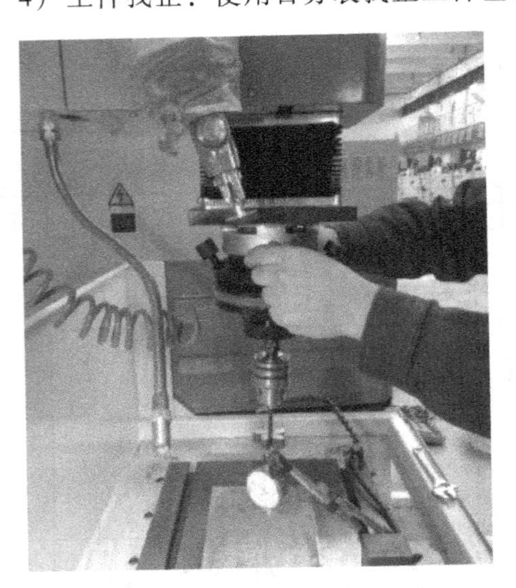

图 16-7 电极找正

图 16-8 工件找正

5）确定工件的三个基准面，电极分别与工件基准接触，确定 X、Y、Z 轴的加工零点。

6）移动 X、Y 轴确定加工位置，计算型腔的中心位置尺寸。

7）封闭机床箱箱体，确定油位高度，确定冲油管的位置。

8）设置 Z 轴加工深度：按<F1>键，设置单节放电及 Z 向放电深度，输入 4mm 后按<Enter>键。设置电参数：按<F7>键，设置放电条件，使用上下光标移动到需要修改的参数位置，使用左右光标增加或减少数值，电参数设置见表 16-3。

表 16-3　电参数设置表

参数图标	参数数值	说　明
BP	1	高压电流
AP	4.5	低压电流
	90	脉宽
TB	3	脉间宽
	5	伺服敏感度
	45	间隙电压
	2	机头上升时间
	3	机头下降时间
	+	电极正负极
F1	OFF	大面积加工专用开关
F2	OFF	深孔加工或侧面修细加工专用开关

9）开启液压泵开关，打开冲油阀，启动放电键进行加工。加工过程如图 16-9 所示。

10）加工结束后，关闭液压泵开关，关闭冲油阀，关闭总电源开关。加工后的沉孔如图 16-10 所示。

图 16-9　加工过程

图 16-10　加工后的沉孔

16.2.4 零件穿丝孔电火花小孔加工实训

1. 加工要求

材料为 45 钢，用电火花小孔机加工一个鱼眼睛的线切割穿丝孔，如图 16-11 所示。

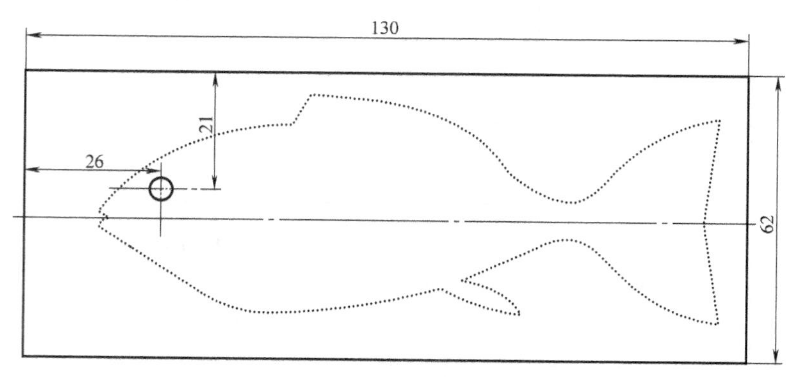

图 16-11 电火花小孔加工零件图

2. 机床

选用 D703 型电火花高速小孔加工机，如图 16-4 所示。

3. 管状电极的选择

电火花小孔机加工不同材料工件需使用不同电极，加工工件为钢材，需使用黄铜电极管。加工工件为钨钢，需使用纯铜电极管。加工工件为黄铜，需使用纯铜电极管，加工工件为铝，需使用黄铜电极管，加工工件为石墨，需使用黄铜电极管。因为工件材料为 45 钢，所以采用黄铜电极管，如图 16-12 所示。

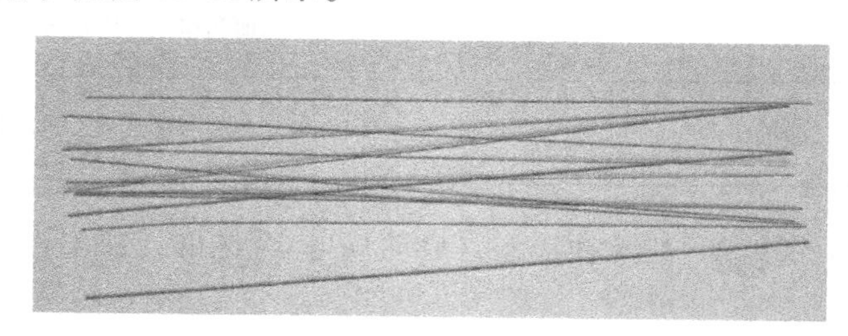

图 16-12 黄铜电极管

4. 工具准备

（1）量具 本实训中使用的量具见表 16-4。

（2）加工工具 本实训中使用的加工工具见表 16-5。

表 16-4 量具

名称	规格/mm	数量
宽座角尺	125	1

表 16-5 加工工具

名称	规格
黄铜电极管	ϕ1mm
工作液	去离子水

5. 操作步骤

1）松开急停开关，打开机床开关，起动机床。

2）移开工作台挡板，装夹并找正工件，如图 16-13 所示，连接电源正极。

3）配套安装电极管、密封圈、导向器，拧紧弹性卡头，保证电极管接头密封。通过 Z↓ 调节 Z 轴向下移，使电极露出导向器 3～5mm。

4）转动二次行程手柄，使管状电极贴近工件。

5）选择放电参数。“脉冲参数”档位调为“13”，伺服电压调为 5 档，伺服速度调为 4 档。

6）工件定位

摇动工作台手轮使管状电极直接对准工件打孔，这种方法是粗定位。也可以使用放电法对工件上需要加工的孔进行精准定位：转动工作台手轮，把管状电极移到工件 X 方向基准边外，使工件基准边接触管状电极，电极上下窜动，完成 X 方向的定位，将数显位置 X 方向坐标位置清 0。抬起主轴头，摇动手轮，使工作台移动到图样 X 向距离+管状电极半径的位置。转动另一方向工作台手轮，使管状电极移动到工件 Y 方向基准边外，按上述方法，完成对 Y 方向的定位操作。抬起主轴头，数显设定区域 Y 方向坐标位置清 0。定位完成后，摇动该方向手轮，使工作台移动到图样 Y 向距离+管状电极半径的位置。这样管状电极就能够准确定位到待加工孔的坐标位置。

图 16-13　工件找正

7）转动二次行程手柄，使管状电极贴近工件，然后安装工作台挡板。

8）按下“工作液压泵”按钮，工作液压泵起动，管状电极孔向外喷出工作液。

9）按下“旋转开关”按钮，管状电极开始旋转。

10）按下“放电开始”按钮，开启脉冲电源，开始放电加工，如图 16-14 所示。

11）工件底部露出火花后，待管状电极伸出工件下表面 3mm 左右，按下“加工停止”按钮，主轴头自动回退至管状电极离开工件上表面为止。

12）按下急停开关，关闭机床电源。转动二次行程手柄，抬高主轴头。移开工作台挡板，取出工件。加工后的工件如图 16-15 所示。

图 16-14　放电加工

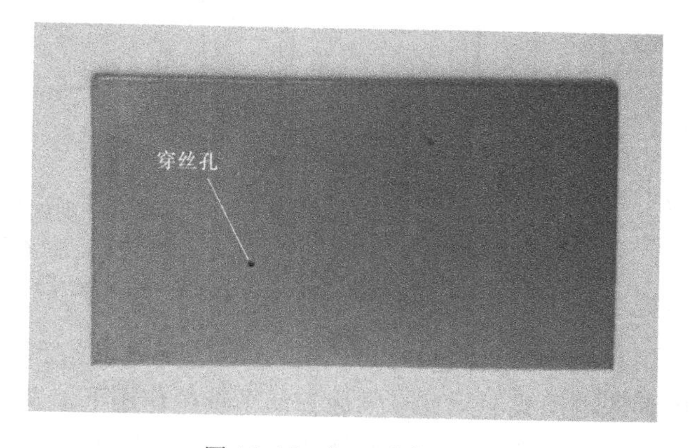

图 16-15　加工后穿丝孔

16.3 电火花线切割加工

16.3.1 电火花线切割加工机床

1. 机床结构组成

电火花线切割加工机床主要由机床本体、脉冲电源、控制系统和工作液循环系统等部分组成。线切割加工机床根据走丝速度的不同，可分为高速走丝线切割机床和低速走丝线切割机床。以DK7732型高速走丝线切割加工机床为例，其整体结构和布局如图16-16所示。

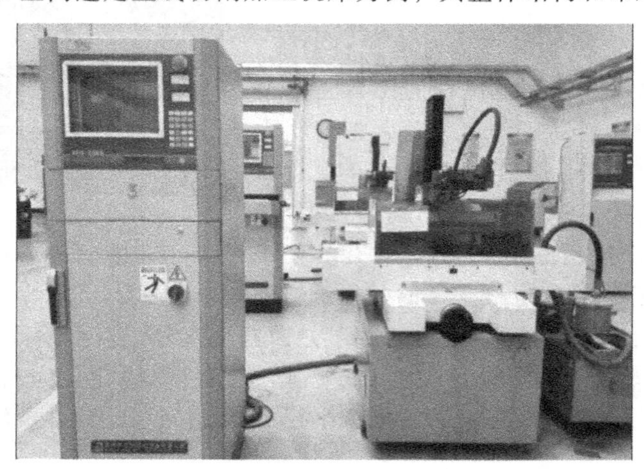

a)

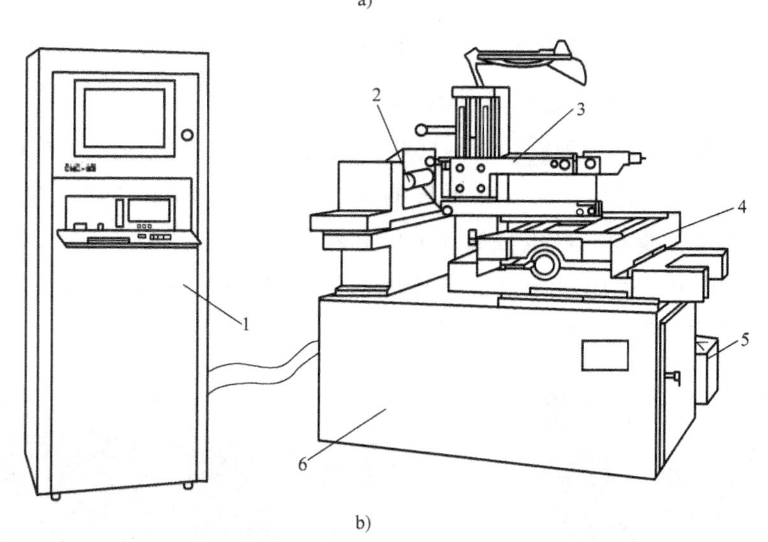

b)

图16-16 DK7732型线切割加工机床

a）设备图片 b）结构组成

1—脉冲电源及控制系统 2—储丝筒 3—丝架 4—工作台 5—工作液循环系统 6—床身

1）机床本体包括床身、工作台、运丝机构和丝架。工作台由安装在X、Y两个方向上的伺服电动机驱动，在伺服控制系统的作用下，实现直线和圆弧曲线移动。运丝机构上的储丝筒作间歇性的正、反旋转运动，带动电极丝上、下运动，以使电极丝的整个长度范围内都能够参与放电加工。

2）脉冲电源。电火花线切割机床的脉冲电源的作用是把交流电转换成一定频率的单向脉冲电流，提供电火花放电所需要的能量。

3）控制系统主要是指切割轨迹控制系统和进给控制系统，此外还有走丝机构控制、机床操作控制以及其他辅助控制等。线切割轨迹控制系统实质上是数控系统控制工作台的运动轨迹。进给控制系统自动采样极间电压信号的大小，与标准值比较后自动控制工作台进给速度。

4）工作液循环系统由工作液压泵、工作液箱、过滤器和管路组成。其主要作用是绝缘、冷却和排屑。

2. AutoCut 线切割编程控制系统

AutoCut 线切割编程控制系统是一个高智能的图形交互式软件系统。通过 AutoCAD2004 绘图软件绘制加工图形，对其进行线切割工艺处理，生成线切割加工的二维或三维数据，并进行零件加工。在加工过程中，该系统能够智能控制加工速度和加工参数，完成对不同加工要求的加工控制。AutoCAD 2004 绘图界面如图 16-17 所示。

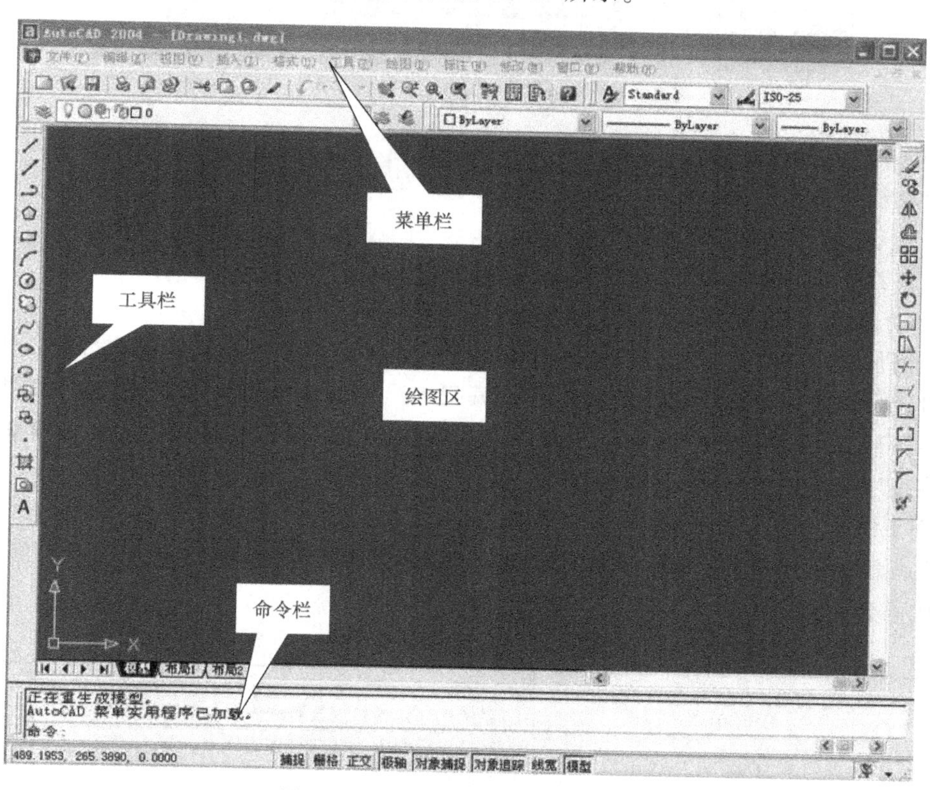

图 16-17　AutoCAD 2004 绘图界面

在加工前，需要准备好相应的加工文件，并对加工过程进行控制。AutoCut 线切割控制软件主界面如图 16-18 所示。

16.3.2　电火花线切割加工基本工艺

电火花线切割加工的工艺可以大致分为如下四个步骤：

1）对工件图样进行审核及分析，并估算加工工时。

2）工艺准备，包括机床调整、工作液的选配，电极丝的选择及校正，工件准备等。

3）加工参数选择，包括脉冲参数、走丝速度及进给速度设置及调节。

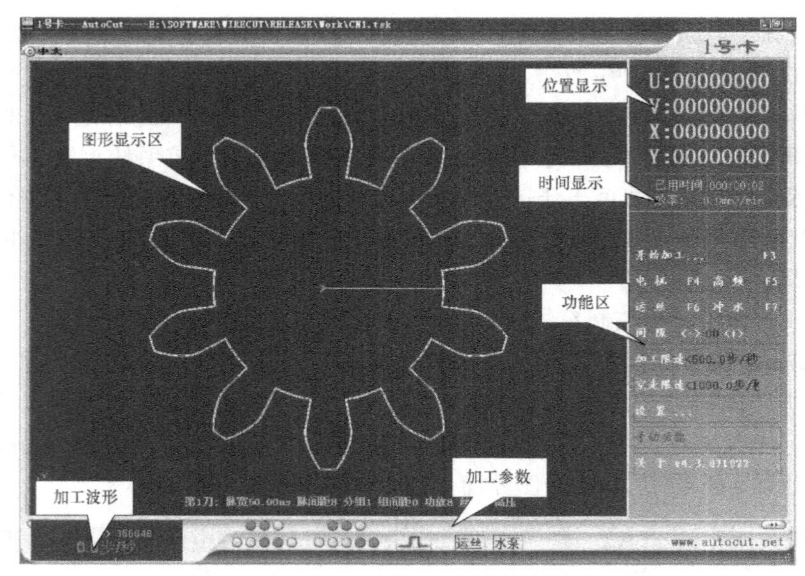

图 16-18　AutoCut 线切割控制软件主界面

4）程序编制及程序输入。

电火花线切割加工完成之后，需根据加工要求进行表面处理，并检验其质量。

16.3.3　电火花线切割编程基础

电火花线切割程序的编制包括自动编程与手工编程两种。

1. 自动编程

线切割加工机床自动编程是指利用计算机专用软件编制数控加工程序的过程。数控线切割加工机床自动编程以计算机绘图为基础，编程人员先使用自动编程系统的 CAD 功能，构建出几何图形，其后利用 CAM 功能，设置好几何参数，生成数控程序，再由计算机通过通信电缆将程序传输到数控线切割加工机床上。

2. 手工编程

手工编程的代码格式有两种：G 代码和 3B 代码。G 代码为国际上通用的数控编程代码，常用 G 代码介绍见表 16-6。

表 16-6　常用 G 代码介绍

代码	格式	说　明
G01	G01 X$\underline{x}$ Y$\underline{y}$	系统以一定的速度按直线方式从起点运行到终点(x,y)
G02	G02 X$\underline{x}$ Y$\underline{y}$ I$\underline{i}$ J$\underline{j}$	系统以顺圆方式从起点到达终点(x,y)。“i”、“j”为圆心相对于圆弧起点的坐标
G03	G03 X$\underline{x}$ Y$\underline{y}$ I$\underline{i}$ J$\underline{j}$	系统以逆圆方式从起点到达终点(x,y)。“i”、“j”为圆心相对于圆弧起点的坐标
G04	G04Ff	机床伺服系统暂停 f(0~99999)s
G90	G90	系统设置为绝对坐标编程模式，此代码为模态代码
G91	G91	系统设置为相对坐标模式，此代码为模态代码
G41	G41D_	沿切割路径前进方向，电极丝向左偏移一定距离
G42	G42D_	沿切割路径前进方向，电极丝向右偏移一定距离
G40	G40	取消偏移量
G92	G92 X$\underline{x}$ Y$\underline{y}$	定义电极丝的当前点(x,y)为工件坐标系的加工起始点
M02	M02	加工结束

16.3.4 典型零件电火花线切割加工实训

1. 加工要求

材料为 06Cr19Ni10，用钼丝作为电极丝加工典型零件，如图 16-19 所示。

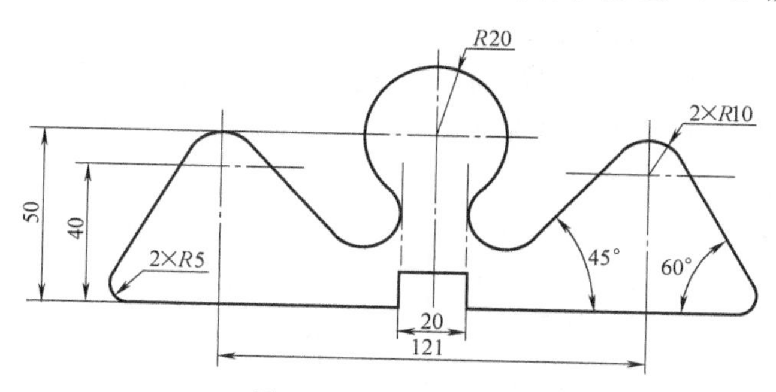

图 16-19 典型零件图

2. 工艺准备

（1）机床及编程方式 选用 DK7732 型高速走丝线切割加工机床，如图 16-16 所示。加工程序采用自动编程方式，使用 HF 线切割自动编程系统，绘制所要加工零件的二维图。

（2）电极丝的选择与校正 根据切缝宽度、工件厚度及拐角尺寸大小等要求选择电极丝。考虑到切割的材料是 06Cr19Ni10，切割时需要的放电能量高，应选用较大直径的电极丝，一方面可以提高电极丝的承受能力，另一方面也有利于充分排屑，选择 ϕ0.18mm 的钼丝。因为零件厚度为 2mm，可将上丝架调整到适当位置，并且要注意电极丝的松紧适当。

为了加工出符合精度要求的工件，加工前必须校正电极丝是否垂直于工件装卡的基准面或工作台定位面。采用两点接触式校正器对电极丝进行校正。

（3）切入方式的选择 电极丝从穿丝孔点或起始点切入工件的切入方式，主要有三种。如图 16-20 所示。

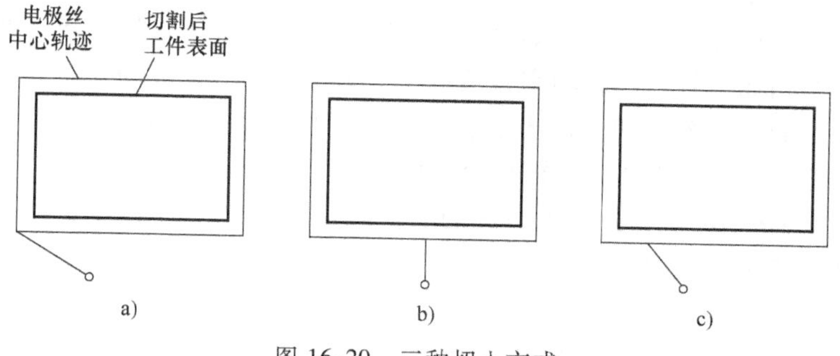

图 16-20 三种切入方式

a）直线切入 b）垂直切入 c）指定切入

1）直线切入方式。电极丝直接切入到工件加工的起始点，起始点通常为线段与线段的交点。

2）垂直切入方式。电极丝垂直切入到工件加工起始段（最为常用的一种）。

3）指定切入方式。在加工轨迹上选定一点作为加工的切入点，电极丝沿直线走到指定的切入点。

对于本实训中的典型零件的加工要求而言，可以采用电极丝垂直切入的方式进行电火花切割。

（4）切割路线的确定　由于被加工工件切入、切出点重合部位很容易出现电极丝接痕，所以在编制程序时应采取正确的方法减少切割接痕，同时也要选取合适的切入、切出点位置以方便后期处理。

工件的切入点应该尽量选择距离电极穿丝点比较近的位置，尽量缩短切入线距离，以便节省加工时间。切入点的选取还与工件的装夹有关，为防止工件变形引起误差，切入点应尽量靠近工件的装夹位置，在切割路径选择过程中先切割加工余量小的位置，最后切割工件的装夹位置，如图16-21所示。

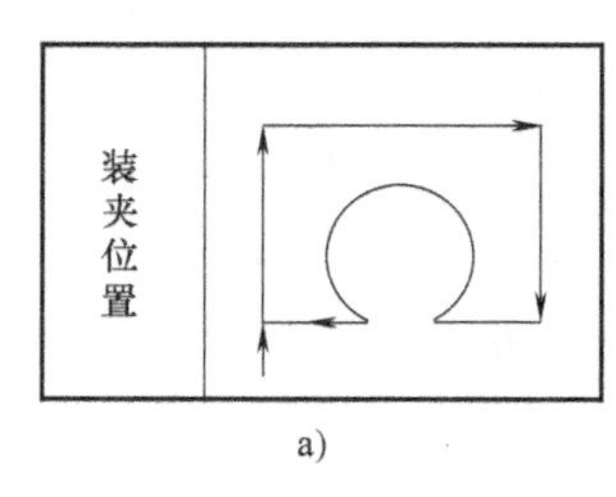

a）

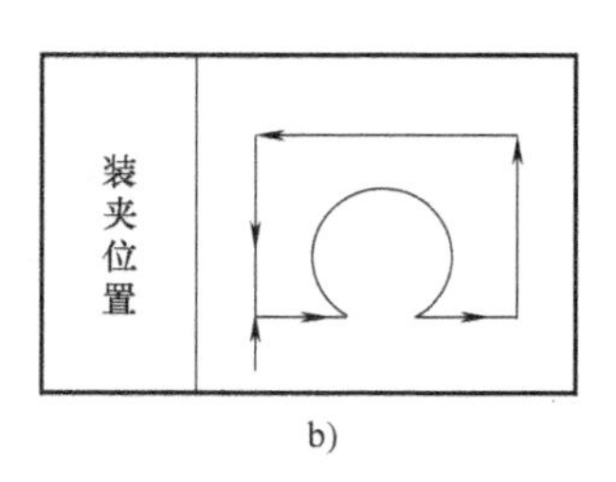

b）

图16-21　切割路径优化

a）不合理路径　b）合理路径

（5）电规准的选择　电规准是指电加工所用的一组电压、电流、脉冲宽度、脉冲间隔和功率等参数。

DK7732型线切割机床设有15组电规准，从1档到F档参数逐渐增大，切割能量也逐渐增大。加工前，根据加工需要选择合适的主要参数，在实际加工过程中再对个别参数进行细微调整。

脉冲宽度是指加到间隙两端的电压脉冲的持续时间，有99档。在正常条件下，脉宽越大，加工效率越高，但表面会比较粗糙。脉宽选择过小，容易造成短路回退。

脉冲间隔是指连续两个电压脉冲之间的时间，有15档。在正常条件下，脉冲间隔越大，加工效率越低，加工稳定性越好。但如果脉冲间隔选择太小容易排屑不畅，造成频繁短路。

功率数值增大则加工效率高，功率数值减小，加工后的表面较为光滑。

（6）工作液　高速走丝线切割机床普遍使用乳化液作为工作液，它是将乳化油按一定比例与自来水充分搅拌配制而成的。工作液的浓度取决于工件厚度、材质及加工精度的要求。

对于材料是06Cr19Ni10，厚度为2mm的零件而言，工作液的质量分数保持在15%左右即可，既能保证加工精度的要求，也可以提高排屑能力。

3. 工具准备

（1）量具　本实训中使用的量具见表16-7。

（2）加工工具　本实训中使用的加工工具见表16-8。

表16-7　量具

名称	规格/mm	精度/mm	数量
游标卡尺	0~150	0.02	1
百分表	0~25	0.01	1

表16-8　加工工具

名　称	规　格
钼丝	ϕ0~18mm
工作液	15%（质量分数）

4. 程序编制

（1）打开机床　打开机床总电源开关，打开急停按钮，按下面板上的给电开关，最后将工控机打开。

（2）程序编制　首先进入 AutoCAD 2004 绘图软件的绘图界面。

1）单击工具栏中的“直线”命令，绘制相互垂直的两条直线作为中心线。单击“直线”命令，根据命令栏提示，指定直线起点，然后向右移动光标，指定直线终点，水平直线绘制完成。采用相同的步骤，绘制与之垂直的直线。将水平直线设定为 X 轴，竖直直线设定为 Y 轴。中心线绘制完成如图 16-22 所示。

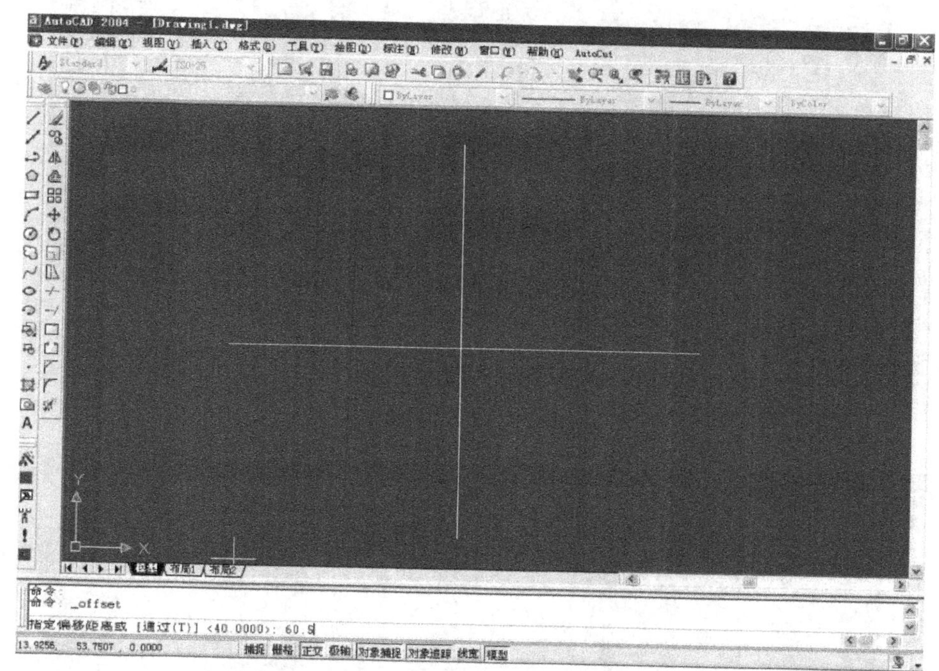

图 16-22　绘制中心线

2）单击工具栏中“偏移”命令，绘制平行线。单击“偏移”命令，根据命令栏提示，输入偏移距离为 60.5 后按〈Enter〉键，然后选择 Y 轴作为基准线，在基准线上方空白区域单击任意一点，即可完成偏移距离为 60.5 的平行线操作。执行相同的操作步骤，分别绘制平行于 X 轴，偏移距离为 40 和 50 以及 10 的直线；以及平行于 Y 轴，偏移距离为 10 的直线，如图 16-23 所示。

3）准备作两个圆，Φ40、Φ20 和−45°、−60°的两条角度线。

① 作两个圆。单击“圆”命令，根据命令栏提示信息，在绘图区中，将光标移到平行于 X 轴的第三条线与 Y 轴相交处，此相交点为 Φ40 的圆心，单击圆心，然后输入圆的半径 20，按〈Enter〉键，即可创建 Φ40 的圆。执行相同的操作步骤，创建 Φ20 的圆。

② 作两条角度线。单击“直线”命令，根据命令栏提示信息，通过“对象捕捉”操作选择 Φ20 圆上的切点作为切线的起点，在命令栏里输入“@100<−135”按〈Enter〉键来确定切线的终点（100 代表切线的长度，−135 代表切线的角度），绘制 45°角度线（切线）。执行相同的操作步骤，在命令栏里输入“@100<−60”按〈Enter〉键，绘制−60°角度线（切线），如图 16-24 所示。

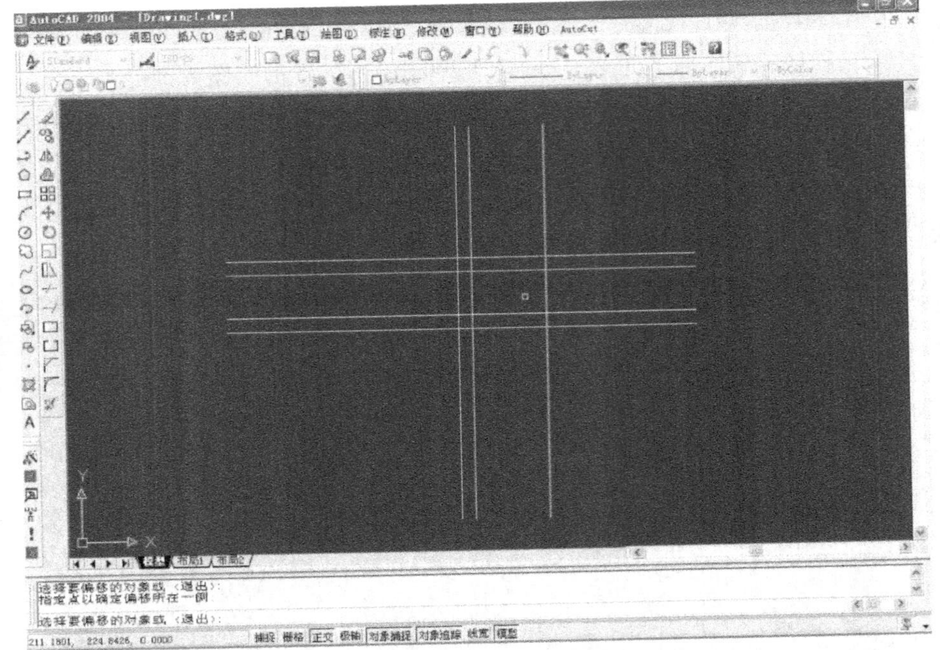

图 16-23 平行线操作

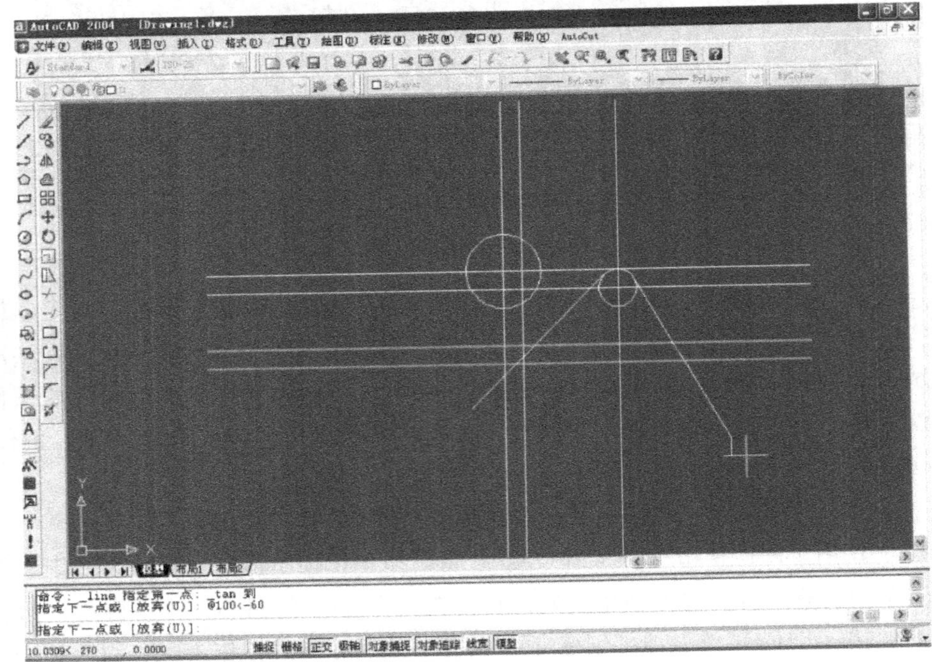

图 16-24 绘制圆与角度线

4）通过（绘图“菜单栏”）“圆→相切-相切-相切”命令来定义半径为 R 的圆。单击菜单栏中“绘图”→“圆”→“相切”-“相切”-“相切”，按照命令栏提示信息，分别单击三个相切的条件，包括平行于 Y 轴距离为 10 的直线、45°角度线和 $\Phi40$ 的大圆，即可作出半径为 R 的圆，如图 16-25 所示。

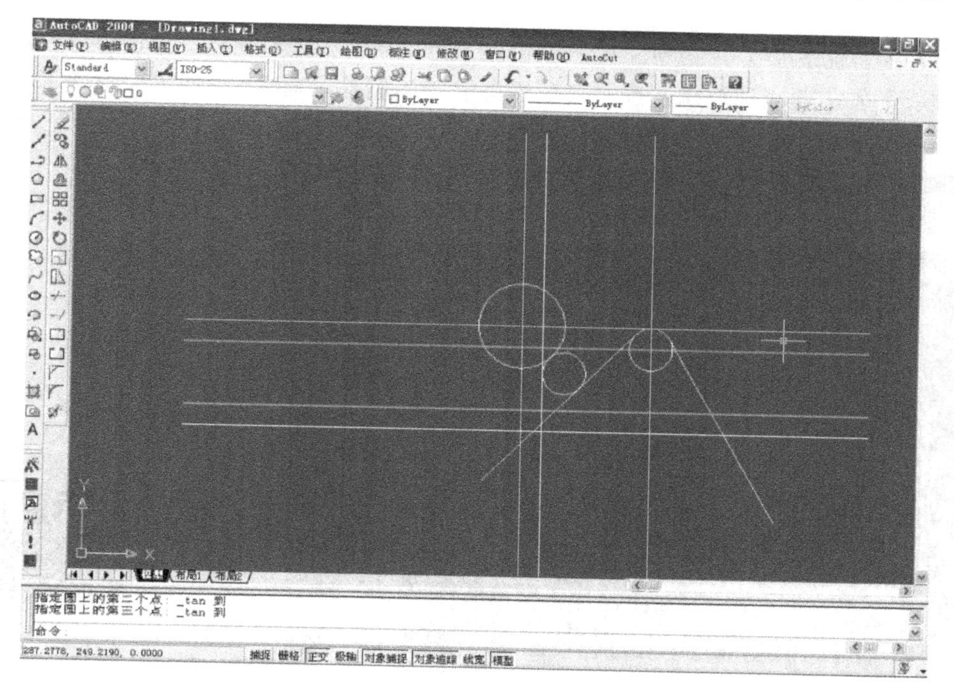

图 16-25 切圆的绘制

5）单击“修剪”命令，按照命令栏的提示信息（先单击鼠标右键，再选择修剪对象）即可。单击“圆角”命令，将图 16-19 中所示的两个 $R10$ 的圆角绘制出来。修剪后的图形如图 16-26 所示。

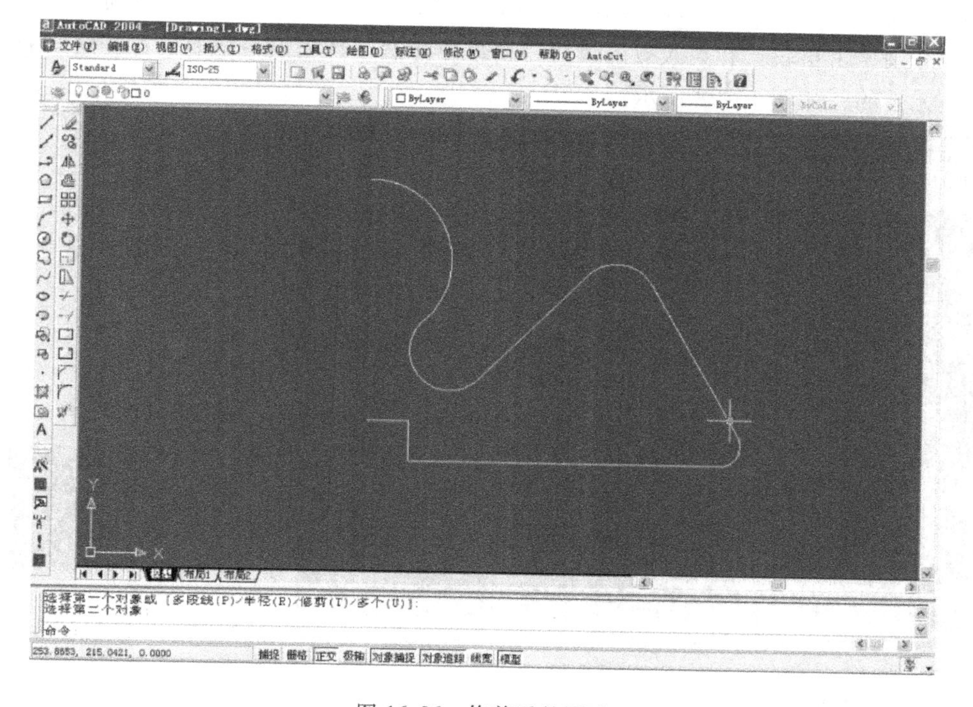

图 16-26 修剪后的图形

6）单击“镜像”命令，根据命令栏提示，选中需镜像的图形对象，按〈Enter〉键，然后选中镜像轴线 Y 轴的起点和终点，按照命令栏提示“不删除源对象”，即可完成镜像操作，如图 16-27 所示。

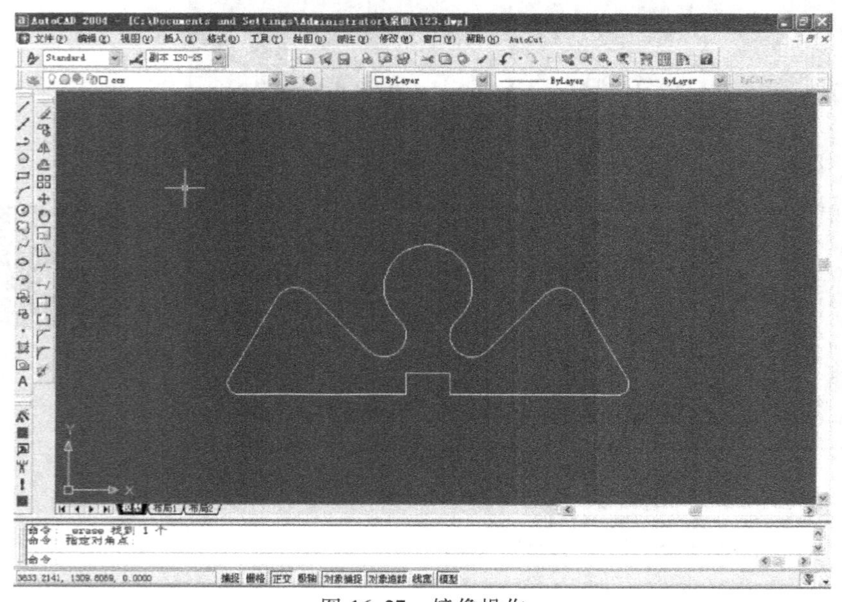

图 16-27　镜像操作

当完成了上步操作后，零件的理论轮廓线的切割线就已形成。

7）在实际加工中，还需要考虑钼丝的补偿值以及从哪一点切入加工。单击“生成加工轨迹”命令，在加工设置中，输入补偿值为 0.1mm，选择左偏移为加工补偿方向。根据命令栏的提示，分别单击穿丝点和切入点的位置，这里要注意，切入点一定要选在所绘制的图形上，否则是无效的，如图 16-28 所示。

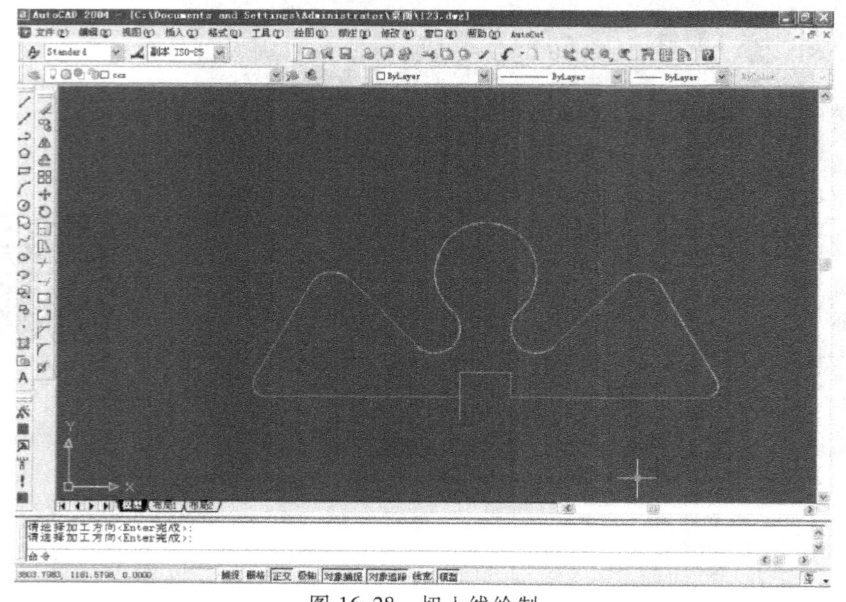

图 16-28　切入线绘制

切入线绘制完成，会弹出“选卡”界面，如图 16-29 所示。界面中“虚拟卡”主要负责模拟切割，“1 号卡”主要负责实际加工。

单击“虚拟卡”，根据命令栏提示，选择工件的完整轮廓线作为模拟对象，按〈Enter〉键后即可进入虚拟卡操作界面。单击“开始加工”或“F3”，进入虚拟卡设置界面，如图 16-30 所示。

模拟加工参数设置完成，单击“确定”开始模拟演示切割的过程。如图 16-31 所示。

图 16-29 选卡界面

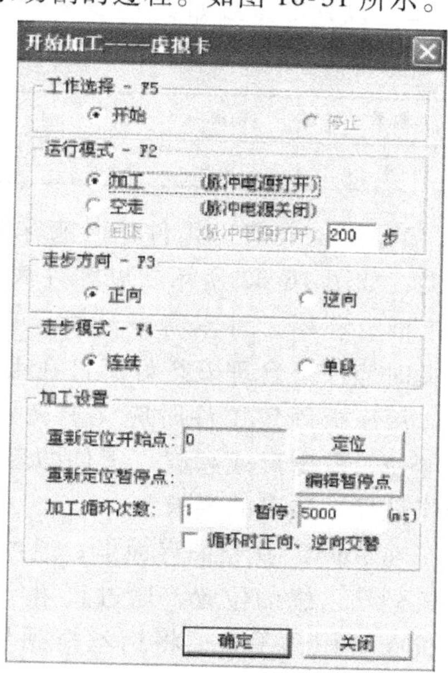

图 16-30 虚拟卡设置界面

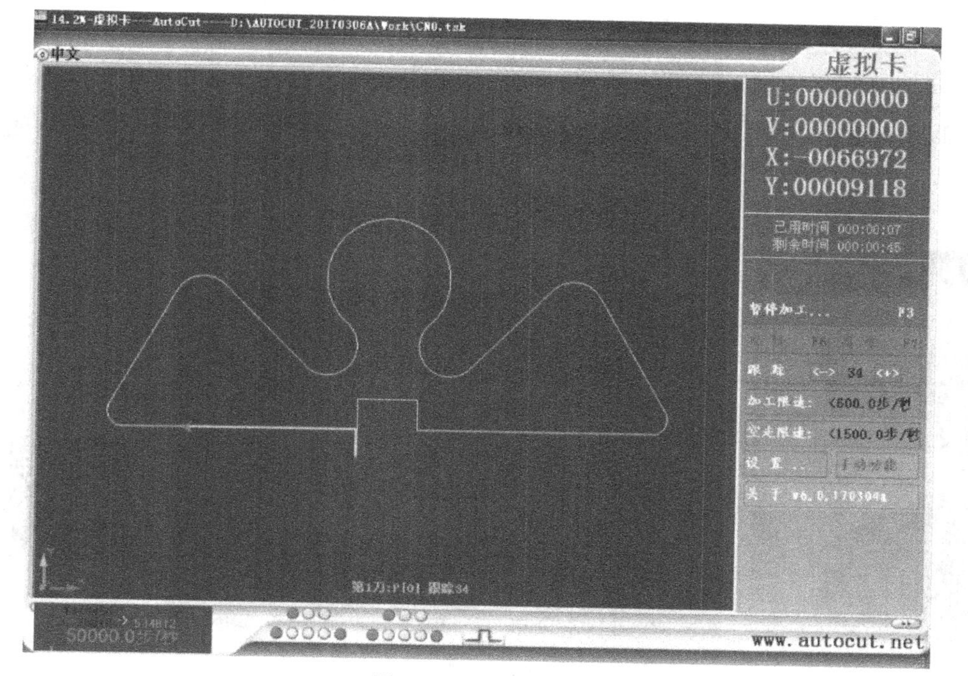

图 16-31 模拟界面

（3）工件加工

1）进入 AutoCAD 2004 绘图界面，单击工具栏中的“发送加工任务”命令，再次进入如图 16-29 所示的选卡界面，单击“1 号卡”，命令栏会提示“请选择对象”，用鼠标左键选中工件轮廓线，即可进入 1 号卡加工界面。

2）设置电参数如表 16-9 所示。

表 16-9　电参数

参数	功率/kW	脉宽	脉间	长短丝	分组脉冲	运丝
4	2	04	8	6	5	1

3）工件装夹。工件的装夹采用悬臂支撑装夹，如图 16-32 所示。以零件底面作为定位基准面，利用工件本身一端固定在工作台上，装夹时应注意合理安排好工件在毛坯料中的位置。用压板固定工件时应注意夹紧力要均匀，不能使工件变形或翘起。工件的悬伸量要能充分保证尺寸加工的要求。

图 16-32　工件装夹

在 AutoCAD 绘图界面里，通过尺寸标注可知钼丝切入线的位置，通过直角尺测量后，摇动机床工作台手轮，将钼丝摇到切入线位置，保证 X、Y 方向足够的加工余量，如图 16-33 所示。

4）加工。依次单击机床面板中的，然后单击加工界面中的，通过摇动机床工作台的手轮，使钼丝靠近毛坯料而出现电火花，单击 1 号卡界面上的“开始加工”命令，进入加工参数设置界面，参数设置与图 16-30 一致，单击“确定”后即可进行自动加工，如图 16-34 所示。

图 16-33　测量切入线位置

图 16-34　加工过程

切割结束后，机床会鸣笛自动停止，切割完成的工件如图 16-35 所示。

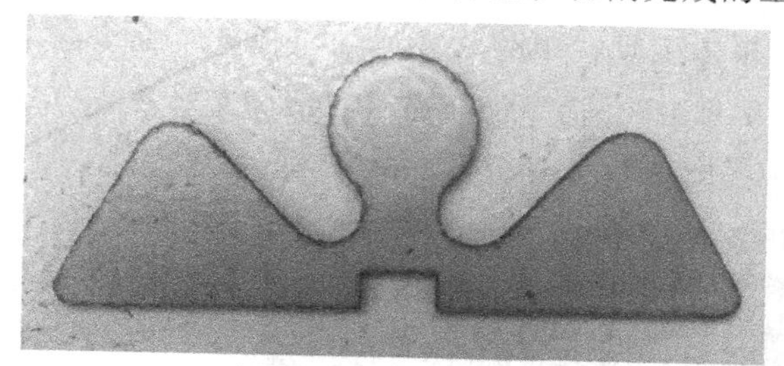

图 16-35　加工后零件

16.3.5　创意类零件电火花线切割加工实训

1. 加工要求

材料为 45 钢，使用钼丝作为电极丝加工鱼形状的零件，如图 16-36 所示。

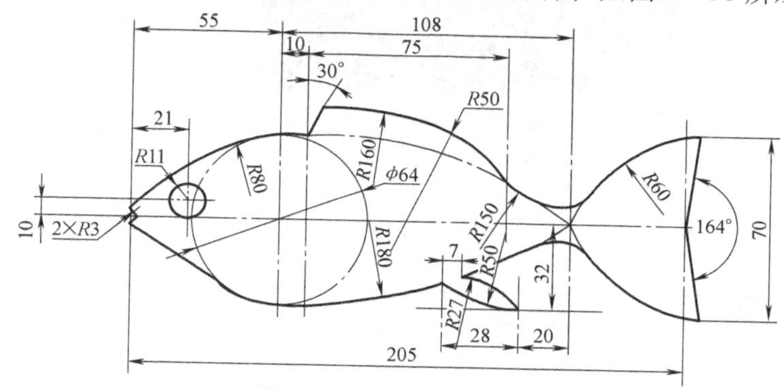

图 16-36　创意类零件图

2. 工艺准备

（1）机床及编程方式　选用 DK7732 型高速走丝线切割加工机床。加工程序采用自动编程方式，使用 AutoCut 线切割自动编程系统，绘制所要加工零件的二维图。

（2）电极丝的选择与校正　切割的材料是 45 钢，同样选择 φ0.18mm 的钼丝。零件厚度为 10mm，可将上丝架调整到适当位置，并且要注意电极丝的松紧适当。加工前采用两点接触式校正器对电极丝进行校正。

（3）切入方式的选择　采用电极丝垂直切入的方式进行电火花切割。

（4）切割路线的确定　选择切割过程中加工余量小的位置开始切入，最后切割工件的装夹位置。

（5）工作液　对于材料是 45 钢，厚度为 10mm 的零件而言，工作液的浓度保持在 10%（质量分数）左右即可。

3. 工具准备

本实训中使用的量具见表 16-7。

4. 程序编制

根据图样要求，利用 AutoCut 线切割自动编程软件将程序编制出来，如图 16-37 所示。

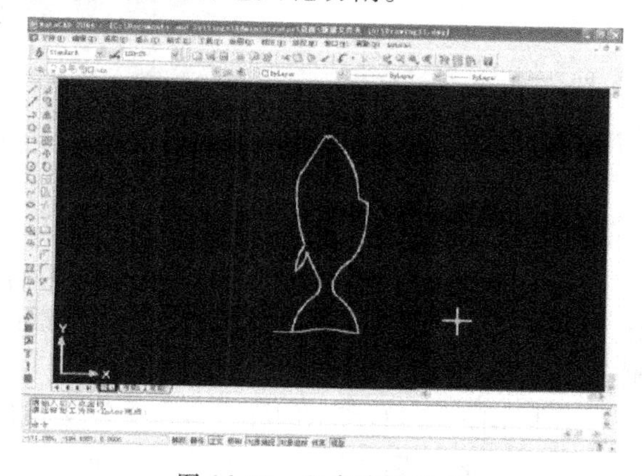

图 16-37　程序编辑完成

5. 工件加工

1）进入 AutoCAD2004 绘图界面，单击工具栏中的“发送加工任务”命令，再次进入如图 16-29 所示的选卡界面，单击“1 号卡”，命令栏会提示“请选择对象”，用鼠标左键选中工件轮廓线，即可进入 1 号卡加工界面，如图 16-38 所示。

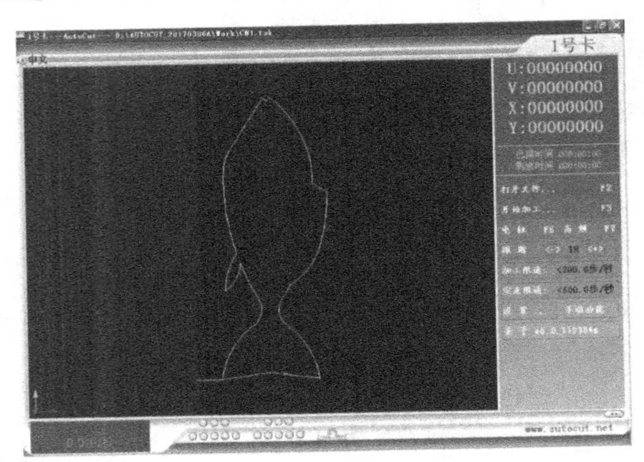

图 16-38　1 号卡加工界面

2）设置电参数见表 16-10。

表 16-10　电参数

参数	功率	脉宽	脉间	长短丝	分组脉冲	运丝
4	5	07	9	6	5	1

3）工件的装夹、加工与 16.3.4 节典型零件加工步骤相同。切割完成的工件如图 16-39 所示。

图 16-39　加工后零件

实训拓展训练

1. 应用 HF 线切割自动编程系统，采用自动编程方式或手工编程方式，在给定材料上（铝板厚度为 4mm，面积为 80mm×80mm）自行完成创意作品设计并进行线切割加工。

2. 根据图 16-40 所示图样，应用 HF 线切割自动编程系统，采用自动编程方式，在给定材料上（45 钢厚度为 15mm，面积为 50mm×50mm）完成线切割加工。

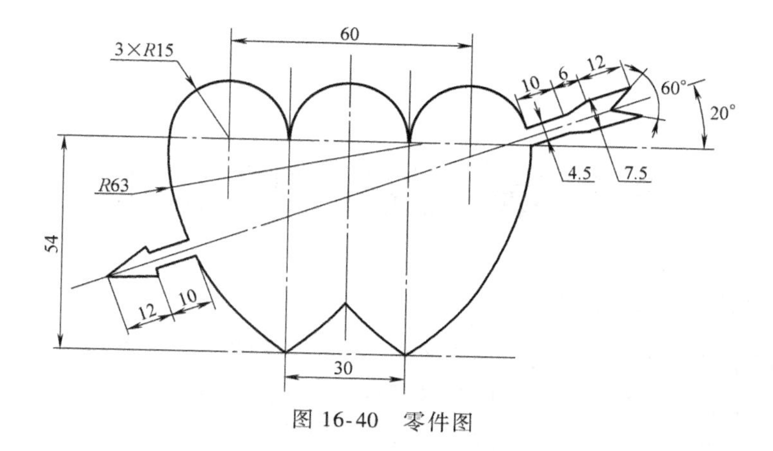

图 16-40　零件图

第 17 章　激光加工实训

17.1　激光加工技术概述

激光加工技术具有加工精度高、加工效率高等一系列优点，激光加工独特的优越性使其在机械、电子、冶金、汽车、石油和国防等领域得到了广泛应用，并产生了巨大的经济效益和社会效益。另一方面，实际应用又进一步推进了激光技术的迅猛发展，激光加工已经成为加工领域中的一种常用技术。就机械加工领域而言，激光加工技术的应用既包括传统的较为成熟的激光打孔、激光切割、激光雕刻、激光焊接、激光标记等方面，又包括新兴的激光快速成形技术和激光精密微细加工技术等方面。

1. 激光加工优点

1）非接触加工。激光属于非接触加工，切割不用刀具，切削无机械应力，无刀具磨损、拆装、更换问题。

2）加工范围广。激光加工的功率密度高，几乎能加工任何材料。如各种金属、陶瓷、石英、金刚石、橡胶等。

3）加工速度快效率高，热影响区小。激光切割比常规方法提高效率 8~20 倍，激光焊接可提高效率 30 倍。由于激光加工速度快、时间短且激光束聚焦光斑小，激光加工的热影响区非常小，工件热变形极小，加工质量好。

4）可进行精细微加工。激光束可聚焦成微米级的光斑（理论上直径可$<1\mu m$），适合精密微细加工。

5）加工灵活，容易实现自动化加工。激光束传输方便，易于控制，便于与机器人、自动检测、计算机数字控制等先进技术相结合。

2. 激光加工缺点

激光加工是一种热加工，影响因素较多。因此其精密微细加工精度（尤其是重复精度和表面粗糙度）不易保证。加工时必须反复试验，选择合理的参数，才能达到加工要求。

17.2　激光切割技术

17.2.1　高速激光切割机简介

激光切割机工作时从激光器发射出的激光，经光路系统，聚焦成高功率密度的激光束。激光束照射到工件表面，使工件达到熔点或沸点，同时与光束同轴的高压气体将熔化或汽化金属吹走。随着光束与工件相对位置的移动，最终使材料形成切缝，从而达到切割的目的。

1. DW1390H 型激光切割机特点

DW1390H 型激光切割机采用 CO_2 激光器。传动系统采用丝杠传动，精度高，脱机控制系统分别控制机床的 *X* 轴、*Y* 轴、*Z* 轴、激光器及辅助切割气。该设备适合于非金属与金属材料的切割加工，具有很好的切割性能。

2. DW1390H 型激光切割机结构

机床由激光系统、切割头、床身、龙门架、工作台、控制系统和水冷机组等几大部分组成，如图 17-1 所示。

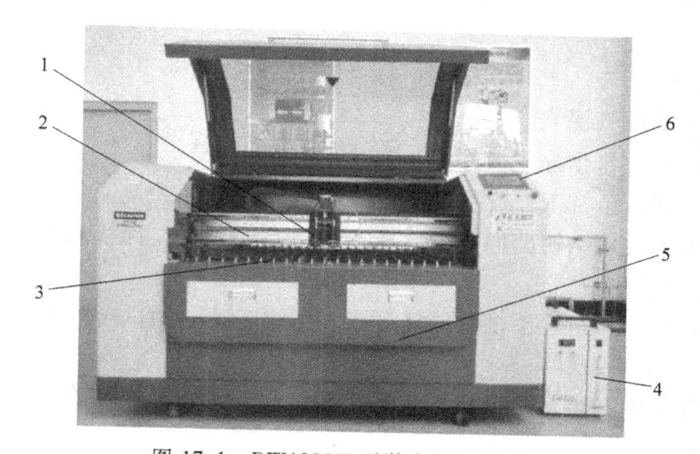

图 17-1 DW1390H 型激光切割机结构

1—切割头 2—龙门架 3—工作台 4—水冷机组 5—床身 6—控制系统

3. 激光系统

激光系统由激光发生器、平反镜及聚焦镜组成，如图 17-2 所示，A、B、C 为平反镜，D 为聚焦镜。

4. DW1390H 型激光切割机基本参数

见表 17-1。

表 17-1 DW1390H 型激光切割机基本参数

激光器功率	130W
光束质量	$M^2 \leqslant 1.1$
工作台尺寸	1250mm×900mm
最大切割厚度	30mm（亚克力）
XY 轴定位精度	±0.05/1000mm
XY 轴重复定位精度	±0.05mm
X 轴行程	1250mm
Y 轴行程	900mm
Z 轴行程	40mm

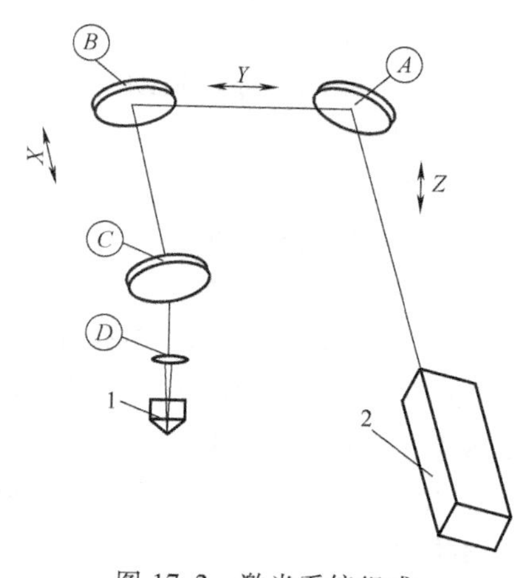

图 17-2 激光系统组成

1—喷嘴 2—激光发生器

17.2.2 激光切割原理

激光切割是一种重要的高能束加工方法，它是利用材料在激光聚焦照射下瞬时急剧熔化和汽化，并产生很强的冲击波，使被熔化的物质爆炸式地喷溅来实现材料去除的加工技术。由于激光具有四个极为重要的特性，经聚焦后，光斑直径仅为几微米，能量密度高达 10^7 ~ 10^{11} W/cm^2，能产生 10^4℃以上的高温。因此，激光能在千分之几秒甚至更短的时间内熔化、汽化材料。

激光切割的物理过程大致可分为光能的吸收及能量转化，材料的无损加热，材料熔化、汽化及溅出，作用终止及加工区冷凝等几个连续阶段。

17.2.3 高速激光切割机操作

1. 激光切割机操作步骤

（1）机床上电

1）起动水冷机组。

2）起动气泵（辅助气源）。

3）起动离心风机（排烟除尘装置）。

4）循环冷却水到达正常工作温度后将电气柜的总电源开关接通（ON）。

5）将操作面板上的启动钥匙向右拧，机床上电，松开操作面板右上方的急停按钮。

（2）切割前的准备

1）切割头间隙的调整。在手动方式下，通过操作面板上的按键<Z+><Z->使切割头接近工件至所需要的切割间隙。

2）切割辅助气压的调整。接通空气气源，按下操作面板上的开气键，调整减压阀到所需压力。调整完毕后关气。

3）切割程序的编制。图形的绘制可使用 CAXA 软件或者 AUTOCAD 软件完成，也可用其他的绘图软件绘制，但必须保存为 .dxf 文件格式。

（3）执行程序

1）将编辑好的加工数据下载到控制器中。

2）选择要加工的文件。

3）按下操作面板的启动按钮。

4）加工完毕，关掉辅助气源。

（4）机床断电

1）按下操作面板右上方的急停按钮。

2）将操作面板上的钥匙开关从“ON”拧回“OFF”。

2. 操作面板界面操作

操作面板界面如图 17-3 所示。

“启动”钥匙旋钮为一个绿色带灯旋钮，从左拧到右，则开机。开机时绿色指示灯点亮。从右拧到左，则关机，同时绿色指示灯熄灭。

“模式”为一个蓝色带灯按钮，当按下该按钮时，指示灯亮，切换为金属切割模式，否则为非金属切割模式，指示灯不亮。

报警指示灯为一个红色指示灯，当系统出现错误时，报警灯亮。

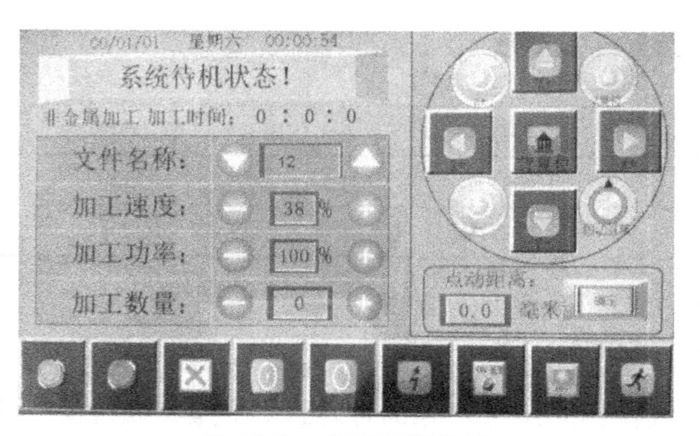

图 17-3 操作面板界面

“急停”按钮，当操作者发现紧急情况，应马上按下此按钮。

触摸屏状态条可显示当前的系统状态。共包括 8 个状态，分别为：系统待机、正在加工、加工暂停、走边框、切边框、*XY* 在复位、*Z* 在复位、正在点动。

“文件名称”右侧显示当前选中的、打算执行的加工程序名。

“加工速度”右侧显示当前加工程序所设定速度使用的速度倍率，其单位为%。

“加工功率”右侧显示当前加工程序所设定加工功率使用的倍率。

“加工数量”右侧显示当前加工程序要加工几次。

“X+”“X-”“Y+”“Y-”“Z+”与“Z-”按钮为 3 个运动方向的点动按钮，若点动距离设置为 0，在按钮按下时一直运行，直到松开按钮后停止。若点动距离设置有具体数值，则运行设定的距离后停止。

“XY 复位”按钮是让机床的 *XY* 轴复位，即回机床原点。

“Z 复位”按钮是让机床的 *Z* 轴复位，即 *Z* 轴回原点。

“自动寻焦”按钮。在非金属加工模式下该按钮无效；在“金属加工”模式下用于标定随动的间隙值。

“启动/暂停”按键可启动/暂停加工过程。

“停止”按键可停止加工过程。

“文件删除”按键可删除当前选中的加工文件。

“走边框”按键按下之后，系统会按照当前选定的加工程序的最大 *X*、*Y* 坐标走一个矩形框。此按键用来测试要加工的图形的最大尺寸。

“切边框”与“走边框”的区别是：“切边框”一边运动一边出光，会将运动过的矩形区域切割下来。“走边框”则只运动不出光。

“点射”按键起点射激光的作用。

“开气”按键为带保持按键，按下时控制辅助切割气的电磁阀打开，再次按下则电磁阀关闭。

17.2.4　无碳小车行进轮切割实训

1. 图形设计

利用 CAXA 软件或者 AutcoCAD 软件按照图样要求绘图，完成无碳小车行进轮设计，保存文件格式为 AutoCAD 2004 DXF（.dxf），零件图如图 17-4 所示。

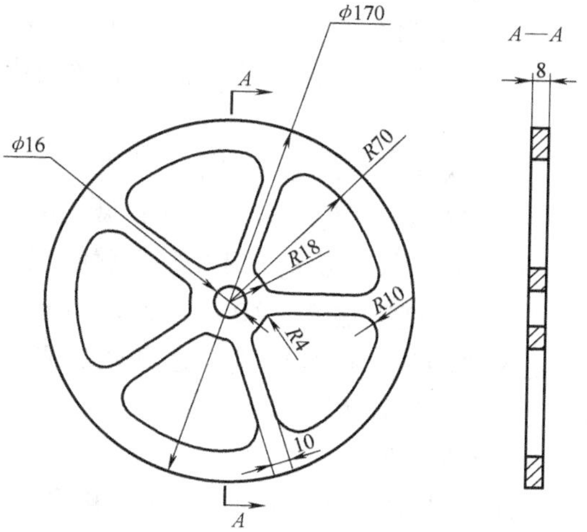

图 17-4　无碳小车行进轮加工零件图形

2. 导入数据

单击 LaserCut6.1 桌面图标，单击“文件”→“导入”，导入行进轮图。若通过 LaserCut6.1 现场绘制零件图，单击“新建”，然后使用左侧绘图工具栏的按钮来画图即可。单击“数据范围”，全屏显示加工零件图，如图 17-5 所示。

3. 工艺设置

单击“工具”→“合并相连线”，“合并容差”设置默认值即可。

单击“工具”→“生成平行线”，“拐角类型”选择“直角”，“偏移距离”输入“0.125”，选择“内缩外扩”，取消“连接”与“保留原图”的选择，如图 17-6 所示。

选择“激光加工”→“模式”→“激光切割”，双击“激光切割”按钮，可详细设置切

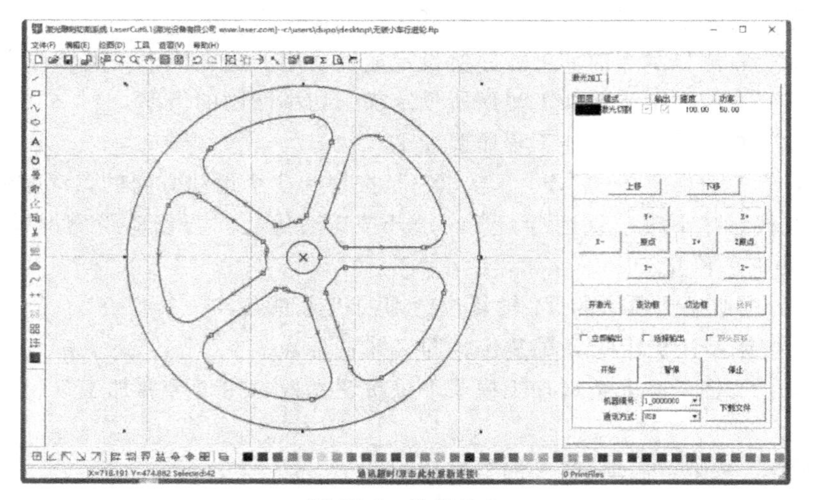

图 17-5　数据导入

割工艺参数，切割参数设置界面如图 17-7 所示。

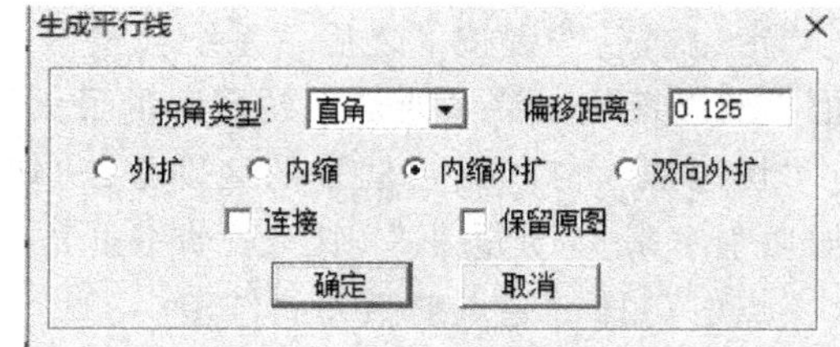

图 17-6　生成平行线

1）切割速度。切割时激光头的工作速度。

2）加工加速度。切割加工时，激光头运动的加速度。

3）拐弯加速度。确定拐角时激光头运动速度的快慢，一般为加工加速度的 2 倍。该值太大会导致机器在拐弯时振动较大，出现锯齿，太小又会降低加工效率，根据机器实际情况调整。

4）切割功率 1/2：1/2 号激光头激光功率的最大值（单位为百分比）。

5）吹气模式。

① 不吹气。在加工过程中不吹气。

② 出光吹气。激光开，吹气；激光关，则关气。

③ 一直吹气。激光头开始移动就吹气，加工结束时关气。

“切割速度”输入“40”，“切割功率 1”输入“80”，“吹气模式”选择“出光吹气”，其他设置为默认值即可。

4. 刀路规划

在这一步中根据需要对图形进行排序。单击“工具”→“自动设置路径”按钮。如果想对自动排序路径的结果进行微调，可以使用“手动设置路径”手工排序，在图元列表中先选中要放置图元的位置，再选中要调整的图形，单击“添加”即可。单击　　　　按钮

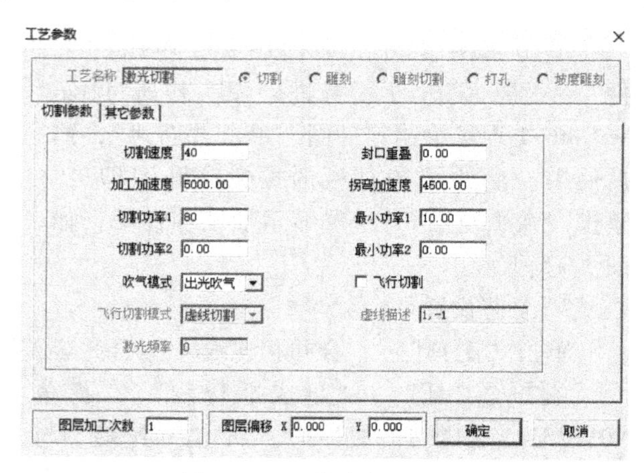

图 17-7　工艺参数设置

可以对加工次序进行预览。将最大外圆移至最后，如图 17-8 所示。

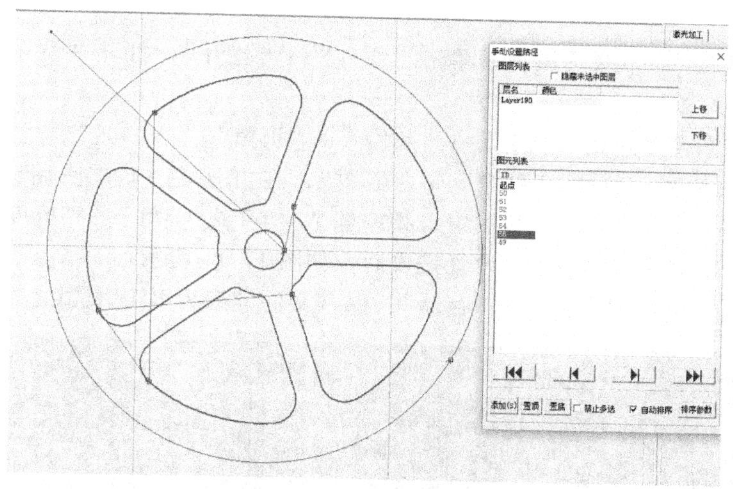

图 17-8 刀具规划路径

5. 加工前检查

在实际切割之前，要对加工轨迹进行检查。单击“模拟加工”按钮，可以进行模拟加工，通过“模拟速度”命令可以调节模拟加工的速度。单击“统计信息”可查看加工长度、加工段数及预加工时间等信息。

6. 文件下载

单击“激光加工”对话框中“下载文件”→“下载当前文件”，将正在编辑中的加工数据下载到控制器中，如图 17-9 所示。

若计算机未连接激光切割机，单击“输出加工文件”，输入文件名，保存类型为“脱机加工数据 . EOL”，通过 U 盘将程序传输到激光切割机控制器中。

7. 加工

在软件界面上单击“开始”按钮，即可开始加工，或者在 PAD 面板上单击“启动”也可开始加工。

激光切割结束后，切割头回到初始位置，切割完成的无碳小车行进轮如图 17-10 所示。

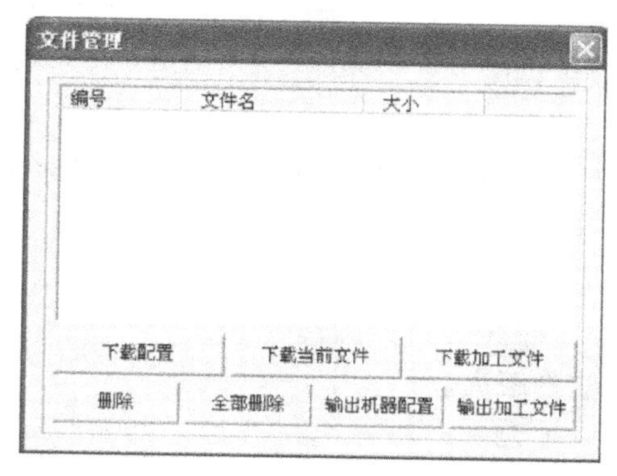

图 17-9 下载文件

图 17-10 无碳小车行进轮

17.2.5 图片雕刻实训

1. 图像处理

单击 Adobe Photoshop 桌面图标，单击“文件”→“打开”，打开“沈阳工业大学正门”矢量图。

1）设置图像灰度。单击“图像”→“灰度”→“扔掉”。

2）设置图像位图。单击“图像”→“位图”，在方法栏中，“使用”选择“半调网屏…”，单击“确定”，在半调网屏栏中，频率输入“60 线/英寸”，“角度”输入“45°”，形状选择“圆形”，单击“确定”。设置完成后，如图 17-11 所示。

3）保存文件。单击“文件”→“存储”，保存文件类型为 BMP 格式。

图 17-11　图像处理

2. 导入数据

单击 LaserCut6.1 桌面图标，单击“文件”→“导入”，导入“沈阳工业大学正门”图。单击“数据范围”，全屏显示雕刻图，如图 17-12 所示。

3. 工艺设置

选择“激光加工”→“模式”→“激光雕刻”，双击“激光雕刻”按钮，可详细设置雕刻工艺参数，雕刻参数设置界面如图 17-13 所示。

1）雕刻速度。雕刻时 X 轴扫描的速度。

2）雕刻功率 1/2。1/2 号激光头激光功率的大小（单位为百分比）。

3）雕刻步距。雕刻时 X 轴每扫描一行，Y 轴推进的距离。

4）图案填充。选择此项，图形将由设定半径的圆填充。

5）阳雕。选择填充圆的雕刻方式。

图 17-12　导入数据

6）圆半径。填充圆的半径。

7）圆间距。填充圆的间距。

8）背光板雕刻。选择此项后，系统将自动将图形数据转化为背光板的点阵数据。

“雕刻速度”输入“90”，“雕刻功率 1”输入“15”，“雕刻步距”输入“0.15”，选中“吹气”，其他设置为默认值即可。

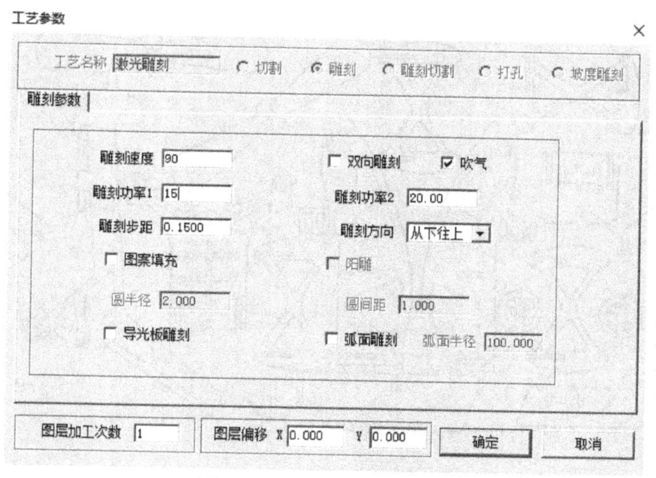

图 17-13　工艺参数设置

4. 加工前检查

在实际切割之前，要对加工轨迹进行检查。单击“模拟加工”按钮，可以进行模拟加工，通过“模拟速度”命令可以调节模拟加工的速度。单击“统计信息”可查看加工长度、加工段数及预加工时间等信息。

5. 文件下载

单击“激光加工”对话框中“下载文件”→“下载当前文件”，将正在编辑中的加工数据下载到控制器中。

6. 加工

在软件界面上单击“开始”按钮，即可开始加工，或者在 PAD 面板上单击“启动”也可开始加工。

7. 加工结束后的作品如图 17-14 所示。

图 17-14　激光雕刻作品

17.2.6　激光切割创意作品实训

1. 图形设计

利用 CAXA 或 AutoCAD 进行滑翔机拼插三维设计，在软件中画出滑翔机各个零件图，保存文件格式为 AutoCAD 2004 DXF（.dxf）。滑翔机零件图如图 17-15 所示。

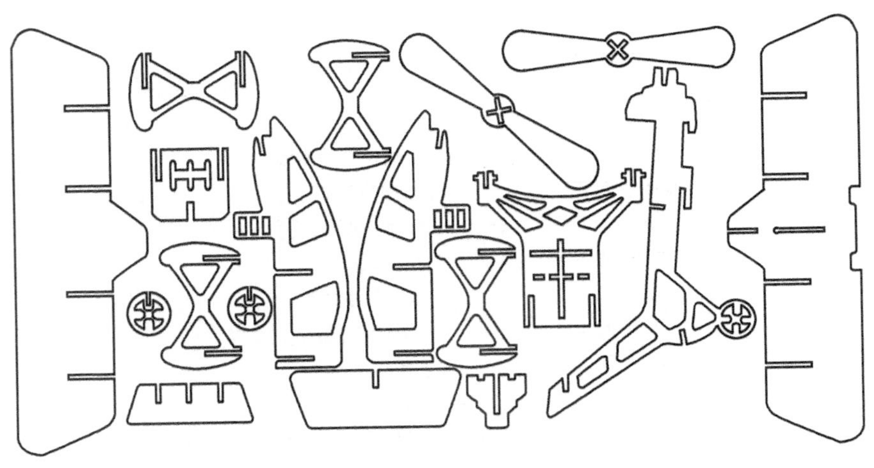

图 17-15　滑翔机零件图

2. 导入数据

单击 LaserCut6.1 桌面图标，单击“文件”→“导入”，导入滑翔机零件图。若通过 LaserCut6.1 现场绘制零件图，单击“新建”，然后使用左侧绘图工具栏的按钮来画图即可。单击“数据范围”，全屏显示加工零件图。

3. 工艺设置

单击“工具”→“合并相连线”，“合并容差”设置默认值即可。

单击“工具”→“生成平行线”，“拐角类型”选择“直角”，“偏移距离”输入“0.125”，选择“内缩外扩”。

4. 加工前检查

在实际切割之前，要对加工轨迹进行检查。单击“模拟加工”按钮，可以进行模拟加工。单击“统计信息”可查看加工长度、加工段数及预加工时间等信息。

5. 文件下载

单击“输出加工文件”，输入文件名，保存类型为“脱机加工数据 .EOL”，通过 U 盘将程序传输到激光切割机控制器中。

6. 加工

在软件界面上单击“开始”按钮，即可开始加工或者在 PAD 面板上单击“启动”也可开始加工。切割完成的滑翔机各个零件如图 17-16 所示。

图 17-16 滑翔机各个零件

7. 滑翔机的拼插

根据滑翔机设计时各个零件之间关系，进行滑翔机拼插，拼插效果如图 17-17 所示。

图 17-17 滑翔机拼插效果

17.3 激光内雕技术

17.3.1 激光内雕机简介

激光内雕机首先通过专用点云转换软件，将二维或三维图像转换成点云图像，然后根据点的排列，通过激光控制软件控制水晶的位置和激光的输出，在水晶处于某一特定位置时，聚焦的激光将在水晶内部打出一个个的小爆破点，大量的小爆破点就形成了要内雕的图像或人像。

1. ZT-532H 激光内雕机特点

ZT-532H 脉宽端泵绿光 3D 雕刻机采用光纤耦合窄脉宽端泵浦激光器，经过倍频后产生绿光，它是集激光技术、精密机械、电子技术、图形图像、计算机等学科于一体的高新技术产品。激光内雕机具有雕刻速度快、雕刻图像细腻逼真、稳定性好、环保无污染、噪声低、能耗低等优点。

2. ZT-532H 激光内雕机组成

ZT-532H 激光内雕机主要由激光内雕机主机、控制系统和工作台组成，如图 17-18 所示。

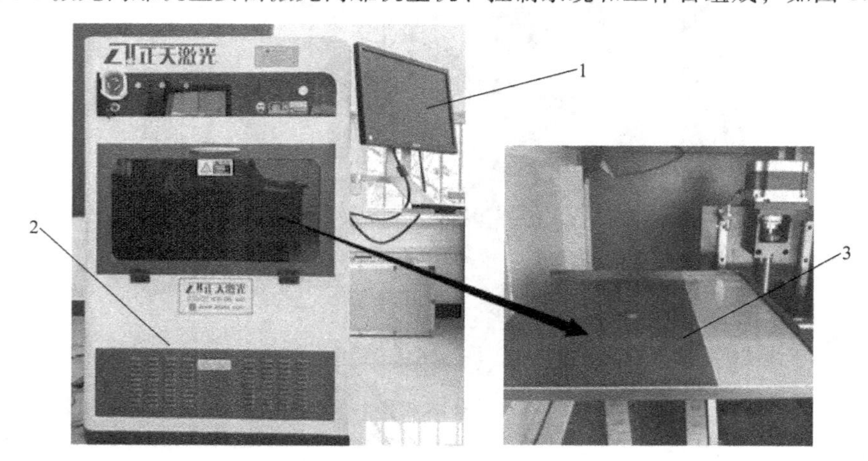

图 17-18 激光内雕机组成

1—激光内雕机主机 2—控制系统 3—工作台

3. 激光内雕机参数

见表 17-2。

表 17-2 ZT-532H 激光内雕机参数

最大雕刻范围	400mm×400mm×140mm
激光功率	3W
单脉冲能量	1500mJ
激光器类型	窄脉宽端泵浦激光器
功率稳定性	±3%（连续工作 12h）
雕刻速度	4000points/s
分辨率	≥5000dpi
重复定位精度	±0.001mm
控制系统	五轴联动（二维光控+三维机控）
文件格式	数据输出形式 3DS，DXF，OBJ，CAD，ASC，WRL，3DV，etc,JPG,BMP,DXG

17.3.2 激光内雕原理

激光内雕是将一定波长的激光打入玻璃或者水晶内部，令其内部的特定部位发生细微的爆裂形成气泡，从而勾勒出预置形状的一种加工工艺。

采用激光内雕技术，将平面或立体的图案“雕刻”在水晶玻璃的内部。激光要能雕刻水晶，它的能量密度必须大于使水晶破坏的某一临界值，或称阈值，而激光在某处的能量密度与它在该点光斑的大小有关，同一束激光，光斑越小的地方产生的能量密度越大。这样，通过适当聚焦，可以使激光的能量密度在进入水晶及到达加工区之前低于水晶的破坏阈值，而在希望加工的区域则超过这一临界值，激光在极短的时间内产生脉冲，其能量能够在瞬间使水晶受热破裂，从而产生极小的白点，在水晶内部雕出预定的形状，而水晶的其余部分则保持原样完好无损。

17.3.3 激光内雕机操作

1. 内雕机操作步骤

激光内雕机主机按钮如图 17-19 所示，具体操作步骤为：

1）打开总电源开关，再打开急停开关，最后打开激光电源开关。

2）打开工控机及计算机显示器。

3）打开布点软件，用布点软件对图案进行算点，保存点云。

4）打开算点软件，进行内雕图加工前设置，软件打开后以下三种情况必须复位：

① 断电后重开。

② 算点软件关闭后重开。

③ 工作台碰触限位开关。

5）工件加工。

6）关闭布点软件和算点软件，关闭计算机，关激光电源开关，再按急停开关，最后关总电源开关。

2. 激光内雕机操作

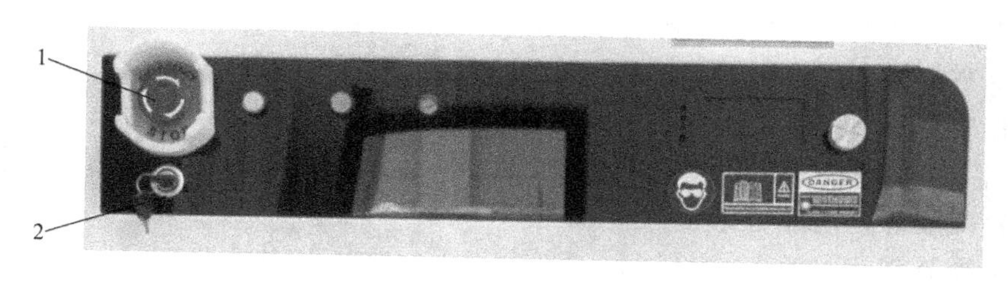

图 17-19 激光内雕机主机按钮

1—急停开关 2—电源开关

1）急停开关。按下红色的急停开关按钮，机器的供电将被切断。向右转动红色按钮 45°，红色按钮将自动弹起，机器将恢复供电。

2）电源开关。机器的总电源开关，按下“POWER”按钮给机器供电，此时蓝色显示；若再次按下“POWER”按钮会关闭。

17.3.4 工艺品内雕实训

1）布点软件基本设置。单击“文件”→“打开 Dxf 文件”，导入文件，单击“图像设置”→“基本设置”，在“Crystal size”（水晶框尺寸设置）中分别输入实际水晶尺寸“50”

"80""50"；再调节实际内雕图案比例控制，使内雕图案尺寸控制在实际水晶框大小范围内，单击"OK"，如图17-20所示。单击"图像设置"→"图形居中"按钮，将文件放置在水晶框合理位置。

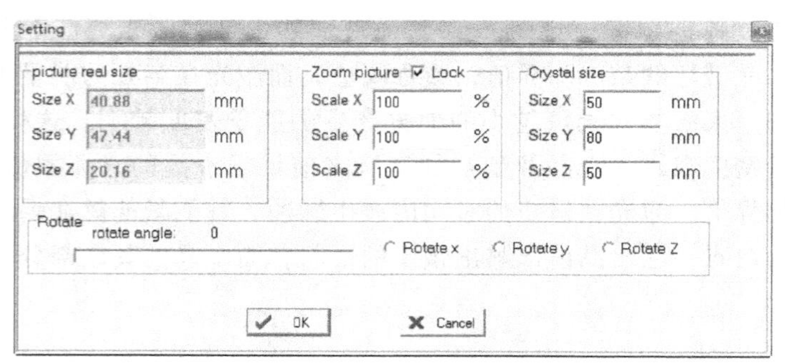

图17-20 尺寸设置

2）层操作。层操作中包括移动层、缩放层、旋转层等一些层操作的基本设置，根据实际需要进行选择设置。

3）布点参数设置。在层显示处选中"LAYER1"，设置框中"线点距"输入"0.1"（合理范围为0.06~0.1），"面点距"输入"0.1"（合理范围为0.07~0.15），规则侧距输入"0.18"（合理范围为0.18~0.4），"Z轴浓度"输入"1.5"（合理范围为1.5~2.5），"加点方式"选择"面加点"，"点型"为"随机点"，单击"确认修改"。布点参数设置如图17-21所示。

4）生成点云文件，保存点云文件。单击"开始产生点云"图标，进行点云生成，如图17-22所示。单击"文件"→"保存点云"→"保存"，将文件保存在指定文件夹下。

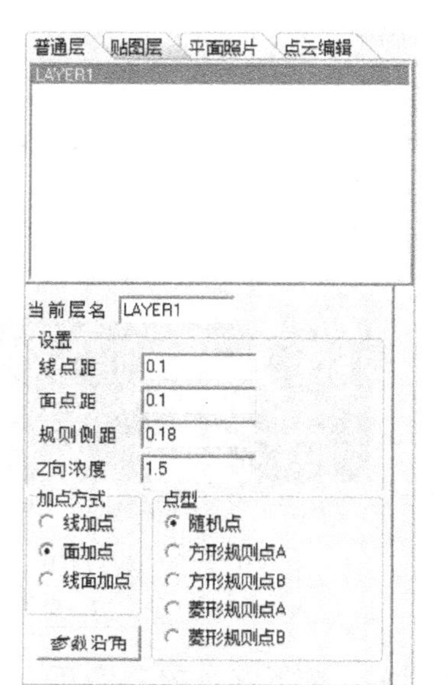

图17-21 布点参数设置

5）单击计算机桌面上算点软件，调节电压到6.75V，单击"复位"，系统重新计算原点。然后单击"文件"→"打开＊.dxf＊pte"，打开刚在布点操作中保存的文件。

6）输入需要内雕的水晶尺寸：在水晶设置栏中，分别输入实际内雕水晶块的尺寸，"X""Y""Z"的值分别为"50""80"和"50"，如图17-23所示。

7）单击"照片文字"→"输入文字"图标，在对话框中输入文字"鸡年吉祥！"。单击"Font"可设置文字字体等，单击"OK"完成文字添加。在层显示中选中新生成的文字层，单击"点云编辑"→"移动"→"Y_ MOVE"，将文字移至内雕图下侧合适位置。单击"整体居中"按钮，使内雕图布置在水晶块正中的位置，如图17-24所示。

8）水晶表面擦干净，在水晶底部粘上双面胶，然后将水晶放入工作台右上角靠齐，并粘紧，如图17-25所示。

图 17-22 生成点云文件

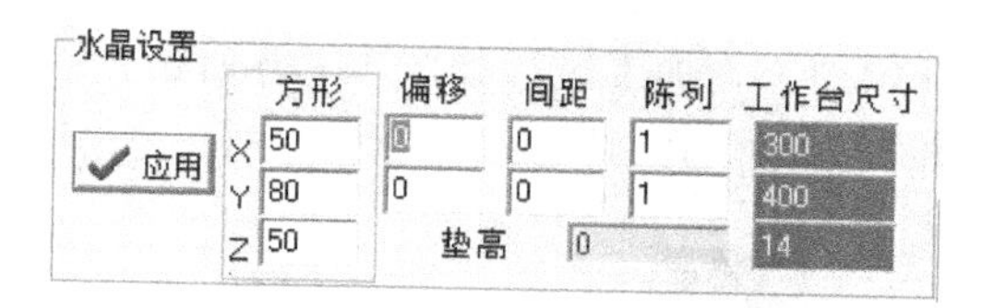

图 17-23 水晶尺寸设置

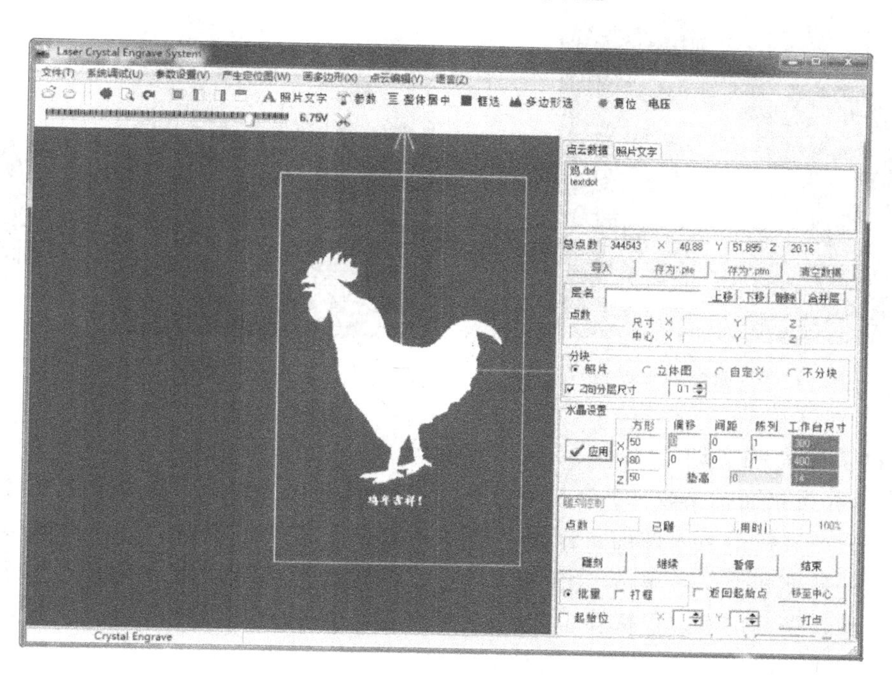

图 17-24 内雕图布置

图 17-25　工作台水晶块放置

9）在“雕刻控制”对话框中，单击“移至中心”按钮，当设备工作台移至中心结束后，单击“雕刻”按钮，开始加工，加工过程如图 17-26 所示。

10）内雕完成作品如图 17-27 所示。

图 17-26　激光加工过程

图 17-27　激光内雕作品

17.3.5　人物头像内雕实训

1）单击计算机桌面拍摄软件，在对着蓝色背景的情况下，单击“取参考面”按钮，对系统进行内部标定。在拍摄人像前，首先单击“新数据”按钮，单击后会弹出模型保存对话框，保存文件名称和类型。单击“拍摄”按钮，系统进行拍摄动作，系统会进行光栅投射和闪光灯启动，整个拍摄过程持续 1.2～2s。拍摄时，拍摄对象不要移动，否则可能会造成数据解析失败而无法获得 3D 模型。若拍摄图像质量较差，可单击“参数设置”对拍摄参数进行调整，如图 17-28 所示。

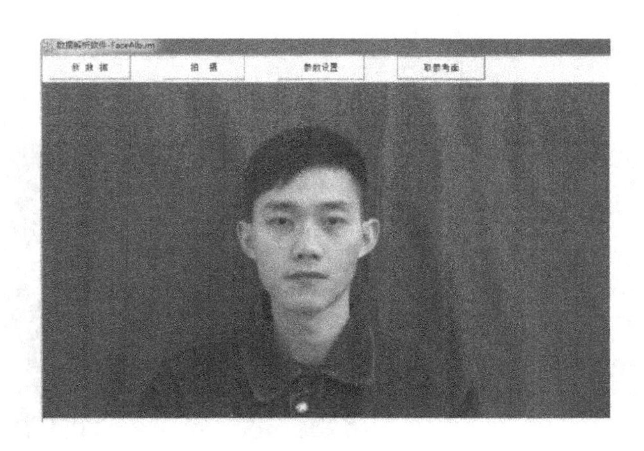

图 17-28 拍摄设置

2）单击计算机桌面编辑软件，单击“文件”→“打开”，打开上一步拍摄的照片，单击图标（分别为矩形裁剪、多边形裁剪和自由裁剪），根据实际需求对照片进行裁剪，如图 17-29 所示。单击图标，对脸颊两侧进行修复，在耳垂部双击选取一点（红色点），在面颊部双击选取一点，之后在脖颈处双击选取一点，程序会自动计算脸颊向后拉伸。按<Ctrl+C>键被选中状态会恢复正常颜色，另一侧也是如此，如图17-30所示。

图 17-29 照片编辑

图 17-30 照片修复

在完成模型编辑和相关参数设置后，即可进行点的处理。单击“计算点云”按钮，程序自动进行图像处理并生成雕刻点，如图 17-31 所示。

3）单击“文件”→“保存”，保存类型为 . dxf 文件。

4）单击计算机桌面上算点软件，调节电压到 6.75V，单击“复位”，系统重新计算原点。然后单击“文件”→“打开 * . dxf * pte”，打开刚才在布点操作中保存的文件。

5）输入需要内雕的水晶尺寸：在水晶设置栏中，分别输入实际内雕水晶块的尺寸，“X”“Y”“Z”的值分别为“50”“80”和“50”。

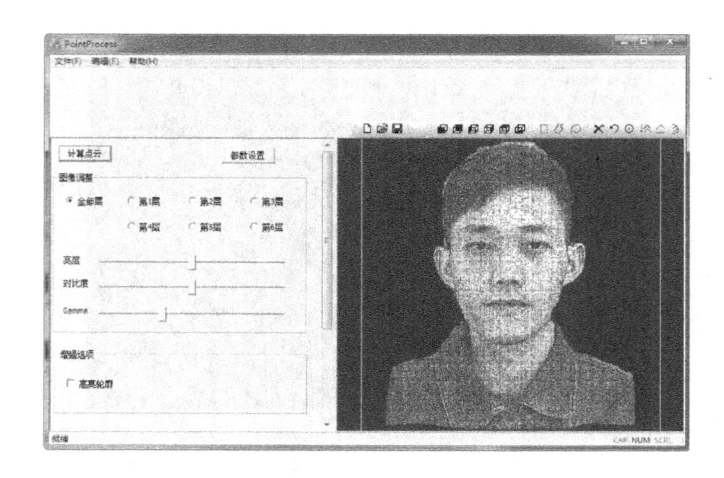

图 17-31 计算点云

6）单击“照片文字”→“输入文字”图标，在对话框中输入文字“沈阳工业大学工程实训中心”，单击“Font”可设置文字字体等，单击“OK”完成文字添加。在层显示中选中新生成的文字层，单击“点云编辑”→移动→“Y_ MOVE”，将文字移至内雕图下侧合适位置。单击“整体居中”按钮，使内雕图布置在水晶块正中的位置，如图 17-32 所示。

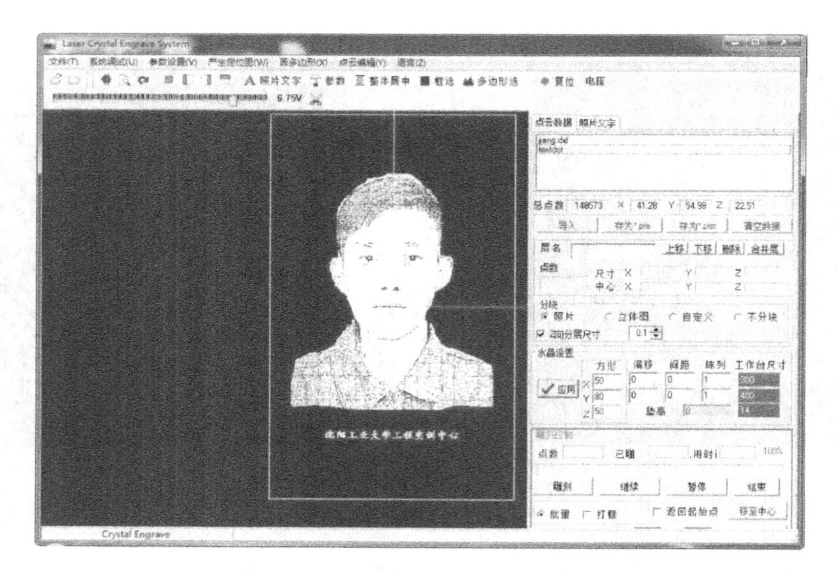

图 17-32 内雕前文件处理

7）水晶表面擦干净，在水晶底部粘上双面胶，然后将水晶放入工作台右上角靠齐，并粘紧。

8）在“雕刻控制”对话框中，单击“移至中心”按钮，当设备工作台移至中心结束后，单击“雕刻”按钮开始加工。

9）内雕完成作品如图 17-33 所示。

图 17-33　激光内雕作品

实训拓展训练

1. 利用绘图软件（CAXA、AutoCAD 或 Corel Draw 均可），在给定材料上（三合板厚度为 3mm，面积为 50mm×50mm）自行完成创意作品设计并进行切割加工。如图 17-34、图 17-35 所示。

图 17-34　激光内雕作品图 1

图 17-35　激光内雕作品 2

2. 利用 CAXA 或 AutoCAD 进行创意作品三维拼插设计。即将自创的三维实体分解成适合高速激光切割机加工的二维零件图，在绘图软件中画出各个零件图。在高速激光切割机上进行加工，最后拼插设计实体，如图 17-36 所示。

3. 利用图片处理软件，在给定材料上（亚克力厚度 4mm，面积为 50mm×50mm）自行完成图像的雕刻，如图 17-37 所示。

图 17-36　三维拼插创意作品

图 17-37　激光雕刻作品

4. 在给定材料上（水晶块为 20mm×20mm×20mm）自行完成创意作品的内雕加工，如图 17-38 所示。

图 17-38　激光内雕作品

第18章　其他特种加工技术

18.1　电子束加工技术

18.1.1　电子束加工的基本原理

1. 电子束热加工原理

电子束热加工原理示意图如图18-1所示。通过加热发射阴极材料产生电子，在热发射效应下，电子飞离材料表面。在强电场（30～200kV）作用下，电子经过加速和聚焦，沿电场相反方向运动，形成高速电子束流。

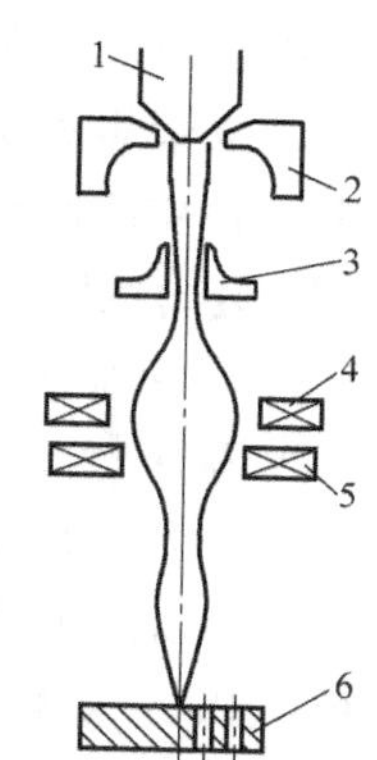

图18-1　电子束热加工原理示意图
1—阴极　2—聚束极　3—阳极　4—聚焦线圈　5—偏转线圈　6—工件

电子束通过一级或多级会聚后，形成高能束流，当它冲击工件表面时，电子的动能瞬间大部分转变为热能。由于光斑直径极小（其直径可达微米级或亚微米级），电子束具有极高的功率密度，可使材料的被冲击部位温度在几分之一微秒内升高到几千度，其局部材料快速汽化、蒸发，从而实现加工的目的。

2. 电子束非热加工原理

电子束非热加工是基于电子束的非热效应，利用功率密度比较低的电子束和电子胶（又称电子抗蚀剂）相互作用，产生辐射化学或物理效应。当用电子束流照射这类高分子材料时，由于入射电子和高分子相互碰撞，使电子胶的分子链被切断或重新组合而形成分子量的变化以实现电子束曝光。将这种方法与其他处理工艺方法联合使用，就能在材料表面刻蚀细微槽及其他几何形状。

18.1.2　电子束加工的装置

电子束加工装置的基本结构如图18-2所示，主要由电子枪、抽真空系统、电源及控制系统等部分组成。

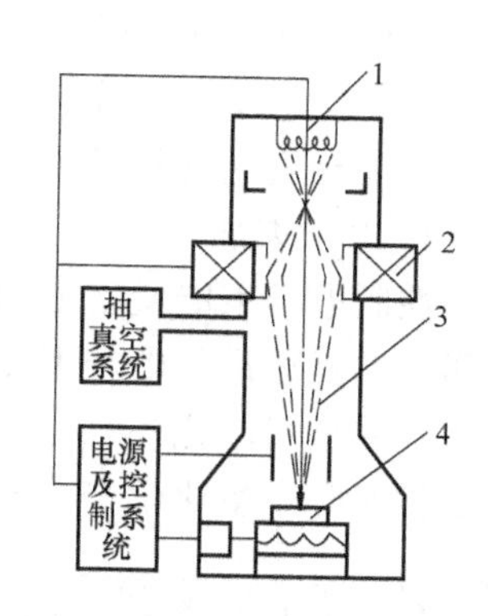

图18-2　电子束加工装置的基本结构
1—电子枪　2—聚焦系统　3—电子束　4—工件

1. 电子枪

电子枪是获得电子束的装置。它包括电子发射阴极、控制栅极和加速阳极等，如图18-3所示。阴极经电流加热发射电子，带负电荷的电子高速飞向带高电位的阳极，在飞向阳极的过程中，经过加速阳极加速，又通过电磁透镜把电子束聚焦成很小的束斑。

发射阴极一般用钨或钽制成，在加热状态下发射大量电子。小功率时用钨或钽作成丝状阴极，如图18-3a所示，大功率时用钽作成块状阴极，如图18-3b所示。控制栅极为中间有孔的圆筒形，其上加以较阴极为负的偏压，既能控制电子束的强弱，又有初步的聚焦作用。加速阳极通常接地，所以能驱使电子加速。

2. 真空系统

真空系统是为了保证在电子束加工时维持 $1.33\times10^{-4}\sim1.33\times10^{-2}$Pa 的真空度。因为只有在高真空中，电子才能高速运动。此外，加工时的金属蒸气会影响电子发射，产生不稳定现象，因此需要不断地把加工中生产的金属蒸气抽出去。

3. 电源及控制系统

电子束加工装置的控制系统包括束流聚焦控制、束流位置控制、束流强度控制和工作台位移控制等。电子束加工装置对电源电压的稳定性要求较高，电子束聚焦和阴极的发射强度与电压波动有密切关系，必须匹配稳压设备。

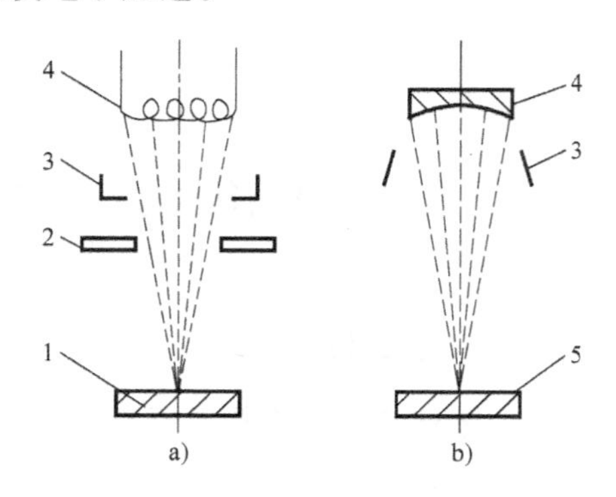

图 18-3 电子枪工作示意图

1—工件 2—加速阳极 3—控制栅极

4—发射电子的阴极 5—加速阳极及工件

18.1.3 电子束加工的特点及应用

1. 电子束加工特点

（1）束斑极小　束斑直径可达几十纳米至 1mm，可以适用于精微加工集成电路和微机电系统中的光刻技术，即可用电子束曝光达到亚微米级线宽。

（2）能量密度高　在极微小的束斑上功率密度能达到 $10^5\sim10^9$W/cm^2，足以使任何材料熔化或汽化，这就易于对钨、钼或其他难熔金属及合金进行加工，而且可以对石英、陶瓷等熔点高、导热性差的材料进行加工。

（3）生产率高　由于电子束能量密度高，而且能量利用率可达 90%以上，所以电子束加工的生产效率极高。例如，每秒钟可以在 2.5mm 厚的钢板上加工 50 个直径为 0.4mm 的孔，电子束可以 4mm/s 的速度一次焊接厚度达 200mm 的钢板，这是目前其他加工方法无法实现的。

（4）可控性能好　电子束能量和工作状态均可方便而精确地调节和控制，位置控制精度能准确到 0.1μm 左右，强度和束斑的大小也容易达到小于 1%的控制精度。电子质量极小，其运动几乎无惯性。

（5）无污染　电子束加工一般在真空室中进行，不会对工件及环境产生污染，所以适用于加工易氧化材料或合金材料，特别是纯度要求极高的半导体材料。

2. 电子束加工的应用

控制电子束能量密度的大小和能量注入时间，就可以达到不同的加工目的。如只使材料局部加热就可进行电子束热处理；使材料局部熔化就可以进行电子束焊接；提高电子束能量密度，使材料熔化和汽化，就可进行打孔、切割等加工；利用较低能量密度的电子束轰击高分子材料时产生化学变化的原理，即可进行电子束光刻加工。

18.2 离子束加工技术

18.2.1 离子束加工的基本原理

离子束加工的原理和电子束加工的原理基本类似，也是在真空条件下，将离子源产生的离子束经过加速聚焦，使之打到工件表面。不同的是离子带正电荷，其质量比电子大数千、数万倍。例如，氩离子的质量是电子的7.2万倍，所以一旦离子加速到较高速度时，离子束比电子束具有更大的撞击动能，它是靠微观的机械撞击能量，而不是靠动能转化为热能来加工的。它的物理基础是离子束射到材料表面时所发生的撞击效应、溅射效应和注入效应。具有一定动能的离子斜射到工件材料（靶材）表面时，可以将表面的原子撞击出来，这就是离子的撞击效应和溅射效应。如果将工件直接作为离子轰击的靶材，工件表面就会受到离子刻蚀（也称离子铣削）。如果将工件放置在靶材附近，靶材原子就会溅射到工件表面而被溅射沉积吸附，使工件表面镀上一层靶材原子的薄膜。如果离子能量足够大并垂直于工件表面撞击时，离子就会钻进工件表面，这就是离子的注入效应。

18.2.2 离子束加工装置

离子束加工装置与电子束加工装置类似，也包括离子源、真空系统、控制系统和电源等部分。主要的不同部分是离子源系统。

离子源用以产生离子束流。产生离子束流的基本原理和方法是使原子电离。其具体办法是把要电离的气态原子（如氩等惰性气体或金属蒸气）注入电离室，经高频放电、电弧放电、等离子体放电或电子轰击，使气态原子电离为等离子体（即正离子数和负电子数相等的混合体）。用一个相对于等离子体为负电位的电极（吸极），就可从等离子体中引出离子束流。根据离子束产生的方式和用途的不同，离子源有很多形式，常用的有考夫曼型离子源。

图18-4所示为考夫曼型离子源示意图。它由灼热的灯丝发射电子，在阳极9的作用下向下方移动，同时受电磁线圈4磁场的偏转作用，作螺旋运动前进。惰性气体氩从注入口3注入电离室10，在电子的撞击下被电离成等离子体，阳极9和引出电极（吸极）8上各有300个直径为ϕ0.3mm的小孔，上下位置对齐。在引出电极8的作用下，将离子吸出，形成300条准直的离子束，再向下则均匀分布在直径为ϕ50mm的圆面积上。

18.2.3 离子束加工的特点及应用

1. 离子束加工特点

1）离子束加工是目前特种加工中最精密、最微细的加工。离子刻蚀可达纳米级精度，离子镀膜可控制在亚微米级精度，离子注入的深度和浓度也可精确地控制。

2）离子束加工在高真空中进行，污染少，特别适宜于对易氧化的金属、合金和半导体材料进行加工。

3）离子束加工是靠离子轰击材料表面的原子来实现的，是一种微观作用，所以加工应力和变形极小，适宜于对各种材料和低刚度零件进行加工。

4）离子束加工设备费用贵、成本高，加工效率低，因此应用范围受到一定限制。

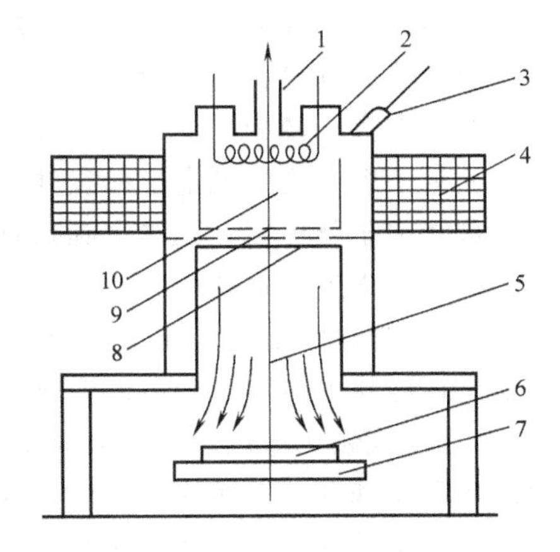

图18-4 考夫曼型离子源示意图
1—真空抽气口 2—灯丝 3—惰性气体注入口 4—电磁线圈 5—离子束流 6—工件 7—阴极 8—引出电极 9—阳极 10—电离室

2. 离子束加工应用

离子束加工的应用范围正在日益扩大，不断创新。目前用于改变零件尺寸和表面物理力学性能的离子束加工有：用于从工件上做去除加工的离子刻蚀加工；用于给工件表面涂覆的离子镀膜加工；用于表面改性的离子注入加工等。

（1）离子束刻蚀　离子束刻蚀是通过带能离子或电子对靶轰击，将靶原子从靶表面移去的工艺过程，也就是撞击溅射过程。为了避免入射离子与工件材料发生化学反应，必须用惰性元素的离子。氩气的原子序数高，价格便宜，所以通常用氩离子进行轰击刻蚀。由于离子直径很小（约 1/10nm），可以认为离子刻蚀的过程是逐个原子剥离的过程，刻蚀的分辨率可达微米级甚至亚微米级，但刻蚀速度很低，剥离速度大约每秒一层到几十层原子。

离子束刻蚀以其适于精加工的特点而应用于各个领域，如高精度加工、表面抛光、图形刻蚀、电镜试样制备、石英晶体振荡器，以及各种传感器件的制作等。离子束可以刻蚀金属、半导体、绝缘有机物等材料，尤其适于半导体大规模集成电路和磁泡器件等的微细加工。

（2）镀膜加工　离子镀膜加工有溅射沉积和离子镀两种。离子镀时工件不仅接受靶材溅射来的原子，还同时受到离子的轰击，这使离子镀具有许多独特的优点。

离子镀技术已用于镀制润滑膜、耐热膜、耐蚀膜、耐磨膜、装饰膜和电气膜等。例如，在表壳或表带上镀氮化钛膜，这种氮化钛膜呈金黄色，其耐磨性和耐腐蚀性大大优于镀金膜和不锈钢，而其价格仅为黄金的 1/60。离子镀饰膜还用于工艺美术品的首饰、景泰蓝等，以及金笔套、餐具等的修饰上，其膜厚仅为 1.5~2μm。

离子镀膜代替镀硬铬，可减少镀铬公害。2~3μm 厚的氮化钛膜可代替 20~25μm 的硬铬镀层。航空工业中可采用离子镀铝代替飞机部件镀镉。

用离子镀方法在切削工具表面镀氮化钛、碳化钛等超硬层，可以提高刀具寿命。一些试验表明，在高速钢刀具上用离子镀氮化钛，刀具寿命可提高 1~2 倍，也可用于处理齿轮滚刀、铣刀等复杂刀具。

（3）离子注入　离子注入是离子束加工中一项特殊的工艺技术。它既不从加工表面去除基体材料，也不在表面以外添加镀层，仅仅改变基体表面层的成分和组织结构，从而造成表面性能变化，满足材料的使用要求。离子注入的过程为：在高真空室中，将要注入的化学元素的原子在离子源中电离并引出离子，在电场加速下离子能量达到几万到几十万电子伏，将此高速离子射向置于靶盘上的零件。入射离子在基体材料内，与基体原子不断碰撞而损失能量，最终离子就停留在几纳米到几百纳米处，形成了注入层。进入的离子在最后以一定的分布方式固溶于工件材料中，改变了材料表面层的成分和结构。离子注入的应用举例如下：

1）在半导体方面的应用。目前，离子束加工在半导体方面的应用主要是离子注入，而且主要是在硅片中应用，用以取代热扩散进行掺杂。

2）在功能领域应用。向钛合金中注入 Ca^{2+}、Ba^{2+}后，抑制氧化的能力有所增长。向含铬的铁基和镍基合金表面注入钇离子或稀土元素离子，提高了表面抗高温氧化性能，使得金属表面进行化学改性。另外，在低温下向靶中注入氢和氘离子，可提高超导转变温度，改善薄膜的超导特性。

18.3　超声波加工技术

18.3.1　超声波加工的基本原理

超声波加工是利用工具端面作超声频振动，通过磨料悬浮液加工硬脆材料的一种加工方法，如图 18-5 所示。加工时，在工具头与工件之间加入液体与磨料混合的悬浮液，并在工具头振动方向加上一个不大的压力，超声波发生器产生的超声频电振荡通过换能器转变为超声频的机械振动，变幅杆将振幅放大到 0.01~0.15mm，再传给工具，并驱动工具端面作超声振动，迫使悬浮液中的悬浮磨料在工具头的超声振动下以很大速度不断撞击、抛磨被加工表面，把加工区域的材料粉碎成很细的微粒，从材料上打击下来。虽然每次打击下来的材料不多，但由于每秒钟打击 16000 次以上，所以仍具有一定的加工速度。与此同时，悬浮液受工具端部的超声振动作用而产生的液压冲击和空化现象促使液体钻入加工材料的隙裂处，加速了破坏作用，而液压冲击也使悬浮工作液在加工材料间隙中强迫循环，使变钝的磨料及时得到更新。

由此可见，超声加工去除材料的机理主要为：①在工具超声振动的作用下，磨料对工件表面的直接撞击；②高速磨料对工件表面的抛磨；③ 磨料悬浮液的空化作用对工件表面的侵蚀。其中磨料的撞击作用是主要的。

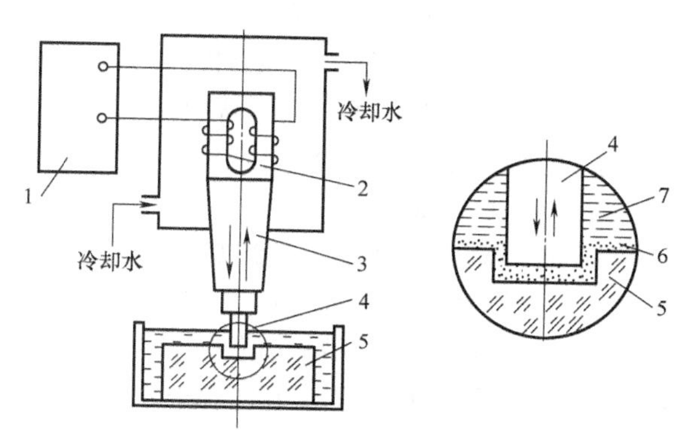

图 18-5　超声波加工示意图

1—超声发生器　2—换能器　3—变幅杆　4—工具

5—工件　6—工件材料粉末　7—磨料悬浮液

18.3.2　超声波加工设备

超声波加工设备一般由高频发生器、超声振动系统（声学部件）、机床本体和磨料工作液循环系统等部分组成。

1. 高频发生器

高频发生器即超声波发生器，其作用是将低频交流电转变为具有一定功率输出的超声频电振荡，以供给工具往复运动和加工工件的能量。

2. 声学部件

声学部件的作用是将高频电能转换成机械振动，并以波的形式传递到工具端面。声学部件主要由换能器、振幅扩大棒及工具组成。换能器的作用是把超声频电振荡信号转换为机械振动。振幅扩大棒又称变幅杆，其作用是将振幅放大，由于换能器材料伸缩变形量很小，在共振情况下也超不过 0.005~0.01mm，而超声波加工却需要 0.01~0.1mm 的振幅，因此必须用上粗下细（按指数曲线设计）的变幅杆放大振幅。变幅杆的常见形式如图 18-6 所示，加工中工具头与变幅杆相连，其作用是将放大后的机械振动作用于悬浮液磨料对工件进行冲击。工具材料应选用硬度和脆性不很大的韧性材料，这样可以减少工具的相对磨损。工具的尺寸和形状取决于被加工表面，它们相差一个加工间隙值（略大于磨料直径）。

3. 机床本体和磨料工作液循环系统

超声波加工机床的本体一般很简单，包括支撑声学部件的机架、工作台面以及使工具以一定压力作用在工件上的进给机构等，磨料工作液是磨料和工作液的混合物。常用的磨料有碳化硼、碳化硅、氧化硒或氧化铝等，常用的工作液是水，有时用煤油或机油。磨料的粒度大小取决于加工精度、表面粗糙度要求及生产率的要求。

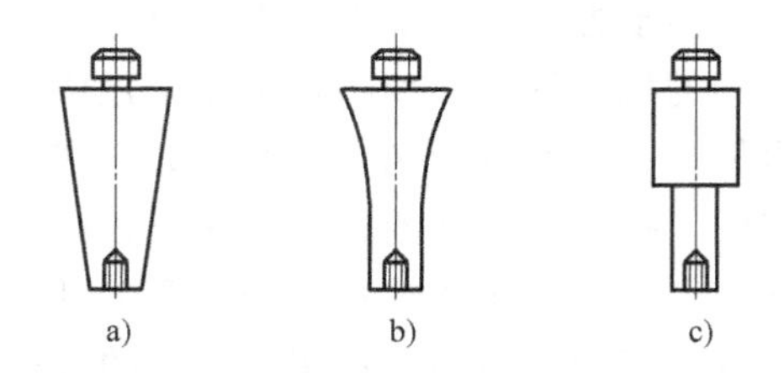

图 18-6　三种变幅杆结构
a）锥形　b）指数形　c）阶梯形

18.3.3　超声波加工的特点及应用

1. 超声波加工的特点

1）由于是靠超声机械振动的撞击抛磨去除材料，对硬脆材料加工效率高，如玻璃、陶瓷、石英、锗、硅、玛瑙、宝石、金刚石等。对于硬度高的金属材料也能进行加工（如淬火钢、硬质合金等），但加工效率较低。对于非铁金属和橡胶等韧性高的材料不能进行加工。

2）超声加工对工件表面的宏观切削力很小，不易引起工件变形，适合加工低刚度零件。加工中切削应力、切削热很小，不会产生加工应力和烧伤，表面质量也较好，公差可<0.01mm，表面粗糙度值 Ra 可<0.4μm。

3）加工是工件对工具的形状复制，也就是工件被加工出与工具形状相一致的复杂形状内表面或成形表面，工具和工件只作直线相对进给运动，没有旋转等成形运动，因此，超声波加工机床的结构也比较简单，机床的操作、维修方便。

4）一般超声加工的工件面积不大，工具头与工件有一定的预压力，工具会有磨损，相对生产率较低。

2. 超声波加工的应用

（1）型孔、型腔加工　超声加工的生产率比电火花、电解加工等低，但加工精度和表面质量较好，目前主要用于脆硬材料的圆孔、型孔、型腔、微细孔等的加工，如图 18-7 所示。

（2）切割加工　用普通机床对脆硬材料进行切割加工较困难，通常可用超声加工的方法进行切割，如切割单晶硅片、陶瓷等脆硬材料。

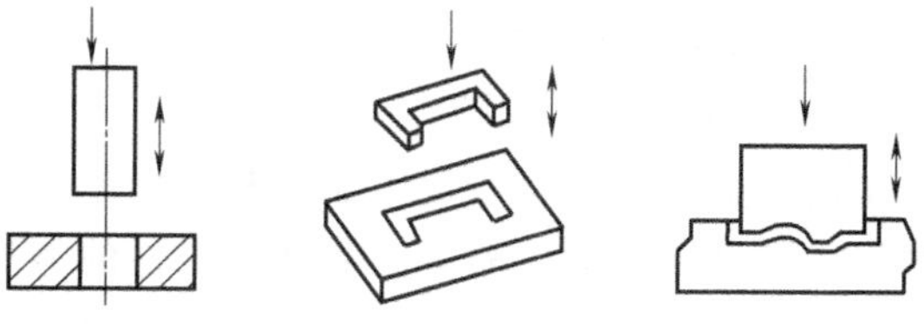

图 18-7　型孔与型腔加工
a）圆孔加工　b）异形孔加工　c）型腔加工

3. 复合加工

为了提高生产率、降低工具的损耗，可以把超声加工和其他加工方法结合起来进行复合加工。

采用超声加工和电化学或电火花加工相结合，加工喷嘴、喷丝板上的小孔或窄缝，可以大大提高加工速度和加工质量。其方法是在普通电火花加工时引入超声波，使工具电极端面作超声振动。还可以利用工具与工件之间的相对运动，进行研磨抛光，从而改善工件的表面质量。利用导电油石或镶嵌金刚石颗粒的导电工具，对工件表面进行超声复合电解抛光加工，Ra 可达到 0.15~0.17μm。在切削加工中引入超声振动，可降低切削力，改善表面质量，延长刀具寿命和提高加工速度等。

4. 超声清洗

超声振动被广泛用于对喷油嘴、喷丝板、微型轴承、仪表齿轮、手表整体机芯、印制电路板、集成电路微电子器件等的清洗，可滤除≥5μm 的污物，获得高的净化度。

5. 焊接加工

超声焊接的原理是利用超声振动作用，去除工件表面的氧化膜，显露出新的本体表面，在两个被焊接的工件表面分子的高速振动撞击下，摩擦发热并亲和粘接在一起。

18.4　水射流加工技术

18.4.1　水射流加工的基本原理

水射流加工是以高速水流为载体带动高速、集中的磨料流冲击被加工表面，实现对材料有规律和有控制的去除过程。图 18-8 所示为水射流加工系统构成与工作原理示意图，储存在水箱中的水或加入添加剂的水液体，经过过滤器处理后，由水泵抽出送至蓄能器中，使高压液体流动平稳。液压机构驱动增压器，使水压增高到 70~400MPa。高压水经控制器、阀门和喷嘴喷射到加工部位进行切割，产生的切屑和水一起排入水槽。

水射流加工是利用高速水流对工件的冲击作用来去除材料的，可分为射流液滴与材料的相互作用过程和材料的失效过程。

18.4.2　水射流加工的设备

水射流加工的设备主要包括高压水发生装置、喷嘴、高压管路及密封系统、机身及执行机构、磨料及输送系统、水介质处理与过滤装置等。

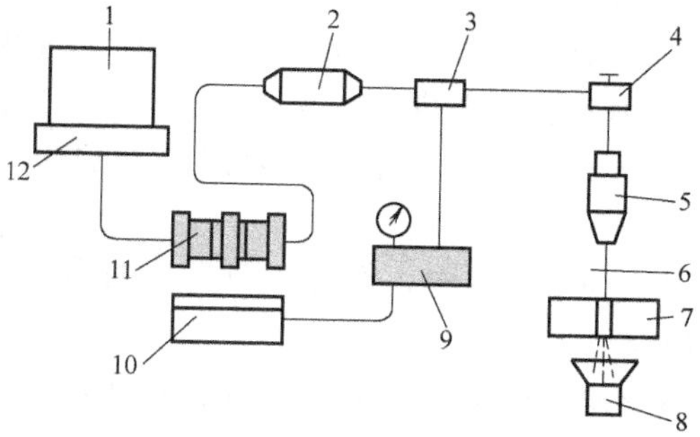

1. 高压水发生装置

水射流加工需要 400MPa 压力的“细流束”，通常由往复式增压器或超高压水泵产生。

2. 喷嘴

喷嘴是水射流加工中的关键部件，根据切割工艺的不同，喷嘴可分为纯水切割喷嘴和磨料切割喷嘴。

图 18-8　水射流加工系统构成及工作原理示意图
1—供水器　2—蓄能器　3—控制器　4—阀　5—喷嘴
6—射流　7—工件　8—回收槽　9—液压装置
10—增压器　11—泵　12—过滤器

3. 高压管路及密封系统

高压水射流切割时的水压高达 100~400MPa，是普通液压传动装置液体工作压力的 10 倍以上。高压系统中的水密封及管路系统是否可靠，对保障切割过程的稳定、安全、可靠具有重要意义。

高压水密封分为静密封和动密封两种，在设备调试时，均需经受超出工作压力一倍以上的超高压，且应无渗漏现象。

管路中的高压水管采用高强度不锈钢厚壁无缝管或双层不锈钢管，管接头多采用金属弹性密封结构。为了方便喷嘴移动，在喷嘴与固定水管之间设置了超高压柔性钢管。

4. 机身及执行机构

高压水射流切割设备通常采用龙门式或悬臂式梁结构。为了提高切割效率，还可以在同一个切割头上配置多个喷嘴，进行多件同时切割。

由于超高压水射流属于点切割，即在其切割范围内可以到达任何一点，因此在计算机控制下，可以切割出任意复杂的图形，重复定位精度可<±0.05mm。在进行石材拼花切割时，由于计算机可以方便地实现间隙补偿，因此，能够做到零件形状配合得严丝合缝。

5. 磨料及输送系统

在磨料高压水切割设备中，配备有磨料供给系统，包括料仓、磨料、流量阀和输送管。料仓的形状和料仓内的网筛要保证磨料的供给通畅，不至于堵塞。流量阀用于控制磨料流量的通断和大小。通常，磨料消耗量随水压的增高而增加，常用的磨料有刚玉、石英砂、石榴石，碳化硅等，分为人造和天然两种，粒度在0.1~0.8mm之间。

6. 水介质处理与过滤装置

在进行高压水射流切割时，对工业用水进行必要的处理和过滤具有重要意义。提高水介质的过滤精度，可以有效延长增压器密封装置、宝石喷嘴等的使用寿命，提高切割质量，提高设备的运行可靠性，通常，应将水介质的过滤精度控制在0.1μm以内。为此，可采取多级过滤的方法。另外，还应对工业用水进行软化处理，以减小对设备的锈蚀程度。

18.4.3 水射流加工的特点及应用

1. 水射流加工的特点

1）水射流是一种冷加工方式，加工过程无热量产生，加工时工件材料不会受热变形，加工表面不会出现热影响区，几乎不存在机械应力与应变，切割缝隙及切割斜边都很小，切口平整，无毛刺，无浮渣，无需二次加工，切割品质优良。所使用的水可循环利用，成本低。

2）加工过程中，作为“刀具”的高速水流不会变“钝”，各个方向都有切削作用，切削过程稳定。

3）清洁环保无污染。在切割过程中不产生弧光、灰尘及有毒气体，操作环境整洁。

4）切割加工过程中，温度较低，无热变形、烟尘、渣土等，加工产物随液体排出，可用于加工木材、纸张等易燃材料及制品。

5）加工开始时不需退刀槽、孔，工件上的任何位置都可作为加工开始和结束点。

6）液力加工过程中，“切屑”混入液体中，不存在灰尘，不存在爆炸或火灾危险。

对某些材料，夹裹在射流束中的空气将增加噪声，噪声随压射距离的增加而增加，可通过在液体中加入添加剂或调整到合适的正前角的方法降低噪声。

目前，超高压水射流加工存在的主要问题是喷嘴成本较高，使用寿命、切割速度和精度仍有待进一步提高。

2. 水射流加工的应用

（1）水射流清洗　水射流清洗是物理清洗方法中的一项重要的新技术，利用高压射流的冲击动能，连续不断地对被清洗基体进行打击、冲蚀、剥离、切除以达到清除基体污垢的目的。水射流可除去用化学方法不能或难以清洗的特殊垢层，主要用于清洗汽车、化工罐车、船舶、高速路面及机场跑道、高层建筑物，轻工、食品、冶金等工业部门的各种生产线、管束、煤气管线、换热器，下水道和锅炉等容器，机械加工设备及模具的清洗，铸件清砂、去毛刺及钢板除鳞等，军事工程中防化洗消、弹药清除，固体火箭发动机燃烧室推进剂装药及火箭弹装药的清除，发动机燃烧室壳体的清洗以及核电站及核化条件的清洗等。

（2）水射流切割　水射流切割某种意义上讲是切割领域的一次革命，对其他切割工艺是一种完美补充，在难加工材料的加工方面尤其体现其优势，广泛用于陶瓷、硬质合金、高速钢、模具钢、复合材料等的切割加工。

在建筑业中，水射流切割技术用来切割大理石、花岗岩、陶瓷、玻璃、水泥构件等。可以先切出形状复杂的孔和曲线，切口光滑而且很窄，然后拼成不同花色图案，非常方便、省时省力，附加值高。

在航空航天工业中，水射流切割技术可用于切割特种材料，如钛合金、碳纤维复合材料及层叠金属或增强塑料玻璃等，用水射流切割飞机叶片，切割边缘无热影响区和加工硬化现象，省去了后序加工。

在汽车制造业中，人们利用水射流切割各种非金属材料及复合材料构件，如车用玻璃、汽车内装饰板、橡胶、石棉制动衬垫等。

（3）水射流粉碎　携带有巨大能量的水射流作用在被粉碎的物料上，在颗粒内部的晶粒交界处产生应力波反射而引起张力，并在物料的裂隙和解理面中产生压力瞬变，从而使物料粉碎。高压水射流粉碎技术以其简单的设备结构、良好的解理与分离特性，以及清洁、节能、高效成为一项新型粉碎技术，近年来得到发展并在工业中得到了初步的应用。

（4）水射流除锈　利用水射流的打击力作用于锈层表面，同时高速切向流产生水楔作用，扩展锈层裂纹，继而在水流冲刷作用下将锈蚀去除。该方法属于湿法除锈，不产生粉尘，安全卫生，劳动条件好，对环境无污染。因此，水射流在金属除锈工业领域的广泛应用是将来发展的趋势。为了提高除锈效果，同时降低高压系统的压力，常在水中添加磨料形成磨料射流。

18.5 电化学加工技术

18.5.1 电化学加工的基本原理

如图 18-9 所示，将两铜片作为电极，接上约 10V 的直流电，并浸入 $CuCl_2$ 的水溶液中（此水溶液中含有 OH^- 和 Cl^- 负离子及 H^+ 和 Cu^{2+} 正离子），形成电化学反应通路，导线和溶液中均有电流通过。溶液中的离子将作定向移动，Cu^{2+} 正离子移向阴极，在阴极上得到电子而还原成铜原子沉积在阴极表面。相反，在阳极表面 Cu 原子不断失去电子而成为 Cu^{2+} 正离子进入溶液。溶液中正、负离子的定向移动称为电荷迁移。在阴、阳电极表面发生的得失电子的化学反应称为电化学反应，以这种电化学作用为基础对金属进行加工的方法即电化学加工。其实任何两种不同的金属放入任何导电的水溶液中，在电场作用下，都会有类似情况发生。阳极表面失去电子（氧化反应）产生阳极溶解、蚀除，称为电解；阴极得到电子（还原反应）的金属离子还原成为原子，沉积在阴极表面，称为电镀、电铸。

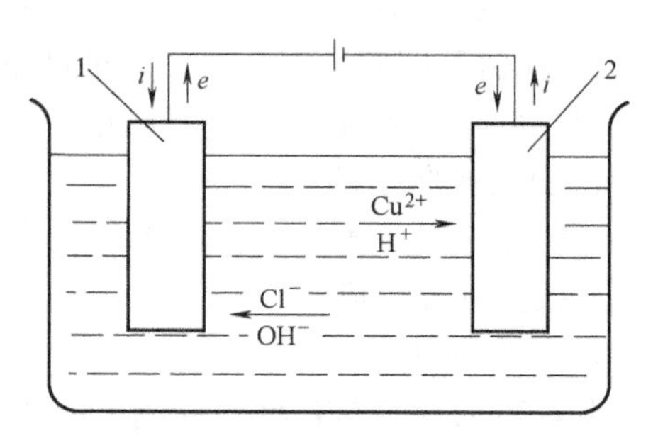

图 18-9　电解（电镀）液中的电化学反应
1—阳极　2—阴极

能够独立工作的电化学装置有两类。一类是当该装置的两电极与外电路中负载接通后能够自发地将电流送到外电路的装置，它将化学能转变成电能，称之为原电池；另一类装置是使两电极与直流电源连接后，强迫电流在体系中通过，将电能转变为化学能，称之为电解池。电化学加工中常用的电解、电镀、电铸、电化学抛光等都属于电解池，均是在外加电源的作用下进行阳极溶解或阴极沉积的过程。

18.5.2 电化学加工的设备

无论是电解还是电镀、电铸、刷镀，其基本设备都是直流电源、电解液（电镀液）循环系统、装夹工具电极和工件的机床、夹具系统等。有的电解加工还需进给系统，根据不同的工艺所需设备有很大的不同。下面以电解加工为例来阐述其设备组成。

1. 直流电源

为保证电化学反应的正常进行，电解加工中普遍采用低压、大电流直流电源。常用的直流电源为硅整流电源及晶闸管整流电源。硅整流电源是先用变压器把 380V 的交流电变为低电压的交流电，而后再用大功率硅二极管将交流电变成直流电。在脉冲电流电解加工时，可采用晶闸管脉冲电源。

电源的输出电压一般为 8~24V，无级可调，加工电流达几千安培至几万安培，并设有火花和短路过载保护线路。

2. 机床本体

电解加工机床本体用来安装夹具、工件（阳极）与工具（阴极），实现其相对运动，并接通直流电源和电解液系统。对电解加工机床有以下要求：

1）足够的刚度。电解液有很高的压强，对机床主轴、工作台有很大的作用力，一般可达 20~40kN。若机床刚度不足，就会造成机床部件的过大变形，改变工具阴极和工件的相对位置，甚至造成短路烧伤。

2）工具电极应具有稳定的进给速度。若进给速度不稳定，轻则影响加工精度，重则影响加工的顺利进行。一般进给速度变化量要求<5%，爬行量<0.03mm。

3）具有良好的精度。

4）防腐绝缘性能好。

5）采取必要的安全保护措施。电解加工过程中将产生大量氢气，若不能迅速排除，就有可能因火花短路等引起氢气爆炸，必须采取相应的安保措施。

3. 电解液系统

电解液系统主要由泵、电解液槽、过滤装置、管道和各种阀组成，是电解加工设备不可或缺的重要组成部分。它将电解液以给定的压力和流量供给加工区，并保持电解液的温度、浓度、pH 值等相对稳定，同时通过过滤和循环系统不断地净化电解液，保证加工过程的正常进行。由于电解液一般具有腐蚀性，因此对电解液系统的耐腐蚀性和密封性要求较高。

4. 自动控制系统

电解加工设备的自动控制系统，由 CNC 控制、单参数恒定控制、多参数自适应控制、保护连锁控制等组成。

5. 其他方面

夹具和工具应具有足够的刚度、正确和可靠的定位装夹方式，以及良好、可靠的耐腐蚀、绝缘措施等。

18.5.3　电化学加工的特点及应用

1. 电化学加工的特点

1）可对任何硬度、强度、韧性的金属材料进行加工，加工难加工材料时，其优点尤为突出。

2）加工过程中不存在机械切削力和切削热作用，故加工后表面无残余应力、冷硬层，也无毛刺或棱角，表面质量好。

3）加工可以在大面积上同时进行，也无需粗精分开，故一般具有较高的生产率。

4）电化学加工在很多方面还有待进一步地发展和提高，如加工过程监测与自动控制、工具设计、加工精度的提高以及电化学作用产物（气体或废液）的处理等。

2. 电化学加工的应用

电化学加工的上述特点使其在难加工材料、复杂型面以及低刚度零件等的加工中得到广泛应用，如航空航天发动机的高温合金涡轮叶片、伺服阀薄壁件、弹挠性反馈杆、复杂三维大型模具等。另外，电化学加工还被广泛地应用于零件表面的精密、微细、光整加工，去毛刺，局部修复与强化等。

参 考 文 献

[1] 邓文英，郭晓鹏．金属工艺学［M］．5版．北京：高等教育出版社，2008．
[2] 黄天佑．材料加工工艺［M］．2版．北京：清华大学出版社，2010．
[3] 齐乐华．工程材料与机械制造基础［M］．北京：高等教育出版社，2006．
[4] 陈培里．工程材料及热加工［M］．北京：高等教育出版社，2007．
[5] 鞠鲁粤．工程材料与成形技术基础［M］．北京：高等教育出版社，2007．
[6] 翟封祥，尹志华．材料成形工艺基础［M］．哈尔滨：哈尔滨工业大学出版社，2003．
[7] 王瑞芳．金工实习［M］．北京：机械工业出版社，2000．
[8] 李家枢，严绍华．实用锻工手册［M］．北京：中国劳动出版社，1990．
[9] 国家机械工业委员会．高级锻压工工艺学［M］．北京：机械工业出版社，1988．
[10] 刘彩军．金工实训教程［M］．北京：清华大学出版社，2012．
[11] 邵刚．金工实训（项目导向式）［M］．3版．北京：电子工业出版社，2015．
[12] 许小平，陈长江．焊接实训指导［M］．武汉：武汉理工大学出版社，2003．
[13] 简明焊工手册编写组．简明焊工手册［M］．3版．北京：机械工业出版社，2000．
[14] 胡玉文，郭新照，张云燕．电焊工操作技术要领图解［M］．济南：山东科学技术出版社，2005．
[15] 刘利群，王维荣．金属焊接操作工［M］．合肥：安徽科学技术出版社，2011．
[16] 《职业技能鉴定教材》编审委员会．电焊工（初级、中级、高级）［M］．北京：中国劳动社会保障出版社，2004．
[17] 张学政，李家枢．金属工艺学实习教材［M］．北京：高等教育出版社，2011．
[18] 周梓荣．金工实习［M］．北京：高等教育出版社，2012．
[19] 刘胜青，陈金水．工程训练［M］．北京：高等教育出版社，2010．
[20] 张木青，于兆勤．机械制造工程训练［M］．广州：华南理工大学出版社，2007．
[21] 唐宗军．机械制造基础［M］．北京：机械工业出版社，2006．
[22] 顾维邦．金属切削机床概论［M］．北京：高等教育出版社，1999．
[23] 杨叔子．机械加工工艺师手册［M］．北京：机械工业出版社，2002．
[24] 顾蓓．现代制造技术实习典型案例教程［M］．北京：清华大学出版社，2013．
[25] 全国数控培训网络天津分中心．数控编程［M］．2版．北京：机械工业出版社，2006．
[26] 吴祖育，秦鹏飞．数控机床［M］．3版．上海：上海科学技术出版社，2000．
[27] 王树逵，齐济源．数控加工技术［M］．北京：清华大学出版社，2009．
[28] 全国数控培训网络天津分中心．数控机床［M］．北京：机械工业出版社，1997．
[29] 刘兆甲，王树逵．数控铣工实际操作手册．沈阳：辽宁科学技术出版社，2007．
[30] 清华大学金属工艺学教研室．金属工艺学实习教材［M］．2版．北京：高等教育出版社，2011．
[31] 傅水根，张学政，马二恩．机械制造工艺基础［M］．北京：清华大学出版社，2010．
[32] 刘雄伟．数控机床操作与编程培训教程［M］．北京：机械工业出版社，2001．
[33] 袁锋．数控车床培训教程［M］．北京：机械工业出版社，2004．
[34] 王爱玲．机床数控技术［M］．北京：高等教育出版社，2006．
[35] 吕斌杰，蒋志强，高长银．SIEMENS系统数控铣床和加工中心培训教程［M］．北京：化学工业出版社，2013．

[36] 张辽远. 现代加工技术 [M]. 北京：机械工业出版社，2002.
[37] 李明辉，杨晓欣. 数控电火花线切割加工工艺及应用 [M]. 北京：国防工业出版社，2010.
[38] 梁庆，丘立庆，李博. 模具数控电火花成型加工工艺分析与操作案例 [M]. 北京：化学工业出版社，2008.
[39] 朱林泉，白培康，朱江森. 快速成型与快速制造技术 [M]. 北京：国防工业出版社，2003.
[40] 刘伟军. 快速成型技术及应用 [M]. 北京：机械工业出版社，2005.
[41] 王广春，赵国群. 快速成型与快速模具制造技术及其应用 [M]. 北京：机械工业出版社，2008.
[42] 许耀东，郑卫. 现代测量技术实训 [M]. 武汉：华中科技大学出版社，2014.
[43] 罗晓晔，王慧珍，陈发波. 机械检测技术 [M]. 2 版. 杭州：浙江大学出版社，2015.
[44] 刘勇，刘康. 特种加工技术 [M]. 重庆：重庆大学出版社，2013.
[45] 李海艳，刘世平. 特种加工实训 [M]. 北京：科学出版社，2009.
[46] 黄宗南，洪跃. 先进制造技术 [M]. 上海：上海交通大学出版社，2010.
[47] 花国然，刘志东. 特种加工技术 [M]. 北京：电子工业出版社，2012.
[48] 王贵成，王振龙. 精密与特种加工 [M]. 北京：机械工业出版社，2013.
[49] 中国机械工程学会热处理学会. 热处理手册（第 1 卷）：工艺基础 [M]. 北京：机械工业出版社，2008.
[50] 中国机械工程学会热处理学会. 热处理手册（第 4 卷）：热处理质量控制和检验 [M]. 北京：机械工业出版社，2008.